云服务操作管理 1+X 证书制度系列教材

云服务操作管理（初级）

主　编　腾讯云计算（北京）有限责任公司

副主编　万川梅　孙令翠　钟　璐
杨业令　曹玉强
参　编　兰晓红　刘　慧
主　审　冯　杰　朱浩雪

高等教育出版社·北京

内容提要

本书为云服务操作管理 1+X 证书制度系列教材之一，根据《云服务操作管理职业技能等级标准》（下称《等级标准》）中的云服务操作管理职业技能等级要求（初级）编写，主要用于开展云服务操作管理 1+X 证书的初级认证相关培训工作。

本书采用基础理论知识结合企业实际项目的形式，以项目引领、任务驱动方式推进，通过对初级认证资格标准中涉及的 ITIL 流程管理、VirtualBox 虚拟机管理、网络基础、云存储、关系数据库、Linux 操作系统基础、常用网络应用服务器管理、C/C++程序开发基础、云产品应用等内容与技能进行了讲解，并围绕核心考点加强备考训练，顺利达成考证要求。

本书可作为云服务操作管理 1+X 证书的初级认证相关教学和培训教材，也可作为云服务操作管理相关技术人员的学习参考书。

图书在版编目（CIP）数据

云服务操作管理：初级 / 腾讯云计算（北京）有限责任公司主编 . --北京：高等教育出版社，2021.8

ISBN 978-7-04-055424-3

Ⅰ. ①云… Ⅱ. ①腾… Ⅲ. ①云计算-高等职业教育-教材 Ⅳ. ①TP393. 027

中国版本图书馆 CIP 数据核字(2021)第 023930 号

Yunfuwu Caozuo Guanli（Chuji）

策划编辑 侯昀佳　　责任编辑 吴鸣飞　　封面设计 赵 阳　　版式设计 于 婕

插图绘制 于 博　　责任校对 刘 莉　　责任印制 存 怡

出版发行	高等教育出版社	网　址	http://www.hep.edu.cn
社　址	北京市西城区德外大街 4 号		http://www.hep.com.cn
邮政编码	100120	网上订购	http://www.hepmall.com.cn
印　刷	北京市大天乐投资管理有限公司		http://www.hepmall.com
开　本	787 mm×1092 mm 1/16		http://www.hepmall.cn
印　张	23. 25		
字　数	540 千字	版　次	2021年 8 月第 1 版
购书热线	010-58581118	印　次	2021年 8 月第 1 次印刷
咨询电话	400-810-0598	定　价	59. 50 元

物 料 号 55424-00

前言

2019年4月，教育部、国家发展改革委、财政部、市场监管总局四部门印发了《关于在院校实施“学历证书+若干职业技能等级证书”制度试点方案》(以下简称《试点方案》) 的通知，正式启动高等职业教育培养模式的改革，重点围绕服务国家需要、市场需求、学生就业能力提升，启动1+X证书制度试点工作。《试点方案》的重点之一是强调职业技能证书在高等职业教育中的作用，将校内的职业教育和校外的职业培训有机结合形成新的技术技能人才培养模式。

随着科学技术的不断发展，数据已成为一种新的生产手段，云计算将成为一种新的社会生产力，云计算服务提供商将继续优化服务和技术，致力于使云计算服务成为一种社会公共基础设施。通过云计算平台和技术，可以管理、集成、优化和调度互联网上分布的各种资源，为用户提供统一界面的各种计算服务。将为更多的用户提供“巨大的肩膀”，技术红利的包容性技术，让更多企业用户可以站在云计算巨头的肩上，迎接全球化的机遇和挑战。

为响应新时期职教改革，配合1+X证书制度试点工作的开展，发挥职业技能证书在高等职业教育中的作用，腾讯云计算（北京）有限责任公司联合高等职业院校专家共同起草《云服务操作管理职业技能等级标准》。该标准明确了云服务操作管理职业技能等级对应的工作领域、工作任务及职业技能要求，并能适用于云服务操作管理职业技能培训、考核与评价及相关用人单位的人员聘用、培训与考核。本系列教材是基于此背景进行开发的，分别对应云服务操作管理职业技能的初级、中级、高级，能同时满足读者知识学习、技能训练及1+X证书考证需求。

本书以模块化的结构组织各章节，以企业真实项目为载体，以任务驱动的方式安排教材内容，围绕着云行业技术服务、技术咨询、项目管理岗技术支持、云产品测试、云系统维护、网络运维、部署等工作岗位中关键技术作为教材内容。本书主要内容包括：ITIL流程管理、VirtualBox虚拟机管理、网络基础、云存储、关系数据库、Linux操作系统基础、常用网络应用服务器管理、C/C++程序开发基础、云产品应用等内容，本书特点如下。

（1）结构合理、内容系统

在内容安排上，根据读者的学习习惯和内容逻辑的梯度合理安排，更加适合读者学习。

（2）立足岗位，内容全面

本书立足于岗位，内容全面、过程清晰、重点突出，既可作为应用型本科院校、职业院校的云计算、计算机科学与技术、网络工程、软件工程等专业的教材，也可作为1+X职业技能等级证书云服务操作管理的培训教材，还可以作为云行业技术服务、技术咨询、项目管理岗技术支持、云产品测试、云系统维护、网络运维、部署等运营工作的企业人员的自学用书。

（3）案例和项目经典，图文并茂

本书每个章节采用案例或项目进行实战，每个项目进行精心挑选，具有较强的针对性。每个案例或项目讲解细致、步骤翔实、图文并茂，将复杂的知识简单化，便于读者学习。书中程序都有完整的代码，而且代码非常简洁和高效，便于读者学习和调试，读者可以直接重用这些代码来解决自己的问题。

（4）教学资料包丰富

本书配套微课视频、电子教案、教学课件PPT、源代码、习题等丰富的数字化教学资源。

本套教材能如期面世，感谢腾讯云计算（北京）有限责任公司、重庆瑞萃德科技发展有限公司、重庆师范大学、重庆工程学院、高等教育出版社等单位的大力支持，感谢开发团队所有成员的辛劳付出。

教师可发邮件至编辑邮箱1548103297@qq.com索取教学基本资源。

由于编者水平有限，疏漏和错误之处在所难免，希望广大读者能够提出宝贵意见。

编　者

2021年6月

目 录

第 1 章 ITIL流程管理

【学习目标】

知识目标

认识 ITIL 服务框架。

熟悉 ITIL 中服务台、运营管理、应用管理、技术管理等职能的概念。

熟悉服务组合管理、需求管理的概念。

熟悉服务级别管理、可用性管理、服务目录管理、容量管理的概念。

掌握变更管理的概念。

掌握事件管理、故障管理、问题管理的概念。

技能目标

识别 ITIL 项目中的流程问题归属。

【认证考点】

认识 ITIL 服务框架，掌握 ITIL 中服务台、运营管理、应用管理、技术管理等概念。

熟悉服务组合管理。

掌握需求管理关键点。

掌握服务级别管理方法。

掌握 ITIL 服务目录、容量管理的概念。

熟悉可用性管理、变更管理、配置管理、事件管理、问题管理的概念。

项目引导：重庆神马快递公司 ITIL 管理

【项目描述】

重庆神马快递公司是重庆一家新成立的小型快递服务公司，公司在运营发展过程中不断改进管理机制，引入 ITIL 流程管理理念。本章通过该公司在发展中遇到的不同问题以及解决办法介绍 ITIL 服务管理流程与职能的概念。

知识储备

1.1 IT 服务管理与 ITIL

IT 服务管理与 ITIL

近年来，ITIL（Information Technology Infrastructure Library，信息技术基础架构库）取得了迅速发展，成为了 IT 服务管理领域最佳的实践框架之一。ITIL 同 ISO 20000 的紧密联系更进一步证明了 ITIL 在 IT 服务管理中的重要地位。

1.1.1 IT 服务管理的背景

随着企业越来越需要其 IT 服务符合业务目标，人们更多地关注 IT 服务管理，而不是 IT 应用开发。一个信息系统在使用过程中发生故障或需要修改，如果能够得到维护和运营管理的支持，会更有助于组织实现目标。在 IT 产品的整个生命周期中，运营阶段占用了整个时间和成本的 70%~80%，另外不到 30%的部分用于产品开发和采购。因此，IT 服务管理体系的质量和效率是 IT 服务的重要因素。IT 服务管理（IT Service Management，ITSM）专门为不同需要的客户组织提供 IT 服务的启动、设计、组织、控制、供应、支持和改进。目前对于 IT 服务管理有 3 种主流定义。其中，国际权威组织 IT 服务管理论坛（itSMF）认为，IT 服务管理是一种以客户为中心的基于流程的方法，它通过整合组织业务与 IT 服务，提高组织的 IT 服务能力及水平。

IT 服务管理主要涉及为满足组织需求而定制的 IT 服务的交付和支持。ITIL 则是为系统地实施 IT 服务管理而提供的一个最佳通用框架。

1.1.2 ITIL 概述

ITIL 最早起源于 20 世纪 80 年代中期，由英国政府开发，用来提升业务效率，到 90 年代中期，ITIL 成为了事实上的欧洲 IT 服务管理标准。2005 年，以 ITIL 为基础的国际标准 ISO/IEC 20000 正式发布。ITIL 作为一种最佳的 IT 服务管理实践框架之一已经历了 3 个版本的发展，即职能一体化——ITIL v1、流程一体化——ITIL v2、服务工程化——ITIL v3。由于 ITIL v1 的发布时间较早，内容过时，不做进一步介绍。

1. ITIL v2

ITIL v2 针对组织的 IT 服务管理已经形成了一套相对严谨的一体化的流程体系，并最终成为 IT 服务管理领域全球广泛认可的最佳实践框架之一。ITIL v2 的核心框架如图 1-1-1 所示。

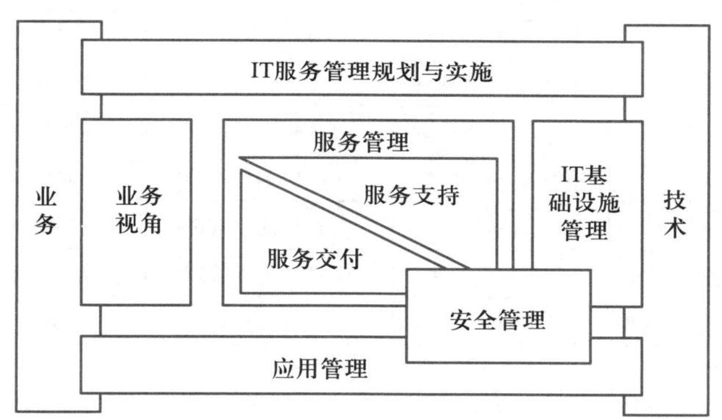

图 1-1-1　ITIL v2 的核心框架

处在 ITIL 框架中心的服务管理被分为两部分——服务交付和服务支持。这两部分也被认为是整个 ITIL 的核心。服务交付描述了客户需要用来支持其业务运作的服务以及提供这些服务所需要的资源，主要包括服务级别管理、IT 服务财务管理、能力管理、可用性管理和 IT 服务持续性管理。服务支持描述了客户和用户如何获得恰当的服务来支持他们的活动和业务，以及这些服务如何得到支持，主要包括服务台、事件管理、问题管理、配置管理、变更管理和发布管理。

IT 基础设施管理覆盖了从标识业务需求、招投标过程、信息和通信技术组件以及 IT 服务的测试、安装及后续运行到优化信息技术基础设施管理的所有方面。IT 服务管理规划与实施负责检查组织机构内规划、实施和改进服务管理所涉及的问题和任务。应用管理描述了从最初的业务需求直至应用废弃的整个应用生命周期中如何管理应用。它将重点放在应用的整个生命周期内，保证 IT 项目和战略与业务建立紧密的联系，从而确保业务从其投资中获得最高价值。业务视角提供了建议以帮助 IT 人员理解他们如何才能为业务目标做出贡献，以及如何更好地联系和挖掘其角色和服务以最大化其贡献。安全管理描述了规划和管理用于信息和 IT 服务的给定级别安全的过程，包括与响应安全事故相关的所有方面，也包括风险和脆弱性的评估和管理，以及成本有效对策的实施。

2. ITIL v3

ITIL v3 基于服务生命周期的理念对 ITIL v2 的流程进行了重构和修订。其整个知识体系由核心组件、补充组件和网络组件组成。核心组件由服务战略、服务设计、服务转换、服务运营和持续服务管理五部分组成，其改进或部分替换了 ITIL v2 的服务支持和服务交付部分。核心组件针对 IT 服务的整个生命周期提出了一整套核心的概念体系以及相对稳定和通用的最佳实践。图 1-1-2 详细描述了 ITIL v3 各流程之间的关系以及负责的内容，同时也可以和 ITIL v2 的流程和职能模块进行对比。

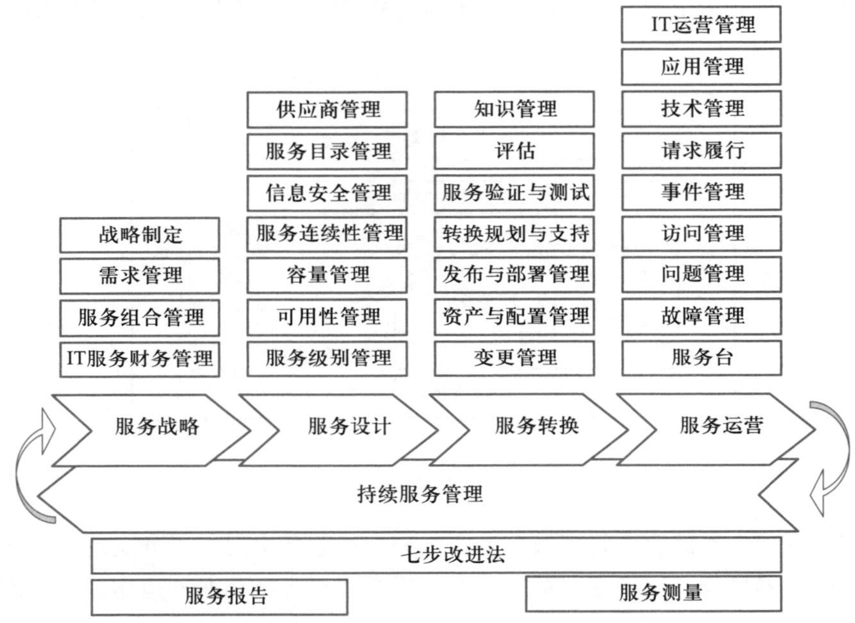

图 1-1-2 ITIL v3 各流程之间的关系以及负责的内容

（1）服务战略

ITIL v3 的服务战略从组织能力和战略资产两个角度为组织进行战略方面的决策和设计提供了一套结构化的方法，包括 IT 服务财务管理、服务组合管理、需求管理和战略制定 4 个流程。

① IT 服务财务管理。其目的在于帮助 IT 部门对 IT 服务所需的 IT 资源进行成本效益管理。该流程将 IT 服务成本进行分解，并将它们与提供的各种 IT 服务关联起来。

② 服务组合管理。这是针对 IT 服务提供商所提供的各种 IT 服务项目和品类在时间节奏、资源投放、价值管理等方面进行动态跟踪、协调和控制的一种管理方法，可以帮助管

理者区分投资的先后顺序，并优化资源的分配。服务组合包括服务通道、服务目录和服务终止 3 个阶段。服务组合管理是一个动态、持续和循环的过程，包括定义、分析、批准和发布 4 个主要阶段。

③ 需求管理。是指理解并影响客户对服务的需求，以及提供相应容量以满足这些需求的活动。目标是确保服务资源的生产能力和需求预测及模式保持一致，确保某些能力可以在需要时迅速提升，不使用时及时释放。需求管理需要对客户的服务需求进行研究，创建用户资料、业务活动模式及需求模式，以准确地描述客户的服务需求。

④ 战略制定。为客户的需求进行战略制定，满足客户的需求。

（2）服务设计

ITIL v3 的服务设计是对服务及服务管理流程的设计和开发指导，包括将战略目标转变成服务投资组合和服务资产的原则和方法，包括如图 1-1-2 所示的服务级别管理、可用性管理、容量管理、服务连续性管理、信息安全管理、服务目录管理和供应商管理 7 个流程。

① 服务级别管理（Service Level Management，SLM）是指规划、协调、起草、约定、监控和报告服务级别协议（Service Level Agreement，SLA），以及持续评审服务成果，用以确保满足客户要求的服务质量并能逐步改进。SLA 是客户和服务供应商之间签订的书面协议，明确双方的服务目标和职责。

② 可用性管理（Availability Management）是通过部署合适的资源和方法，从而确保与客户约定的 IT 服务可用性目标能够实现的流程。其主要涉及优化维护活动，以及设计有关措施以将事件发生的次数降至最低等方面。

③ 容量管理（Capacity Management）的目标是确保在可接受的成本范围内，IT 容量能够及时满足当前和未来的业务需求。容量管理包括业务容量管理、服务容量管理和资源容量管理 3 个子流程。

④ 服务连续性管理（Service Continuity Management）主要涉及 IT 服务运营准备和灾难恢复措施，以及避免业务运作发生中断。其目的是提供一套完整的解决方案以应对策略性的 IT 灾难事故，以帮助组织确保业务连续性。

⑤ 信息安全管理（Information Security Management）从安全的视角对 IT 服务过程中的各种信息进行管理和控制。

⑥ 服务目录管理（Service Catalogue Management）是指记录所有服务项目的相关信息的一个数据库或结构化文档资料，包括业务服务目录和技术服务目录。服务目录管理就是确保服务目录的建立和维护，确保服务目录中的信息能够准确地反映当前服务的详细情况、状态等。

⑦ 供应商管理（Supplier Management）是管理供应商和供应商提供的服务。

（3）服务转换

ITIL v3 的服务转换为如何将新的或变更的服务转换到运营过程中，以及对相关能力的开发和改进提供深入指导，包括以下 7 个流程。

① 变更管理（Charge Management）的目的是管理变更的过程，使得与变更有关的错误事件减少。其流程活动主要包括创建变更请求，记录、评审变更请求，评估变更，授权变更，计划变更，实施变更，评审和关闭变更。

② 资产与配置管理（Asset and Configuration Management）融合了资产管理与配置管理，通过统一的配置数据库同时实现资产管理和配置管理的目标。

③ 发布与部署管理（Release and Deployment Management）的目的是通过执行一套标准化的发布程序来确保达成变更管理的控制要求。

④ 转换规划与支持（Transition Planning and Supporting）针对大规模组织中同时需要实施多个变更时，进行多变更协调和计划。通常，在一般的 IT 服务组织中，它并不是一个持续的流程。

⑤ 服务验证与测试（Service Validation and Testing）对整个服务的全生命周期内不同阶段的服务状态进行验证和测试。

⑥ 评估（Evaluation）是指评估服务设计方案在通过服务转换进入服务运营状态整个过程中是否取得了预期的绩效，是否遵循了标准化流程。

⑦ 知识管理（Knowledge Management）的目的是确保正确的信息和知识以一种可高效利用的方式传递给所有的 IT 服务人员。

（4）服务运营

ITIL v3 的服务运营是对如何达到服务支持和交付应有的效果和效率，以确保客户与服务供应商实现其服务价值提供指导。其包括事件管理、故障管理、请求履行、问题管理、访问管理 5 个流程和服务台、技术管理、IT 运营管理、应用管理 4 项职能。

① 事件管理（Event Management）。事件表示对 IT 基础设施及其支持的 IT 服务产生重大影响的任何状态变化。事件管理是提供检测、分辨事件并确定恰当的控制行动的能力，事件管理是服务运营监视和控制的基础。事件包含通知性消息、警告和异常。事件管理的活动通常包括事件的发生、通知、监测、过滤、重要性判断、关联、触发器、响应选择、回顾和关闭等。

② 故障管理（Incident Management）是 IT 服务管理中最早利用、使用频率最高的流程之一。ITIL v3 中故障管理包括中断或可能中断服务的任何故障，可能是用户直接报告的故障，也可能是通过服务台提交或通过事件管理与故障管理之间的工具接口产生的故障。故障管理流程就是处理所有故障的流程，主要包括故障识别记录、分类、划分优先级、调查与诊断、解决与恢复和关闭阶段。

③ 请求履行（Request Fulfillment）的主要任务是为用户提供请求和接受服务的渠道，为用户和客户提供关于服务可用性和获取服务程序的信息，提供标准服务的组成部分，帮助处理一般信息。

④ 问题管理（Problem Management）的目的是调查基础设施和所有可用信息，包括事件数据库，确定引发事件的真正原因，以及提供的服务中可能存在的故障。这里需要注意“问题”和“故障”的区别。

⑤ 访问管理（Access Management）的目的是为用户使用一项或一组服务进行授权，它是信息安全管理和可用性管理的策略和行动的具体执行。

⑥ 服务台（Service Desk）作为 IT 服务支持团队的一线，其首要目标是为用户和 IT 组织之间建立沟通的纽带，确保用户的故障请求和服务请求能够以最快的速度得以满足。服务台通常有本地式、集中式和虚拟式 3 种结构。

⑦ 技术管理（Technical Management）是指 IT 组织内专门负责 IT 基础架构管理的团队、部门或小组，通常是指 IT 组织内负责网络、服务器、存储设备等硬件设备或数据中心基础设施维护的团队。

⑧ IT 运营管理（IT Operation Management）是 IT 组织内部职能，涉及 IT 基础架构和基础设施的日常监控、维护和管理，通常对应着实际工作中的机房值班人员、备份操作人员、监控人员等日常维护人员。

⑨ 应用管理（Application Management）涉及组织内负责应用系统开发、测试和维护的专业团队。

项目实施

项目以重庆神马快递公司管理流程发展变化为例讲解 ITIL 服务管理流程，加深读者对不同 IT 服务流程和职能的理解。

需要完成的任务：

理解 IT 服务管理流程被触发的因素。

理解 IT 服务管理流程的概念。

1.2 任务：重庆神马快递公司 ITIL 管理流程

任务：重庆神马快递公司 ITIL 管理流程

1.2.1 案例背景

该案例通过一家新公司发展中所面临的服务管理问题来说明 ITIL 服务管理流程与职能。

随着物流业务的发展，王强、赵丽和李楠 3 人合伙在重庆成立了一家小型快递公司——重庆神马快递公司。公司主要业务是与几个大的快递公司进行合作，负责市区内小型包裹的收发任务。公司合伙人分工如下：王强负责记账开票、订单处理和维持商业联系。公司购买了一些应用软件系统来帮助记账和进行关系管理。赵丽负责接听电话、处理客户询问、规划快递人员和控制物流、将来自快递人员的消息传达给王强或李楠。李楠负责维护快递车（以三轮摩托车为主）、订购零部件和工具、规划物流以及对快递人员进行业务指导。公司的发展目标是让“重庆神马”成为本地快递业务的代名词。

1.2.2 服务管理流程与职能

1. 服务资产与配置管理

李楠在对快递车的管理过程中，为了保持快递车运行良好，专门配置了维修快递车的工具、零部件以及维修师傅，同时配置数据库系统对快递车状态、零部件消耗等进行管理，并且撰写业务报告向李强汇报。这些活动属于服务资产与配置管理流程。

2. 事件管理与服务台

随着业务量的增加，赵丽的电话接听量越来越大——客户订单需求、客户抱怨、快递员的快递车故障无法投递、包裹派单错误等问题都报告到赵丽这里，由此造成赵丽工作量大，遗忘回复电话，问题处理不及时，最终订单下降。因此，专门招聘了两名员工，一名员工负责电话接听，记录客户订单要求并受理客户答疑、投诉等；另一名员工负责接听快递员的问题电话，对包裹派单错误、快递车故障、路线优化等问题进行处理，对能解决的问题直接解决，解决不了的汇报给赵丽。这些活动包含服务台和事件管理的内容。

3. 问题管理

当服务台遇到问题时，会根据赵丽给出的问题解决方案文档解决大部分已知问题，对于新的问题，向赵丽汇报，并记录解决方案。例如，快递车在路上发生故障是常见现象，造成快递员进退两难。服务台收到车辆故障信息，会根据故障类型派其他快递员送替换零件或者派拖车解决。李楠在零部件消耗数据中发现，某品牌摩托车的配件更换非常频繁，不清楚是装配问题、质量问题还是时间问题。这些内容属于问题管理流程。

4. 变更管理

在公司的发展过程中，赵丽发现快递车中A品牌车子的刹车要比B品牌的磨损快，而且还发现包裹经常丢失是由于被错误放到其他快递车上造成的。针对这些问题赵丽、王强和李楠在会上讨论并形成了改进方案。

① 逐渐淘汰A品牌车子的刹车，并制定时间计划表由李楠负责实施。

② 采用一种新的包裹分类和分配方法，并进行测试、推广。车辆零件的更换和新的包裹分类方法属于变更管理流程。

5. 可用性管理

由于公司业务量增加，资源紧张，而快递车的损坏、快递员请假都可能造成快递延迟、客户抱怨。公司讨论加大投资，成立专门的移动维修小组，建立在线订单处理和跟踪系统等，从而保证快递配送效率。该部分属于可用性管理流程。

6. 能力管理

随着市场变化、公司规模扩大，神马快递公司准备把业务扩张到重庆的下属区县，首先考虑较近的壁山和江津。王强调研获得两个区县每条线路需要配置的快递员和站点的经验数据，并使用路线规划软件计算每条线的包裹量、繁忙时段、车辆人员配置等数据，他希望通过这些数据进行设备和人员的规划，因此制定了一份关于预期业务扩张和相应成本和投资的报告。该部分属于服务设计中的能力管理流程。

7. 持续性管理

公司附近大楼发生的火灾让公司领导意识到风险问题，决定增加灾难恢复方案。考虑对另外一处较大站点租用的办公室进行扩张，重点是设置网络备份系统。如果主办公区出现灾难，备份系统能够快速恢复。该部分属于持续性管理流程。

8. 财务管理

随着快递业务的不断发展，公司之间的竞争更加激烈。支持服务正常运行的成本也在提高，公司对 IT 设施越来越依赖，公司与电信服务商签订了一份专门租用一条通信线路的合同，并雇用了网络专业人员进行维护。快递服务水平的提高也意味着人员的增加，站点维护、车辆更换等问题也造成了成本的增加。但是，以提高服务价格来抵消成本的增加也越来越难。王强希望引进成本中心系统获得每项服务所耗费的成本，通过服务项目的盈利来弥补成本的提高。此处成本核算、定价计划等属于财务管理流程。

9. 服务级别管理

王强希望老客户对公司忠诚，与其签订长期合同，每月支付固定费用，对所有包裹进行打包处理，不需要单独核算。快递车零部件消耗大，与零部件供应商签订服务合同，保证零部件的交付时间。公司雇人担任客户经理，负责将客户的需求转化成新的服务或改进服务计划，在签订合同后，把该项服务列入新的服务目录。与老客户的服务协议、新服务的制定等涉及服务级别管理流程。

10. 发布管理

公司为了更好地激励员工的工作热情和工作质量，修改了快递员的工资制度。例如，降低基本工资比例，提高包裹计件比例，并把服务满意度纳入考核。这样，服务态度好、配送量大的快递员工资明显提高；服务态度不好、配送量低的快递员工资下降。公司把工资制度修改计划制定成 v5.1 版本，并在公司内发布执行。工资制度修订及发布属于发布管理流程。

本章小结

本章主要介绍了 IT 服务管理中 ITIL 实践框架的概念，以及核心流程与职能的概念，并通过重庆神马快递公司的管理案例解释了 ITIL 关键服务流程的触发原因与基本功能，以加深读者对 ITIL 中涉及的核心流程和职能的理解。

本章习题

一、单项选择题

1. 下列（　　）流程或职能负责处理由最终用户提出的有关服务使用方面的疑问。

A. 可用性管理　　B. 服务级别管理　　C. 问题管理　　D. 服务台

2. “已知错误”和“问题”的不同之处表现在（　　）。

A. “已知错误”的根源已知，而“问题”的根源未知

B. “已知错误”涉及 IT 基础设施的错误，而“问题”不涉及

C. “已知错误”通常源于突发事件，而“问题”不一定

D. 就“问题”而言，与其相关的配置项是已经被识别和确认了的，而对“已知错误”则不然

3. 服务器上发生了两个事件，看起来是由于多重连接所导致的服务器超载。在这种情况下，事件管理应（　　）。

A. 要求能力管理对服务器扩容

B. 要求问题管理对问题立刻进行调查

C. 要求安全管理核查用户是否过多

D. 要求服务级别管理重新修订服务级别协议

4. 只有获得修改基础架构的授权，配置管理数据库的数据才能被修改。下面（　　）流程能给予这样的授权。

A. 变更管理　　B. 配置管理　　C. 事故管理　　D. 服务级别管理

5. IT 服务管理采用下列中的（　　）措施保证 IT 服务的质量。

A. 将与客户、提供商之间的协定记录进正式的文档

B. 制定通用的可接受的服务级别标准

C. 在所有员工中推行客户导向模式

D. 通过计划、实施和管理为 IT 服务提供一套简便的流程

6. 下列中（　　）流程负责开发并制定一项收费体系。

A. 可用性管理　B. 能力管理　C. IT 服务财务管理　D. 服务级别管理

7. 将事件和已知错误（已记录的）解决方案进行匹配属于（　　）流程的职能活动。

A. 变更管理　B. 事件管理　C. 问题管理　D. 配置管理

二、问答题

1. 案例中是什么因素触发了服务台的开发？
2. 案例中是什么因素触发了变更管理流程的开发？

第 2 章　VirtualBox虚拟机管理

【学习目标】

知识目标

了解什么是虚拟化。

理解虚拟化的优势。

掌握虚拟化分类。

掌握虚拟机与虚拟化之间的关系。

掌握 VirtualBox 虚拟机软件的安装、部署及管理。

技能目标

安装 VirtualBox 虚拟机软件。

创建虚拟机。

对虚拟机配置进行调整。

熟练使用虚拟机。

设置主机与虚拟机之间的文件夹共享。

设置虚拟机快照。

设置虚拟机的导出与导入。

【认证考点】

理解虚拟化的基本概念与分类。

掌握 VirtualBox 虚拟机软件的安装、部署与管理。

📖 项目引导：基于 VirtualBox 的虚拟化部署

【项目描述】

在计算机专业教师的教学过程中或计算机专业学生的学习过程中，需要使用不同的操作系统进行教学或学习。在一般场合使用 Windows 操作系统，而在程序开发项目中或系统运维等场景则需要使用 Linux 或其他操作系统，如果有两台或多台计算机则不需担忧安装多个操作系统的问题，如果仅有一台计算机，则需考虑在一台计算机中安装双系统或多系统。如何在一台计算机上安装双系统或多系统呢？通常的解决方法是在计算机上安装虚拟机软件，达到一台计算机虚拟出多台逻辑计算机的效果。目前市场的虚拟机软件较多，但开源的虚拟机软件较少，项目采用开源的虚拟机软件 VirtualBox 实现虚拟化的部署。

知识储备

2.1 虚拟化概述

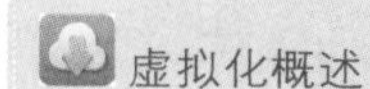

在云计算基础架构中，计算机系统虚拟化是一切建立在“云”上的服务与应用的基础。虚拟化技术目前主要应用在 CPU、操作系统、服务器等方面，是提高云服务效率的最佳解决方案之一。

2.1.1 虚拟化的定义

计算虚拟化是指通过虚拟化技术将一台计算机虚拟为多台逻辑计算机。在一台计算机上同时运行多台逻辑计算机，每台逻辑计算机可运行不同的操作系统，并且应用程序都可以在相互独立的空间内运行而不相互影响，从而提高计算机的工作效率和利用率。

2.1.2 虚拟化的优势

虚拟化的主要目的是对 IT 基础设施进行简化，使得对资源和资源管理的访问过程操作简单、容易。虚拟化的优势有很多方面，具体如下。

1. 提高资源的利用率

虚拟化技术能实现物理资源和资源池的动态共享，提高资源利用率。

2. 降低管理成本

采用虚拟化技术后能提高工作人员的效率，主要表现在减少必须进行管理的物理资源的数量，隐藏了物理资源的部分复杂性，能实现中央管理来简化公共管理任务，能实现负载管理自动化，除此之外，虚拟化还可以支持在多个平台上使用公共的工具。通过虚拟化技术在管理上能降低成本。

3. 提高使用灵活性

虚拟化可实现动态的资源部署和重配置，满足不断变化的业务需求，提高其灵活性。

4. 提高安全访问性

虚拟化可实现较简单的共享机制，可实现对数据和服务进行可控和安全的访问。

5. 更高的可用性

虚拟化可在不影响用户的情况下对物理资源进行删除、升级或改变，从而提高其可用性。

6. 更高的可扩展性

虚拟化能根据不同的产品特性，对资源进行分区或汇聚，从而能实现比物理资源获取更少或更多的虚拟资源，这意味着可以在不改变物理资源配置的情况下进行规模调整，从而提高其可扩展性。

7. 互操作性

虚拟资源能实现与各种接口和协议的兼容，从而提高其互操作性。

8. 改进资源供应

与物理资源单位相比，虚拟化能够以更小的单位进行资源分配，可以改进资源的供应。

2.1.3 虚拟化的分类

虚拟化技术根据虚拟对象可分成计算虚拟化、存储虚拟化、网络虚拟化等。

1. 计算虚拟化

计算虚拟化通过虚拟机软件可以虚拟出多台逻辑计算器，运行不同的操作系统，提高计算机的利用率和工作效率。

计算虚拟化使用软件的方法重新定义、划分 IT 资源，可以实现 IT 资源的动态分配、灵活调度、跨域共享，提高 IT 资源利用率，使 IT 资源能够成为共用的基础设施，服务于灵活多变的应用需求。

2. 存储虚拟化

存储虚拟化是对存储硬件资源进行抽象化，将存储资源进行统一整合管理，这种虚拟化可以将用户与存储资源中大量的物理特性隔绝，虚拟化的存储资源就像“存储池”，用户不会看到具体的磁盘等存储设备，也不用关心具体的存储路径。

3. 网络虚拟化

网络虚拟化是通过软件定义网络，并对网络资源进行抽象化。面对云化的数据中心，大量的动态变化，以及弹性漂移和伸缩的特点，对网络提出了更高的按需配置和随动的需求。

2.1.4 虚拟化的主流产品

虚拟化技术是指在软件层面上实现虚拟化的技术，整体上分为开源虚拟化和商业虚拟化两大阵营。典型的代表有 VirtualBox、Xen、KVM、Vmware、Hyper-V、Docker 容器等。本章主要讲解 VirtualBox 开源虚拟化产品。

2.2 虚拟化与虚拟机

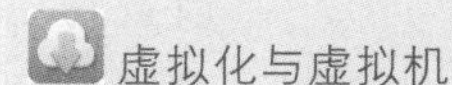

虚拟化是指计算机元件在虚拟的基础上运行，虚拟化技术可以扩大硬件的容量，简化软件的重新配置过程。而虚拟机指通过软件模拟出的计算机系统。

2.2.1 虚拟机概述

虚拟机（Virtual Machine）是通过软件模拟的、具有完整硬件系统功能的、运行在一个完全隔离环境中的完整计算机系统。虚拟机是虚拟化技术的一种实现方式，通过虚拟机软件，可以在一台物理计算机上模拟出一台或多台虚拟的计算机，这些虚拟机就像真正的计算机那样进行工作，如可以安装操作系统，安装应用程序，访问网络资源等。对于计算机而言，虚拟机是运行在物理计算机上的一个应用程序，但是对于在虚拟机中运行的应用程序而言，它就是一台真正的计算机。

1. 虚拟机软件

常用的虚拟机软件有 VMware、VirtualBox 等，它们都能在 Windows 系统上虚拟出多台计算机。

2. 虚拟机的优缺点

虚拟机的优点是虚拟机可以模拟出其他种类的操作系统。虚拟机的缺点是因虚拟机需要模拟底层的硬件指令，所以在虚拟机上应用程序的运行速度比虚拟机系统要慢。

2.2.2 虚拟化与虚拟机的关系

虚拟化与虚拟机的关系：虚拟机是虚拟化的一种表现形式，是虚拟化的一种工具，它们之间是主从关系。虚拟化除了包含虚拟机，还包括硬件平台以及不同的应用程序和管理应用程序，虚拟化是一种将应用在一个平台上虚拟成不同的组件的系统集合。

项目实施

本项目采用 VirtualBox 开源虚拟机软件，实现虚拟机的安装、部署及管理。具体的项目实施过程主要有安装与部署虚拟机、设置与启动虚拟机、管理虚拟机等。

需要完成的任务：

安装部署 VirtualBox 虚拟机

设置与启动 VirtualBox 虚拟机

管理 VirtualBox 虚拟机

2.3 任务 1：安装与部署 VirtualBox 虚拟机

任务 1：安装与部署 VirtualBox 虚拟机

VirtualBox 是开源虚拟机软件，它是由 Sun 公司开发的产品，Sun 公司于 2009 年被 Oracle 公司收购，VirtualBox 更名为 Oracle VM VirtualBox。

1. VirtualBox 的优点

① 体积小巧，相对于 VMware 而言，VirtualBox 只有十几兆字节的体积。

② 免费、开源。

③ 功能够用，具有备份、共享、虚拟机技术等特点，且配置简单。

2. VirtualBox 可支持的操作系统

VirtualBox 虚拟机软件可以安装并执行 Solaris、Windows、DOS、Linux、Mac OS X、Warp、BSD 及 Android 等操作系统。VirtualBox 虚拟机软件还具有其独到之处，能支持远端桌面协议（Remote Desktop Protocol，RDP）、iSCSI 及 USB 等。

2.3.1 安装 VirtualBox

VirtualBox 软件对系统的要求：处理器为 266 MHz 或者更快的处理器，单个或者多个处理器（建议 400 MHz 以上）；内存最小为 128 MB（建议 256 MB 以上）；磁盘驱动器需要至少 100 MB 空闲空间（建议 500 MB 以上的空闲磁盘空间）。

1. VirtualBox 的下载

直接在 VirtualBox 官网中下载。以 Winodws 10 操作系统为例，下载安装 VirtualBox，如图 2-3-1 所示。

图 2-3-1 下载 VirtualBox

2. VirtualBox 的安装

【步骤 1】启动安装程序，双击 VirtualBox 的安装程序，进入到安装向导，如图 2-3-2 所示。

【步骤 2】设置快捷方式及文件关联，如图 2-3-3 所示。

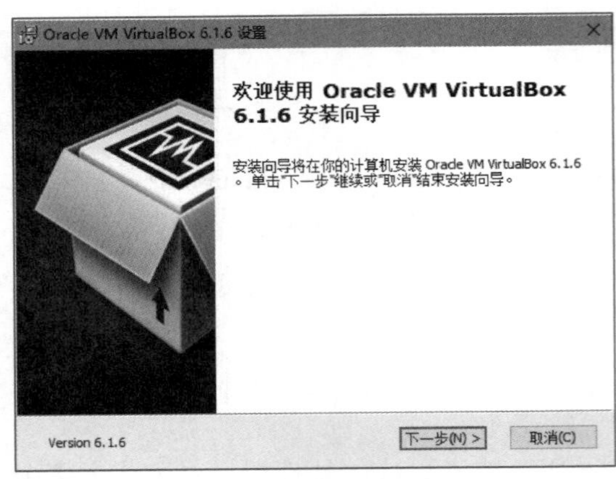

图 2-3-2 安装向导

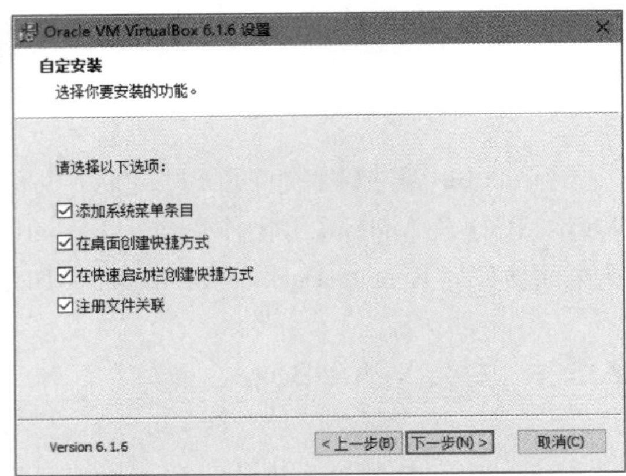

图 2-3-3 设置快捷方式和文件关联

接下来按照安装向导一步一步进行操作，就可以完成对 VirtualBox 软件的安装。双击 VirtualBox 图标，启动 VirtualBox，进入 VirtualBox 管理器界面，如图 2-3-4 所示。

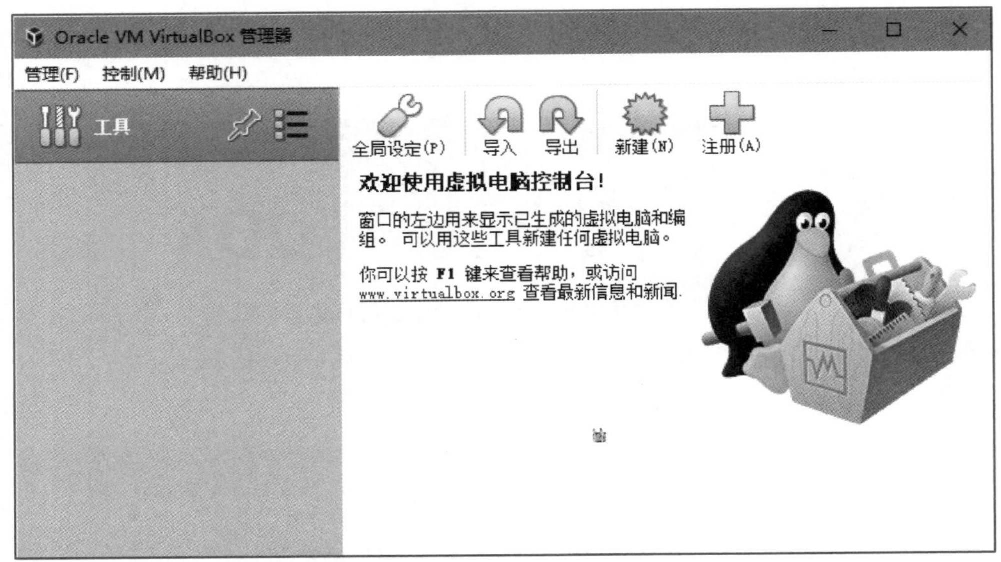

图 2-3-4 VirtualBox 管理器界面

2.3.2 创建虚拟机

【步骤 1】创建虚拟电脑（虚拟机）。打开 VirtualBox 软件，进入主界面后选择“控制”→“新建”菜单命令，创建虚拟电脑，如图 2-3-5 所示。

【步骤 2】设置虚拟电脑信息。设置虚拟电脑的信息，包括名称、文件夹、类型和版本。其中名称为虚拟电脑的名称；文件夹表示虚拟电脑存放的路径；类型是指支持操作系统的类型，支持 Windows、Linux、Solaris、BSD、IBM OS/2 等操作系统；版本是指操作系统的版本。以安装 Ubuntu 系统为例，如图 2-3-6 所示。

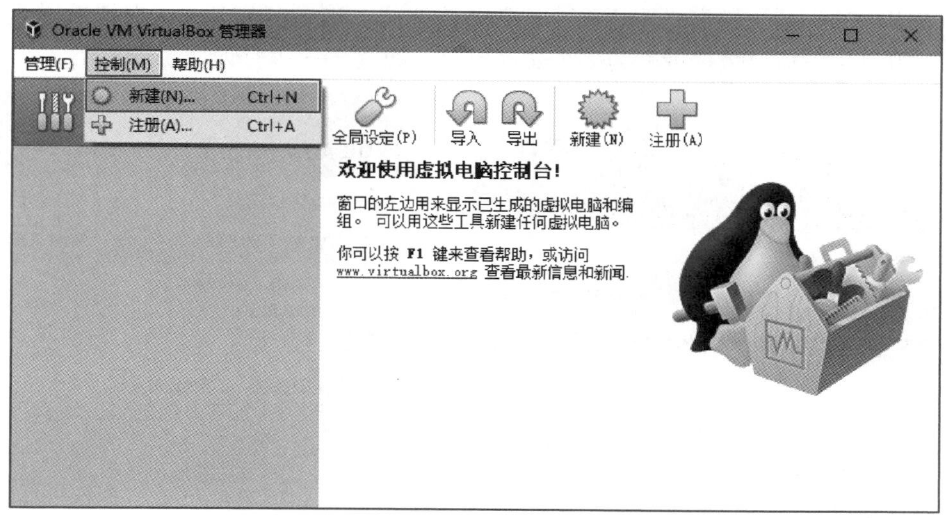

图 2-3-5　新建虚拟电脑

【步骤 3】设置内存大小。设置内存大小指的是分配给虚拟电脑的内存大小，如设置内存大小为“1024 MB”，如图 2-3-7 所示。虚拟机内存设置要尽量设置的比物理机小，虚拟内存也可以在创建虚拟机后动态调整。

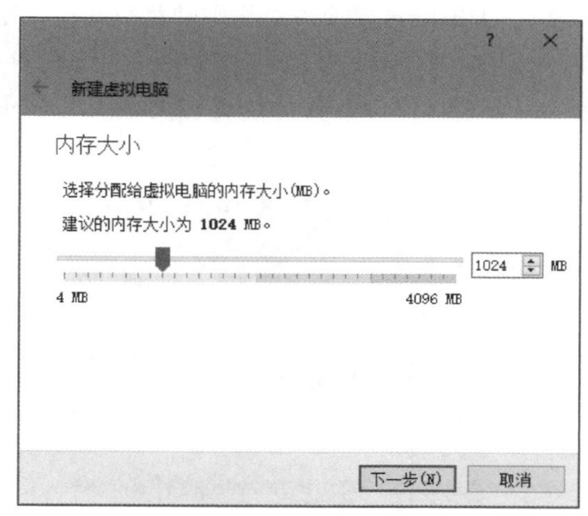

图 2-3-6　设置虚拟电脑信息

图 2-3-7　设置内存大小

【步骤 4】创建虚拟硬盘。创建虚拟硬盘是指将虚拟硬盘添加到新虚拟的电脑中，有 3 个选项，分别为“不添加虚拟硬盘”“现在创建虚拟硬盘”和“使用已有的虚拟硬盘文件”。如果想灵活地配置虚拟硬盘，则选中“不添加虚拟硬盘”单选按钮，可以在创建的虚拟电脑中配置虚拟硬盘；如果在创建虚拟电脑时创建虚拟硬盘，则选中“现在创建虚拟硬盘”单选按钮；如果有虚拟硬盘文件，则选中“使用已有的虚拟硬盘文件”单选按钮。

创建虚拟硬盘如图 2-3-8 所示。

【步骤 5】选择虚拟硬盘文件类型。虚拟硬盘文件类型有“VDI（VirtualBox 磁盘映像）”“VHD（虚拟硬盘）”“VMDK（虚拟机磁盘）”。选中“VMDK（虚拟机磁盘）”单选按钮，可以将虚拟机数据拆分为多个文件保存，如图 2-3-9 所示。

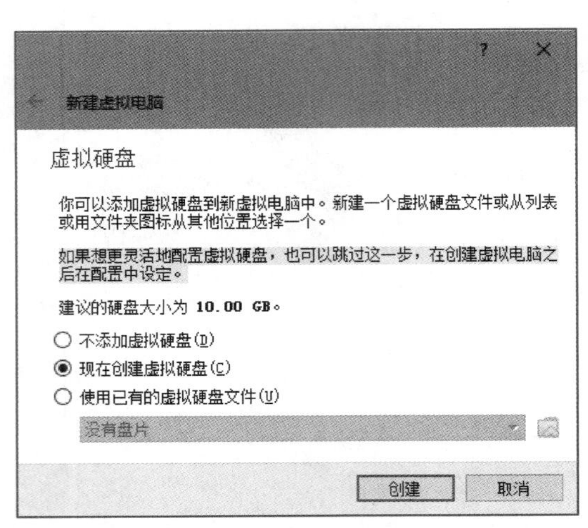

图 2-3-8 创建虚拟硬盘

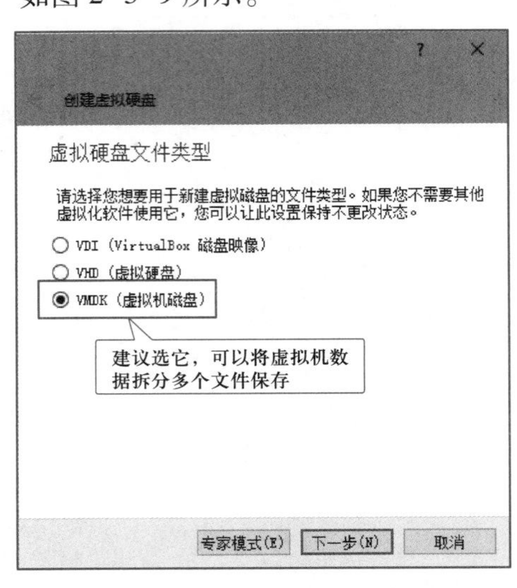

图 2-3-9 选择虚拟硬盘文件类型

【步骤 6】存储在物理硬盘。存储在物理硬盘的方式有动态分配和固定大小，动态分配是指在虚拟磁盘逐渐占用物理硬盘空间；固定大小是指虚拟磁盘文件可以在系统中花费很长时间创建，但它使用起来比较快。这里选中“动态分配”单选按钮，如图 2-3-10 所示。

【步骤 7】设置文件位置和大小。本步骤是设置保存创建虚拟硬盘的名称及保存的目录，这里设置虚拟硬盘的大小是指虚拟文件在实际硬盘中能用到的极限大小，如图 2-3-11 所示。

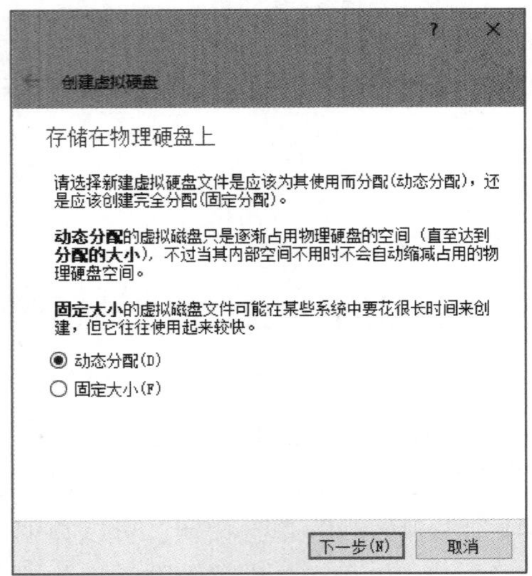

图 2-3-10 选择存储在物理硬盘的方式

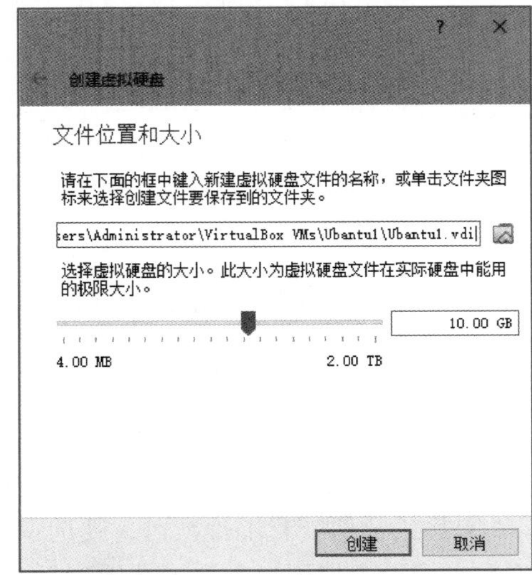

图 2-3-11 设置文件位置和大小

经过以上几个步骤，虚拟机就创建完成了，如图 2-3-12 所示。

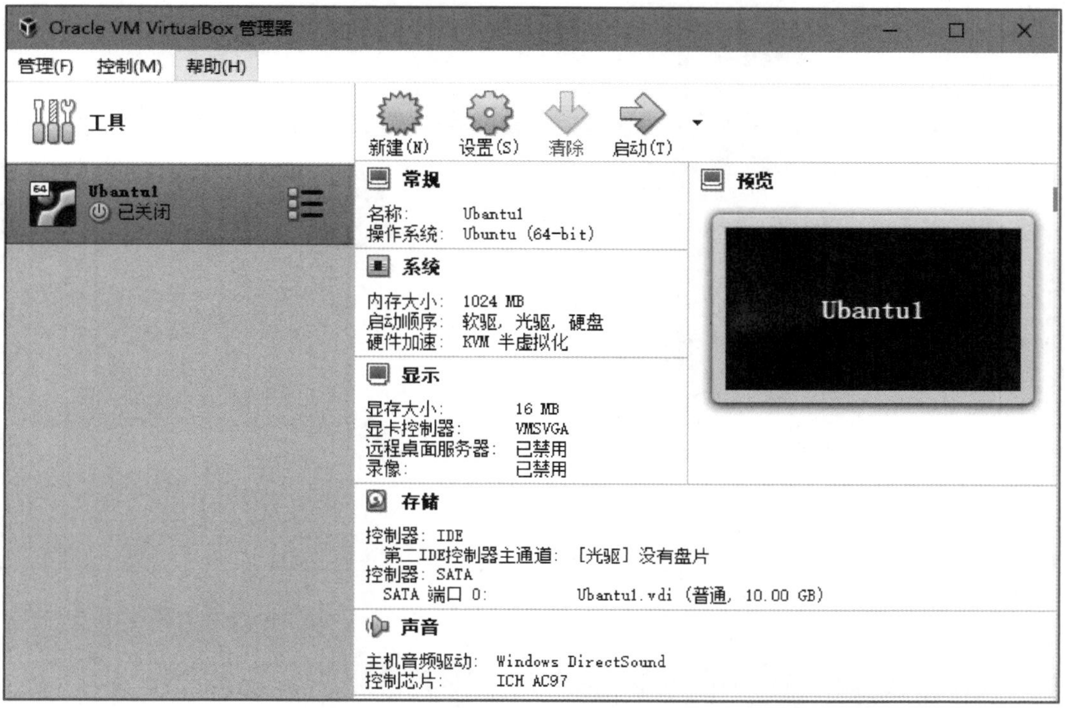

图 2-3-12　虚拟机创建完成

2.4　任务 2：配置与启动 VirtualBox 虚拟机

任务 2：配置与启动 VirtualBox 虚拟机

虚拟机安装完成后，这时还未安装操作系统，需要对虚拟机的配置进行调整，安装操作系统，然后再启动虚拟机。

2.4.1　配置 VirtualBox 虚拟机

创建好的虚拟机根据业务需要，可调整系统、存储、声音、网络、共享文件夹等设置。

【步骤 1】进入设置界面。选择创建好的虚拟机，单击“设置”按钮，进入虚拟机设置界面，如图 2-4-1 所示。设置主要包括常规、系统、显示、存储、声音、网络、串口、USB 设备、共享文件夹、用户界面。

【步骤 2】常规设置。常规设置包含基本、高级、说明及虚拟盘加密设置，其中基本设置中主要有名称、类型和版本信息，如图 2-4-2 所示。

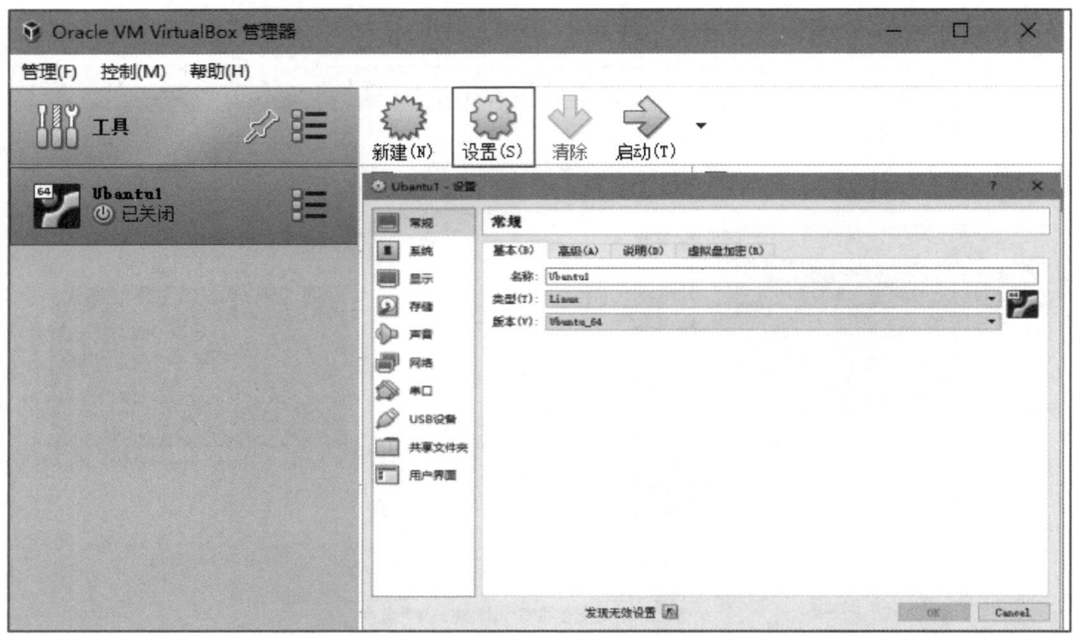

图 2-4-1　进入设置界面

图 2-4-2　基本设置

高级设置主要有备份的位置、共享粘贴板、拖放信息，如图 2-4-3 所示。说明设置主要指用户可以在此留言。

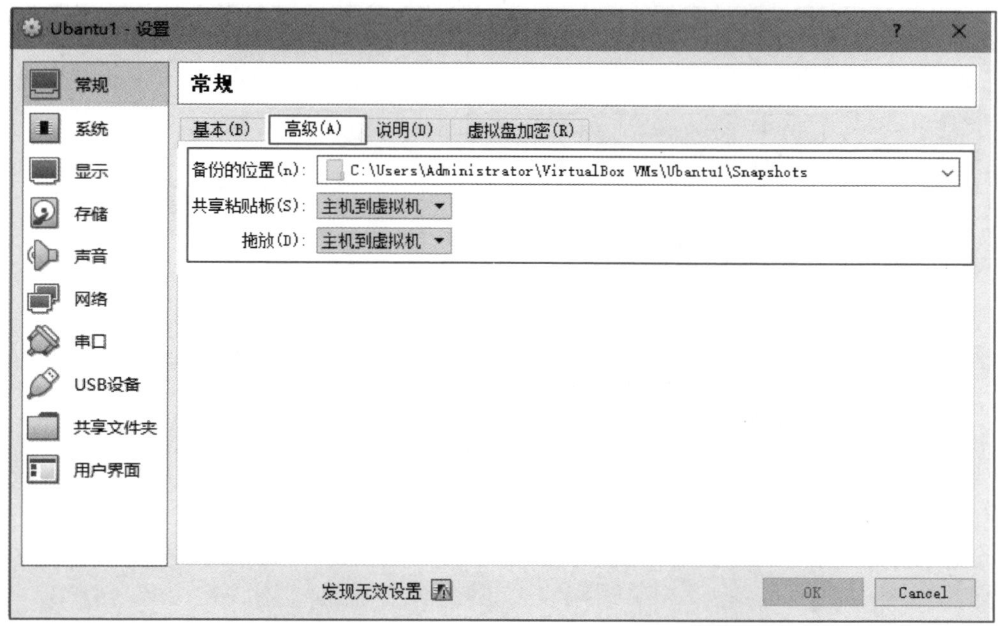

图 2-4-3　高级设置

虚拟盘加密设置有启用加密、加密算法和密码等信息，如图 2-4-4 所示。

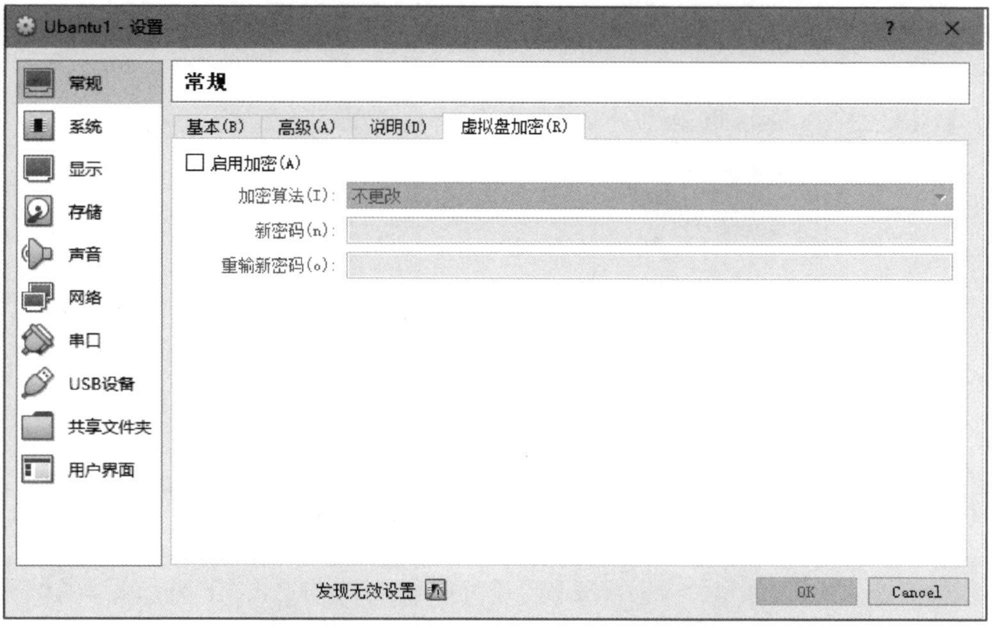

图 2-4-4　虚拟盘加密设置

【步骤 3】系统设置。系统设置主要有主板、处理器及硬件加速，其中主板设置中可以设置内存大小、启动顺序、芯片组、指点设备及扩展特性，如图 2-4-5 所示。

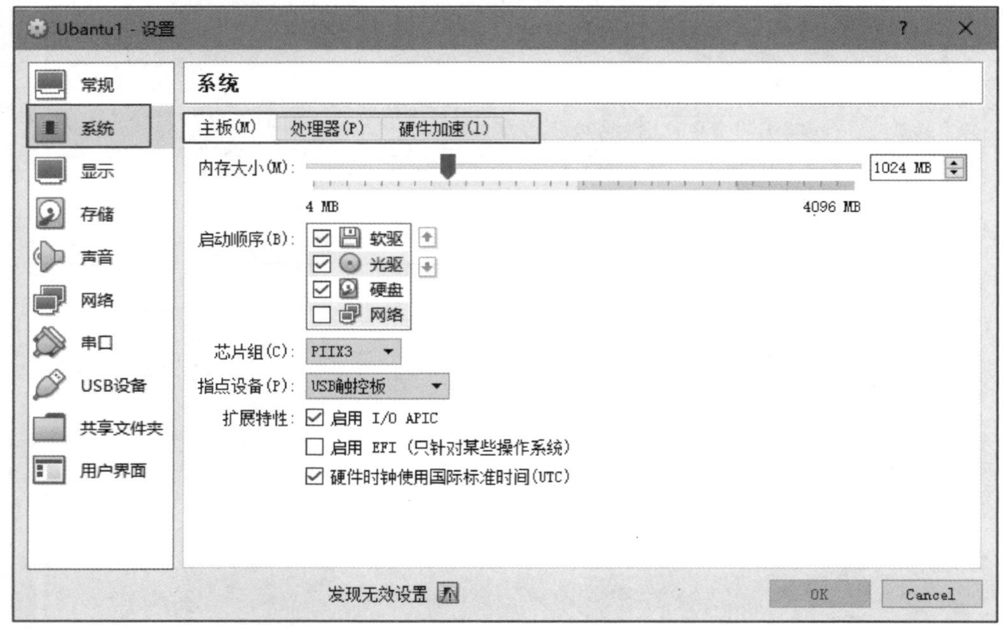

图 2-4-5 主板设置

处理器设置中包含了处理器数量、运行峰值和扩展特性设置，如图 2-4-6 所示。

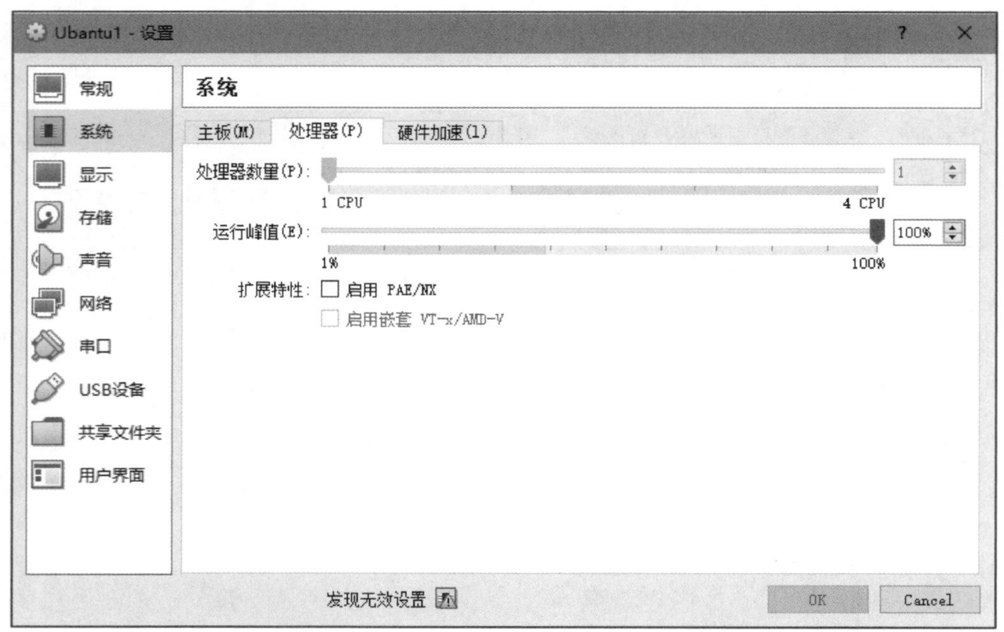

图 2-4-6 处理器设置

硬件加速设置主要包括半虚拟化接口和硬件虚拟设置，如图 2-4-7 所示。

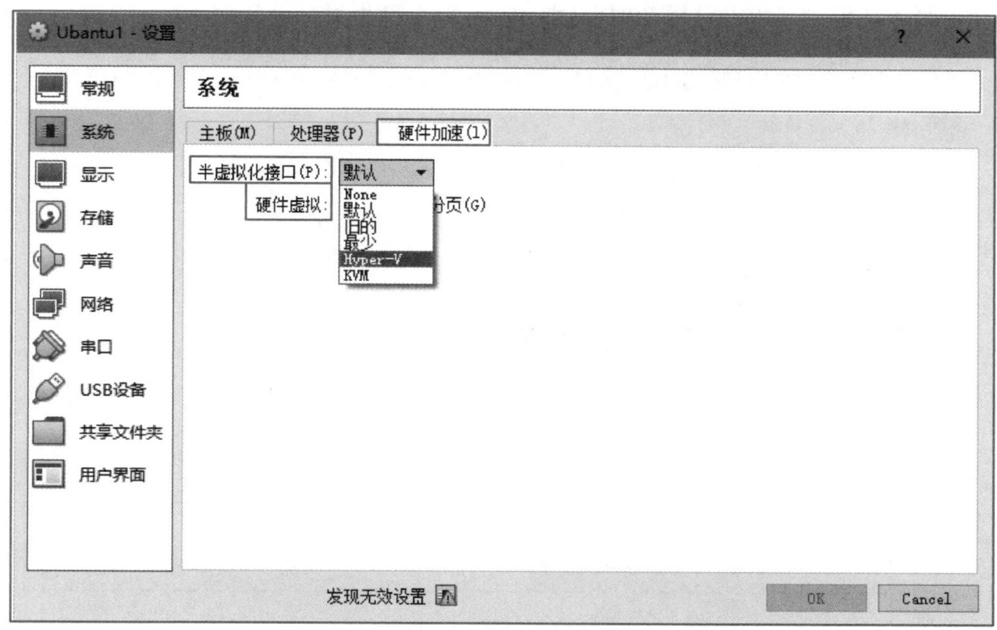

图 2-4-7　硬件加速设置

【步骤 4】显示设置。显示设置主要有屏幕、远程桌面、录制设置，其中屏幕设置有显存大小、监视器数量、缩放率、显卡控制器、硬件加速等信息，如图 2-4-8 所示。

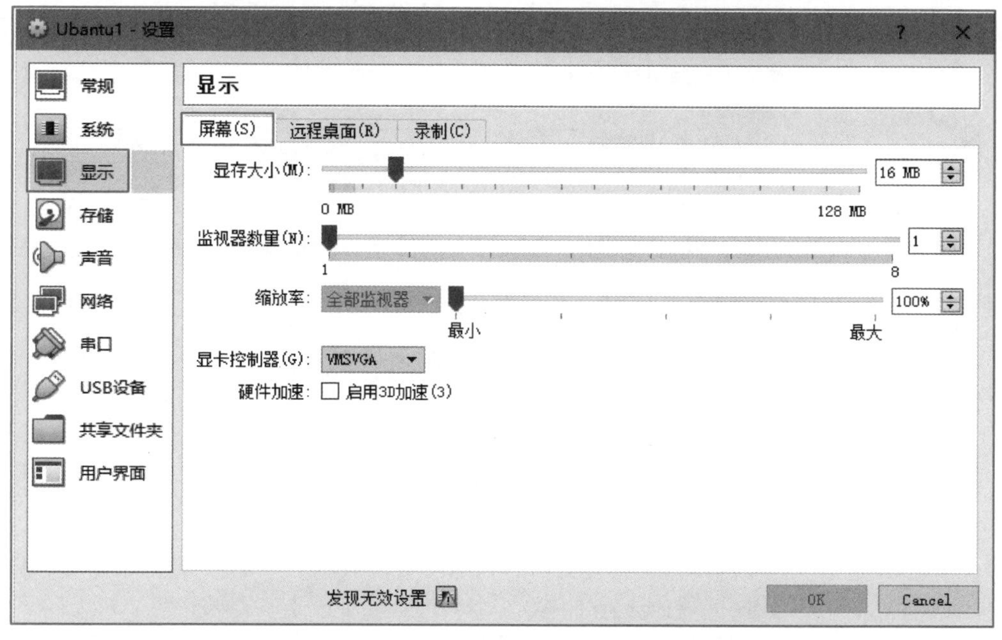

图 2-4-8　显示设置

远程桌面设置，选中“启用服务器”复选框就开启了远程桌面，接着需要配置服务器端口号、服务认证方式以及认证超时时间，如图 2-4-9 所示。

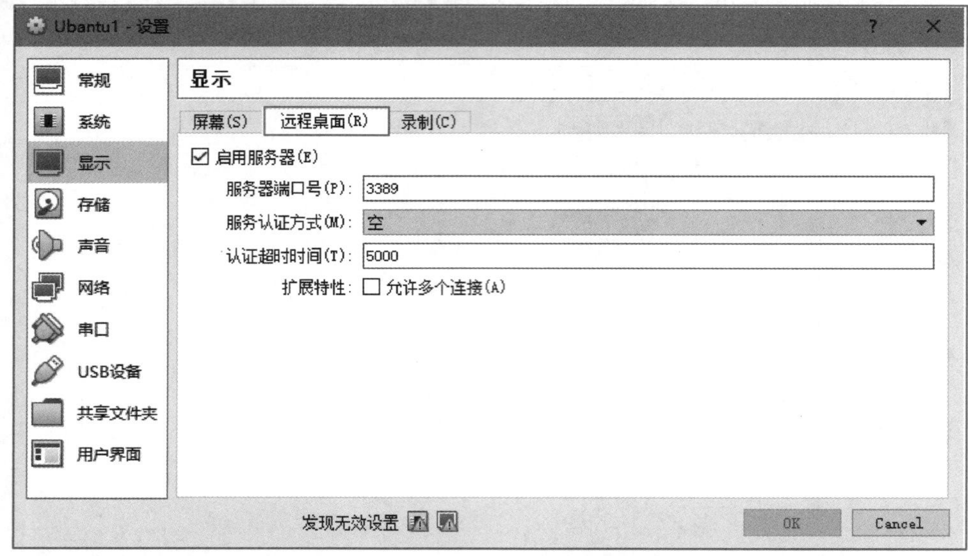

图 2-4-9　远程桌面设置

录制设置，选中“启用录制”复选框，设置录制模式、文件路径、帧大小、帧率、录像品质、音质、屏幕，如图 2-4-10 所示。

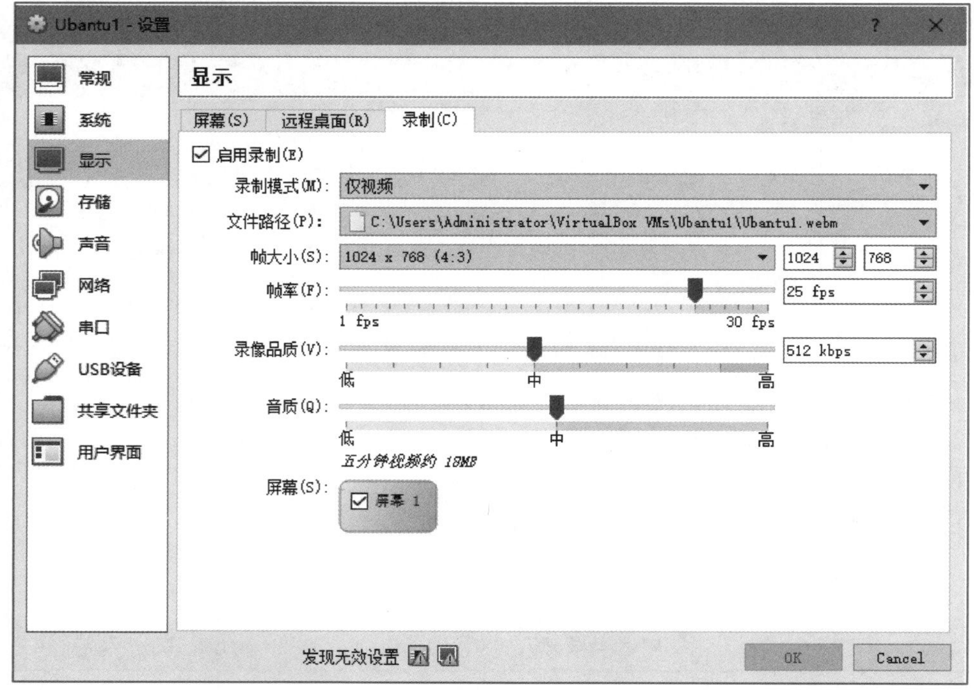

图 2-4-10　录制设置

【步骤 5】存储设置。在存储设置的过程中，有一个重要环节就是选择操作系统的镜像文件。具体过程为：选择“控制器：IDE”→“没有盘片”选项，在右侧的“属性”面板中，单击“分配光驱”右侧的光驱图标，如图 2-4-11 所示。

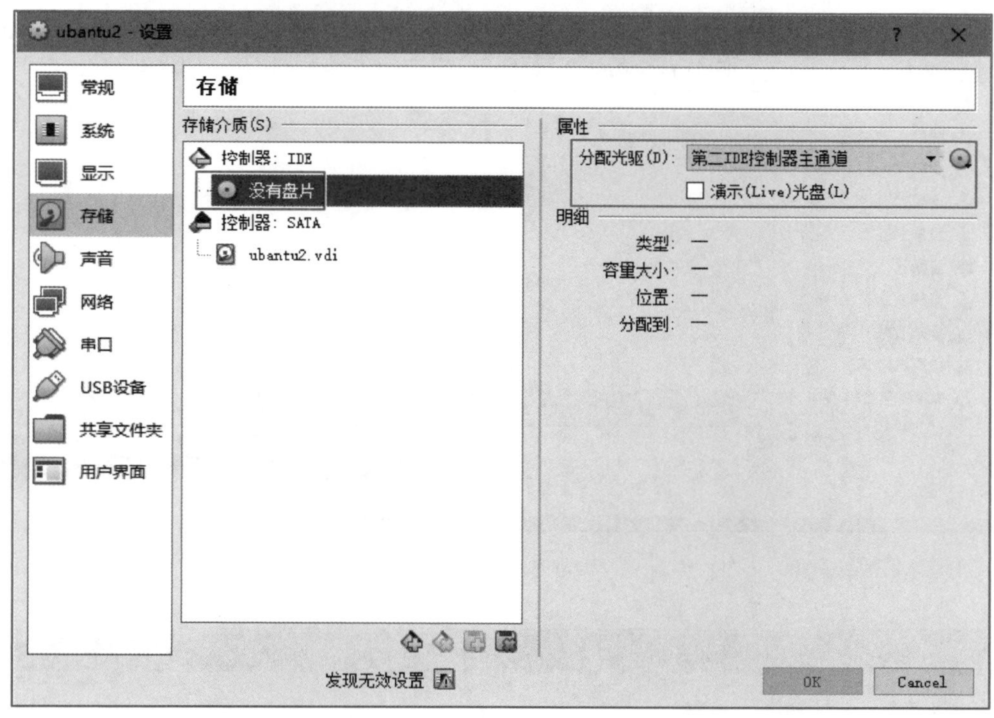

图 2-4-11　选择没有盘片

在弹出的下拉列表中选择“Choose a disk file”选项，如图 2-4-12 所示。

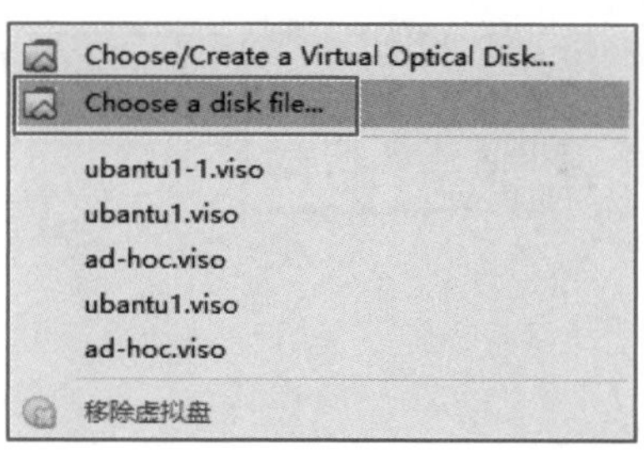

图 2-4-12　选择“Choose a disk file”选项

在弹出的窗口中，选择“全部虚拟光盘文件”，选择安装操作系统的镜像文件，以安装 Ubuntu 操作系统镜像文件为例，选择 Ubuntu 操作系统镜像文件，如图 2-4-13 所示。

【步骤 6】网络设置。网络设置中可以支持 4 张网卡，分别为网卡 1、网卡 2、网卡 3、网卡 4。设置网卡信息，选择网卡，选中“启用网络连接”，选择连接方式。连接方式有网络地址转换（NAT）、桥接网卡、内部网络、仅主机（Host-Only）网络、通用驱动、NAT 网络等多种方式，如图 2-4-14 所示。

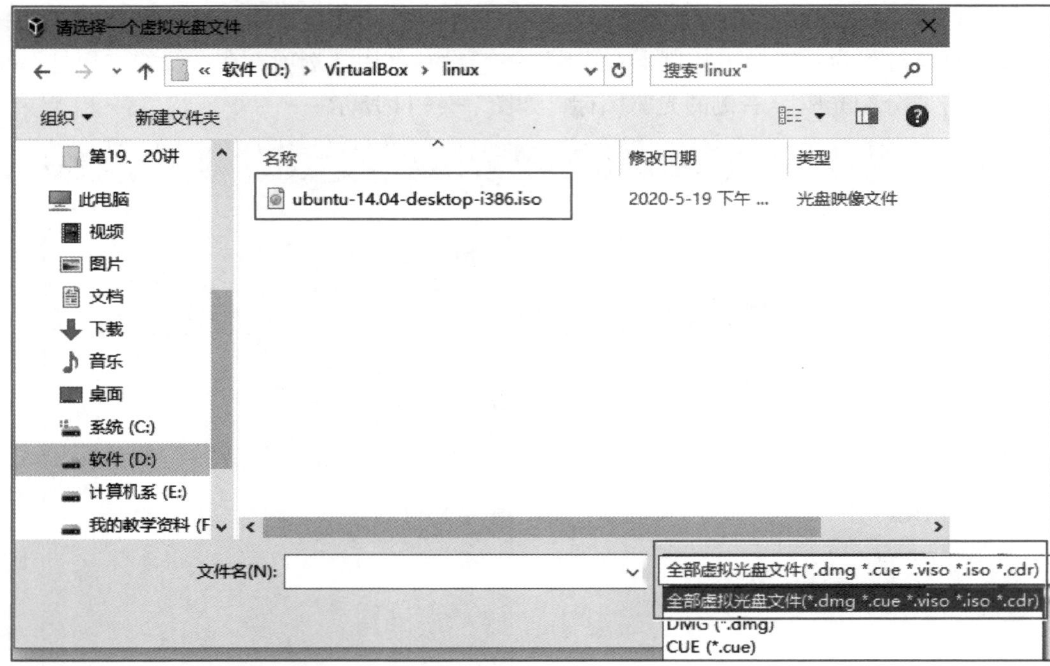

图 2-4-13　选择 Ubuntu 操作系统镜像文件

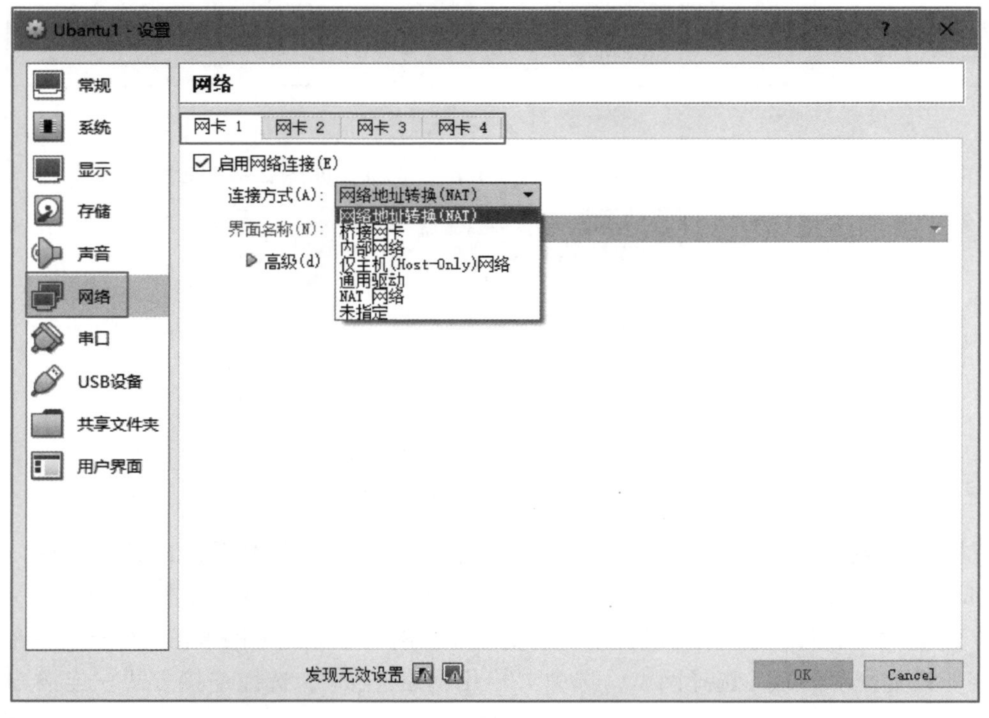

图 2-4-14　网络设置

【步骤7】用户界面设置。用户界面设置包括管理、控制、视图、热键、设备、调试和帮助，如图 2-4-15 所示。

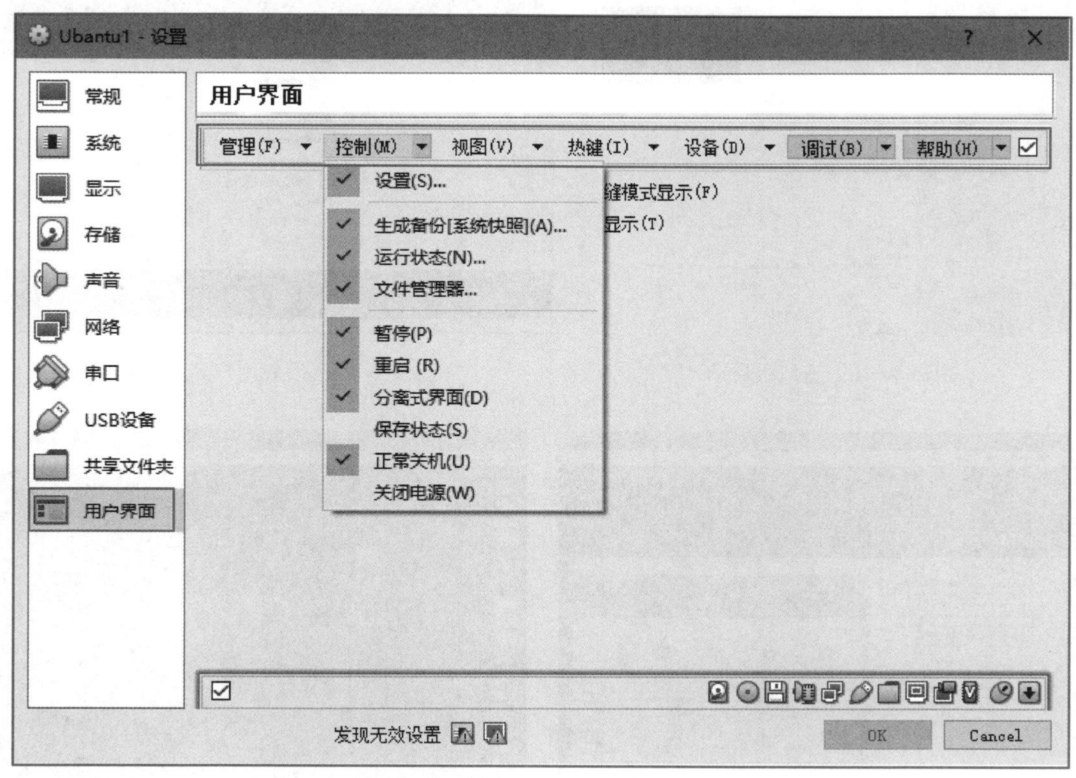

图 2-4-15　用户界面设置

2.4.2 启动 VirtualBox 虚拟机

VirtualBox 虚拟机设置好后，就可以启动 VirtualBox 虚拟机。在 VirtualBox 窗口中，在左侧的虚拟机列表中选择要启动的某一台虚拟机，单击右侧的“启动”按钮，就可以启动虚拟机了，如图 2-4-16 所示。

在第一次启动虚拟机时，相当于安装操作系统，需要设置用户名和密码，如图 2-4-17 所示，安装操作系统如图 2-4-18 所示。

在虚拟机中安装好操作系统，即可把虚拟机当成一台电脑来正常操作和使用了，如图 2-4-19 所示。

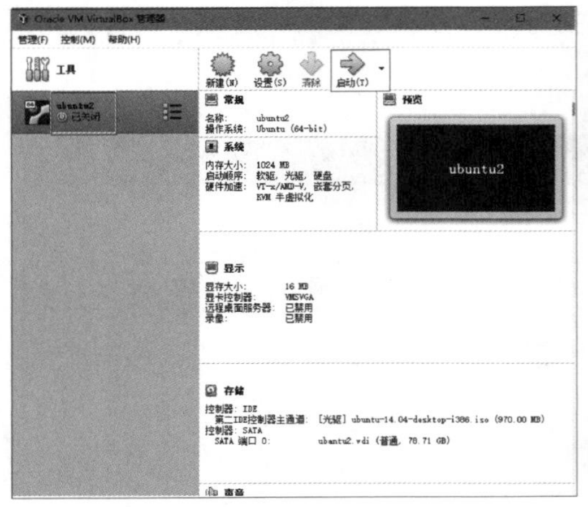

图 2-4-16 虚拟机启动

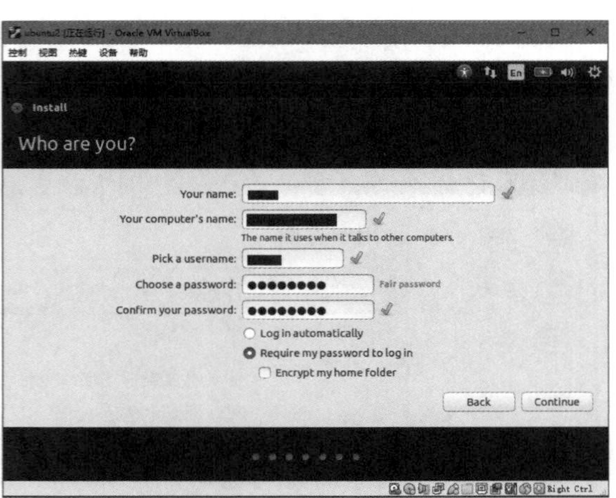

图 2-4-17 设置用户名和密码

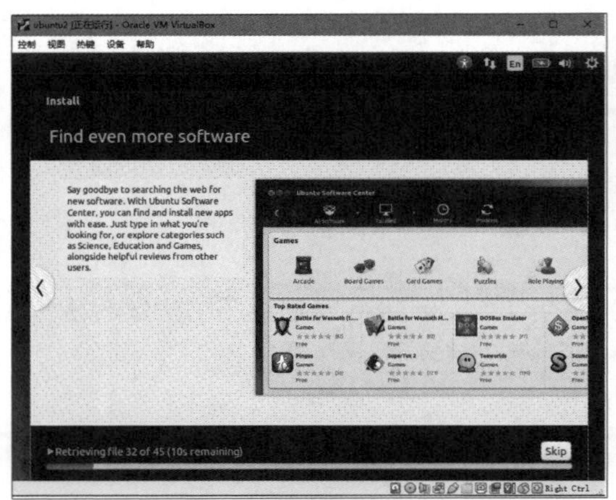

图 2-4-18 安装 Ubuntu 操作系统

图 2-4-19 操作系统安装完成

2.4.3 使用 VirtualBox 虚拟机

在安装好的一台虚拟机后，就可以把它当成一台普通的电脑来正常地使用。在启动的虚拟机的菜单栏有管理、控制、视图、热键、设备和帮助选项。

1. 管理菜单

管理菜单有全局设定、网络操作管理器、重置所有警告、退出功能，如图 2-4-20 所示。

2. 控制菜单

控制菜单主要有设置、生成备份、运行状态、文件管理器、暂停、重启、正常关机功能，如果虚拟机要进行关机、重启等操作，可选择控制菜单中的“正常关机”或“重启”命令，如图 2-4-21 所示。

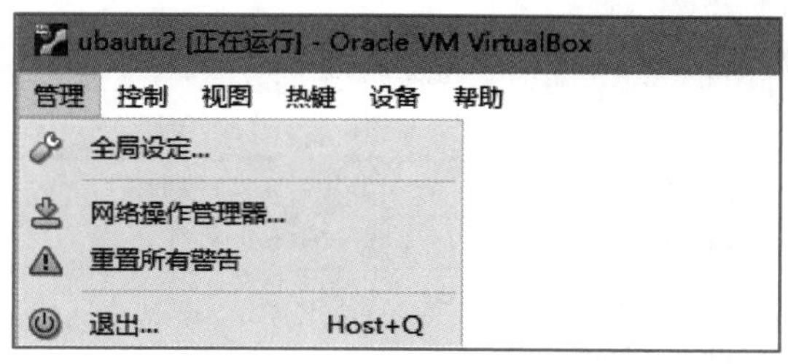

图 2-4-20　管理菜单

3. 视图菜单

视图菜单中主要有全屏模式、自动缩放模式、自动调整窗口大小、屏幕截图、录制、菜单栏、状态栏等，如果要调整虚拟机窗口大小就选择视图菜单中具体的功能选项，如图 2-4-22 所示。

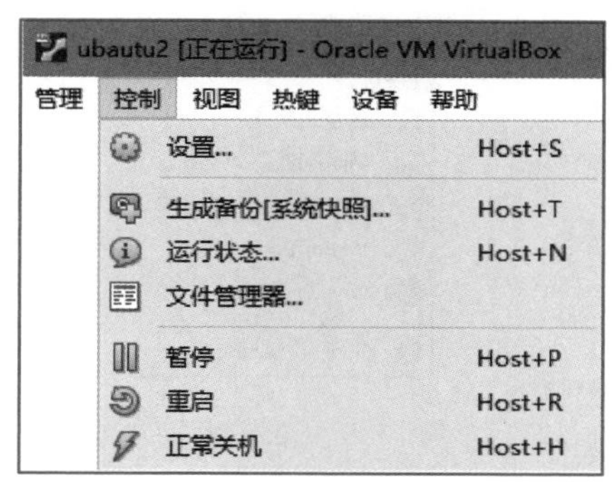

图 2-4-21　控制菜单

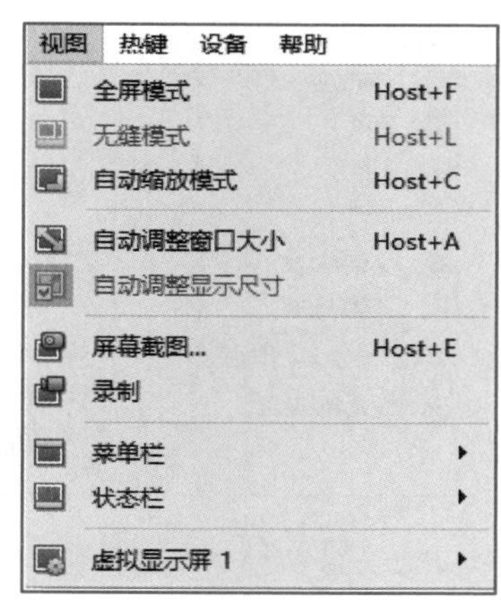

图 2-4-22　视图菜单

4. 热键菜单

热键菜单主要由热键和鼠标集成，热键可以选择热键设置，如图 2-4-23 所示。

5. 设备菜单

设备菜单包括分配光驱、声音、网络、USB、共享文件夹、共享粘贴板、拖放、安装增强功能，如图 2-4-24 所示。

6. 帮助菜单

帮助菜单中主要是 VirtualBox 信息线上资源，如图 2-4-25 所示。

图 2-4-23 热键菜单

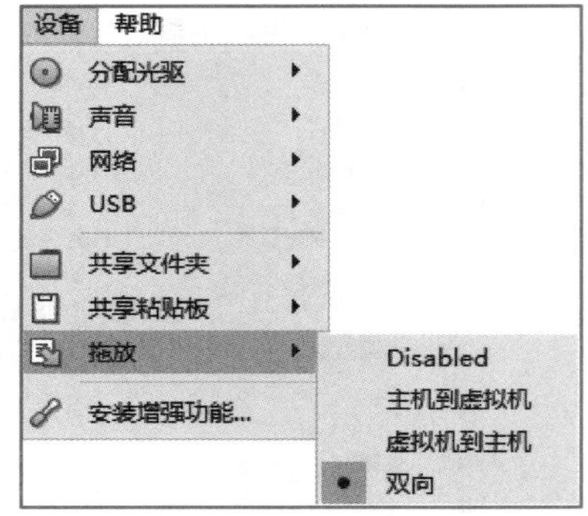

图 2-4-24 设备菜单

图 2-4-25 帮助菜单

2.5 任务 3：管理 VirtualBox 虚拟机

任务 3：管理 VirtualBox 虚拟机

VirtualBox 虚拟机管理的内容主要包括虚拟机与主机之间的文件传输、虚拟机的快照、虚拟机的导入导出等内容。

2.5.1 虚拟机与主机的文件传输

要实现虚拟机与主机之间的文件传输，主要是在 VirtualBox 中实现虚拟机与主机间文件夹共享。首先要设置共享目录，以 Linux 系统为例。

1. 安装增强功能

【步骤 1】安装增强功能。在虚拟机中，选择菜单“设备”→“安装增强功能”命令，如图 2-5-1 所示。

选择“安装增强功能”命令后，提示下载“VBox_GAs_6.1.6”并运行该软件，单击“Run”按钮，如图 2-5-2 所示。在安装过程中，需要重启系统，如图 2-5-3 所示。

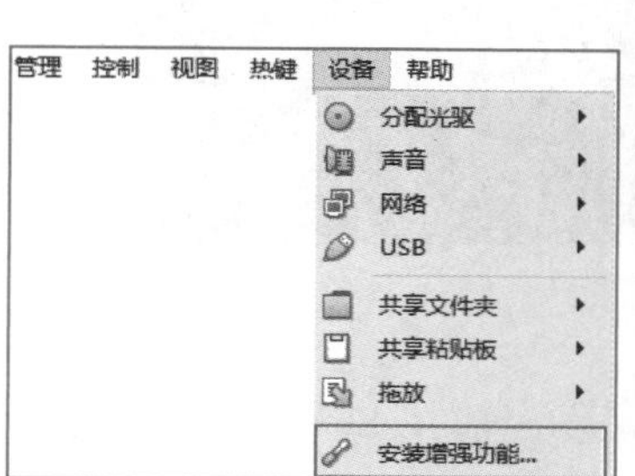

图 2-5-1　选择“安装增强功能”

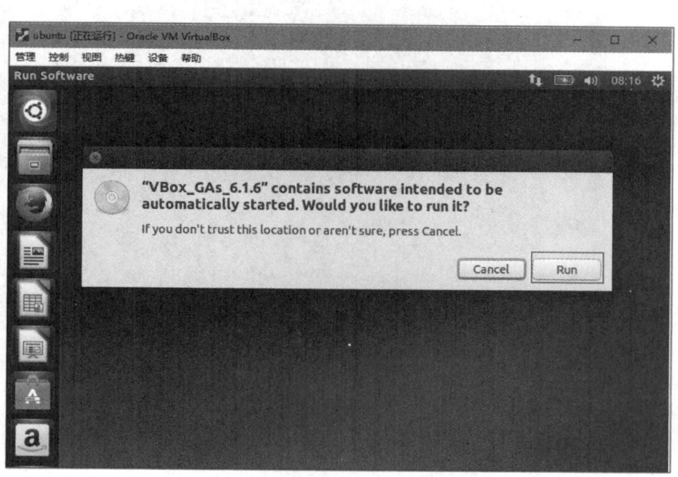

图 2-5-2　单击“Run”按钮

```
VirtualBox Guest Additions installation
   /etc/rc0.d/K90vboxadd -> ../init.d/vboxadd
   /etc/rc1.d/K90vboxadd -> ../init.d/vboxadd
   /etc/rc6.d/K90vboxadd -> ../init.d/vboxadd
   /etc/rc2.d/S10vboxadd -> ../init.d/vboxadd
   /etc/rc3.d/S10vboxadd -> ../init.d/vboxadd
   /etc/rc4.d/S10vboxadd -> ../init.d/vboxadd
   /etc/rc5.d/S10vboxadd -> ../init.d/vboxadd
 Adding system startup for /etc/init.d/vboxadd-service ...
   /etc/rc0.d/K65vboxadd-service -> ../init.d/vboxadd-service
   /etc/rc1.d/K65vboxadd-service -> ../init.d/vboxadd-service
   /etc/rc6.d/K65vboxadd-service -> ../init.d/vboxadd-service
   /etc/rc2.d/S35vboxadd-service -> ../init.d/vboxadd-service
   /etc/rc3.d/S35vboxadd-service -> ../init.d/vboxadd-service
   /etc/rc4.d/S35vboxadd-service -> ../init.d/vboxadd-service
   /etc/rc5.d/S35vboxadd-service -> ../init.d/vboxadd-service
Building the VirtualBox Guest Additions kernel modules.  This may take a while.
To build modules for other installed kernels, run
  /sbin/rcvboxadd quicksetup <version>
or
  /sbin/rcvboxadd quicksetup all
Running kernel modules will not be replaced until the system is restarted
vboxadd-service.sh: Starting VirtualBox Guest Addition service.
Press Return to close this window...
```

图 2-5-3　系统重启

【步骤 2】开启终端窗口。以 Ubuntu 操作系统为例，开启一个终端窗口。首先在桌面的任意空白处，按 Ctrl+Alt+T 快捷键，会弹出终端端口，如图 2-5-4 所示。

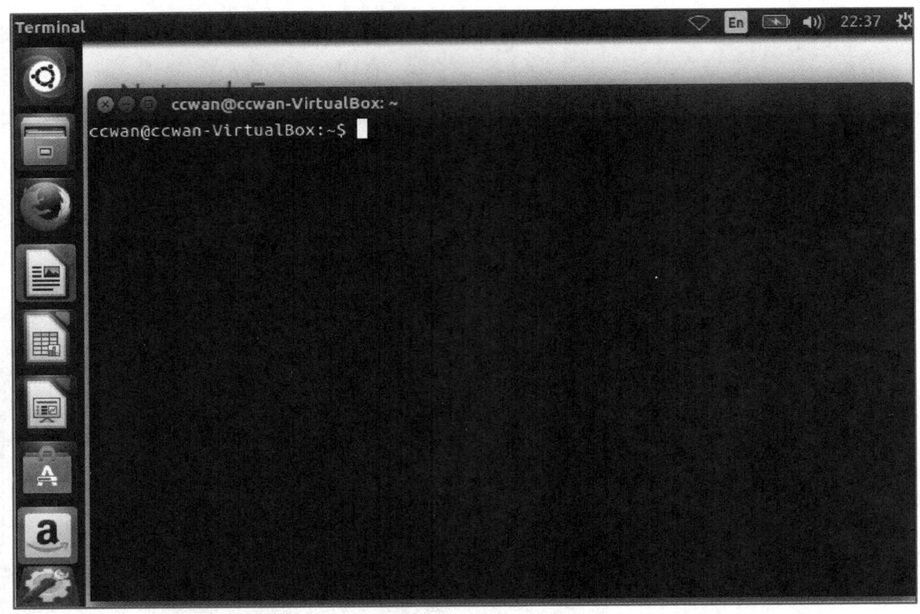

图 2-5-4　在 Ubuntu 操作系统打开终端端口

在终端中，通过 df 命令查看共享文件夹。df 命令用于显示当前在 Linux 系统上的文件系统的磁盘使用情况统计，命令如下：

```
df
```

执行 df 命令后，运行效果如图 2-5-5 所示，图中显示为无共享文件夹。

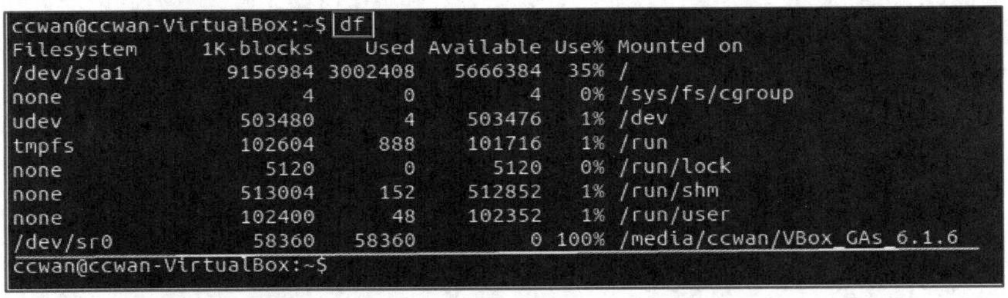

```
ccwan@ccwan-VirtualBox:~$ df
Filesystem     1K-blocks    Used Available Use% Mounted on
/dev/sda1        9156984 3002408   5666384  35% /
none                   4       0         4   0% /sys/fs/cgroup
udev              503480       4    503476   1% /dev
tmpfs             102604     888    101716   1% /run
none                5120       0      5120   0% /run/lock
none              513004     152    512852   1% /run/shm
none              102400      48    102352   1% /run/user
/dev/sr0           58360   58360         0 100% /media/ccwan/VBox_GAs_6.1.6
ccwan@ccwan-VirtualBox:~$
```

图 2-5-5　df 命令运行效果

2. 自动挂载

【步骤 1】设置主机共享文件夹。在虚拟机设置的“共享文件夹”中，选择“固定分配”并右击，在弹出的快捷菜单中选择“添加共享文件夹”命令，如图 2-5-6 所示。

【步骤 2】编辑共享文件夹。在打开的“编辑共享文件夹”对话框中，首先设置共享文件夹路径和共享文件名称，选中“自动挂载”复选框，如图 2-5-7 所示。单击“OK”按钮，保存设置，重新启动系统。

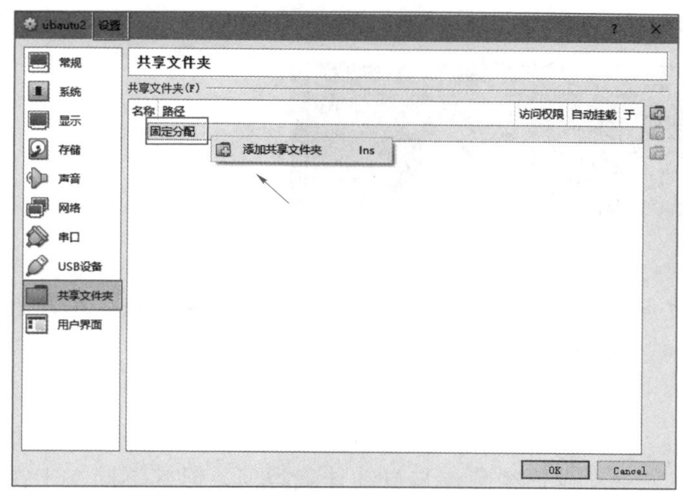

图 2-5-6 设置共享文件夹

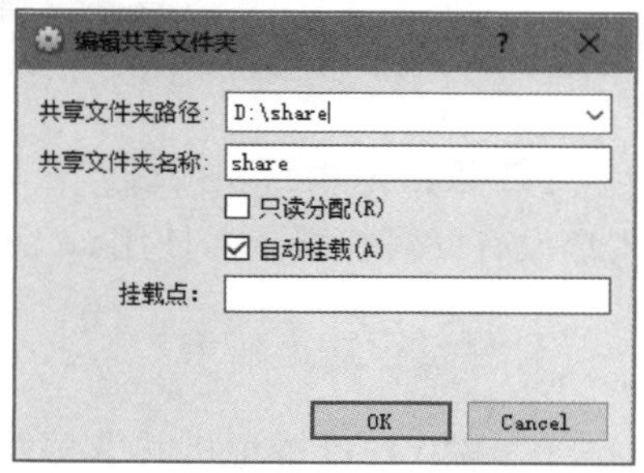

图 2-5-7 “编辑共享文件夹”对话框

【步骤 3】查看挂载点。重新启动系统，通过 df 命令查看磁盘情况，图中的“/media/sf_share”目录就是挂载点目录，如图 2-5-8 所示。

```
ccwan@ccwan-VirtualBox:~$ df
Filesystem     1K-blocks     Used Available Use% Mounted on
/dev/sda1        9156984  2994976   5673816  35% /
none                   4        0         4   0% /sys/fs/cgroup
udev              503480        4    503476   1% /dev
tmpfs             102604      880    101724   1% /run
none                5120        0      5120   0% /run/lock
none              513004      152    512852   1% /run/shm
none              102400       32    102368   1% /run/user
share          129569788 38535244  91034544  30% /media/sf_share
/dev/sr0           58360    58360         0 100% /media/ccwan/VBox_GAs_6.1.6
```

图 2-5-8 查看挂载点

【步骤 4】在共享文件中，添加文件，如图 2-5-9 所示。

› 此电脑 › 软件 (D:) › share

名称	修改日期	类型	大小
软件工具	2020-7-29 下午 ...	文件夹	
apache-tomcat-8.5.57.tar.gz	2020-7-25 下午 ...	WinRAR 压缩文...	10,137 KB
腾讯线上培训.jpg	2020-8-5 下午 1...	JPEG 图像	27 KB

图 2-5-9 在共享文件中添加文件

【步骤 5】切换 root 用户。使用 su 命令切换 root 用户，如果 Ubuntu 刚安装后，则不能在 terminal 中运行 su 命令，因为 root 没有默认密码，需要手动设定，命令如下：

```
su passwd root
```

【步骤 6】以 root 账户登录，查看挂载点。用 su 命令切换到 root 账户，用 cd 命令进入“/media/sf_share”目录，用 ls 命令列出该目录的文件列表，如图 2-5-10 所示。对比

图 2-5-9 与图 2-5-10 的文件列表，发现文件列表一致，说明自动挂载成功。

```
ccwan@ccwan-VirtualBox:/media$ su
Password:
root@ccwan-VirtualBox:/media# ls
ccwan  sf_share
root@ccwan-VirtualBox:/media# cd sf_share
root@ccwan-VirtualBox:/media/sf_share# ls
apache-tomcat-8.5.57.tar.gz  腾讯线上培训.jpg  软件工具
root@ccwan-VirtualBox:/media/sf_share#
```

图 2-5-10　查看挂载点文件列表

【注意】采用自动挂载方法的优点是系统启动后，即可访问共享文件夹；缺点是普通用户没有读写权限，需使用 su 命令或切换成 root 账户。

3. 手动设置挂载点

【步骤 1】设置主机共享文件夹。手动设置挂载点与自动挂载类似，但其不同在于在 VirtualBox 中，编辑共享文件夹不要选中“自动挂载”复选项。

【步骤 2】创建挂载点文件夹。挂载这个目录到 Linux 本地目录，首先创建一个文件夹，如创建“share1”文件夹，命令如下。

```
mkdir share1
```

创建“share1”文件夹，使用 ls 命令查看文件夹创建是否成功，如图 2-5-11 所示。

```
ccwan@ccwan-VirtualBox:~$ mkdir share1
ccwan@ccwan-VirtualBox:~$ ls
Desktop    Downloads          key2.pem  Pictures  share   Templates
Documents  examples.desktop   Music     Public    share1  Videos
```

图 2-5-11　创建“share”文件夹

修改文件夹的读写权限，采用 chmod 命令，命令格式如下：

```
chmod 777  share1
```

777 代表 rwxr-rwx-rwx 所有用户都可读可写可执行，使用 ll 命令查看文件的权限，如图 2-5-12 所示。

```
drwxr-xr-x  2 ccwan ccwan 4096  5月 24 08:15 Pictures/
drwx------  3 ccwan ccwan 4096  5月 24 09:05 .pki/
-rw-r--r--  1 ccwan ccwan  675  5月 24 08:10 .profile
drwxr-xr-x  2 ccwan ccwan 4096  5月 24 08:15 Public/
-rw-------  1 ccwan ccwan 1024  7月 24 12:23 .rnd
drwxrwxrwx  2 ccwan ccwan 4096  5月 24 08:33 share/
drwxrwxrwx  2 ccwan ccwan 4096  8月  6 12:35 share1/
drwxr-xr-x  2 ccwan ccwan 4096  5月 24 08:15 Templates/
```

图 2-5-12　查看文件的权限

【步骤 3】设置挂载点。进行挂载，使用 mount 命令，命令格式如下。

```
sudo mount -t vboxsf share1  /home/ccwan/share1
```

其中，share1 表示共享文件夹名称。这里的共享文件夹为 share1，/home/ccwan/share1 为挂载的目录，如图 2-5-13 所示。

```
ccwan@ccwan-VirtualBox:~$ sudo mount -t vboxsf share1 /home/ccwan/share1
ccwan@ccwan-VirtualBox:~$ ls
Desktop    Downloads          key2.pem  Pictures  share   Templates
Documents  examples.desktop  Music     Public    share1  Videos
```

图 2-5-13 设置挂载点

在虚拟机中设置好挂载点后，就实现了虚拟机与主机的文件夹共享。

【步骤 4】测试共享文件夹。在主机共享文件夹里存放数据。示例中主机的共享文件为“D:/share1”，在该文件夹中放入一些文件，如图 2-5-14 所示。

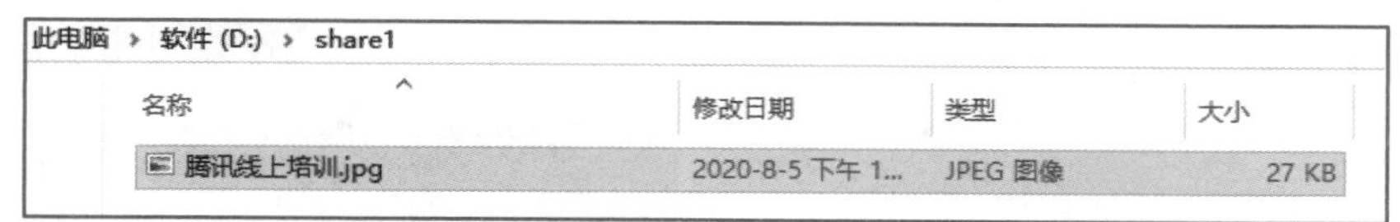

图 2-5-14 主机共享文件夹

【步骤 5】查看虚拟机挂载点。在虚拟机中，查看挂载点“share1”文件夹中是否有文件，使用 ls 命令查看，如图 2-5-15 所示，如果与主机的共享文件夹中文件一致，则说明主机与虚拟机之间能实现共享文件。

```
ccwan@ccwan-VirtualBox:~$ ls
Desktop    Downloads          key2.pem  Pictures  share   Templates
Documents  examples.desktop  Music     Public    share1  Videos
ccwan@ccwan-VirtualBox:~$ cd share1
ccwan@ccwan-VirtualBox:~/share1$ ls
腾讯线上培训.jpg
```

图 2-5-15 查看虚拟机挂载点

【注意】使用 mount 命令挂载共享文件夹，是需要在每次启动虚拟机的时候重新挂载的。若希望永久性挂载共享文件夹，则需要修改配置文件。

2.5.2 虚拟机快照

虚拟机快照是指虚拟机磁盘文件在某个时间点的副本。当系统异常时，可以通过使用快照来恢复磁盘文件系统和系统存储，当安装应用程序或服务器打补丁时，及时对系统进行快照，则对后期系统维护的帮助很大。

1. VirtualBox 的快照功能

VirtualBox 的快照功能主要通过生成备份和恢复备份来实现。

(1) 生成备份

生成备份主要指对虚拟机的当前磁盘状态做一个快照，后续对磁盘的更改都写入“当前状态”。

(2) 恢复备份

恢复备份表示删除“当前状态”，将磁盘状态恢复到生成指定快照时的状态。该操作会提示“是否创建当前状态”的备份，如果选择“否”，则当前状态中对磁盘所做的修改全部丢掉。

2. VirtualBox 的快照功能实现

【步骤 1】登录虚拟机，在菜单栏中选择菜单“控制”→“生成备份［系统快照］”命令，如图 2-5-16 所示。

【步骤 2】填写生成备份信息。在打开的“生成备份”对话框中设置备份名称和备份描述，如图 2-5-17 所示。

图 2-5-16 生成备份

图 2-5-17 设置生成备份信息

【步骤 3】开始生成备份，这里需要等候几分钟时间，如图 2-5-18 所示。

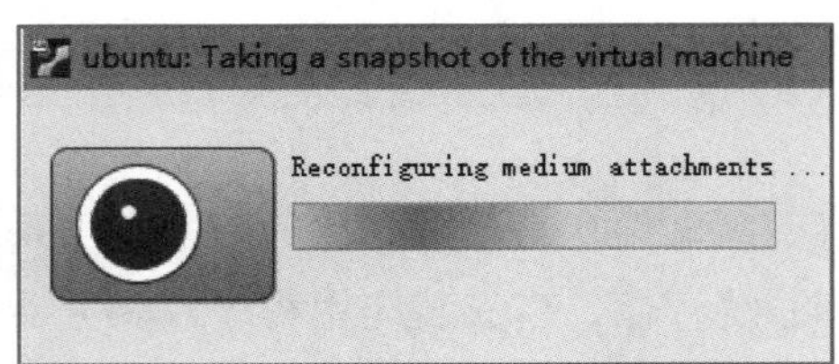

图 2-5-18 开始生成备份文件

【步骤 4】查看生成的备份文件。通过 ls 命令查看，“examples. desktop”就是备份文件，如图 2-5-19 所示。

图 2-5-19 查看生成的备份文件

3. VirtualBox 快照管理

在 VirtualBox 管理器中，单击虚拟机列表，选择其中一台虚拟机，选择“备份［系统快照］”命令，如图 2-5-20 所示，可以进入快照管理界面。

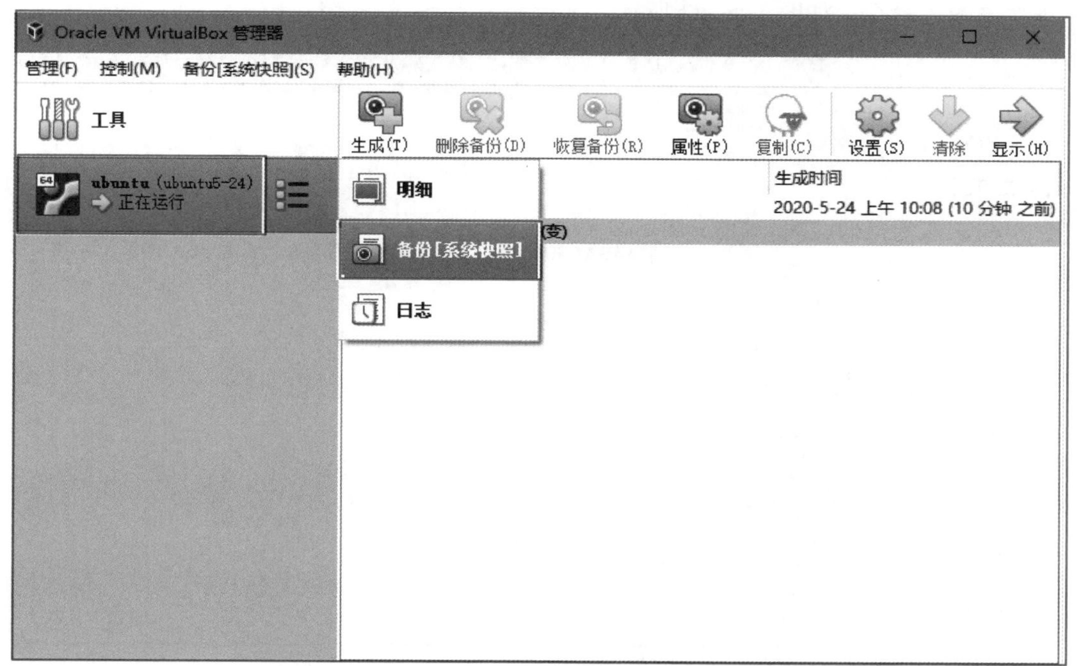

图 2-5-20　VirtualBox 管理器

在快照管理器中，可以对快照进行生成、删除备份、恢复备份、属性或复制操作，并可以查看当前快照的创建时间点，如图 2-5-21 所示。

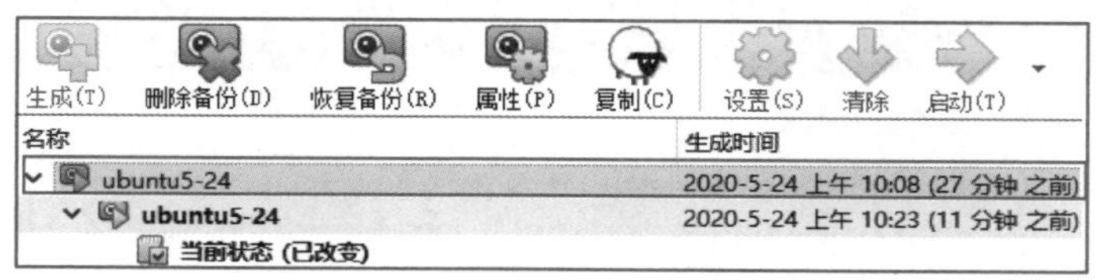

图 2-5-21　快照管理

2.5.3 虚拟机的导出与导入

Virtualbox 提供虚拟机的导出和导入功能。何时需要导入导出虚拟机呢？例如：当需要和别人共享 Virutalbox 虚拟机时，这样可省去别人安装虚拟机和配置虚拟机的过程和时间；当项目组搭建开发环境时，可以使用相同的开发环境；当虚拟机所在的分区没有足够的空间时，需要把虚拟机转移到另外一个分区上面。

1. 虚拟机的导出

【步骤 1】选择“导出虚拟电脑”。在 VirtualBox 管理器中，选择菜单“管理”→“导出虚拟电脑”命令，如图 2-5-22 所示。

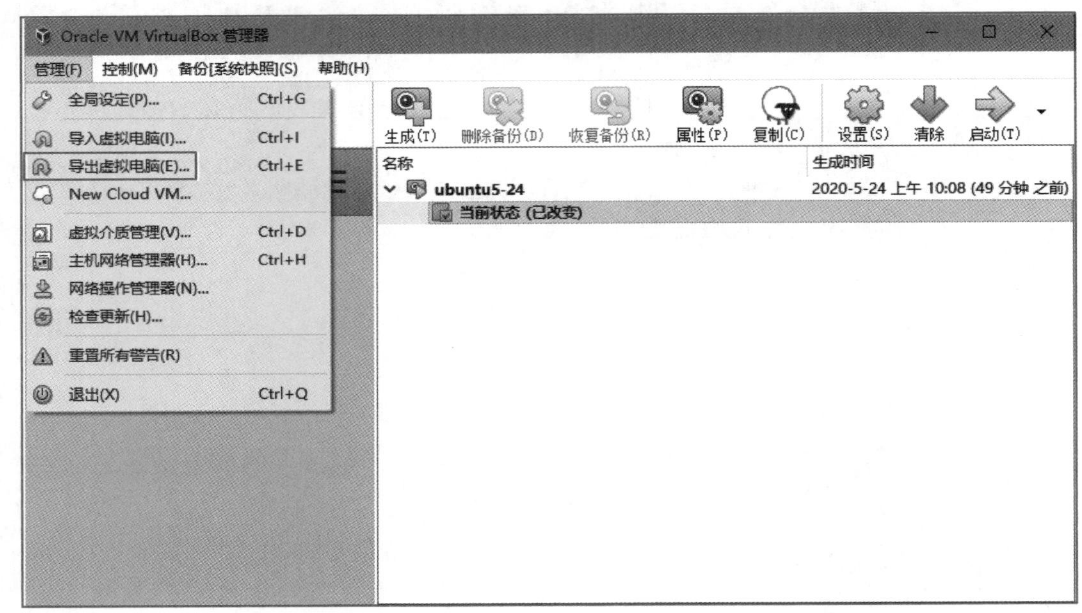

图 2-5-22 导出虚拟电脑

【步骤 2】选择需要导出的虚拟机。在导出虚拟机前先要关闭虚拟机，导出时可以选择一台或多台虚拟机进行同时导出，如图 2-5-23 所示。

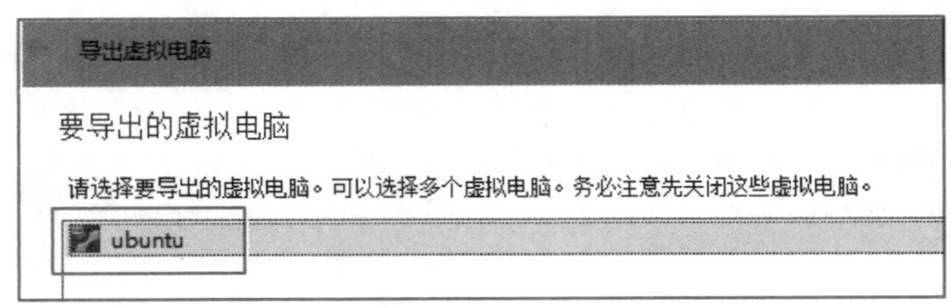

图 2-5-23 选择要导出的虚拟机

【步骤 3】设置导出虚拟机的信息。设置导出虚拟机的信息包括导出格式、导出的文件名、MAC 地址设定及其他选项。其中导出格式有开放式虚拟化格式和 Oracle 公共云格式，开放式虚拟化格式支持 ovf 和 ova 文件格式，Oracle 公共云格式支持 tar. gz 文件格式，导出设置如图 2-5-24 所示。单击“下一步”按钮，开始导出，导出过程需要几分钟时间，如图 2-5-25 所示。

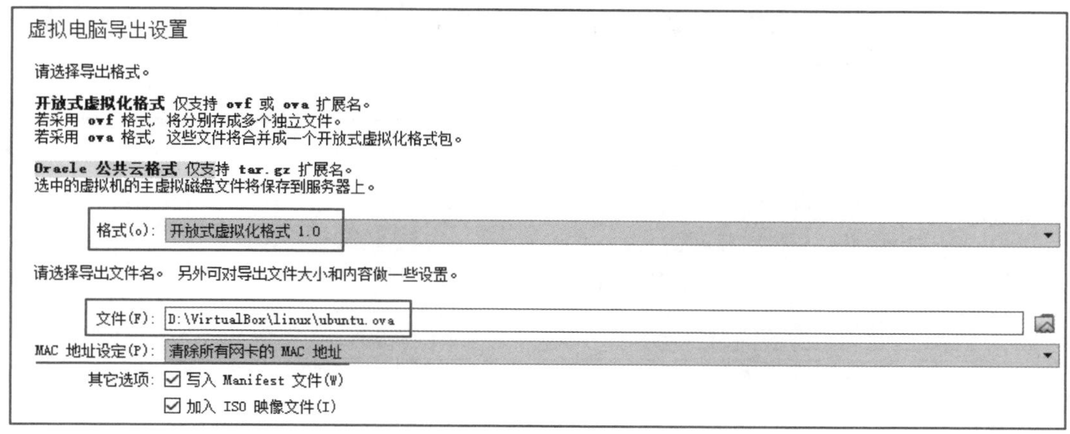

图 2-5-24　导出设置

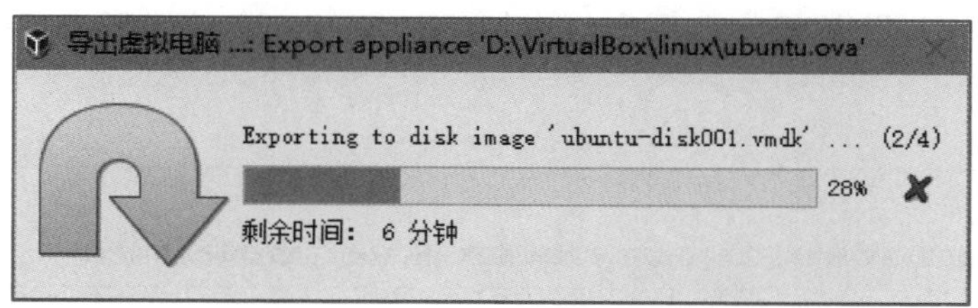

图 2-5-25　正在导出

2. 虚拟机的导入

【步骤 1】在 VirtualBox 管理器中，选择菜单“管理”→“导入虚拟电脑”命令，如图 2-5-26 所示。

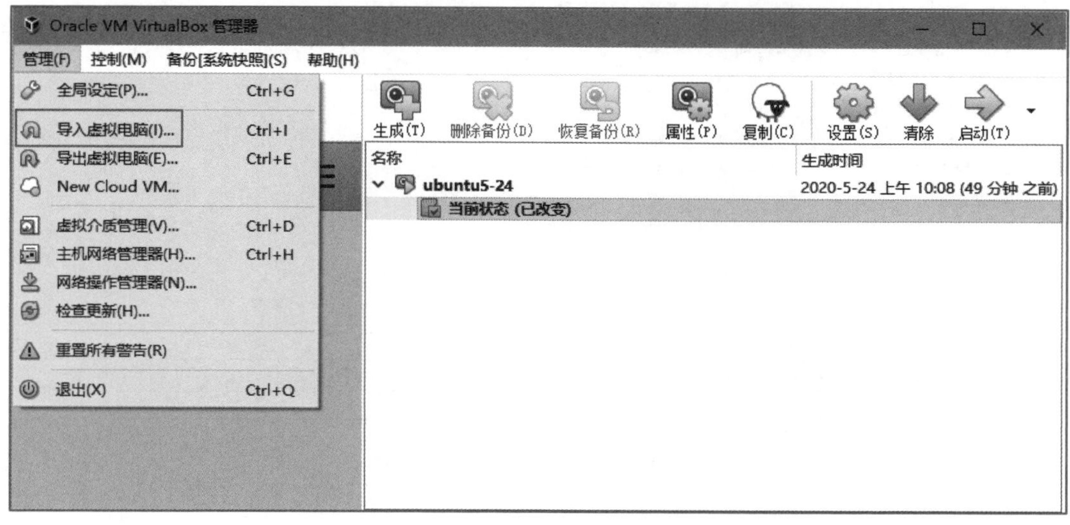

图 2-5-26　导入虚拟机

【步骤 2】选择要导入的虚拟机。文件选择为开放式虚拟化格式的文件，如 ovf 或 ova 等格式文件，如图 2-5-27 所示。

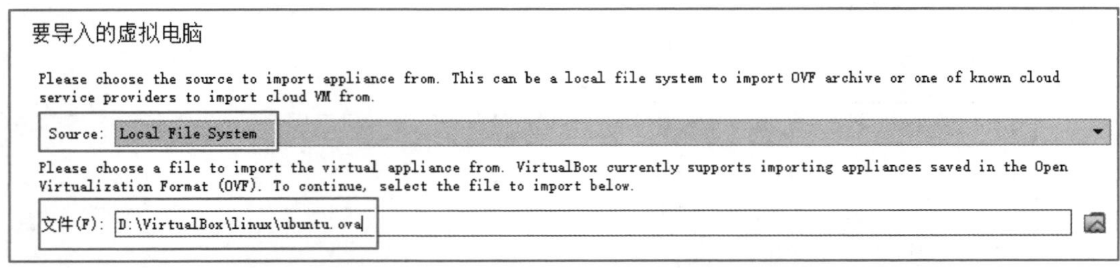

图 2-5-27 选择导入文件

【步骤 3】虚拟机导入设置。导入虚拟机的映射关系可以通过双击进行调整，如图 2-5-28 所示，单击“下一步”按钮，即可完成虚拟机的导入，这时就新增了一台虚拟机，如图 2-5-29 所示。

虚拟电脑导入设置

这是即将导入的虚拟电脑及建议的映射关系。您可以通过双击该项目来调整其设置，或使用下面的选择框来禁用它们。

虚拟系统 1	
名称	ubuntu 1
虚拟电脑上的操作系统类型	Ubuntu (64-bit)
处理器(CPU)	1
内存	1024 MB
光驱	☑
USB 控制器	☑
声卡	☑ICH AC97
网络控制器	☑Intel PRO/1000 MT 桌面 (82540EM)
IDE 硬盘控制器	PIIX4
虚拟硬盘	ubuntu-disk002.iso
IDE 硬盘控制器	PIIX4
SATA 硬盘控制器	AHCI
虚拟硬盘	ubuntu-disk001.vmdk
初始文件夹	C:\Users\Administrator\VirtualBox VMs
主要编组	/

Machine Base Folder: C:\Users\Administrator\VirtualBox VMs

MAC 地址设定(P): 仅包含 NAT 网卡的 MAC 地址

其它选项: ☑ 导入虚拟硬盘为VDI(I)

图 2-5-28 “虚拟电脑导入设置”对话框

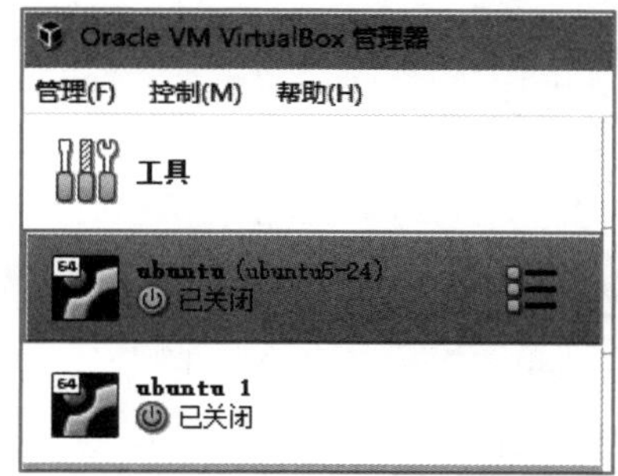

图 2-5-29　新增一台虚拟机

本章小结

本章以基于 VirtualBox 的虚拟化部署为引导，讲解了虚拟化的概述、虚拟机与虚拟化，及 VirtualBox 虚拟机软件的安装、部署与管理，重点讲解在 VirtualBox 软件中虚拟机的创建、配置及管理。通过本章的学习，读者应理解虚拟化的基本概念，能熟练运用 VirtualBox 虚拟机软件工具进行虚拟化部署。

本章习题

本章习题

一、单项选择题

1. 与传统硬件方式相比，虚拟化更可以（　　）。
A. 使服务器耗电更少
B. 将硬件转换成软件
C. 将操作系统脱离硬件运行
D. 使用户购买更多服务器

2. 下列不属于虚拟化的特性是（　　）。
A. 隔离运行　　B. 硬件实现　　C. 封装抽象　　D. 广泛兼容

3. 以下对虚拟机的描述中，正确的是（　　）。
A. 通过软件模仿计算机，可以像物理机一样执行程序
B. 执行虚拟化软件测试程序的物理机
C. 提供网络故障切换和故障恢复功能的计算机工具
D. 一种软件计算机，封装了物理硬件

4. 对 VirtualBox 描述正确的是（　　）。

A. VirtualBox 是开源虚拟机软件

B. VirtualBox 软件需要进行购买

C. VirtualBox 软件比较复杂

D. VirtualBox 操作复杂

5. Linux 操作系统中的挂载命令为（　　）。

A. ls　　B. mount　　C. df　　D. mkdir

6. VirtualBox 虚拟机软件中，备份文件的格式为（　　）。

A. BAK　　B. ZIP　　C. snapshot　　D. iso

二、多项选择题

1. VirtualBox 虚拟机软件中能支持的操作系统有（　　）。

A. Windows　　B. Linux　　C. OS　　D. Android

2. VirtualBox 虚拟机软件中虚拟硬盘文件类型有（　　）。

A. VDI 虚拟磁盘镜像　　B. VHD 虚拟硬盘

C. VMDK 虚拟机磁盘　　D. MHDK 虚拟磁盘

3. VirtualBox 虚拟机软件存储在物理硬盘的方式为（　　）。

A. 虚拟磁盘　　B. 动态分配　　C. 固定大小　　D. 随机分配

4. VirtualBox 虚拟机软件导出的开放式虚拟化格式是（　　）。

A. ISO　　B. OVF　　C. Tar　　D. OVA

5. 在 VirtualBox 虚拟机软件中，虚拟机的导出格式是（　　）。

A. 全虚拟化格式　　B. 半虚拟化格式

C. 开放式虚拟化格式　　D. Oracle 公共云格式

第 3 章 网络基础

【学习目标】

知识目标

了解数据通信的基础知识。

掌握常见的编码技术、多路复用技术的概念。

掌握差错控制的方法。

掌握计算机网络体系结构和相关协议。

掌握交换机和路由器的相关基础知识。

掌握局域网和广域网常见技术。

技能目标

使用 Visio 绘制网络拓扑结构图。

能够配置以太网交换机。

能够配置路由器。

能够排除简单的网络故障。

【认证考点】

了解通信基础知识。

掌握计算机网络基础知识。

掌握局域网与广域网技术。

能够配置以太网交换机。

能够配置常见的路由协议。

📖 项目引导：企业网络设计实施

【项目描述】

重庆有货电子商务公司是一个大中型企业，现将对其进行网络规划设计与实施。该企业由一个总公司网络和一个分公司网络组成。其中总公司网络和分公司网络位于不同的地区，总公司有对外服务器（Demilitarized Zone，DMZ 区）。网络拓扑结构如下图所示。完成该项目需要经过需求分析、网络拓扑结构图设计、交换机的配置、路由器的配置、调试测试并运行几个过程，经过上述过程才能完成该项目。

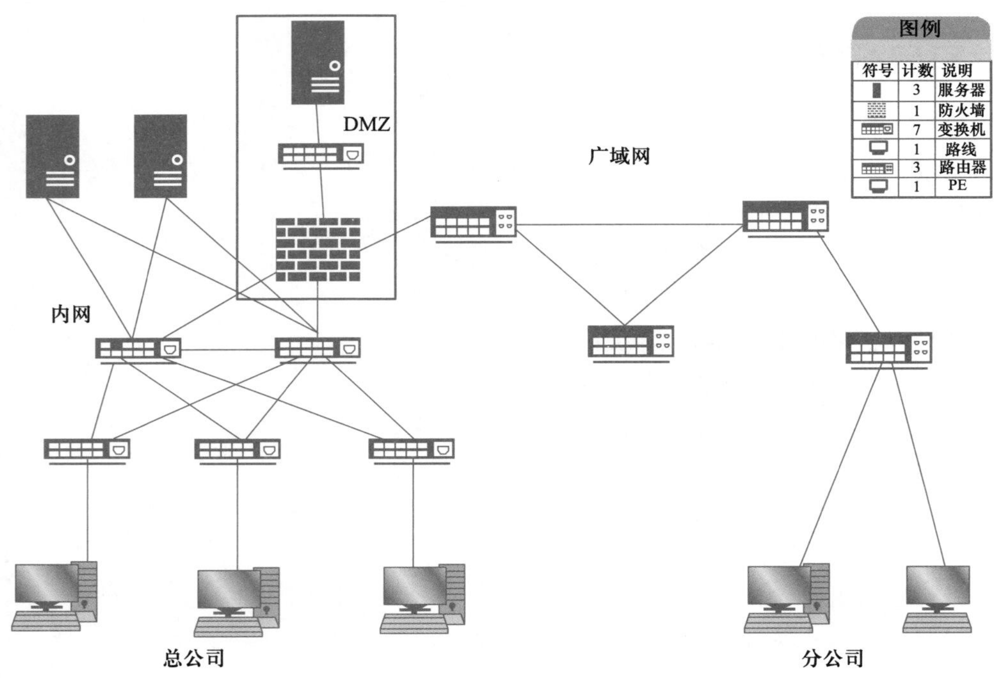

网络拓扑结构图

知识储备

3.1 数据通信技术基础

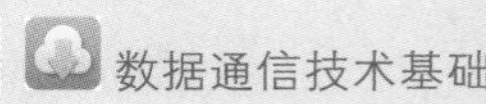

数据通信是计算机网络最基本的功能之一，为网络用户提供了强有力的通信手段。计

算机网络建设的主要目的之一就是使分布在不同物理位置的计算机用户相互通信和传送信息。一个数据通信系统可划分为三大部分，即源系统（或发送方）、传输系统（或传输网络）和目的系统（或接收方），如图 3-1-1 所示。

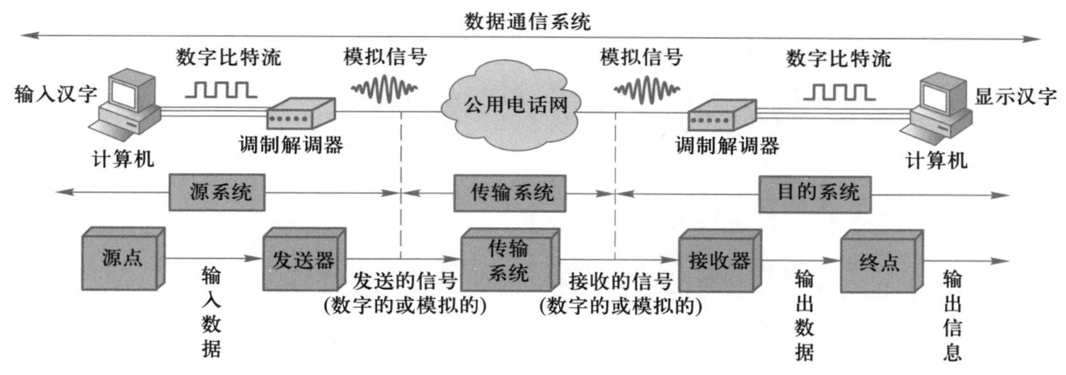

图 3-1-1 数据通信系统模型

1. 信息、数据与信号

① 信息。通信的目的是传递信息。信息的载体可以是数值、语音、图形、文字及动画等。任何事物的存在都伴随着相应信息的存在。信息不仅能够反映事物的特征、运动和行为，还能够借助媒体（如空气、光波、电磁波等）进行传播和扩散。

② 数据。数据是运送消息的实体，指把事件的某些属性规范化后的表现形式。数据可分为模拟数据与数字数据两种。

③ 信号。信号是数据的电磁或电气表现。信号一般以时间为自变量，以表示信息的某个参量（振幅、频率或相位）为因变量。

信息、数据、信号三者的关系是：信息一般用数据表示，而表示信息的数据通常要转换为信号进行传递。

2. 模拟信号与数字信号

根据信号中代表消息的参数的取值方式不同，信号可分为模拟信号和数字信号两大类。

① 模拟信号。模拟信号指波高和频率（每秒的波数）是连续变化的信号，如图 3-1-2（a）所示。此类信号如家家户户用的电视图像信号、语音信号等。在模拟线路上，模拟信号（如电话中的声音）是通过电流和电压的变化进行传输的。

② 数字信号。数字信号指离散的信号，如图 3-1-2（b）所示。此类信号如计算机使用的由“0”和“1”组成的信号等。数字信号在通信线路上传输时需要借助电信号的状态来表示二进制代码的值。电信号可以呈现两种状态，分别用“0”和“1”表示。

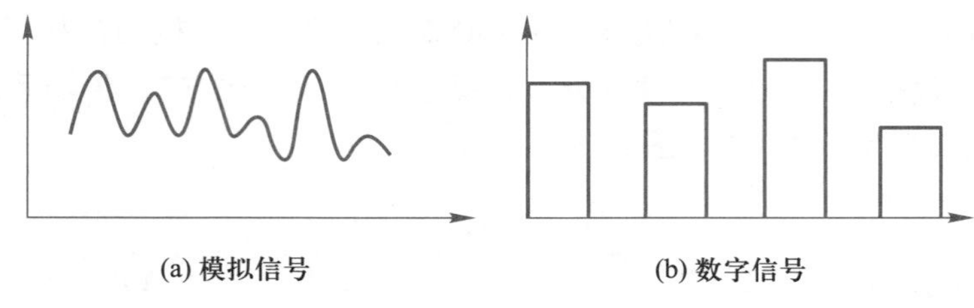

图 3-1-2 信号的波形图示例

3.1.1 编码技术

信号的常见的分类方法是将信号分为基带信号（Baseband）和宽带信号（Broadband）。来自信源的信号常称为基带信号，如计算机输出的代表各种文字或图像文件的数字信号都属于基带信号。基带信号包含有较多的低频成分，甚至有直流成分，许多信道又不能传输这种低频成分和直流成分，因此就必须对基带信号进行调制。

调制可分为两大类。一类是仅仅对基带信号的波形进行变换，使它能够与信道特性相适应，变换后的信号仍然是基带信号。这类调制称为基带调制，过程称为编码（Coding）。另一类调制则需要使用载波（Carrier）进行调制，即把基带信号的频率范围搬移到较高的频段，并转换为模拟信号。经过载波调制后的信号称为带通信号，而使用载波的调制称为带通调制。数字数据通常需要经过编码才能传输。

1. 数字信号编码

在发送端，要解决如何将二进制数据序列通过某种编码（Encoding）方式转换为可直接传送的基带信号；而在接收端，则要解决如何将收到的基带信号通过解码（Decoding）恢复成与发送端相同的二进制数据序列。下面着重介绍几种常见的数字数据编码方法，如图 3-1-3 所示。

（1）不归零编码

不归零编码（Non-Return to Zero，NRZ）分别采用两种高低不同的电平来表示两个二进制的“1”和“0”。例如，用高电平表示“1”，低电平表示“0”，如图 3-1-3（a）所示。NRZ 编码虽然简单，但其抗干扰能力较差。另外，由于接收方不能正确判断二进制位的开始与结束，从而收发双方不能保持同步，则需要采取另外的措施来保证发送时钟与接收时钟的同步，例如需要用另一个信道同时传送同步时钟信号。

（2）曼彻斯特编码

曼彻斯特编码（Manchester Encoding）将每比特信号周期 T 分为前 $T/2$ 和后 $T/2$，用前 $T/2$ 传送该比特的反（原）码，用后 $T/2$ 传送该比特的原（反）码。所以在这种编码方式中，每一位电信号的中点（即 $T/2$ 处）都存在一个电平跳变，如图 3-1-3（b）所示。由于任何两次电平跳变的时间间隔是 $T/2$ 或 T，所以提取电平跳变信号就可作为收发双方的同步信号，而不需要另外的同步信号，故曼彻斯特编码又称为“自含时钟编码”。另外，曼彻斯特编码采用跳变方式表达数据，较 NRZ 中以简单的幅度变化来表示数据具有更强的抗干扰能力。

（3）差分曼彻斯特编码

差分曼彻斯特编码是对曼彻斯特编码的一种改进。它保留了曼彻斯特编码作为“自含时钟编码”的优点，仍将每比特中间的跳变作为同步之用，但是每比特的取值则根据其开始处是否出现电平的跳变来决定。通常规定有跳变者代表二进制的“0”，无跳变者代表二进制的“1”，如图 3-1-3（c）所示。之所以采用位边界的跳变方式来决定二进制的取值，是因为跳变更易于检测。

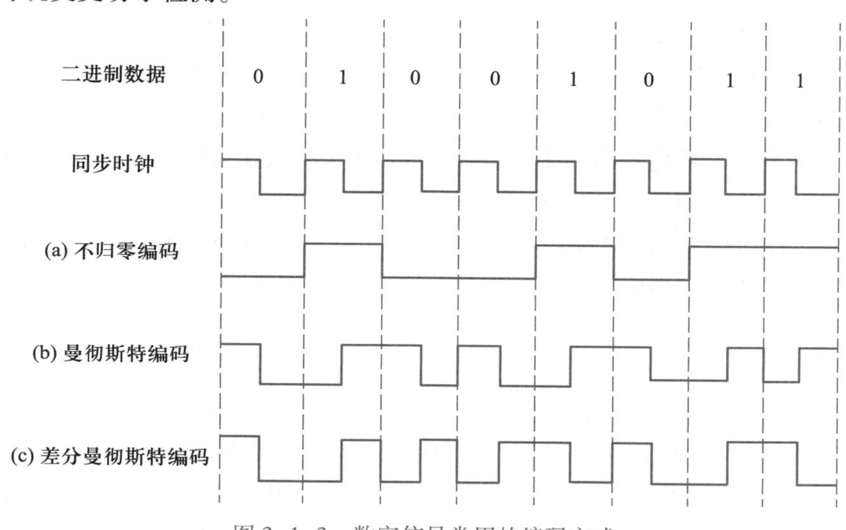

图 3-1-3　数字信号常用的编码方式

2. 模拟信号编码

公共电话线是为了传输模拟信号而设计的，为了利用廉价的公共电话交换网实现计算机之间的远程数据传输，就必须首先将发送端的数字信号调制成能够在公共电话网上传输的模拟信号，经传输后再在接收端将模拟信号解调成对应的数字信号。上述过程中实现数字信号与模拟信号转换的设备是调制解调器。数据传输过程如图 3-1-4 所示。

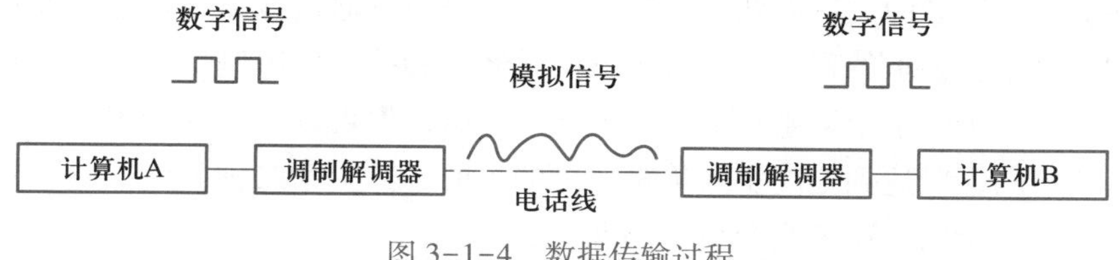

图 3-1-4　数据传输过程

模拟信号传输的基础是载波，载波可以表示为

$$u(t)=V\sin(\omega t+\varphi) \tag{3-1-1}$$

由式（3-1-1）可以看出，载波具有3大要素，分别为幅度 V、频率 ω 和相位 φ。可以通过变化载波的3个要素来进行编码。

这样就出现了3种基本的编码方式——振幅键控法（Amplitude Shift Keying，ASK）、频移键控法（Frequency Shift Keying，FSK）和相移键控法（Phase Shift Keying，PSK）。

3.1.2 差错控制

用户通常将发送的数据与通过通信信道后接收到的数据不一致的现象称为传输差错，简称为差错。

差错的产生是无法避免的。信号在物理信道中传输时，线路本身电器特性造成的随机噪声、信号幅度的衰减、频率和相位的畸变、电信号在线路上产生反射造成的回音效应、相邻线路间的串扰以及各种外界因素（如大气中的闪电、开关的跳火、外界强电流磁场的变化、电源的波动等）都会造成信号的失真。在数据通信中，将会使接收端收到的二进制数位和发送端实际发送的二进制数位不一致，从而造成由“0”变成“1”或由“1”变成“0”的差错。

差错控制的目的和任务就是解决传输线路中的出错情况，分析差错产生的原因和差错类型，采取有效的措施，即使用差错控制方法来发现和纠正差错，以提高信息的传输质量。

1. 差错的类型

传输中的差错都是由噪声引起的。噪声有两大类，一类是信道固有的、持续存在的随机热噪声；另一类是由外界特定的短暂原因所造成的冲击噪声。

热噪声由传输介质导体的电子热运动产生的，是一种随机噪声，所引起的传输差错为随机差错，这种差错的特点是所引起的某位码元（二进制数字中每一位的通称）的差错是孤立的，与前后码元没有关系。热噪声导致的随机错误通常较少。

冲击噪声是由外界电磁干扰引起的，与热噪声相比，冲击噪声幅度较大，是引起传输差错的主要原因。冲击噪声所引起的传输差错为突发差错，这种差错的特点是前面的码元出现了错误，往往会使后面的码元也出现错误，即错误之间有相关性。

2. 差错的控制

提高数据传输质量的方法有两种。第一种方法是改善通信线路的性能，使错码出现的概率降低到满足系统要求的程度，但这种方法受经济和技术的限制，达不到理想效果；第二种方法是虽然在传输中不可避免地会出现某些错码，但可以将其检测出来，并用某种方法纠正检出的错码，以达到提高实际传输质量的目的。其中第二种方法最为常用。目前广泛采用的有奇偶校验码、循环冗余校验码等。

此处只对奇偶校验码和循环冗余校验码做详细介绍。

（1）奇偶校验码

奇偶校验称为字符校验、垂直奇偶校验。奇偶校验是以字符为单位的校验方法，是最简单的一种校验方法。在每个字符编码的后面另外增加一个二进制位，该位称为校验位。其主要目的是使整个编码中 1 的个数成为奇数或偶数。如果使编码中 1 的个数成为奇数，则称为奇校验；反之，则称为偶校验。

（2）循环冗余校验码

循环冗余校验（Cyclic Redundancy Check，CRC）码是在数据通信领域中最常用的一种查错校验码，其特征是信息字段和校验字段的长度可以任意选定。循环冗余检查是一种数据传输检错功能，对数据进行多项式计算，并将得到的结果附在帧的后面，接收设备也执行类似的算法，以保证数据传输的正确性和完整性。

其根本思想就是先在要发送的帧后面附加个数（即用来校验的校验码，但需要注意，这里的数也是二进制序列，下同），生成一个新的帧发送给接收端。当然，这个附加的数不是随意的，它要使所生成的新帧能与发送端和接收端共同选定的某个特定数整除（注意，这里不是直接采用二进制除法，而是采用一种称之为“模 2 除法”）。到达接收端后，再把接收到的新帧除以（同样采用“模 2 除法”）这个选定的除数。因为在发送端发送数据帧之前就通过附加一个数，做了“去余”处理（也就已经能整除了），所以结果应该是没有余数。如果有余数，则表明该帧在传输过程中出现了差错。

以下通过一个简单的例子来说明循环冗余检验的原理。

【例 3-1-1】现假设选择的 CRC 生成多项式为 $g(x)=x^4+x^3+1$，要求出二进制序列 10110011 的 CRC 校验码。

下面是具体的计算过程：

① 多项式转化为二进制序列，由 $g(x)=x^4+x^3+1$ 可知二进制一共有 5 位，第 4 位、第 3 位和第 0 位分别为 1，则序列为 11001。

② 多项式的位数为 5，则在数据帧的后面加上 4 个 0，数据帧变为 101100110000，然后使用“模 2 除法”除以除数 11001，得到余数。（补几位 0 与 x 的最高次幂相同，模除就是进行异或），如图 3-1-5 所示。

③ 将计算出来的 CRC 码添加在原始帧的后面，真正的数据帧为 101100110100，再把这个数据帧发送到接收端。

④ 接收端收到数据帧后，用上面选定的除数，用模 2 除法去除，验证余数是否为 0，如果为 0，则说明数据帧没有出错。

总之，在接收端对收到的每一帧经过 CRC 后，有以下两种情况：

- 若得出的余数=0，则判定这个帧没有差错，就接收。
- 若余数≠0，则判定这个帧有差错（但无法确定究竟是哪一位或哪几位出现了差错），就丢弃。

CRC 中有两个关键点：

- 预先确定一个发送端和接收端都用来作为除数的二进制比特串（或多项式），可以随机进行选择，也可以使用国际标准，但是最高位和最低位必须为 1。现在广泛使用的生成多项式有以下几种：

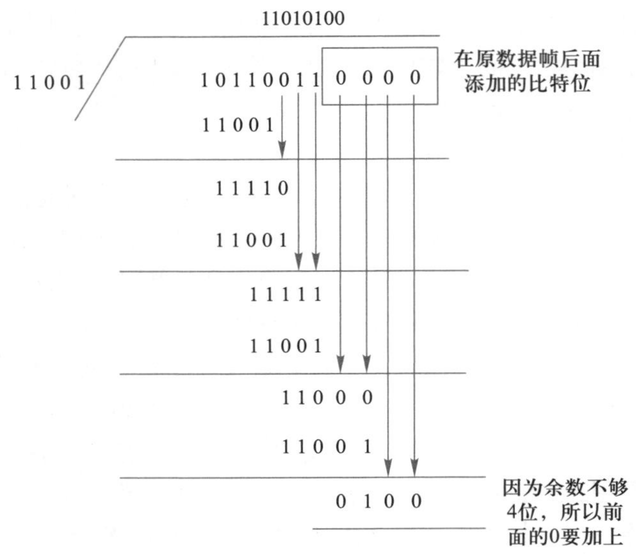

图 3-1-5 模 2 除法

CRC-12 = $x^{12}+x^{11}+x^{3}+x+1$

CRC-16 = $x^{16}+x^{15}+x^{2}+1$

CRC-CCITT = $x^{16}+x^{12}+x^{5}+1$

CRC-32 = $x^{32}+x^{26}+x^{23}+x^{22}+x^{16}+x^{12}+x^{11}+x^{10}+x^{8}+x^{7}+x^{5}+x^{4}+x^{2}+x+1$

- 把原始帧与上面多项式计算出的除数进行模 2 除法运算，计算出 CRC 码。

3.1.3 传输技术

传输技术（Transmission Technology）指充分利用不同信道的传输能力构成一个完整的传输系统，使信息得以可靠传输的技术。常使用基带传输方式和频带传输方式。

1. 基带传输

基带传输是指在通信线路上原封不动地传输由计算机或终端产生的“0”或“1”数字脉冲信号。这种未经调制的信号所占用的频率范围叫基本频带（这个频带从直流起可高到数百千赫，甚至若干兆赫），简称基带（Baseband）。这种数字信号就称基带信号。举个简单的例子，在有线信道中，直接用电传打字机进行通信时传输的信号就是基带信号。

基带传输是一种最简单的传输方式，不需要调制解调器，设备费用低，近距离通信的局域网一般都采用这种方式。基带传输系统的组成主要由码波形变换器、发送滤波器、信道、接收滤波器和取样判决器 5 个功能电路组成。

2. 频带传输

基带传输方式适用于一个单位内部的局域网传输，但除了市内的线路之外，长途线路是无法传送近似于0的分量的。因此就需要利用频带传输，就是用基带脉冲对载波波形的某些参量进行控制，使这些参量随基带脉冲变化，这就是调制。经过调制的信号称为已调信号。已调信号通过线路传输到接收端，然后经过解调恢复为原始基带脉冲。将这种利用模拟信道传输数字信号的方法称为频带传输技术。

这种频带传输不仅克服了目前许多长途电话线路不能直接传输基带信号的缺点，而且能实现多路复用的目的，从而提高了通信线路的利用率。不过，频带传输在发送端和接收端都要设置调制解调器（Modem）。

采用频带传输时，调制解调器是最典型的通信设备，要求在发送和接收端都安装调制解调器。当调制解调器作为数据的发送端时，将计算机的数字信号转换成能够在电话线上传输的模拟信号；当调制解调器作为数据的接收端时，将电话线上的模拟信号转换为能够在计算机中识别的数字信号，如图3-1-6所示。这样不仅使数字信号可用电话线路传输，还可以实现多路复用，提高信道利用率。

图3-1-6 通过调制解调器传输数据

（1）调制解调器的基本功能

调制解调器是调制器（Modulator）与解调器（Demodulator）的简称，中文称为调制解调器，根据Modem的谐音，亲昵地称之为“猫”，是一种能够实现通信所需的调制和解调功能的电子设备。一般由调制器和解调器组成。在发送端，将计算机串行口产生的数字信号调制成可以通过电话线传输的模拟信号。在接收端，调制解调器把输入计算机的模拟信号转换成相应的数字信号，送入计算机接口。

计算机内的信息是由“0”和“1”组成的数字信号，而在电话线上传递的却只能是模拟电信号。不采取任何措施利用模拟信道来传输数字信号必然会出现很大差错（失真），故在普通电话网上传输数据，就必须将数字信号转换到电话网原来设计时所要求的音频频谱内（即300 Hz~3 400 Hz）。

（2）调制解调器的分类

① 外置式调制解调器。

外置式调制解调器放置于机箱外，通过串行通信接口与主机连接。这种调制解调器方便灵巧、易于安装，闪烁的指示灯便于监视调制解调器的工作状况。但外置式调制解调器需要使用额外的电源与电缆。

② 内置式调制解调器。

内置式调制解调器在安装时需要拆开机箱，并且要对终端和COM接口进行设置，安装较为烦琐。这种调制解调器要占用主板上的扩展槽，但无须额外的电源与电缆，且价格比外置式调制解调器要便宜一些。

③ PCMCIA 插卡式。

插卡式调制解调器主要用于笔记本计算机，体积纤巧，配合移动电话，可方便地实现移动办公。

④ 机架式调制解调器。

机架式调制解调器相当于把一组调制解调器集中于一个箱体或外壳里，并由统一的电源进行供电。机架式调制解调器主要用于 Internet/Intranet、电信局、校园网、金融机构等网络的中心机房。

（3）传输速率

调制解调器的传输速率，指的是调制解调器每秒钟传送的数据量大小。通常所说的 14.4 K、28.8 K、33.6 K 等，指的就是调制解调器的传输速率。传输速率以比特/秒（bit/s）为单位。因此，一台 33.6 K 的调制解调器每秒钟可以传输 33600 bit 的数据。调制解调器在传输时都对数据进行了压缩，因此 33.6 K 的调制解调器的数据吞吐量理论上可以达到 115200 bit/s，甚至 230400 bit/s。

3.1.4 多路复用技术

多路复用技术是把多个低信道组合成一个高速信道的技术，它可以有效地提高数据链路的利用率，从而使得一条高速的主干链路同时为多条低速的接入链路提供服务，也就是使得网络干线可以同时运载大量的语音和数据传输。其目的是通信工程中用于通信线路架设的费用相当高，需要充分利用通信线路的容量，还有网络中传输介质的传输容量都会超过单一信道传输的通信量，为了充分利用传输介质的带宽，需要在一条物理线路上建立多条通信信道。

多路复用通常分为频分多路复用、时分多路复用、波分多路复用、码分多址。

1. 频分多路复用

频分多路复用（Frequency Division Multiplexing，FDM）利用通信线路的可用带宽超过了给定的带宽这一优点。FDM 的基本原理是，如果每路信号以不同的载波频率进行调制，而且各个载波频率是完全独立的，即各个信道所占用的频带不相互重叠，相邻信道之间用“警戒频带”隔离，那么每个信道就能够独立地传输一路信号，如图 3-1-7 所示。

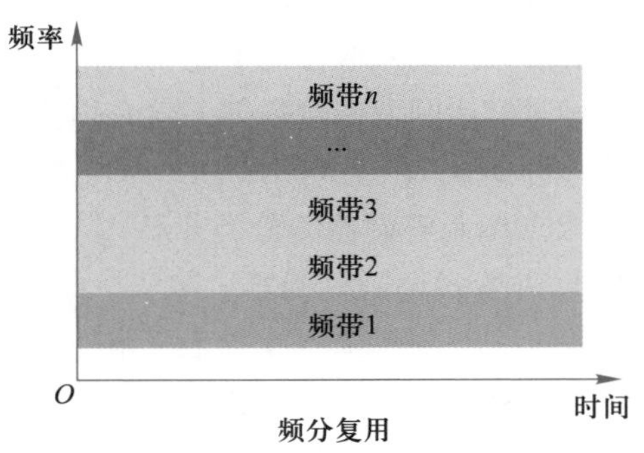

图 3-1-7 频分多路复用技术

频分多路复用的主要特点是，信号被划分成若干通道（频道、波段），每个通道互不重叠，独立进行数据传递。每个载波信号形成一个不重叠、相互隔离（不连续）的频带。

接收端通过带通滤波器来分离信号。频分多路复用在无线电广播和电视领域中的应用较多。

2. 时分多路复用

时分多路复用（Time Division Multiplexing，TDM）是以信道传输时间作为分割对象，通过为多个信道分配互不重叠的时间片段的方法来实现多路复用。时分多路复用将用于传输的时间划分为若干时间片段，每个用户分得一个时间片。时分多路复用通信，是各路信号在同一信道上占有不同时间片进行通信，如图 3-1-8 所示。

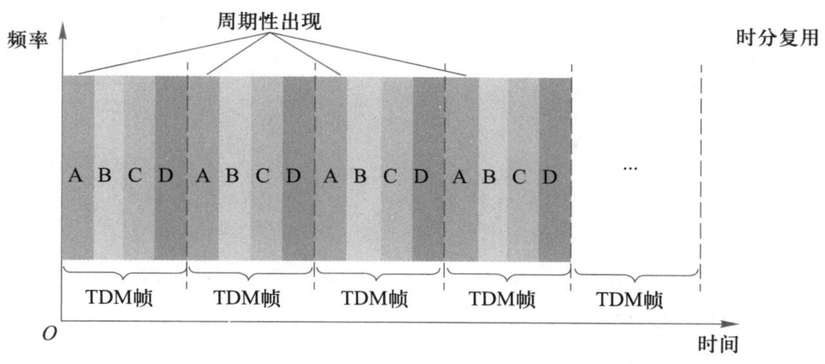

图 3-1-8 时分多路复用技术

由抽样理论可知，抽样的一个重要作用，是将时间上连续的信号变成时间上的离散信号，其在信道上占用时间的有限性，为多路信号沿同一信道传输提供条件。具体来说，就是把时间分成一些均匀的时间片，通过同步（固定分配）或统计（动态分配）的方式，将各路信号的传输时间分配在不同的时间片，以达到互相分开，互不干扰的目的。

3. 波分多路复用

波分多路复用（Wavelength Division Multiplexing，WDM）是用同一根光纤内传输多路不同波长的光信号，以提高单根光纤的传输能力。因为光通信的光源在光通信的“窗口”上只占用了很窄的一部分，还有很大的范围没有利用。

也可以这样认为，WDM 是 FDM 应用于光纤信道的一个变例。如果让不同波长的光信号在同一根光纤上传输而互不干扰，利用多个波长适当错开的光源同时在一根光纤上传送各自携带的信息，就可以增加所传输的信息容量。由于是用不同的波长传送各自的信息，因此即使在同一根光纤上也不会相互干扰。在接收端转换成电信号时，可以独立地保持每个不同波长的光源所传送的信息。这种方式就称为“波分多路复用”，如图 3-1-9 所示。

如果将一系列载有信息的不同波长的光载波，在光领域内以 1 至几百纳米的波长间隔合在一起沿单根光纤传输，然后在接收器端，将各个不同波长的光载波分开。在光纤的工作窗口上安排 100 个波长不同的光源，同时在一根光纤上传送各自携带的信息，就能使光纤通信系统的容量提高100倍。

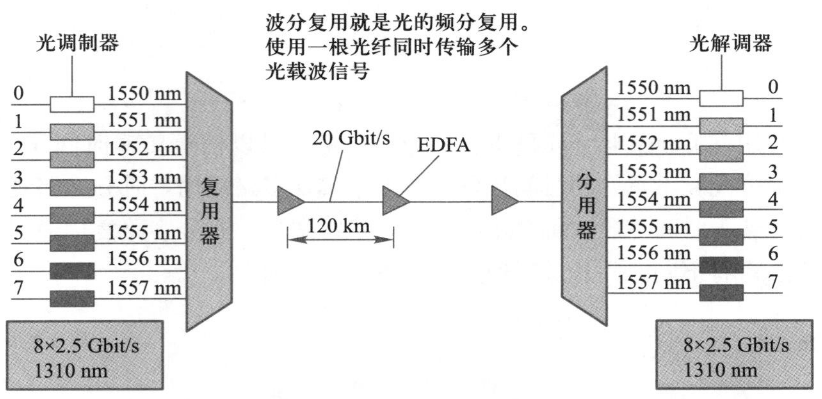

图3-1-9 波分多路复用技术

4. 码分多址

码分多址（Code Division Multiple Access，CDMA）是采用地址码和时间、频率共同区分信道的方式。CDMA的特征是每个用户有特定的地址码，而地址码之间相互具有正交性，因此各用户信息的发射信号在频率、时间和空间上都可能重叠，从而使用有限的频率资源得到利用。

CDMA是在扩频技术上发展起来的无线通信技术，即将需要传送的具有一定信号带宽的信息数据，从一个带宽远大于信号带宽的高速伪随机码进行调制，使原数据信号的带宽被扩展，再经载波调制并发送出去。接收端也使用完全相同的伪随机码，对接收的带宽信号作相关处理，把宽带信号转换成原信息数据的窄带信号即解扩，以实现信息通信。

3.2 网络互联基础

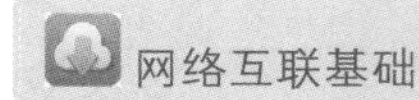

网络互联是指将两个以上的通信网络通过一定的方法，采用一种或多种网络通信设备相互联接起来，以构成更大的网络系统。网络互联的目的是实现不同网络中的用户可以进行互相通信、共享软件和数据等。

因特网（Internet），又称国际互联网，指的是网络与网络之间所串联成的庞大网络，这些网络以一组通用的协议相连，形成逻辑上的单一巨大国际网络。

3.2.1 OSI网络参考模型

计算机网络是一个非常复杂的系统，因此网络通信也比较复杂。网络通信涉及的面极广，不仅涉及网络硬件设备（如物理线路、通信设备、计算机等），还涉及各种各样的软件，所以用于网络的通信协议必然很多。实践证明，结构化设计方法是解决复杂问题的一种有效手段，其核心思想就是将系统模块化，并按层次组织各个模块。因此，在研究计算机网络的结构时，通常也按层次进行分析。

1. OSI/RM 参考模型的分层结构

为了使不同体系结构的计算机网络都能互联，国际标准化组织（ISO）于 1977 年成立了专门机构研究该问题，不久就提出一个试图使各种计算机在世界范围内互联成网的标准框架，即著名的开放系统互连基本参考模型 OSI/RM（Open Systems Interconnection Reference Model），简称为 OSI。在 1983 年形成了开放系统互联基本参考模型的正式文件，即著名的 ISO 7498 国际标准，也就是所谓的 7 层协议的体系结构。OSI 参考模型的 7 层结构，如图 3-2-1 所示。

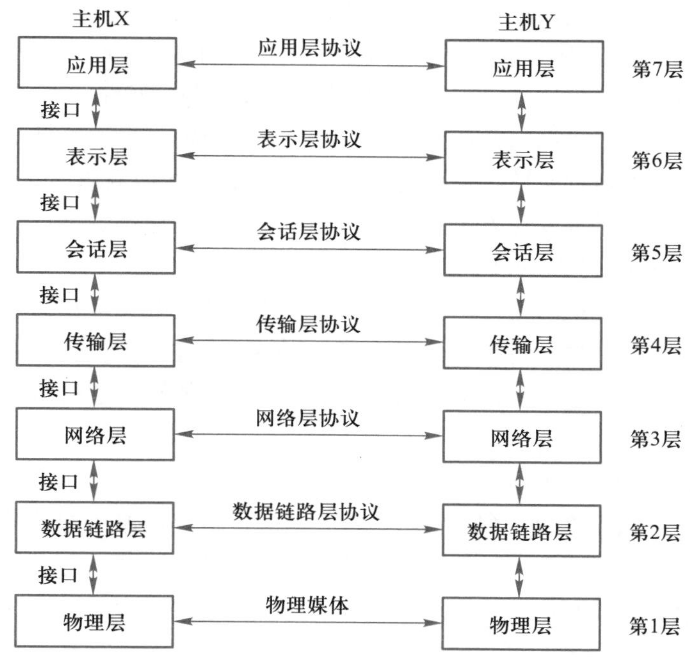

图 3-2-1 OSI 参考模型

采用该层次结构的优点如下：

① 功能简单、明确。整个复杂的系统被分解为若干小范围的部分，使得每一部分的功能比较单一。

② 独立性强。各层具有相对独立的功能，各层彼此不需知道各自的实现细节，而只需了解下层能提供什么服务，上层要求提供何种服务即可。

③ 设计灵活。当某层发生变化时，只要接口关系保持不变，就不会对上下层产生影响，而仅仅是本层内部的变化。

④ 易于实现和维护。设计容易实现，每个层次向上一层提供服务，向下一层请求服务。

⑤ 易于标准化。每一层的功能和提供的服务均有明确的说明。

2. OSI/RM 参考模型各层的功能

（1）物理层（Physical Layer）

物理层定义了通信双方建立、维护和拆除物理链路所需的机械的、电气的、功能和规程的特性。具体地讲，机械特性规定了网络连接时所需接插件的规格尺寸、引脚数量和排列情况等。电气特性规定了在物理连接上传输比特流时线路上信号电平的大小、阻抗匹配、传输速率、距离限制等。功能特性是指对各个信号先分配确切的信号含义。规程特性是指利用信号线进行比特流传输的一组操作规程，包含物理连接的建立、维护、交换信息。

（2）数据链路层（Data Link Layer）

数据链路层在物理层提供比特流服务的基础上，建立相邻节点之间的数据链路。比特流被封装成数据链路协议数据单元（Data Link Layer Protocol Data Unit，DL-PDU），DL-PDU 通常称为帧（Frame），以帧为单位进行传输，帧中包含地址、控制、数据及校验码等信息。数据链路层在不可靠的物理介质上提供可靠的传输。将不可靠的物理链路改造成对网络层来说无差错的数据链路。还要协调收发双方的数据传输速率，即进行流量控制，以防止接收方因来不及处理发送方发送的高速数据而导致缓冲器溢出及线路阻塞。

（3）网络层（Network Layer）

网络层负责为分组交换网上的不同主机提供通信服务。在发送数据时，网络层把运输层产生的报文段或用户数据报封装成分组或包（Packet）进行传送。网络层的另一个任务就是要选择合适的路由，使源主机运输层所传下来的分组能够通过网络中的路由器找到目的主机。

（4）传输层（Transport Layer）

传输层的任务就是负责为两个主机中进程之间的通信提供通用的数据传输服务。应用进程利用该服务传送应用层报文。该层负责获取全部信息，因此，它必须跟踪数据单元碎片、乱序到达的数据包和其他在传输过程中可能发生的危险。为上层提供端到端（最终用户到最终用户）的、透明的、可靠的数据传输服务。传输层还要处理端到端的差错控制和流量控制问题。

（5）会话层（Session Layer）

会话层的主要功能是组织和同步端与端之间的各种进程间的通信（也称为对话）。会话层不参与具体的传输，它提供包括访问验证和会话管理在内的建立和维护应用之间通信的机制，如服务器验证用户登录便是由会话层完成的。为表示层提供建立、维护和结束会话连接的功能，并提供会话管理服务。

（6）表示层（Session Layer）

表示层为应用层提供信息表示方式的服务。为了让采用不同编码方法的计算机在通信中能相互理解数据的内容，在计算机通信系统中，采用标准的编码形式来表达抽象的数据结构，表示层负责管理这些抽象的数据结构，并将计算机内部的表示形式转换成网络通信中采用的标准表示形式，适合于 OSI 系统内部使用的传送语法。即提供格式化的表示和转换数据服务。数据的压缩和解压缩，加密和解密等工作都由表示层负责。

（7）应用层（Application Layer）

应用层是体系结构中的最上层，定义的是应用进程间通信和交互的规则，为网络用户或应用程序提供各种服务。例如，万维网应用的 HTTP、文件传输的 FTP、电子邮件（E-mail）、网络管理等。

3.2.2 TCP/IP 参考模型

网络也可以按照 TCP/IP 参考模型进行层次划分。TCP/IP 参考模型是 ARPANET 和其后继的因特网使用的参考模型。ARPANET 是由美国国防部（U.S. Department of Defense，简称 DoD）赞助的研究网络。逐渐地，它通过租用的电话线连结了数百所大学和政府部门。当无线网络和卫星出现以后，现有的协议在和它们相连的时候出现了问题，所以需要一种新的参考体系结构。这个体系结构在它的两个主要协议出现以后，被称为 TCP/IP 参考模型（TCP/IP reference model）。

1. TCP/IP 参考模型的分层结构

TCP/IP 是一组用于实现网络互连的通信协议。Internet 网络体系结构以 TCP/IP 为核心。基于 TCP/IP 的参考模型将协议分成 4 个层次，它们可划分为网络接口层、网际层、传输层和应用层，如图 3-2-2 所示。

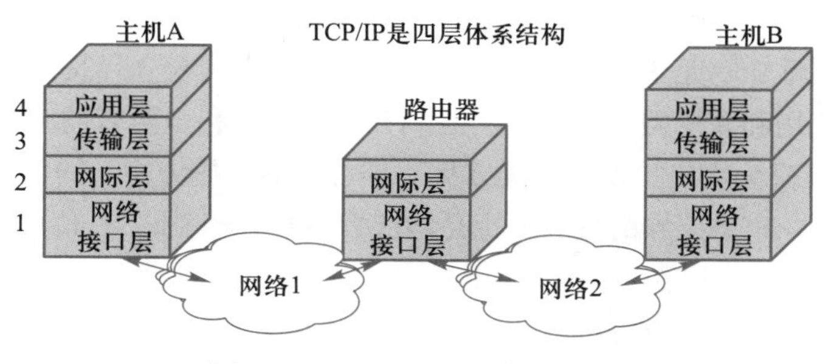

图 3-2-2 TCP/IP4 层参考模型

2. TCP/IP 参考模型各层的功能

（1）网络接口层

网络接口层的功能包括 IP 地址与物理地址的映射，以及将 IP 地址封装成帧。基于不同类型的网络接口，定义了与物理介质的连接。网络接口层包括了数据链路层的地址，因为可以看到源 MAC 和目标 MAC。它是 TCP/IP 的底层，负责接收从网际层传来的 IP 数据报，并且将 IP 数据报通过底层物理网络发出去，或者从底层的物理网络上接收物理帧，解封装出 IP 数据报，交给网际层处理。

（2）网际层

网际层的主要功能包括处理来自传输层的分组发送请求，将分组装入 IP 数据报，填充报头，选择去往目的节点的路径，然后将数据报发送适当的端口。处理输入数据报，首先检查数据报的合法性，然后进行路由选择。处理 ICMP 报文，处理路由的选择，流量控制和拥塞控制。

IP 实现两个基本功能寻址和分段。根据数据报报头中的目的地址将数据传送到目的地址，在这个过程中，IP 负责选择传送路线，这种路线称为路由功能。

（3）传输层

传输层对应于 OSI 参考模型的传输层，为应用层实体提供端到端的通信功能，保证了数据包的顺序传送及数据的完整性。该层定义了两个主要的协议：传输控制协议（Transmission Control Protocol，TCP）和用户数据报协议（User Datagram Protocol，UDP）。

TCP 提供的是一种可靠的、通过“3 次握手”来连接的数据传输服务。而 UDP 提供的则是不保证可靠的（并不是不可靠）、无连接的数据传输服务。

（4）应用层

应用层对应于 OSI 参考模型的高层，为用户提供所需要的各种服务，如 FTP、Telnet、DNS、SMTP 等。

3.2.3 网际协议（IP）

网际协议（Internet Protocol，IP）是 TCP/IP 体系中的网络层协议。设计 IP 的目的是提高网络的可扩展性：一是为了解决互联网问题，实现大规模、异构网络的互联互通；二是分割顶层网络应用和底层网络技术之间的耦合关系，以利于两者的独立发展。根据端到端的设计原则，IP 只为主机提供一种无连接、不可靠的、尽力而为的数据报传输服务。

IP 是整个 TCP/IP 协议族的核心，也是构成互联网的基础。IP 位于 TCP/IP 模型的网络层（相当于 OSI 模型的网络层），对上可载送传输层各种协议的信息，如 TCP、UDP 等；对下可将 IP 信息包放到链路层，通过以太网、令牌环网络等各种技术来传送。

IP 主要包含 IP 地址、IP 数据报及 IP 分组转发过程。

1. IP 地址

IP 地址（Internet Protocol Address）是指互联网协议地址，IP 地址是 IP 提供的一种统一的地址格式，它为互联网上的每一个网络和每一台主机分配一个逻辑地址，以此来屏蔽物理地址的差异。

IP 地址是一个 32 位的二进制数，通常被分割为 4 个“8 位二进制数”（也就是 4 字节）。IP 地址通常用“点分十进制”表示成（a. b. c. d）的形式，其中，a、b、c、d 均为 0~255 之间的十进制整数。如点分十进制 IP 地址（192. 168. 10. 1），实际上是 32 位二进制数（11000000. 10101000. 00001010. 00000001）。

（1）IP 地址分类

最初在设计互联网络时，为了便于寻址以及层次化构造网络，每个 IP 地址包括两个标识码（ID），即网络 ID 和主机 ID。同一个物理网络上的所有主机都使用同一个网络 ID，网络上的一个主机（包括网络上工作站、服务器和路由器等）有一个主机 ID 与其对应。Internet 委员会定义了 5 种 IP 地址类型以适合不同容量的网络，即 A 类、B 类、C 类、D 类、E 类，如图 3-2-3 所示。

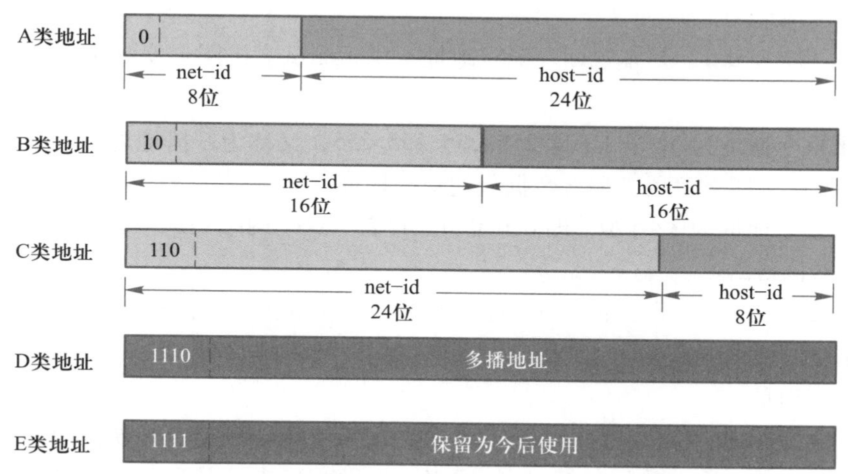

图 3-2-3 IP 地址分类

A 类地址，网络地址长度为 7 位，允许 126 个不同的 A 类网络。0 和 127 两个地址用于特殊目的。每个网络的主机数多达 $2^{24}-2$（16 777 214）台（主机位不能是全 0 或全 1），即主机地址范围为 1. 0. 0. 0~126. 255. 255. 255，A 类地址一般用于大型网络。

B 类地址，网络地址长度为 14 位，允许 2^{14}（16 384）个不同的 B 类网络，每个网络能容纳 $2^{16}-2$（65 536）台主机，起始地址为 128~191。这种地址适用于国际性大公司和政府机构等。

C 类地址，网络地址长度为 21 位，允许多达 2^{21}（2 097 151）个不同的 C 类网络，起始地址为 192~223，每个 C 类网络能容纳 $2^{8}-2$（254）台主机，特别适用于一些小公司或研究机构。

D 类地址，不标识网络，此类地址的起始地址为 224~239，即主机的地址范围为 224. 0. 0. 0~239. 255. 255. 255，用于特殊用途，多用于组播网络。

E 类地址，用于科研和将来使用，其起始地址为 240~255。

（2）子网掩码

跟随 IP 地址的有一个 32 位的子网掩码，它的主要作用是指明一个 IP 地址哪些位标识的是主机所在的网络，哪些位标识的是主机。子网掩码不能单独存在，它必须结合 IP 地址一起使用。子网掩码只有一个作用，就是将某个 IP 地址划分成网络地址和主机地址两部分。子网掩码的设定必须遵循一定的规则。与二进制 IP 地址相同，子网掩码由 1 和 0 组成，且 1 和 0 分别连续。左边是网络位，用二进制数字“1”表示，1 的数目等于网络位的长度；右边是主机位，用二进制数字“0”表示，0 的数目等于主机位的长度。默认的子网掩码如下：

A 类：255. 0. 0. 0。

B 类：255. 255. 0. 0。

C 类：255. 255. 255. 0。

（3）特殊地址

① 地址 127. 0. 0. 1，是本地回环测试地址，用于测试本机网卡安装是否正确，是否添加了 TCP/IP。

② 如果整个地址为 32 个 1，即 255. 255. 255. 255，又称为广播地址。如果要把一个数据包发往网络中的所有机器，那么数据包的目的地址就会用到这个广播地址。

③ 如果整个地址为 32 个 0，即 0. 0. 0. 0，它表示这个网络、这个主机，在路由表中把全零看作是默认路由。

④ 169. 254. 0. 0，表示非正常的地址。如果主机获取到这样一个地址，代表获得的是一个错误地址。

（4）私有地址

地址分为公有地址和私有地址。在一个公共网络上传输数据，必须使用公共地址，这些地址在网上是唯一的。需向 ISP（因特网服务提供商）申请分配公共地址，各 ISP 都要从更上一层的地址注册机构申请。所有的 IP 地址都由国际组织 NIC（网络信息中心）负责统一分配。

携带私有地址的数据包不能直接在 Internet 进行传输，主要作用是解决公共地址短缺的问题。私有地址（Private address）属于非注册地址，专门为组织机构内部使用。

以下列出留用的内部私有地址：

A 类 10. 0. 0. 0—10. 255. 255. 255

B 类 172. 16. 0. 0—172. 31. 255. 255

C 类 192. 168. 0. 0—192. 168. 255. 255

这些地址只能内部网使用，可以通过代理（Proxy）或网络地址转换（NAT）等系统将私有地址转换成公共地址，从而连接到 Internet。

2. IP 数据报

TCP/IP 定义了一个在 Internet 上传输的包，称为 IP 数据报，也叫分组，由首部和数据两部分组成。首部的前一部分是固定长度，共 20 字节，是所有 IP 数据报必须具有的。在首部固定部分的后面是一些可选字段，其长度是可变的。首部中的源地址和目的地址都是 IP 协议地址。

IP 数据报的格式能够说明 IP 具有哪些功能。IPv4 数据报由报头和数据两部分组成，如图 3-2-4 所示。其中，数据是高层需要传输的数据，报头是为了正确传输高层数据而增加的控制信息。在首部固定部分的后面是可选字段，长度可变。

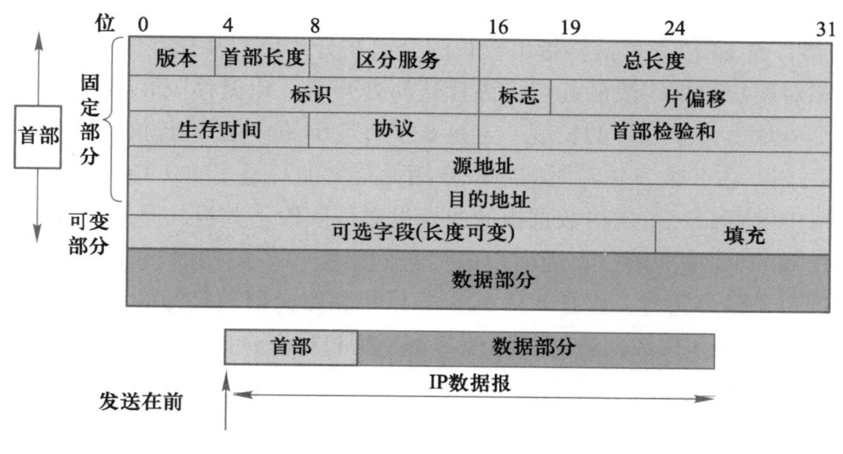

图 3-2-4 IP 数据报格式

① 版本，占 4 位，指 IP 的版本。通信双方使用的 IP 协议版本必须一致。广泛使用的 IP 版本号为 4（即 IPv4）。IP 协议版本号为 6（即 IPv6）。

② 首部长度，占 4 位，可表示的最大十进制数值是 15。

【注意】 该字段所表示数的单位是 32 位字长（1 个 32 位字长是 4 字节），因此，当 IP 的首部长度为 1111 时（即十进制的 15），首部长度就达到 60 字节。当 IP 分组的首部长度不是 4 字节的整数倍时，必须利用最后的填充字段加以填充。

③ 区分服务，占 8 位，用来获得更好的服务。该字段在旧标准中称为服务类型，但实际上一直没有被使用过。1998 年 IETF 把该字段改名为区分服务 DS（Differentiated Services）。只有在使用区分服务时，该字段才起作用。

④ 总长度，总长度指首部和数据之和的长度，单位为字节。总长度字段为 16 位，因此数据报的最大长度为 $2^{16}-1=65\,535$ 字节。

在 IP 层下面的每一种数据链路层都有自己的帧格式，其中包括帧格式中的数据字段的最大长度，称为最大传送单元（Maximum Transfer Unit，MTU）。当一个数据报封装成链路层的帧时，此数据报的总长度（即首部加上数据部分）一定不能超过下面的数据链路层的 MTU 值。

⑤ 标识（identification），占 16 位。IP 软件在存储器中维持一个计数器，每产生一个数据报，计数器就加 1，并将此值赋给标识字段。但这个“标识”并不是序号，因为 IP 是无连接服务，数据报不存在按序接收的问题。当数据报由于长度超过网络的 MTU 而必须分片时，这个标识字段的值就被复制到所有的数据报的标识字段中。相同的标识字段的

值使分片后的各数据报片最后能正确地重装成为原来的数据报。

⑥ 标志（flag），占3位，但只有2位有意义。标志字段中的最低位记为MF（More Fragment）。MF=1即表示后面“还有分片”的数据报。MF=0表示这已是若干数据报片中的最后一个。标志字段中间的一位记为DF（Don't Fragment），意思是“不能分片”。只有当DF=0时才允许分片。

⑦ 片偏移，占13位。片偏移指出较长的分组在分片后，某片在原分组中的相对位置。也就是说，相对用户数据字段的起点，该片从何处开始。片偏移以8字节为偏移单位，即除了最后一个分片，每个分片的长度一定是8字节（64位）的整数倍。

⑧ 生存时间，占8位，生存时间字段常用的英文缩写是TTL（Time To Live），表明是数据报在网络中的寿命。由发出数据报的源点设置该字段。其目的是防止无法交付的数据报无限制地在Internet中兜圈子，因而白白消耗网络资源。最初的设计是以秒作为TTL的单位。每经过一个路由器时，就把TTL减去数据报在路由器消耗掉的一段时间。若数据报在路由器消耗的时间小于1 s，就把TTL值减1。当TTL值为0时，就丢弃这个数据报。后来把TTL字段的功能改为“跳数限制”（但名称不变）。路由器在转发数据报之前就把TTL值减1，若TTL值减少到零，就丢弃该数据报，不再转发。因此，TTL的单位不再是秒，而是跳数。TTL的意义是指明数据报在网络中至多可经过多少个路由器。显然，数据报在网络上经过的路由器的最大数值是255。若把TTL的初始值设为1，就表示这个数据报只能在本局域网中传送。

⑨ 协议，占8位，协议字段指出此数据报携带的数据是使用何种协议，以便使目的主机的IP层知道应将数据部分上交给谁处理过程。

⑩ 首部检验和，占16位。这个字段只检验数据报的首部，但不包括数据部分。这是因为数据报每经过一个路由器，路由器都需要重新计算一下首部检验和（对于一些字段，如生存时间、标志、片偏移等都可能发生变化）。不检验数据部分可减少计算的工作量。

⑪ 源地址，占32位。数据报发出时携带的主机IP地址。

⑫ 目的地址，占32位。数据报目的地的主机IP地址。

3. IP分组转发过程

分组转发是指在互联网中路由器转发IP分组的物理传输过程与数据报转发机制。根据分组的目的IP地址与源IP地址是否属于同一个子网可分为直接转发和间接转发。

从图3-2-5（a）中可以看出，路由器的主要工作就是为经过路由器的每个数据包寻找一条最佳的传输路径，并将该数据有效地传送到目的站点。由此可见，选择最佳路径的策略即路由算法是路由器的关键所在。为了完成这项工作，在路由器中保存着各种传输路径的相关数据——路由表（Routing Table），供路由选择时使用，表中包含的信息决定了数据转发的策略。

可以把整个的网络拓扑简化为如图 3-2-5（b）所示。在简化图中，网络变成了一条链路，但每一个路由器旁边都注明其 IP 地址。使用该简化图，可以使人们不必关心某个网络内部的具体拓扑以及连接在该网络上有多少台主机，因为这些对于研究分组转发问题并没有什么关系。这样的简化图强调了在互联网上转发分组时，是从一个路由器转发到下一个路由器。在路由表中，对每一条路由而言，最主要两个信息是目的网络地址和下一跳地址。

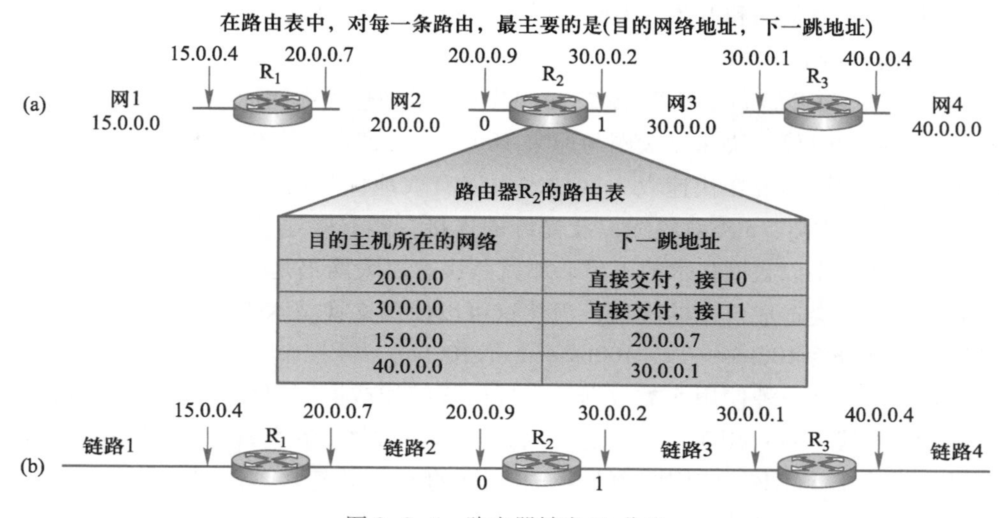

图 3-2-5 路由器转发 IP 分组

3.2.4 以太网

以太网是一种计算机局域网技术。IEEE 组织的 IEEE 802.3 标准制定了以太网的技术标准，它规定了包括物理层的连线、电子信号和介质访问层协议的内容。以太网是目前应用最普遍的局域网技术，取代了其他局域网技术如令牌环、FDDI 和 ARCNET。

1. 以太网简述

以太网最早由 Xerox（施乐）公司创建，1980 年，Dec、Intel 和 Xerox 三家公司联合开发成为一个标准，以太网是应用最为广泛的局域网，包括标准的以太网（10 Mbit/s，常简称 10 M）、快速以太网（100 Mbit/s，常简称 100 M）、千兆（1 000 Mbit/s，常简称 1 G）和万兆（10 000 Mbit/s，常简称 10 G）以太网，采用的是 CSMA/CD（Carrier Sense Multiple Access /Collision Detection）访问控制法，它们都符合 IEEE 802.3 标准。

IEEE 802.3 标准，它规定了包括物理层的连线、电信号和介质访问层协议的内容。历经 100 Mbit/s 以太网在 20 世纪末的飞速发展后，目前千兆以太网甚至万兆以太网正在国际组织和领导企业的推动下不断拓展应用范围。

2. 以太网的分类

以太网是现实世界中最普遍的一种计算机网络。以太网分为两类：第一类是经典以太网，第二类是交换式以太网，使用了一种称为交换机的设备连接不同的计算机。经典以太网是以太网的原始形式，运行速度从3 Mbit/s～10 Mbit/s不等；而交换式以太网则是广泛应用的以太网，可运行在100 Mbit/s、1 000 Mbit/s和10 000 Mbit/s这样的高速率，分别以快速以太网、千兆以太网和万兆以太网的形式呈现.

（1）快速以太网

1995年3月IEEE宣布了IEEE 802.3u100base -T快速以太网标准（Fast Ethernet），开启了快速以太网的时代。快速以太网与原来100 Mbit/s带宽下工作的FDDI相比，它具有许多的优点，最主要体现在快速以太网技术可以有效地保障用户在布线基础实施上的投资，它支持3类、4类、5类双绞线以及光纤的连接，能有效地利用现有的设施。快速以太网的不足其实也是以太网技术的不足，那就是快速以太网仍是基于CSMA/CD技术，当网络负载较重时，会造成效率的降低，当然这可以使用交换技术来弥补。100 Mbit/s快速以太网标准，又分为100base-Tx、100base-Fx、100base-T4三个子类。

100base-Tx：是一种使用5类数据级无屏蔽双绞线或屏蔽双绞线的快速以太网技术。它使用两对双绞线，一对用于发送，另一对用于接收数据。在传输中使用4B/5B编码方式，信号频率为125 MHz。使用同10base-T相同的RJ-45连接器。它的最大网段长度为100 m。它支持全双工的数据传输。

100base-Fx：是一种使用光缆的快速以太网技术，可使用单模和多模光纤（62.5和125 μm）。多模光纤连接的最大距离为550 m，单模光纤连接的最大距离为3 000 m。在传输中使用4B/5B编码方式，信号频率为125 MHz。它使用FDDI连接器、ST连接器或SC连接它的最大网段长度为150 m、412 m、2 000 m或更长至10 km，这与所使用的光纤类型和工作模式有关，它支持全双工的数据传输。100base-Fx特别适合于有电气干扰的环境、较大距离连接或高保密环境等情况下的适用。

（2）千兆以太网

千兆以太网技术作为最新的高速以太网技术，给用户带来了提高核心网络的有效解决方案，这种解决方案的最大优点是继承了传统以太网技术价格便宜的优点。千兆技术仍然是以太网技术，它采用了与10 Mbit/s以太网相同的帧格式、帧结构、网络协议、全/半双工工作方式、流控模式以及布线系统。

1000Base-LX：使用光纤介质构成星状拓扑，采用多模光纤时，半双工模式下最大长度为316 m，全双工模式下最大长度为550 m。采用单模光纤时，半双工模式下最大长度为316 m，全双工模式下最大长度为3 000 m，采用8B/10B编码。

1000Base-SX：使用光纤介质构成星型拓扑，采用62.5 μm多模光纤时，半双工、全双工模式下均为275 m，采用50 μm多模光纤时，半双工、全双工模式均为550 m，采用8B/10B编码。

1000Base-CX：使用特殊的 STP 构成星型拓扑，半双工模式下为 25 m，全双工模式下为 50 m，采用 8B/10B 编码。

1000Base-T：使用 4 对 5 类 UTP 构成星型拓扑，最大长度为 100 m，使用 RJ-45 接口，采用 PAM5 编码。

（3）万兆以太网

万兆以太网不再使用铜线而只使用光纤作为传输媒体，它使用长距离的光收发器与单模光纤接口，以便能够工作在广域网和城域网的范围。万兆以太网也可使用较便宜的多模光纤，但传输距离为 65 m~300 m。万兆以太网以太网不仅是简单的局域网，也是广域网。

万兆以太网的主要特点如下：

① 帧格式与 10 Mbit/s、100 Mbit/s 和 1 Gbit/s 以太网相同。

② 保留 IEEE802.3 的最大帧和最小帧长度，以便和低速通信网相连。

③ 传输介质不再使用铜线，只使用光纤。

④ 只工作在全双工模式下，不存在争用的问题。

10000Base-EW：以太局域网的信号物理层标准，星型拓扑，采用 1 550 nm 波长的激光，使用 10 μm 单模光纤的最大长度为 40 km，采用 64B/66B 编码。

10000Base-LR：以太广域网的信号物理层标准，星型拓扑，采用 1 310 nm 波长的激光，使用 10 μm 单模光纤的最大长度为 40 km，采用 64B/66B 编码。

10000Base-SR：以太局域网的信号物理层标准，星型拓扑，采用 850 nm 激光，采用 62.5 μm 和 50 μm 多模光纤的最大长度分别为 350 m 和 300 m，采用 64B/66B 编码。

3.2.5 广域网

广域网是连接不同地区局域网或城域网计算机通信的远程网。通常跨接很大的物理范围，所覆盖的范围从几十公里到几千公里，它能连接多个地区、城市和国家，或横跨几个洲还能提供远距离通信，形成国际性的远程网络。广域网并不等同于互联网。

1. 广域网的概述

广域网（WAN，Wide Area Network）也称远程网。广域网一般由主机（资源子网）和通信子网组成。

广域网通常可以传输各种各样的通信类型，如语音、数据和视频，如图 3-2-6 所示，为广域网的结构。

由图 3-2-6 可以看出，广域网的主干部分主要负责互联网络中通信子网的功能。广域网内的节点交换机一般采用点到点的专用线路进行联接。各个局域网通过不同的接入方式接入广域网中，形成互联网络。常见的公共数据通信网有公共电话网、公用分组交换网、宽带综合业务数字网、帧中继网和其他的专用网。

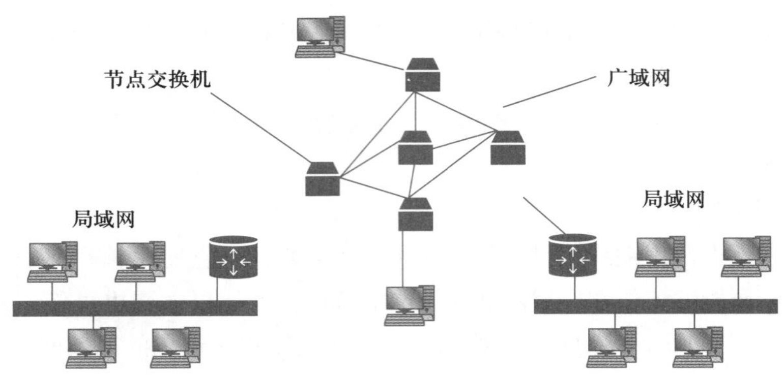

图 3-2-6 广域网的结构

2. 广域网的特点

① 覆盖范围广，覆盖距离可达数十公里以上，甚至数万公里以至全球范围，主要用于互联分布在广泛地理范围内的局域网。

② 一般需要利用公用通信网络提供的信道进行数据传输，通常是由公共通信部门来建设和管理，并向用户提供收费的广域网数据传输服务。

③ 网络结构比较复杂，常采用网状拓扑结构。

④ 传输速率一般低于局域网。为了实现远距离通信通常要采用载波形式的频带传输或光传输，但是在 Internet 爆炸式增长和多媒体应用需求的推动下，广域网技术迅速发展，目前广域网的传输速率已达 10 Gbit/s。

3. 广域网协议

广域网协议是在 OSI 参考模型的最下面三层操作，定义了在不同的广域网介质上的通信。主要用于广域网的通信协议较多，如高级数据链路控制协议、点到点协议、帧中继协议、数字数据网、综合业务数字网、数字用户线、X. 25 协议等。

(1) HDLC 协议

高级数据链路控制协议（High-level Data Link Control，HDLC）是一种面向比特的高效链路层协议。一般情况下，HDLC 通信协议 IP 核心分为 3 个部分，即外部接口模块、数据发送部分和数据接收部分。在这类面向比特的数据链路协议中，帧头和帧尾都是特定的二进制序列，通过控制字段来实现对链路的监控，可以采用多种编码方式实现高效的、可靠的透明传输。故其最大特点是不需要数据必须是规定字符集，对任何一种比特流，均可以实现透明的传输。

其主要有以下 4 个特点：

① 对于任何一种比特流都可透明传输。

② 较高的数据链路传输效率。

③ 所有的帧都有帧校验序列（FCS），传输可靠性高。

④ 用统一的帧格式来实现传输。

（2）PPP 协议

点到点协议（Point to Point Protocol，PPP）是为在同等单元之间传输数据包这样的简单链路设计的链路层协议。这种链路提供全双工操作，并按照顺序传递数据包。设计目的主要是用来通过拨号或专线方式建立点对点连接发送数据，使其成为各种主机、网桥和路由器之间简单连接的一种共通的解决方案。

1）PPP 具有以下功能：

① PPP 具有动态分配 IP 地址的能力，允许在连接时刻协商 IP 地址。

② PPP 支持多种网络协议，如 TCP/IP、NetBEUI、NWLINK 等。

③ PPP 具有错误检测能力，但不具备纠错能力，所以 PPP 是不可靠传输协议。

④ 无重传的机制，网络开销小、速度快。

⑤ PPP 具有身份验证功能。

⑥ PPP 可以用于多种类型的物理介质上，包括串口线、电话线、移动电话和光纤（如 SDH），PPP 也用于 Internet 接入。

2）PPP 提供了 3 类功能

包括成帧、链路控制协议 LCP、网络控制协议 NCP。PPP 是面向字符类型的协议。

① 成帧：它可以毫无歧义地分割出一帧的起始和结束。

② 链路控制：有一个称为 LCP 的链路控制协议，支持同步和异步线路，也支持面向字节的和面向位的编码方式，可用于启动路线、测试线路、协商参数以及关闭线路。链路控制协议（LCP）建立点对点链路，是 PPP 中实际工作的部分。LCP 位于物理层的上方，负责建立、配置和测试数据链路连接。LCP 还负责协商和设置 WAN 数据链路上的控制选项，这些选项由 NCP 处理。

③ 网络控制：具有协商网络层选项的方法，并且协商方法与使用的网络层协议独立。PPP 允许多个网络协议共用一个链路，网络控制协议（NCP）负责连接 PPP（第 2 层）和网络协议（第 3 层）。对于所使用的每个网络层协议，PPP 都分别使用独立的 NCP 来连接。

PPP 提供两种认证方式，一种是 PAP，另一种是 CHAP。

相对来说，PAP 的认证方式安全性没有 CHAP 高。PAP 在传输密码是明文的，而 CHAP 在传输过程中不传输密码，取代密码的是 Hash（哈希值）。PAP 认证是通过两次握手实现的，而 CHAP 则是通过 3 次握手实现的。PAP 认证是被叫提出连接请求，主叫响应。而 CHAP 则是主叫发出请求，被叫回复一个数据包，在这个包里面有主叫发送的随机的哈希值，主叫在数据库中确认无误后发送一个连接成功的数据包连接。

（3）帧中继协议

帧中继（Frame Relay）是于 1992 年兴起的一种新的公用数据网通信协议，1994 年开始获得迅速发展。帧中继是一种有效的数据传输技术，它可以在一对一或者一对多的应用中快速而低廉地传输数字信息。它可以使用于语音、数据通信，既可用于局域网（LAN）也可用于广域网（WAN）的通信。每个帧中继用户将得到一个连接到帧中继节点的专线。帧中继网络对于端用户来说，它通过一条经常改变且对用户不可见的信道来处理和其他用户间的数据传输。

帧中继的主要特点是用户信息以帧（Frame）为单位进行传送，网络在传送过程中对帧结构、传送差错等情况进行检查，对出错帧直接予以丢弃，同时，通过对帧中地址段DLCI的识别，实现用户信息的统计复用。

帧中继是一种数据包交换通信网络，一般用在开放系统互联参考模型（Open System Interconnection）中的数据链路层（Data Link Layer）。永久虚拟电路PVC是用在物理网络交换式虚拟电路（SVCs）上构成端到端逻辑链接的，类似于在公共电话交换网中的电路交换，也是帧中继描述中的一部分，只是现在已经很少在实际中使用。另外，帧中继最初是为紧凑格式版的X.25协议而设计的。

（4）其他协议

ISDN（综合业务数字网）：在上网时可任意拨打电话。普通调制解调器拨号需要等待1~5 min才能接入，ISDN只需要1~3 s就可实现接入，速度可达56 kbit/s~128 kbit/s。窄带ISDN也不能满足高质量的VOD等宽带应用。使用ISDN需要专用终端设备。

DDN（数字数据网）：进网速率最高可达2 Mbit/s，接入方式一般为专线。DDN专线向用户提供永久性的数据连接，沿途不进行复杂的软件处理，因此延时较短，避免了传统分组网中传输协议复杂等缺点。DDN专线接入采用交叉连接装置，可根据用户需要，在约定的时间内接通。

ADSL（非对称数字用户环路）：是一种通过普通电话线路提供宽带数据业务的技术，它支持上行640 kbit/s~1 Mbit/s与下行1 Mbit/s~8 Mbit/s的速率，其有效传输距离为3 km~5 km。ADSL无须拨号，始终在线，用户到机房是专线，局端出口是共享方式。ADSL接入需要网卡或USB接口和ADSL MODEM。

4. 广域网的数据交换方式

常见的广域网接入技术可以分为专线技术、电路交换技术、分组交换技术3种类型。

（1）专线技术

如图3-2-7所示，由运营商为企业远程节点之间的通信提供的点到点专有线路，用户独占一条24 h在线、点对点的、速率固定的专用线路，并独享带宽。企业需要向运营商支付较高的费用。

由于传输质量好，配置维护相对简单，加上传输费用逐渐降低，专线技术基本已经取代了电路交换和分组交换技术，成为企业组网中最主要的广域网接入技术。

常见的专线技术包括DDN、SDH（E1、E3、POS）、以太网专线（如MSTP、裸光纤）。

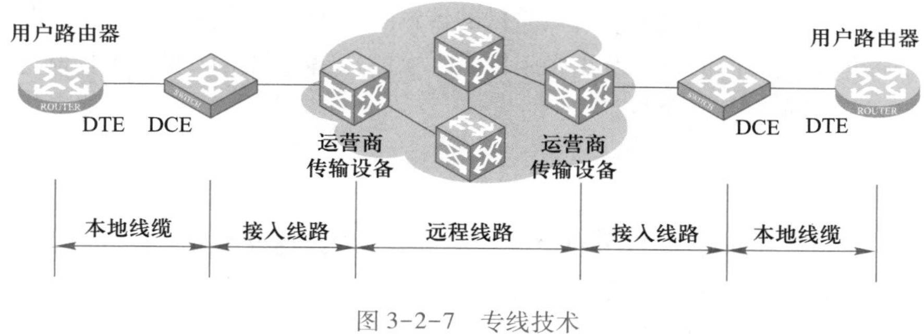

图 3-2-7 专线技术

（2）电路交换技术

电路交换是广域网上使用的一种交换方式。远程端点之间通过呼叫为每一次会话过程建立、维持和终止一条专用的物理电路。经呼叫建立的物理连接只提供物理层承载服务，在两个端点之间传输二进制位流。电路交换在电信运营商的网络中被广泛使用，其操作过程与普通的电话拨叫过程非常相似。公用交换电话网络（PSTN）和综合业务数字网（ISDN）都是采用电路交换技术的通信网络。

电路交换的特点是传输时延小，透明传输（即传输通路不必对用户数据进行任何修正或解释），但所占带宽固定，线路利用率低。

（3）分组交换技术

分组交换是广域网上经常使用的一类交换技术。通过分组交换，网络设备可以共享一条点对点链路，通过运营商网络在设备之间进行数据包的传递。分组交换主要采用统计复用技术在多台设备之间实现电路共享。

分组交换网采用虚电路和数据报文两种服务方式实现网络通信。所谓虚电路方式，即采用了多路复用技术在一条物理链路上建立若干条逻辑上的虚电路，从而实现一对多同时通信。所谓数据报文服务，是指通过分组交换机进行存储，然后根据不同的路径将分组转发出去，这样可以动态地利用线路的带宽。

虚电路又分为永久虚电路（Permanent Virtual Circuit，PVC）和交换虚电路（Switching Virtual Circuit，SVC）两种。永久虚电路由公共传输网络提供者设置，这种虚电路经设置后会长期存在。交换虚电路需要两个远程端点通过呼叫控制协议来建立，并在完成当前数据传输后拆除。

另外，由于分组交换网络提供的不是物理层的承载服务，必须把要求传输的数据信息封装在物理网络所要求的数据链路帧的数据字段中才能传输。

3.2.6 帧中继与信元交换

分组交换技术是在通信网以模拟通信为主的时代背景下提出的，当时可提供数据传输的信道大多数是 FDM 电话信道，误码率为 $10^{-4} \sim 10^{-5}$，信道传输条件差。由于数据通信的质量要求高，为了解决在高误码率、低质量的传输线路上实现数据可靠传送和计算机联网等功能，在分组交换网内的每个节点必须提供强大的检错、纠错以及流量控制等功能。使得帧中继技术应运而生。

1. 帧中继交换

帧中继（Frame Relay）是以分组交换技术为基础的高速分组交换技术。它利用数字系统的低误码率和高传输速率的特点，为用户提供质量更高的快速分组交换服务，是一种用于连接计算机系统的面向分组的通信方法。

（1）帧中继的基本原理

帧中继是X.25在新的传输条件下的发展起来的，它对X.25协议进行了简化和改进。帧中继省略了X.25中的分组层，即网络层，以链路层帧为基础，实现多条逻辑链路的统计复用和转换。由于帧中继省略了网络层，避免了网络层的报文分组和重装的消耗，而且帧中继允许最大帧长在1 KB以上，取消了网络层分组长度的限制，这种灵活性也保证了网络的高吞吐量。

（2）帧中继的应用

帧中继主要用在公共或专用网上的局域网互联以及广域网连接。大多数公共电信局都提供帧中继服务，把它作为建立高性能的虚拟广域连接的一种途径。帧中继是进入带宽范围从56 kbit/s~1.544 Mbit/s的广域分组交换网的用户接口。

2. 信元交换

信元交换又称异步传输模式（Asynchronous Transfer Mode，ATM），是一种面向连接的快速分组交换技术，它是通过建立虚电路来进行数据传输的。

ATM采用固定长度的信元作为数据传送的基本单位，信元长度为53字节，其中信元头尾5字节，数据为48字节。长度固定的信元可以使ATM交换机的功能尽量简化，只用硬件电路就可以对信元头中的虚电路表示进行识别，因此缩短了每个信元的处理时间。另外ATM采用了统计时分复用的方式来进行数据传输，根据各种业务的统计特性，在保证服务质量（Quality of Service，QoS）要求的前提下，在各个业务之间动态地分配网络带宽。

ATM是网络新技术，它采用基于信元的异步传输模式和虚电路结构，根本上解决了多媒体的实时性及带宽问题。实现面向虚链路的点到点传输，它通常提供155 Mbit/s的带宽。它既汲取了话务通信中电路交换的“有连接”服务和服务质量保证，又保持了以太网、FDDI等传统网络中带宽可变、适于突发性传输的灵活性，从而成为迄今为止适用范围最广、技术最先进、传输效果最理想的网络互联手段之一。

3.2.7 VPN 技术

VPN 就是虚拟专用网（Virtual Private Network）的简称，是指在公共网络中建立虚拟的专用网络，使数据通过安全的“加密通道”在公共网络传送的一种技术。VPN 网络结构，如图 3-2-8 所示。

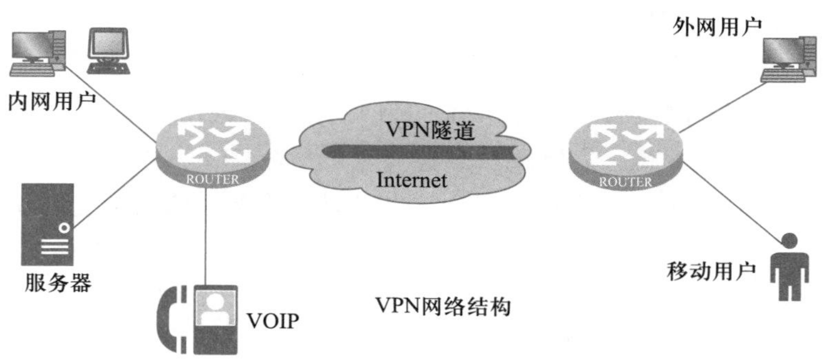

图 3-2-8 VPN 网络结构

虚拟专用网络允许远程通信方，销售人员或企业分支机构使用 Internet 等公共互联网络的路由基础设施以安全的方式与位于企业局域网端的企业服务器建立连接。虚拟专用网络对用户端透明，用户就好像使用一条专用线路在客户计算机和企业服务器之间建立点对点连接，进行数据的传输。

根据不同的划分标准，VPN 又分很多种，如 PPTP、IPsec、SSL、MPLS、GRE 等 VPN 技术。

1. PPTP VPN 技术

点对点隧道协议（Point to Point Tunneling Protocol，PPTP）是实现虚拟专用网（VPN）的方式之一。PPTP 使用传输控制协议（TCP）创建控制通道来发送控制命令，以及利用通用路由封装（GRE）通道来封装点对点协议（PPP）数据包以发送数据。这个协议最早由微软公司等厂商主导开发，但因为它的加密方式容易被破解，微软公司已经不再建议使用这个协议。

PPTP 的协议规范本身并未描述加密或身份验证的部分，它依靠 PPP 来实现这些安全性功能。因为 PPTP 协议内置在微软 Windows 系统家族的各个产品中，在微软 PPP 协议堆栈中，提供了各种标准的身份验证与加密机制来支持 PPTP。在微软 Windows 系统中，它可以搭配 PAP、CHAP、MS-CHAPv1/v2 或 EAP-TLS 来进行身份验证。通常也可以搭配微软点对点加密（MPPE）或 IPSec 的加密机制来提高安全性。

2. IPSec VPN 隧道技术

指采用 IPSec 协议来实现远程接入的一种 VPN 技术，IPSec 全称为 Internet Protocol Security，是由 Internet Engineering Task Force（IETF）定义的安全标准框架，在公网上为两个私有网络提供安全通信通道，通过加密通道保证连接的安全——在两个公共网关间提供私密数据封包服务。

主要提供如下的保护功能：

① 加密用户数据，实现数据的私密性。

② 验证 IP 报文的完整性，使其在传输的路上不被非法篡改。

③ 防止如重放攻击等行为。

④ 即可以确保计算机到计算机的安全，也可以确保两个通信场点（IP 子网到子网）的安全。

⑤ 使用网络设备特点的安全性算法和秘钥交换的功能，以加强 IP 通信的安全性需求。

⑥ 它是一种 VPN 的实施方式。

3. SSL VPN 隧道技术

SSL（Secure Socket Layer，安全套接字层）VPN 即指采用 SSL 协议来实现远程接入的一种新型 VPN 技术。它包括服务器认证、客户认证、SSL 链路上的数据完整性和 SSL 链路上的数据保密性。

SSL VPN 是解决远程用户访问公司敏感数据最简单、最安全的解决技术。与复杂的 IPSec VPN 相比，SSL 通过相对简易的方法实现信息远程连通。任何安装浏览器的机器都可以使用 SSL VPN，这是因为 SSL 内嵌在浏览器中，它不需要像传统 IPSec VPN 一样必须为每一台客户机安装客户端软件。

SSL 协议主要由 SSL 握手协议和 SSL 记录协议组成，它们共同为应用访问连接提供认证、加密和防篡改功能。

SSL VPN 网关接入网络有多种不同的类型，从而也导致 SSL VPN 组网模式有所区别，常见的模式有单臂和双臂两种模式。

① 单臂模式。所谓单臂模式是指将 SSL VPN 网关作为于一台代理服务器使用，当内部服务器与该远程代理服务器进行通信时，SSL VPN 网关不在网络通信的关键路径上。也就是说，单臂模式类似环形网络拓扑结构，当一边环路不通时，可以选择其他的路径方式实现通信。因此，单臂模式的优点是当该网络上某点出现故障时，不会影响整个网络的通信；其不足在于对于网络信息资源不能够实现全面的保护。

② 双臂模式。所谓双臂模式是指将 SSL VPN 网关架在外网与内网之间，即实现了网桥的功能。同时，该网桥也充当必要的防火墙的作用，从而实现对全网络的保护。这种结构具有很好的安全性，但也有比较明显的不足，即会降低内外网络之间数据传输的稳

定性。

4. MPLS VPN 隧道技术

MPLS（Multiprotocol Label Switching，多协议标记交换）VPN 是一种基于 MPLS 技术的 IP-VPN，是在网络路由和交换设备上应用 MPLS 技术，简化核心路由器的路由选择方式，利用结合传统路由技术的标记交换实现的 IP 虚拟专用网络（IP-VPN），可用来构造宽带的 Intranet、Extranet，满足多种灵活的业务需求。

MPLS 使用标签（Label）进行转发，标签是一个短的、长度固定的数值，由报文的头部携带，不包含拓扑信息，只有局部意义。可以看作是一种面向连接的技术。通过 MPLS 信令，如 LDP（Label Distribute Protocol，标签分配协议）建立好 MPLS 标记交换通道（Label Switched Path，LSP），当数据转发时，在网络入口对报文进行分类，根据分类结果选择相应的 LSP，打上相应的标签，中间路由器在收到 MPLS 报文以后直接根据 MPLS 报头的标签进行转发，而不用再通过 IP 报文头的 IP 地址查找。在 LSP 出口（或倒数第 2 跳），弹出 MPLS 标签，还原为 IP 包。

（1）MPLS/BGP VPN

MPLS VPN 根据 PE（Provider Edge）设备是否参与 VPN 路由处理又细分为二层 VPN 和三层 VPN，一般而言，MPLS/BGP VPN 指的是三层 VPN。

在 MPLS/BGP VPN 的连接模型中，网络由运营商的骨干网与用户的各个 Site 组成，所谓 VPN 就是对 Site 集合的划分，一个 VPN 就对应一个由若干 Site 组成的集合，如图 3-2-9 所示。

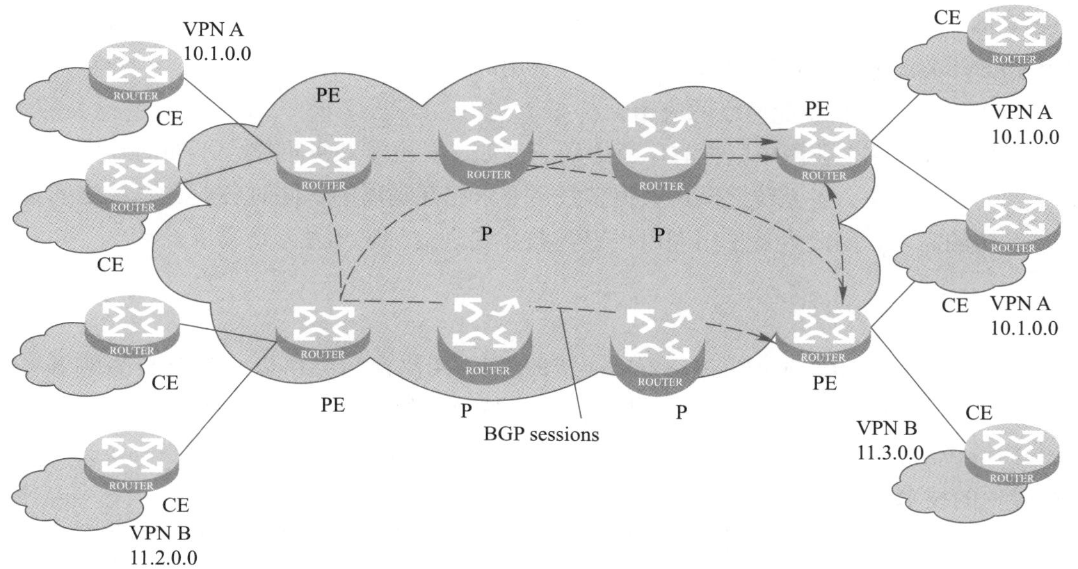

图 3-2-9 BGP VPN 会话

CE（Custom Edge）：用户 Site 中直接与服务提供商相连的边缘设备，一般是路由器。

PE（Provider Edge）：骨干网中的边缘设备，它直接与用户的 CE 相连。

P 路由器（Provider Router）：骨干网中不与 CE 直接相连的设备。

VPN 用户站点（Site）：VPN 中的一个孤立的 IP 网络，一般来说，不通过骨干网不具有连通性，公司总部、分支机构都是 Site 的具体例子。

在 MPLS/BGP VPN 中，属于同一的 VPN 的两个 Site 之间转发报文使用两层标签，在入口 PE 上为报文打上两层标签，外层标签在骨干网内部进行交换，代表了从 PE 到对端 PE 的一条隧道，VPN 报文打上这层标签，就可以沿着 LSP 到达对端 PE，然后再使用内层标签决定报文应该转发到哪个 Site 上。

（2）MPLS VPN 的应用

采用 MPLS VPN 技术可以把现有 IP 网络分解成逻辑上隔离的网络，这种逻辑上隔离的网络的应用可以是千变万化的。可以是用在解决企业互联、政府相同/不同部门的互联；也可以用来提供新的业务，如为 IP 电话业务专门开通一个 VPN。

示例：

① 使用 MPLS VPN 构建运营支撑网。

利用 MPLS VPN 技术可以在一个统一的物理网络上实现多个逻辑上相互独立的 VPN 专网，该特性非常适合于构建运营支撑网，例如，目前国内很多省市的 DCN 网就采用华为的设备，在一个统一的物理网络上构建网管、OA、计费等多个业务专网。

② MPLS VPN 在运营商城域网的应用。

作为运营商的基础网络，宽带城域网需同时服务多种不同的用户，承载多种不同的业务，存在多种接入方式，这一特点决定城域网需同时支持 MPLS L3VPN，MPLS L2VPN 及其他 VPN 服务，根据网络实际情况及用户需求开通相应的 VPN 业务，例如，为用户提供 MPLS L2VPN 服务以满足用户节约专线租用费用的要求。

③ MPLS VPN 在企业网络的应用。

MPLS VPN 在企业网中同样有广泛应用。例如，在电子政务网中，不同的政府部门有着不同的业务系统，各系统之间的数据多数是要求相互隔离的，同时各业务系统之间又存在着互访的需求，因此大量采用 MPLS VPN 技术实现这种隔离及互访需求。

5. GRE VPN 隧道技术

GRE（Generic Routing Encapsulation）VPN 即通用路由封装协议，是对某些网络层协议（如 IP 和 IPX）的数据报进行封装，使这些被封装的数据报能够在另一个网络层协议（如 IP）中传输，是 VPN 的第三层隧道协议，即在协议层之间采用了一种被称之为 Tunnel（隧道）的技术。

Tunnel 是一个虚拟的点对点的连接，提供了一条通路使封装的数据报文能够在这个通路上传输，并且在一个 Tunnel 的两端分别对数据报进行封装及解封装。一个 X（任意协议）协议的报文要想穿越 IP 网络在 Tunnel 中传输，必须要经过加封装与解封装两个过程，如图 3-2-10 所示。

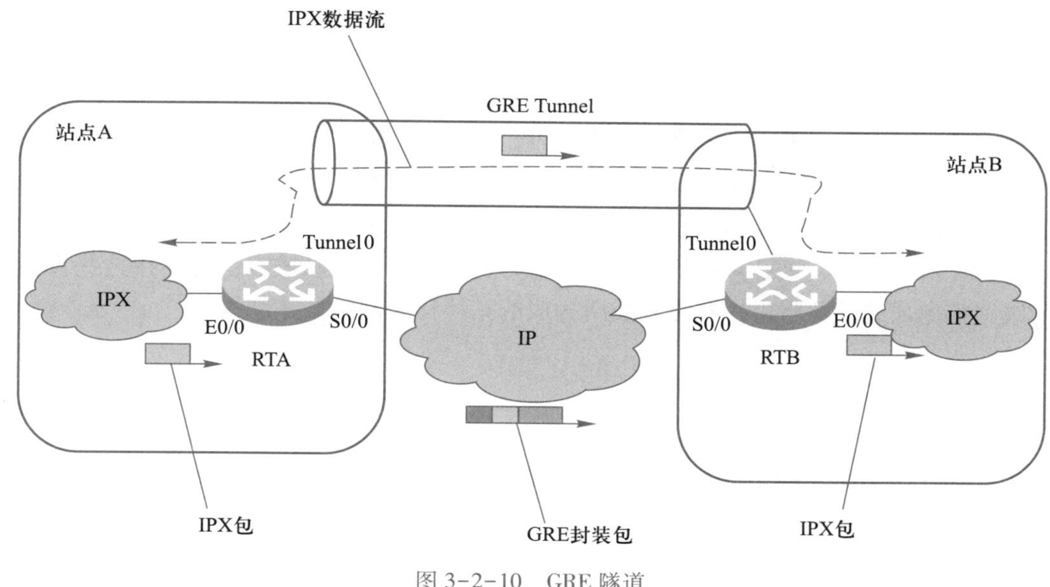

图 3-2-10 GRE 隧道

① Router A 连接 Group 1 的接口收到 IPX 协议报文后，首先交由 IPX 协议处理。

② IPX 协议检查报文头中的目的地址域来确定如何路由此包。

③ 若报文的目的地址要经过 Tunnel 才能到达，则设备将此报文发给相应的 Tunnel 接口。

④ Tunnel 接口收到此报文后进行 GRE 封装，在封装 IP 报文头后，设备根据此 IP 包的目的地址及路由表对报文进行转发，从相应的网络接口发送出去。

项目实施

本项目采用华三科技有限公司网络设备完成，首先要确定项目的需求，根据项目需求去设计网络结构图，根据网络结构图去完成交换机、路由器的配置与测试。

需要完成的任务如下。

认识常用网络设备。

安装并使用 Visio 设计网络结构图。

配置管理以太网交换机。

配置管理路由器。

3.3 任务1：设计网络拓扑图

所谓“拓扑”就是把实体抽象成与其大小、形状无关的“点”，而把连接实体的线路抽象成“线”，进而以图的形式来表示这些点与线之间关系的方法，其目的在于研究这些点、线之间的相连关系。表示点和线之间关系的图被称为拓扑结构图。

在计算机网络中，把计算机、终端、通信处理机等设备抽象成点，把连接这些设备的通信线路抽象成线，并将由这些点和线所构成的拓扑称为网络拓扑结构。

3.3.1 网络拓扑结构分类

在计算机网络中常见的拓扑结构有总线型、星状、环状、树状和网状结构，如图3-3-1所示。

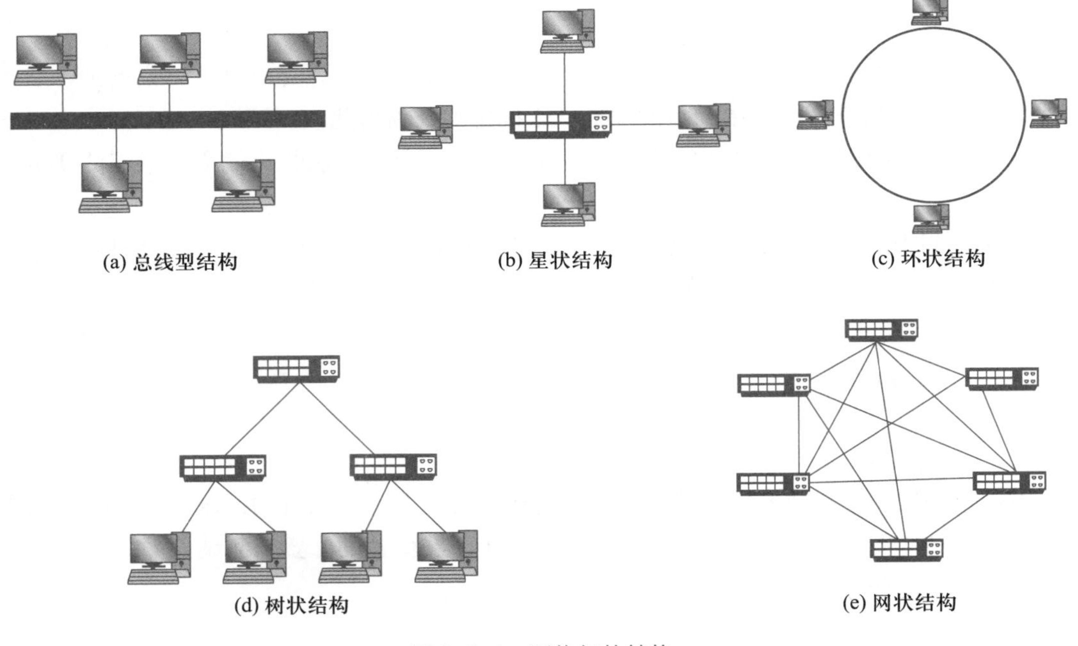

图3-3-1 网络拓扑结构

1. 总线型拓扑

总线型拓扑中采用单根传输线路作为传输介质，所有站点通过专门的连接器连到这个公共信道上，这个公共的信道称为总线。总线型结构如图3-3-1（a）所示。任何一个站点发送的数据都能通过总线传播，同时能被总线上的所有其他站点接收到。可见，总线型结构的网络是一种广播网络。

总线布局的特点是：结构简单灵活，非常便于扩充；可靠性高，网络响应速度快；设备量少、价格低、安装使用方便；共享资源能力强，极便于广播式工作即一个节点发送所有节点都可接收。总线型拓扑是基本局域网拓扑形式之一。

2. 星状拓扑

星状拓扑中有一个中心节点，其他各节点通过各自的线路与中心节点相连，形成辐射型结构。各节点间的通信必须通过中心节点的作用。星状拓扑如图3-3-1（b）所示。

星状拓扑结构特点是：网络结构简单、便于管理、集中控制、组网容易、网络延迟时间短、误码率低、网络共享能力较差、通信线路利用率不高、中央节点负担过重，可同时连接双绞线、同轴电缆及光纤等多种媒介。

树状拓扑结构可被看作星状拓扑的一种扩展，也称扩展星状拓扑。

3. 环状拓扑

在环状拓扑中，各节点和通信线路连接形成的一个闭合的环。在环路中，数据按照一个方向传输。发送端发出的数据沿环绕行一周后，回到发送端，由发送端将其从环上删除。可以看到任何一个节点发出的数据都可以被环上的其他节点接收到。环型结构如图3-3-1（c）所示。

环状结构的特点是：信息在网络中沿固定方向流动，两个节点间仅有唯一的通路，大大简化了路径选择的控制；当某个节点发生故障时，可以自动旁路，可靠性差；由于信息是串行穿过多个节点环路接口，当节点过多时，影响传输效率，使网络响应时间变长。但当网络确定时，其延时固定，实时性强。

4. 树状拓扑

树状拓扑是分级的集中控制式网络，与星状相比，它的通信线路总长度短、成本较低、节点易于扩充、寻找路径比较方便，但除了叶节点及其相连的线路外，任一节点或其相连的线路故障都会使系统受到影响，如图3-3-1（d）所示。

5. 网状拓扑

在网状拓扑结构中，节点之间的连接是任意的，每个节点都有多条线路与其他节点相连，这样使得节点之间存在多条路径可选。如图3-3-1（e）所示。

可见网状拓扑可以充分、合理地使用网络资源，并且具有可靠性高的优点。由于广域网覆盖面积大、传输距离长，网络的故障会给大量的用户带来严重的危害，因此在广域网中，为了提高网络的可靠性通常采用网状拓扑结构。

3.3.2 网络拓扑图基本名词

1. 节点

节点就是网络单元。网络单元是网络系统中的各种数据处理设备、数据通信控制设备和数据终端设备。

2. 链路

链路是两个节点间的连线。链路分“物理链路”和“逻辑链路”两种，前者是指实际存在的通信连线，后者是指在逻辑上起作用的网络通路。链路容量是指每个链路在单位时间内可接纳的最大信息量。

3. 通路

通路是从发出信息的节点到接收信息的节点之间的一串节点和链路。也就是说，它是一系列穿越通信网络而建立起的节点到节点的链路。

3.3.3 常见网络设备

网络设备的种类繁多，且与日俱增。基本的网络设备有计算机（无论其为个人计算机或服务器）、中继器、交换机、网桥、路由器、网关、网络接口卡（NIC）、无线接入点（WAP）、打印机和调制解调器、光纤收发器、光缆等。以下是几种常见的网络设备。

1. 中继器（Repeater）

中继器主要解决信号传输过程中放大信号的设备，它是网络物理层的一种介质连接设备，如图3-3-2所示。由于信号在网络传输介质中有衰减和噪声，使有用的数据信号会变得越来越弱，为了保证有用数据的完整性，并在一定范围内传送，要用中继器把接收到的弱信号放大以保持与原数据相同。使用中继器就可以使信号传送到更远的距离。

图3-3-2 中继器

中继器是扩展网络的最廉价的方法。当扩展网络的目的是要突破距离和节点的限制时，并且连接的网络分支都不会产生太多的数据流量，成本又不能太高时，就可以考虑选择中继器。采用中继器连接网络分支的数目要受具体的网络体系结构限制。

中继器没有隔离和过滤功能，它不能阻挡含有异常的数据包从一个分支传到另一个分支。这就意味着，一个分支出现故障可能影响到其他的每一个网络分支。

2. 交换机（Switch）

交换机是网络节点上话务承载装置、交换级、控制和信令设备以及其他功能单元的集合体，如图 3-3-3 所示。交换机能把用户线路、电信电路和（或）其他需要互联的功能单元根据单个用户的请求连接起来。在同一时刻可进行多个端口对之间的数据传输。每一端口都可视为独立的网段，连接在其上的网络设备独自享有全部的带宽。

图 3-3-3 交换机

功能：交换机的主要功能包括物理编址、网络拓扑结构、错误校验、帧序列以及流控。目前交换机还具备了一些新的功能，如对 VLAN（虚拟局域网）的支持、对链路汇聚的支持，甚至有的还具有防火墙的功能。

3. 网桥（Bridge）

网桥工作在 OSI 模型的第二层（数据链路层）连接两个网络的设备。根据数据帧内容转发数据给其他相邻的网络。基本只用于连接相同类型的网络，有时候也连接传输速率不一致的网络。

网桥是一种对帧进行转发的设备，根据 MAC 分区块，可隔离碰撞。具备“自学习”机制，网桥对站点所处网段的了解是靠“自学习”实现的，有透明网桥、转换网桥、封装网桥、源路由选择网桥。

4. 路由器（Router）

路由器工作在网络层，是互联网络的枢纽，可以在多个网络上交换和路由数据包，如图 3-3-4 所示。路由器通过在相对独立的网络中交换具体协议的信息来实现这个目标。

图 3-3-4 路由器

比起网桥，路由器不但能过滤和分割网络信息流、连接网络分支，还能访问数据包中更多的信息，并且可以提高数据包的传输效率。

路由表包含网络地址、连接信息、路径信息和发送代价等。路由器比网桥慢，主要用于广域网之间或广域网与局域网的互联。

5. 网关（Gateway）

从一个房间走到另外一个房间，必然要经过一扇门。同样，一个网络向另外一个网络发送信息，也必须经过一道“关口”，这道关口就是网关。网关，顾名思义，就是一个网络连接到另外一个网络的关口。

网关能互连异类的网络，它从一个环境中读取数据，剥去数据中的旧协议，然后使用目标网络的协议进行重新包装。网关是一种充当转换重任的计算机系统或设备。使用在不同的通信协议、数据格式或语言，甚至体系结构完全不同的两种系统之间，网关是一个翻译器。

3.3.4 使用 Visio 绘制网络拓扑图

网络拓扑图主要用来反映整个网络里的设备、传输、节点的网络结构图，绘制网络拓扑图的方法也有很多，接下来介绍一种绘制网络拓扑图的方法，即如何使用 Visio 绘制网络拓扑图。

【步骤 1】以 Microsoft Visio 2016 为例，首先在计算机上下载并安装 Microsoft Visio 2016 软件，然后打开该软件，选择“网络”双击鼠标左键进入绘图下一个界面，如图 3-3-5 所示。

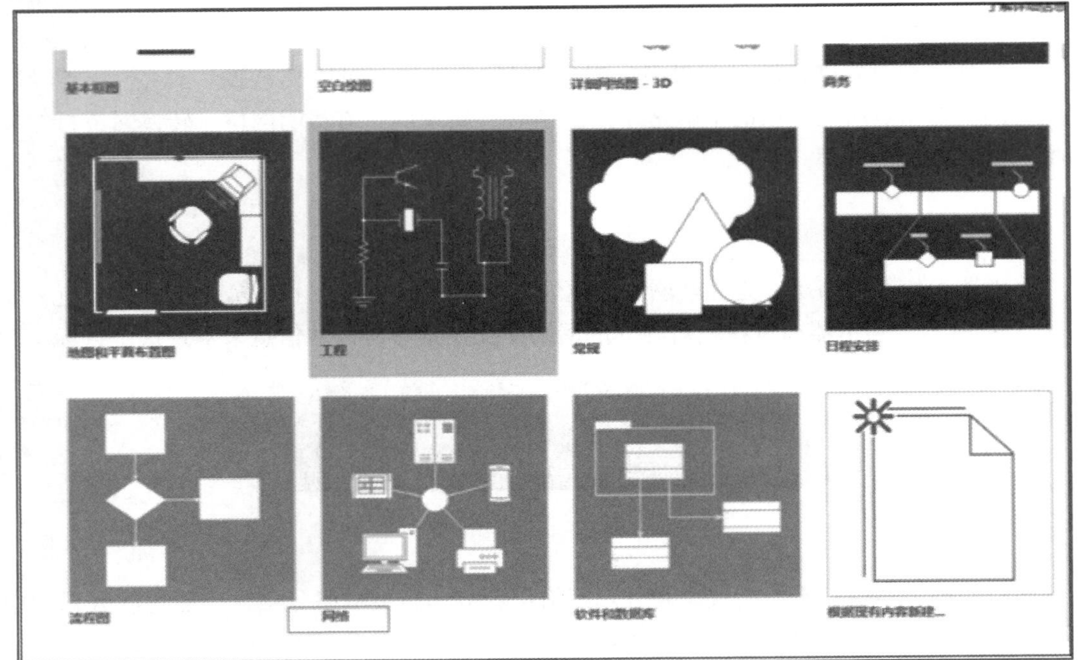

图 3-3-5 Visio 主页

【步骤2】选择“基本网络图”双击鼠标左键进入网络界面，如图3-3-6所示。

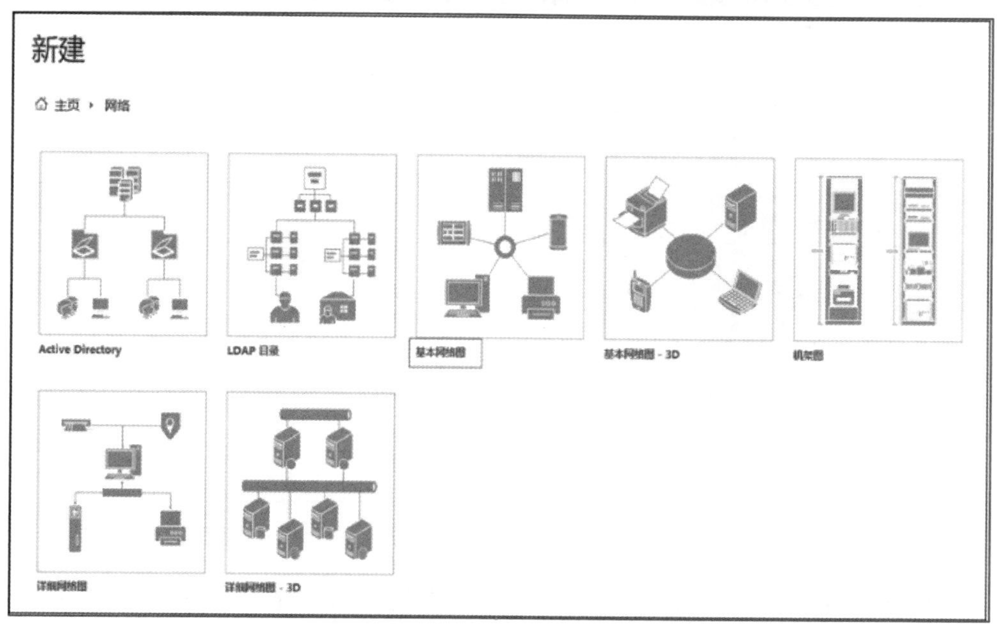

图3-3-6 基本网络界面

【步骤3】单击“创建”按钮然后就进入工作主界面，如图3-3-7所示。

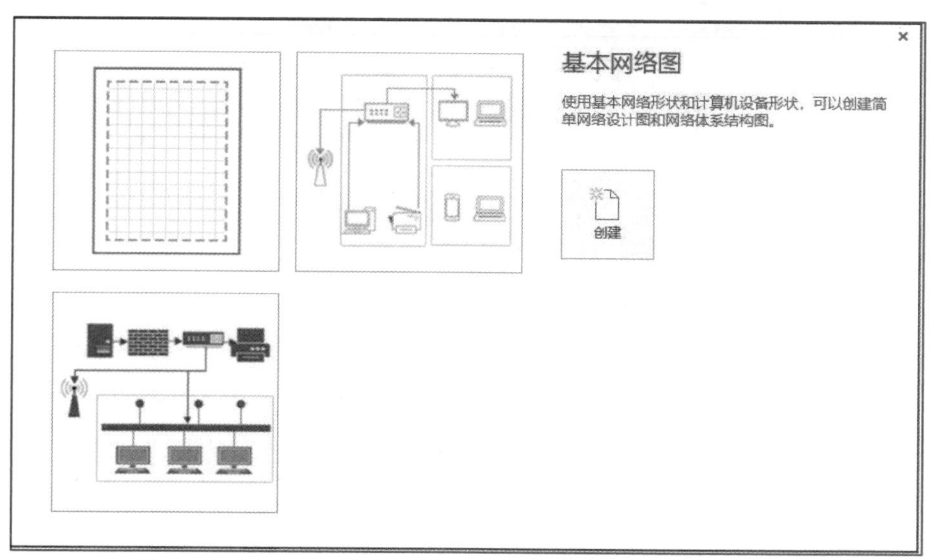

图3-3-7 基本网络创建界面

【步骤4】在绘图主界面有绘制基本网络图所需的一些基本形状，可选择合适的形状通过鼠标拖到绘图面板上，如图3-3-8所示。

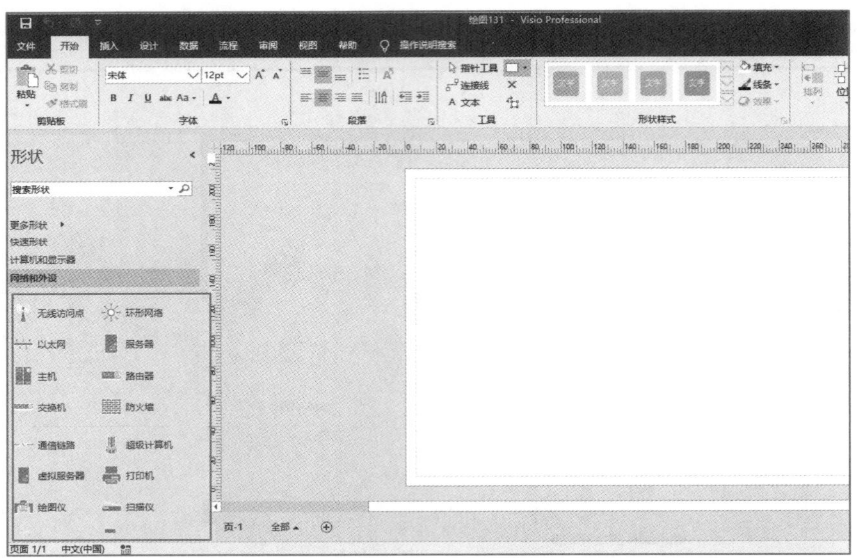

图 3-3-8 工作主界面

【步骤 5】根据所要绘制的基本网络图，选择合适的形状拖到绘图面板上，并排列好顺序、图形对齐、保证图纸的美观，如图 3-3-9 所示。

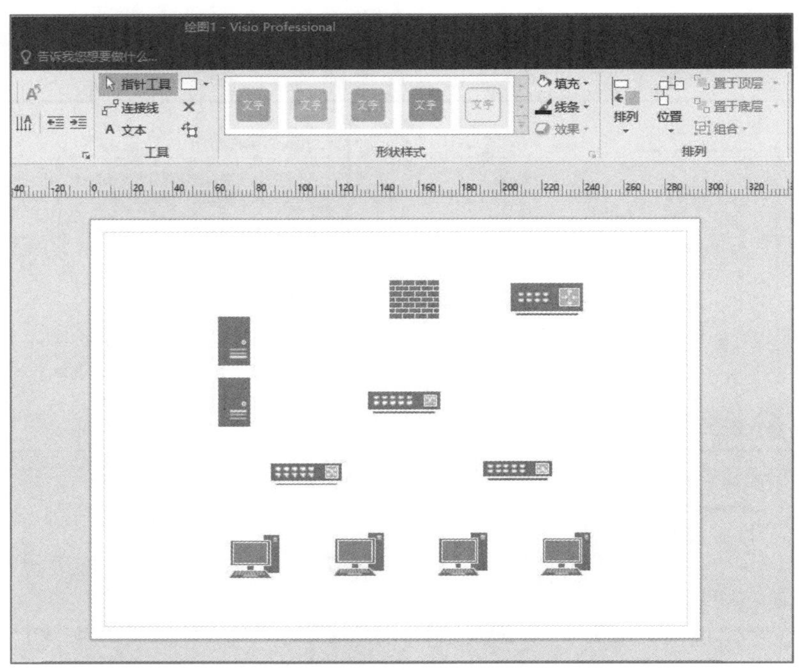

图 3-3-9 选择网络图示

【步骤 6】图形选择完成后，再绘制连接线，可通过图形自带的连接线绘制，也可使用绘图功能键中的折线图功能，如图 3-3-10 所示。

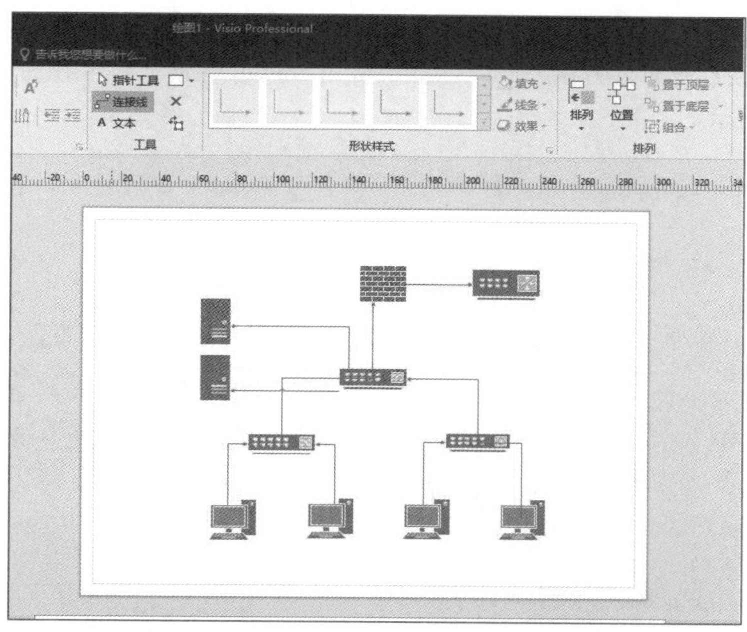

图 3-3-10 绘制连接线

【步骤 7】设备连接线绘制完成之后，接下来可对基本网络图上的各个形状进行文字备注。单击绘图功能键里的文字选项，即可添加文字备注了，如图 3-3-11 所示。

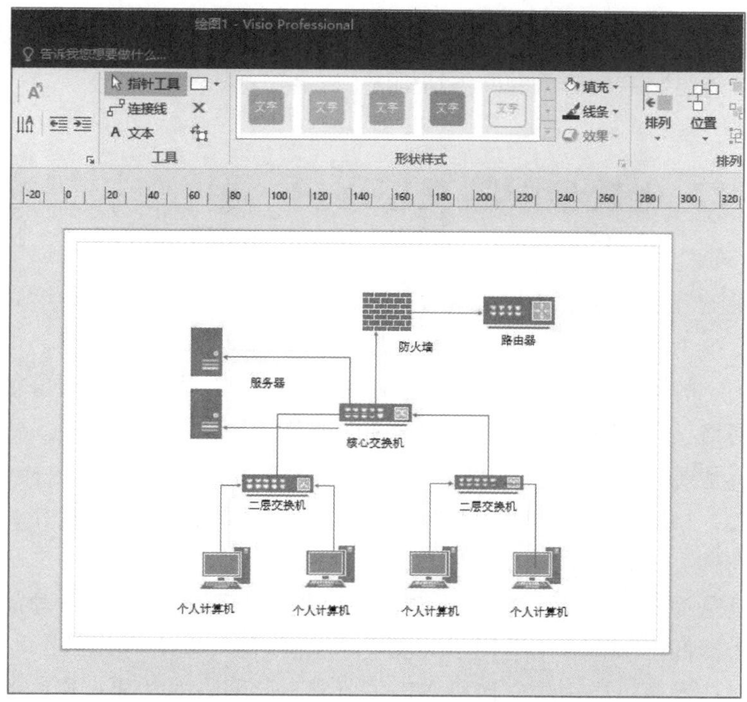

图 3-3-11 添加文字备注

【步骤 8】经过以上操作，一副基本网络图绘制完成了。接下来选择“文件”→“另存为”命令，在打开的“另存为”对话框中将 Microsoft Visio 文件保存为图片格式即可，如图 3-3-12 所示。

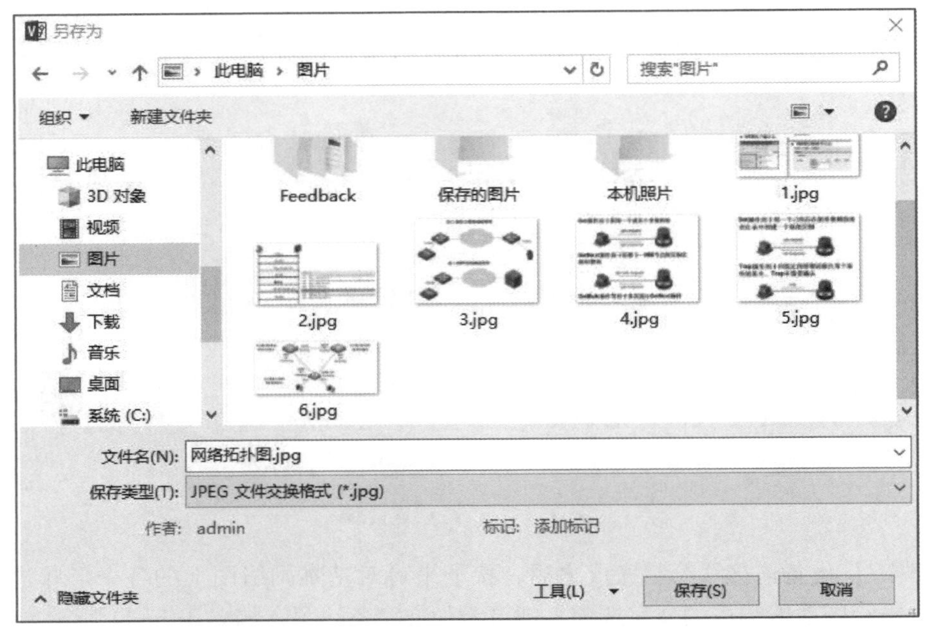

图 3-3-12　保存为图片格式

以上操作就能绘制一幅简单的网络结构图。

3.4　任务 2：连接与配置交换网络

任务 2：连接与配置交换网络

交换技术是随着电话通信的发展和使用而出现的通信技术。1876 年，贝尔发明了电话。人类的声音第 1 次转换为电信号，并通过电话线实现了远距离传输。电话刚开始使用时，只能实现固定的两个人之间的通话，随着用户的增加，人们开始研究如何构建连接多个用户的电话网络，以实现任意两个用户之间的通信。

二层交换机主要用在小型局域网中，机器数量在 20 台以下，在这样的网络环境中，广播包影响不大，二层交换机的快速交换功能、多个接入端口和低廉价格，为小型网络用户提供了完善的解决方案。

三层交换机是为 IP 设计的，接口类型简单，拥有很强的三层包处理能力，价格又比相同速率的路由器低得多，非常适用于大规模局域网络。

第 7 层交换技术通过应用层交换机实现了所有高层网络的功能，使网络管理者能够以更低的成本，更好地分配网络资源。

3.4.1 交换机的特点与功能

以太网交换机（Switch）是交换式局域网的核心设备，是一种基于 MAC 地址识别，具有封装、转发数据包功能的网络设备。二层交换机属于 OSI 模型中的数据链路层设备，由多端口的网桥发展而来。三层交换机结合了二层交换机和路由器的功能，属于 OSI 模型中的网络层设备。

1. 交换机的特性

① 交换机连接的每一个网段都是一个独立的广播域，它允许各个网段之间进行通信。

② 交换机可以互连不同速度和类型的网段，且对网络的大小没有限制。

③ 交换机各端口都独享交换机的带宽，可实现全双工通信。

2. 交换机的性能

① 帧转发速率：是指交换机每秒钟能够转发帧的最大值。值越大证明交换机处理能力越强。

② 背板带宽：交换机的背板带宽，是交换机接口处理器或接口卡和数据总线间所能吞吐的最大数据量。背板带宽标志了交换机总的数据交换能力，背板带宽越大，转发处理数据速度越快。

③ 交换机内存：交换机的内存中存储着 MAC 地址表。内存越大，存储的地址表就越大，学习的 MAC 地址就越多，数据转发的速度也越快。

④ 支持 VLAN 能力：通过将局域网划分为虚拟网络 VLAN 网段，可以强化网络管理和网络安全，控制不必要的数据广播。

3. 交换机的主要功能

交换机的主要功能包括物理编址、网络拓扑结构、错误校验、帧序列以及流控。交换机还具备了一些新的功能，如对 VLAN（虚拟局域网）的支持、对链路汇聚的支持，甚至有的还具有防火墙的功能。

① 交换机提供了大量可供线缆连接的端口，还能对信号进行放大，产生一个不失真的电信号。

② MAC 地址学习，以太网交换机了解每一端口相连设备的 MAC 地址，并将地址同相应的端口映射起来存放在交换机缓存中的 MAC 地址表中。

③ 帧的转发与过滤，当一个数据帧的目的地址在 MAC 地址表中有映射时，它被转发到连接目的节点的端口而不是所有端口（如该数据帧为广播/组播帧则转发至所有端口）。

④ 消除回路，当交换机包括一个冗余回路时，以太网交换机通过生成树协议避免回路的产生，同时允许存在后备路径。

3.4.2 交换机工作原理

采用交换机互连的网络称为交换式网络，每个端口都能独享带宽，所有端口都能够同时进行通信，能够在全双工模式下工作。以下是交换机的工作过程。

1. MAC 地址学习

交换机有一个 MAC 地址表，交换机具有 MAC 地址（网卡物理地址）动态自学习功能，即当交换机收到一个数据帧以后，将数据帧的源地址和输入端口记录在 MAC 地址表中，形成一个端口与 MAC 地址对应表，然后根据 MAC 地址表转发帧。

① 当交换机刚启动时，MAC 地址表内无表项，如图 3-4-1 所示。

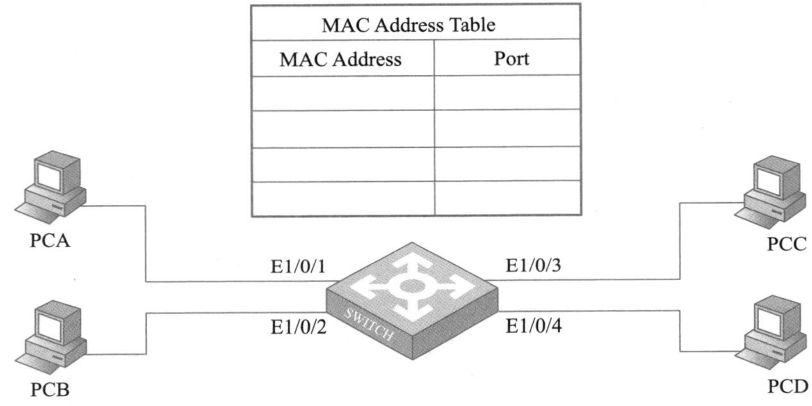

图 3-4-1 交换机启动无 MAC 地址

② PCA 发出数据帧，交换机把 PCA 的帧中的源地址 MAC_A 与接收到此帧的端口 E1/0/1 关联起来，交换机把 PCA 的帧从所有其他端口发送出去（除了接收到帧的端口 E1/0/1），如图 3-4-2 所示。

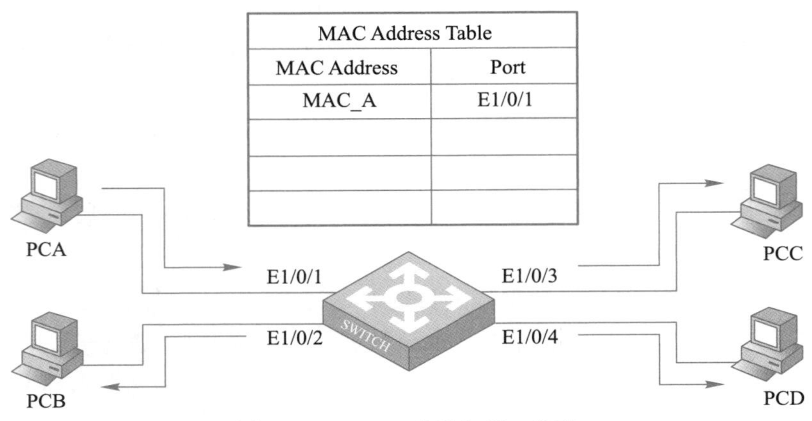

图 3-4-2 MAC 地址与端口关联

③ PCB、PCC、PCD 发出数据帧，交换机把接收到的帧中的源地址与相应的端口关联起来，如图 3-4-3 所示。

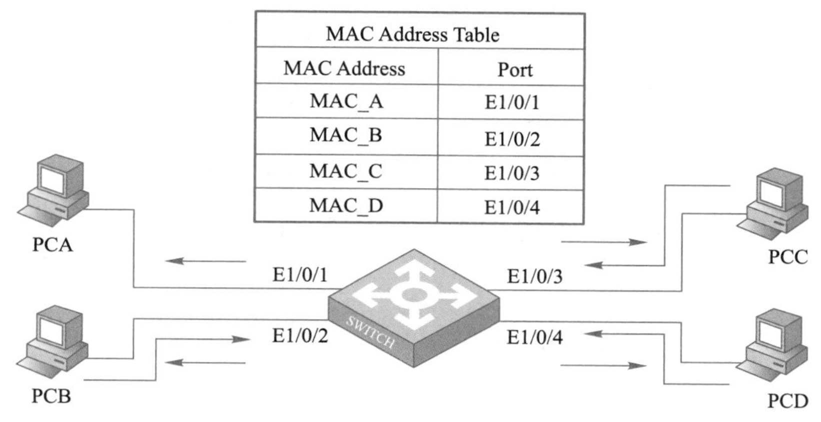

图 3-4-3　MAC 地址与端口全部关联

2. 数据帧的转发

① PCA 发出目的到 PCD 的单播数据帧，交换机根据帧中的目的地址，从相应的端口 E1/0/4 发送出去，交换机不在其他端口上转发此单播数据帧，如图 3-4-4 所示。

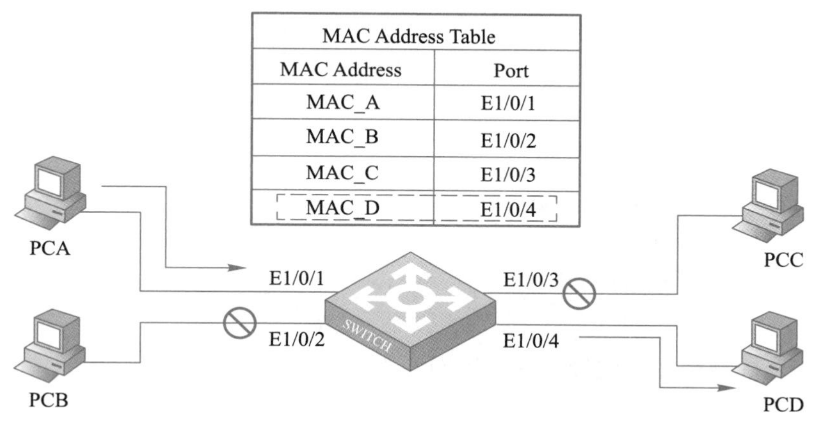

图 3-4-4　发送单播帧

② 交换机会把广播、组播和未知单播帧从所有其他端口发送出去（除了接收到帧的端口），如图 3-4-5 所示。

③ PCA 发出目的到 PCB 的数据帧，当接收到帧时，交换机查找 MAC 地址表，如果发现帧的目的地址关联到接收端口上，则丢弃此帧，如图 3-4-6 所示。

由以上的工作过程可知，交换机的地址表是通过不断学习建立起来的，而且还会不断地更新。

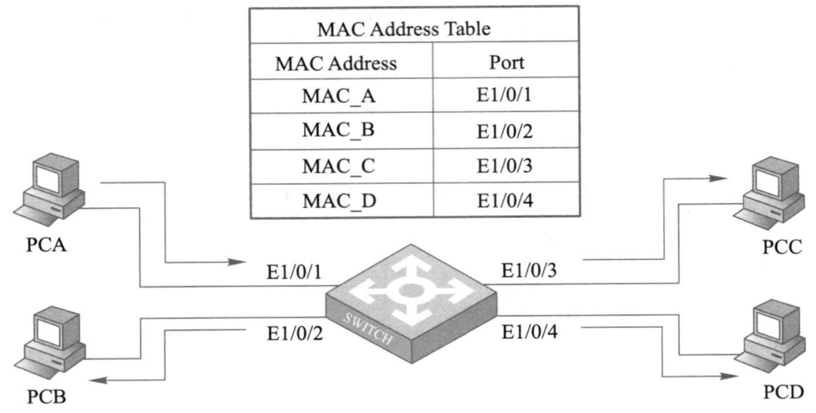

MAC Address Table	
MAC Address	Port
MAC_A	E1/0/1
MAC_B	E1/0/2
MAC_C	E1/0/3
MAC_D	E1/0/4

图 3-4-5 广播发送单播帧

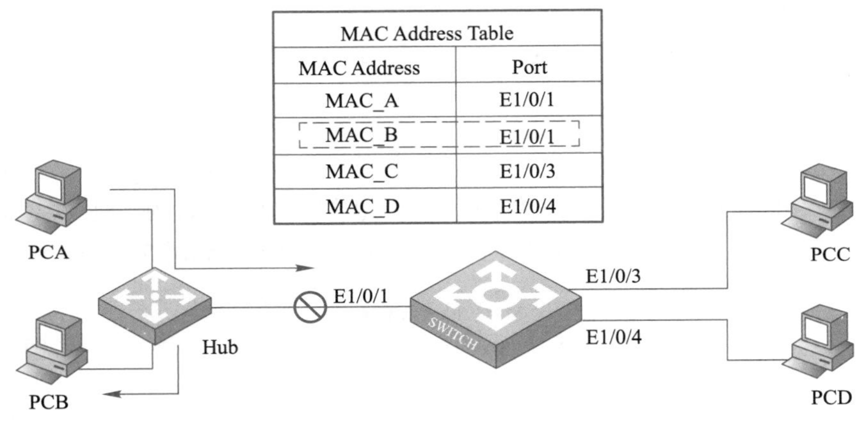

MAC Address Table	
MAC Address	Port
MAC_A	E1/0/1
MAC_B	E1/0/1
MAC_C	E1/0/3
MAC_D	E1/0/4

图 3-4-6 丢弃单播帧

3.4.3 交换机的互连与管理

为了将多个局域网互连成较大的局域网，需要将多个交换机互连。

1. 交换机的互连方式

交换机的互连方式一般有级联和堆叠两种方式。

(1) 级联

级联扩展模式是最常规、最直接的一种扩展模式之一。

交换机有“Uplink”(级联) 端口。如果交换机备有“Uplink”(级联) 端口，则可直接采用这个端口进行级联。在级联时，上一级交换机要连到交换机的普通端口，下层交换机则连到专门的“Uplink”(级联) 端口。

这种级联方式的性能比较好，因为级联端口的带宽通常较高。交换机间的级联网线必须是直通线，每段网络不能超过双绞线单段网线的最大长度为100 m。

（2）堆叠

通过堆叠线缆将交换机的背板连接起来，扩大级联带宽。堆叠方式有菊花链方式和主从式两种。提供堆叠接口的交换机之间可以通过专用的堆叠线连接起来。通常，堆叠的带宽是交换机端口速率的几十倍，例如，对于一台1 000 Mbit/s的交换机，堆叠后两台交换机之间的带宽可以达到几千兆甚至上万兆。

2. 交换机的管理方式

交换机可以通过本地串口和远程Web进行管理。

（1）本地串口管理

管理型交换机必须要进行配置进行使用，用一根全反电缆对交换机进行配置。把电缆的一端插在交换机背面的Console口中，另一端插在普通计算机的串口中，然后接通交换机和计算机的电源。通过Windows系统中提供的“超级终端”程序进行配置。

（2）远程Web管理

在默认状态下，交换机没有IP地址，必须通过串口或（出厂自带IP）指定一个IP地址之后，才能启用这种管理方式。然后通过Web（网络浏览器）管理，当管理员在浏览器中输入交换机的IP地址时，就会出现配置画面。

3.4.4　虚拟局域网技术

VLAN（Virtual Local Area Network，虚拟局域网）。VLAN是一组逻辑上的设备和用户，这些设备和用户并不受物理位置的限制，可以根据功能、部门及应用等因素将它们组织起来，其相互之间的通信就好像它们在同一个网段中一样，由此得名“虚拟局域网”。VLAN是一种比较新的技术，工作在OSI参考模型的第2层和第3层，一个VLAN就是一个广播域，VLAN之间的通信是通过第3层的路由器来完成的。与传统的局域网技术相比较，VLAN技术更加灵活，它具有以下优点：网络设备的移动、添加和修改的管理开销减少；可以控制广播活动；可提高网络的安全性。

1. VLAN的作用

（1）控制广播风暴

限制网络上的广播，将网络划分为多个VLAN，可减少参与广播风暴的设备数量。VLAN分段可以防止广播风暴波及整个网络。VLAN可以提供建立防火墙的机制，防止交换网络的过量广播。使用VLAN，可以将某个交换端口或用户赋予某一个特定的VLAN组，该VLAN组可以在一个交换网中或跨接多个交换机，在一个VLAN中的广播不会被送到VLAN之外。同样，相邻的端口不会收到其他VLAN产生的广播。这样可以减少广播流量，释放带宽给用户应用，从而减少广播的产生。

（2）增强网络安全

增强局域网的安全性可以将含有敏感数据的用户组与网络的其余用户隔离，从而降低泄露机密信息的可能性。不同 VLAN 内的报文在传输时是相互隔离的，即一个 VLAN 内的用户不能和其他 VLAN 内的用户直接通信，如果不同 VLAN 要进行通信，则需要通过路由器或三层交换机等三层设备。

（3）提高网络性能

将第 2 层平面网络划分为多个逻辑工作组（广播域），可以减少网络上不必要的流量并提高性能。

（4）提高管理效率

VLAN 为网络管理带来了方便，因为有相似网络需求的用户将共享同一个 VLAN。通过对职能进行划分，项目管理或特殊应用的处理都变得十分方便。此外，也很容易确定升级网络服务的影响范围。

（5）增加网络灵活性

借助 VLAN 技术，能将不同地点、不同网络、不同用户组合在一起，形成一个虚拟的网络环境，就像使用本地 VLAN 一样方便、灵活、有效。VLAN 可以降低移动或变更工作站地理位置的管理费用，特别是对于一些业务情况有经常性变动的公司使用了 VLAN 后，这部分管理费用大大降低。

2. VLAN 的划分方式

VLAN 的划分方式主要有以下 3 种：

（1）基于端口划分

这种根据端口来划分 VLAN 的方式仍然是最常用的一种方式。许多 VLAN 厂商都利用交换机的端口来划分 VLAN 成员。被设定的端口都在同一个广播域中。例如，一个交换机的 1、2、3、4、5 端口被定义为虚拟网 AAA，同一交换机的 6、7、8 端口组成虚拟网 BBB。这样即可允许各端口之间的通信，并允许共享型网络的升级。但是，这种划分模式将虚拟网络限制在了一台交换机上。

第 2 代端口 VLAN 技术允许跨越多个交换机的多个不同端口划分 VLAN，不同交换机上的若干端口可以组成同一个虚拟网。

（2）基于 MAC 地址划分

这种划分 VLAN 的方法是根据每个主机的 MAC 地址来进行划分，即对每个 MAC 地址的主机都配置它属于哪个组。这种划分 VLAN 方法的最大优点就是当用户物理位置移动时，即从一个交换机换到其他的交换机时，VLAN 不用重新配置，所以，可以认为这种根据 MAC 地址的划分方法是基于用户的 VLAN，这种方法的缺点是当初始化时，所有的用户都必须进行配置，如果有几百个甚至上千个用户，配置的工作量将是非常大的。而且这种划分的方法也会导致交换机执行效率的降低，因为在每一个交换机的端口都可能存在多个 VLAN 组的成员，这样就无法限制广播包了。另外，对于使用笔记本电脑的用户来说，其网卡可能经常更换，这样，VLAN 就必须不停地进行配置。

（3）基于协议划分

这种划分 VLAN 的方法是根据每个主机的网络层地址或协议类型（如果支持多协议）划分的，虽然这种划分方法是根据网络地址，如 IP 地址，但它不是路由，与网络层的路由毫无关系。

这种方法的优点是当用户的物理位置改变时，不需要重新配置所属的 VLAN，而且可以根据协议类型来划分 VLAN，这对网络管理者来说很重要，这种方法不需要附加的帧标签来识别 VLAN，这样可以减少网络的通信量。

这种方法的缺点是效率低，因为检查每一个数据包的网络层地址是需要消耗处理时间的（相对于前面两种方法），一般的交换机芯片都可以自动检查网络上数据包的以太网帧头，但要让芯片能检查 IP 帧头，就需要更高的技术，同时也更费时。当然，这与各个厂商的实现方法有关。

3. IEEE 802.1Q 协议

IEEE 802.1Q 是 IEEE 802 委员会制定的 VLAN 标准。是否支持 IEEE 802.1Q 标准，是衡量 LAN 交换机的重要指标之一。目前，新一代的 LAN 交换机都支持 IEEE 802.1Q。

VLAN 间要实现通信，一般的以太网数据帧中没有 VLAN 的标记信息，那么，从某一 VLAN 中发送的以太网数据帧将不能被交换机识别后传递。

要解决 VLAN 的识别问题，可通过在常规的以太网数据帧中增加 VLAN 标记信息的方法实现，这种方法称为以太网标记协议。

（1）IEEE 802.1Q 帧格式

IEEE 802.1Q 标准定义了虚拟局域网的以太网帧格式，在传统的以太网帧格式中插入一个 4 字节的特殊的标志（Tag），该域用于标识数据帧所属的 VLAN ID，以指明发送该帧的工作站属于哪一个虚拟局域网。数据帧的格式如图 3-4-7 所示。

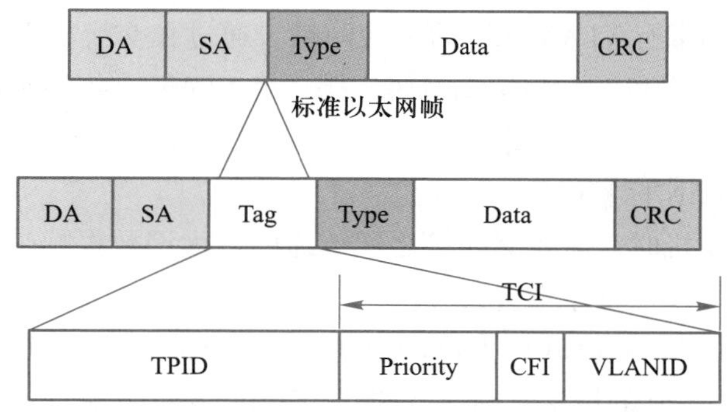

图 3-4-7　两种帧的帧格式

IEEE 802.1Q 数据帧的封装是在原有以太网数据帧上插入标记信息，称为 Tag 标记。

(2) 单交换机 VLAN 标签操作

支持 VLAN 功能的交换机设备必须要在与主机和交换机进行通信时，区分通信对象。当交换机将数据发送给主机时，必须检查该数据帧，并删除 Tag 域。而在发送给交换机时，为了让对端交换机能够知道数据帧的 PVID，它应该将从主机接收到的数据帧增加 Tag 域后再发送，如图 3-4-8 所示。

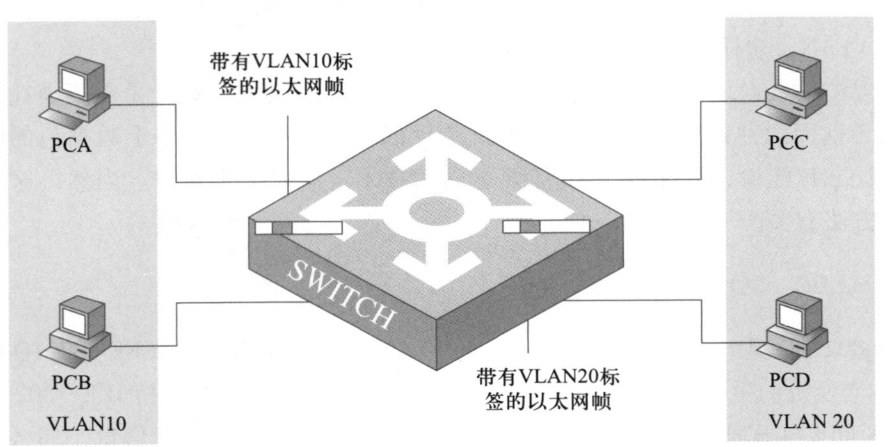

图 3-4-8 单交换机 VLAN 标签操作

在进入交换机端口时，附加默认 VLAN 标签。在出交换机端口时，去掉 VLAN 标签。

只允许默认 VLAN 的以太网帧通过的端口称为 Access 链路类型端口。Access 端口在收到以太网帧后打 VLAN 标签，转发出端口时剥离 VLAN 标签，对终端主机透明，所以通常用来连接不需要识别 802.1Q 协议的设备，如终端主机、路由器等。

通常在单交换机 VLAN 环境中，所有端口都是 Access 链路类型端口。交换机连接有 4 台 PC，PC 并不能识别带有 VLAN 标签的以太网帧。通过在交换机上设置与 PC 相连的端口属于 Access 链路类型端口，并指定端口属于哪一个 VLAN，使交换机能够根据端口进行 VLAN 划分，不同 VLAN 间的端口属于不同广播域，从而隔离广播。

(3) 跨交换机 VLAN 标签操作

当 VLAN 跨越交换机时，需要交换机之间传递的以太网数据帧带有 802.1Q 标签。这样，数据帧所属的 VLAN 信息才不会丢失。

在图 3-4-9 中，PCA 和 PCB 所发出的数据帧到达 SWA 后，SWA 将这些数据帧分别打上 VLAN 10 和 VLAN 20 的标签。SWA 的端口 E1/0/24 负责对这些带 802.1Q 标签的数据帧进行转发，并不对其中的标签进行剥离。

① Trunk 链路类型端口。

不对 VLAN 标签进行剥离操作的端口就是 Trunk 链路类型端口。Trunk 链路类型端口

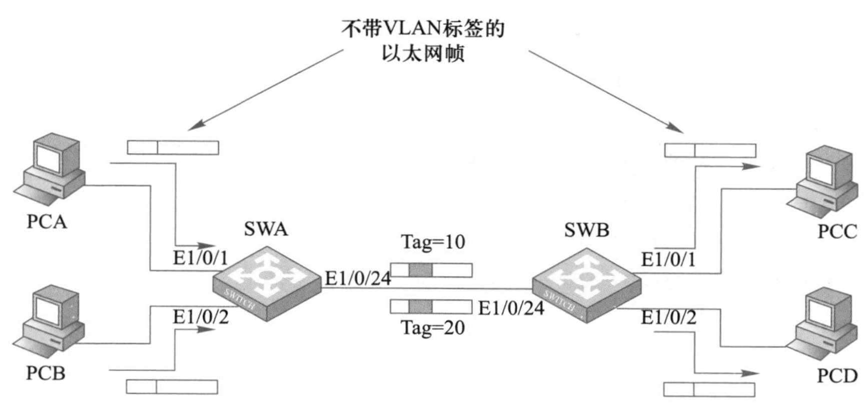

图 3-4-9 跨交换机 VLAN 标签操作

可以接收和发送多个 VLAN 的数据帧，且在接收和发送过程中不对帧中的标签进行任何操作。

不过，默认 VLAN（PVID）帧是一个例外。当发送帧时，Trunk 端口要剥离默认 VLAN（PVID）帧中的标签；同样，交换机从 Trunk 端口接收到不带标签的帧时，要打上默认 VLAN 标签。

② Hybrid 链路类型端口。

除了 Access 链路类型和 Trunk 链路类型端口外，交换机还支持第 3 种链路类型端口，称为 Hybrid 链路类型端口。Hybrid 端口可以接收和发送多个 VLAN 的数据帧，同时还能够指定对任何 VLAN 帧进行剥离标签操作。

当网络中大部分主机之间需要隔离，但当这些隔离的主机又需要与另一台主机互通时，则可以使用 Hybrid 端口。

4. VLAN 配置示例

VLAN 的基本配置示例如图 3-4-10 所示。图中 PCA 与 PCC 属于 VLAN 10，PCB 与 PCD 属于 VIAN 20，交换机之间使用 Trunk 端口相连，端口的默认 VLAN 是 VLAN 1。

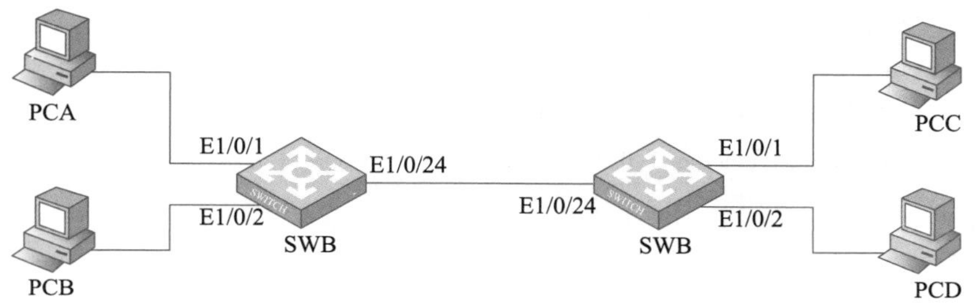

图 3-4-10 VLAN 的基本配置示例

交换机 A 的配置：

```
[SWA]vlan 10
[SWA-vlan10]port Ethernet1/0/1
[SWA]vlan 20
[SWA-vlan20]port Ethernet1/0/2
[SWA]interface Ethernet1/0/24
[SWA-Ethernet1/0/24]port link-type trunk
[SWA-Ethernet1/0/24]port trunk permit vlan 10 20
```

交换机 B 的配置：

```
[SWB]vlan 10
[SWB-vlan10]port Ethernet1/0/1
[SWB]vlan 20
[SWB-vlan20]port Ethernet1/0/2
[SWB]interface Ethernet1/0/24
[SWB-Ethernet1/0/24]port link-type trunk
[SWB-Ethernet1/0/24]port trunk permit vlan 10 20
```

在配置完成后，PCA 与 PCC 能够互通，PCB 与 PCD 能够互通。但 PCA 与 PCB，PCC 与 PCD 之间不能够互通。

```
<Switch>display vlan
 VLAN function is enabled.
 Total 3 VLAN exist(s).
 Now, the following VLAN exist(s):
  1(default), 2, 10
<Switch> display vlan 2
 VLAN ID: 2
 VLAN Type: static
 Route interface: not configured
 Description: VLAN 0002
 Tagged    Ports: none
 Untagged Ports:
    Ethernet1/0/1   Ethernet1/0/3   Ethernet1/0/4
<Switch> display interface ethernet 1/0/1
PVID: 2
 Mdi type: auto
 Port link-type: access
  Tagged    VLAN ID : none
  Untagged VLAN ID : 2
 Port priority: 0
```

3.4.5 冗余链路和链路聚合

在网络互连中，对于单一链路的连接，一旦一条链路出现简单的故障就会造成网络的中断。因此，在实际组建网络的过程中，为了保持网络的稳定性，在多台交换机组成的网络环境中，通常都会使用一些备份连接，以提高网络的健壮性、稳定性。

备份连接也称为备份链路或者冗余链路。

1. 冗余链路的问题

冗余链路会使网络存在环路，环路会带来以下问题：

① 广播风暴：环路网络中广播数据充斥整个网络无法处理，并且会占用大量网络带宽，导致正常业务不能运行，甚至彻底瘫痪。

② 多帧复制：网络中如果存在环路，目的主机可能会收到某个数据帧的多个副本，从而导致上层协议在处理这些数据帧时无从选择，产生迷惑。

③ 地址表的不稳定：当交换机连接不同网段时，将会出现通过不同端口接收到同一个广播的多个副本的情况，这将会导致 MAC 地址表的多次刷新。持续的刷新会严重消耗内存资源，影响交换机的工作能力，降低整个网络的运行效率。

④ 多个回路：如果网络有回路，交换机再次接收到该数据帧时，它仍然毫无记录地将数据帧按照 MAC 地址表转发到指定端口。这样，帧有可能在环路中不断循环和增生。

正因为冗余链路会产生这么多的问题，那么需要解决这些问题就会用到生成树协议。

2. 生成树协议

STP（Spanning-Tree Protocol，生成树协议）是由 IEEE 协会制定的，用于在局域网中消除数据链路层物理环路的协议，其标准名称为 802.1D。运行该协议的设备通过彼此交互信息发现网络中的环路，并有选择地对某些端口进行阻塞，最终将环路网络结构修剪成无环路的树型网络结构，从而防止报文在环路网络中不断增生和无限循环，避免设备由于重复接收相同的报文而造成的报文处理能力下降的问题。

（1）桥协议数据单元

STP 采用的协议报文是 BPDU（Bridge Protocol Data Unit，桥协议数据单元），BPDU 包含了足够的信息来完成生成树的计算。

STP 协议的配置 BPDU 报文主要包含以下几部分。

① BPDU 中的根桥 ID，STP 最终决定谁是根桥。

② 根路径开销（Root Path Cost）：到根桥的最小路径开销。如果是根桥，其根路径开销为 0；如果是非根桥，则为到达根桥的最短路径上所有路径开销之和。

③ 指定桥 ID（Designated Bridge ID）：生成或转发 BPDU 的桥 ID，由桥优先级和桥 MAC 组成。

④ 指定端口 ID（Designated Port ID）：发送 BPDU 的端口 ID，由端口优先级和端口索引号组成。

（2）根桥选举

网络中每台设备都有自己的桥 ID，桥 ID 由桥优先级（Bridge Priority）和桥 MAC 地址（Bridge Mac Address）两部分组成。因为桥 MAC 地址在网络中是唯一的，所以能够保证桥 ID 在网络中也是唯一的。在进行桥 ID 比较时，先比较优先级，优先级值小者为优；在优先级相等的情况下，再用 MAC 地址来进行比较，MAC 地址小者为优。

在网络初始化时，网络中所有的 STP 设备都认为自己是“根桥”。设备之间通过交换配置 BPDU 而比较桥 ID，网络中桥 ID 最小的设备被选为根桥。根桥会按照一定的时间间隔产生并向外发送配置 BPDU，其他的设备对该配置 BPDU 进行转发，从而保证拓扑的稳定。

（3）确定端口角色

STP 的作用是通过阻断冗余链路使一个有回路的桥接网络修剪成一个无回路的树型拓扑结构。它通过将环路上的某些端口设置为阻塞状态，不允许数据帧通过而做到这一点。下面是确定哪些端口是阻塞状态的过程。

① 根桥上的所有端口为指定端口（Designated Port，DP）。

② 为每个非根桥选择根路径开销最小的那个端口 1 作为根端口（Root Port，RP），该端口到根桥的路径是此网桥到根桥的最佳路径。

③ 为每个物理段选出根路径开销最小的那个网桥作为指定桥（Designated Bridge），该指定桥到该物理段的端口作为指定端口，负责所在物理段上的数据转发。

④ 既不是指定端口，也不是根端口的端口是 Alternate 端口，置于阻塞状态，不转发普通以太网数据帧。

（4）端口状态

前面讨论了 STP 如何确定端口角色。被确定为根端口或指定端口后，端口就可以处于转发状态，否则就是阻塞状态。事实上，在 802.1D 协议中，端口共有 5 种状态。

① Disabled：表示该端口处于失效状态，不接收和发送任何报文。这种状态可以是由于端口的物理状态导致的，也可能是管理者手工将端口关闭。

② Blocking：处于该状态的端口不能够参与转发数据报文，但是可以接收 BPDU 配置消息，并交给 CPU 进行处理。不过不能发送配置消息，也不进行地址学习。

③ Listening：处于该状态的端口不参与数据转发，也不进行地址学习，但是可以接收并发送 BPDU 配置消息。

④ Learning：处于该状态的端口不能转发数据，但是开始地址学习，并可以接收、处理和发送 BPDU 配置消息。

⑤ Forwarding：一旦端口进入该状态，就可以转发任何数据，同时也进行地址学习和 BPDU 配置消息的接收、处理和发送。

生成树协议可以解决广播风暴和环路问题，但是收敛时间比较慢，无法适应拓扑结构的变化，于是就有了 RSTP。

3. RSTP

快速生成树协议（Rapid Spanning Tree Protocol，RSTP）用于在局域网中消除数据链路层物理环路，其核心是快速生成树算法。RSTP 由 IEEE 802.1D-1998 标准定义的 STP（Spanning Tree Protocol，生成树协议）改进而来，除了和传统的 STP 一样具有避免回路、动态管理冗余链路的功能外，RSTP 极大地缩短了拓扑收敛时间，在理想的网络拓扑规模下，所有交换设备均支持 RSTP 协议且配置得当时，拓扑发生变化（链路 UP/DOWN）后恢复稳定的时间可以控制在秒级，而传统的拓扑稳定且能正常工作所需时间为 50 s。RSTP 的主要功能可以归纳如下。

① 发现并生成局域网的一个最佳树状拓扑结构。

② 发现拓扑故障并随之进行恢复，自动更新网络拓扑结构，启用备份链路，同时保持最佳树型结构。

③ RSTP 的端口状态在 STP 的基础上进行了改进。由原来的 5 种缩减为 3 种。Forwarding（转发）在这种状态下，端口既转发用户流量又处理 BPDU 报文。

Learning（学习）这是一种过渡状态。在 Learning 状态下，交换设备会根据收到的用户流量，构建 MAC 地址表，但不转发用户流量，所以称为学习状态。Learning 状态的端口处理 BPDU 报文，不转发用户流量。Discarding（丢弃）状态的端口只接收 BPDU 报文。

STP 使用生成树算法，能够在交换网络中避免环路造成的故障，并实现冗余路径的备份功能。RSTP 则进一步提高了交换网络拓扑变化时的收敛速度。但是无法实现 VLAN 级负载平衡，造成网络带宽浪费。于是 IEEE 802.1s 定义的 MSTP 协议。

4. MSTP

通过 MSTP，可以在网络中定义多个生成树实例，每个实例对应多个 VLAN，每个实例维护自己的独立生成树。这样既避免了为每个 VLAN 维护一棵生成树的巨大资源消耗，又可以使不同的 VLAN 具有完全不同的生成树拓扑，不同 VLAN 在同一端口上可以具有不同的状态，从而可以实现 VLAN 一级的负载分担。

5. STP 的配置

如图 3-4-11 所示为一个启用 STP 防止环路及实现链路冗余的组网。交换机 SWA 和 SWB 是核心交换机，之间通过两条并行链路互连备份；SWC 是接入交换机，接用户连接到 SWC 的 E1/0/1 端口上。很显然，为了提高网络的性能，应该使交换机 SWA 位于转发路径的中心位置（即生成树的根），同时为了增加可靠性，应该

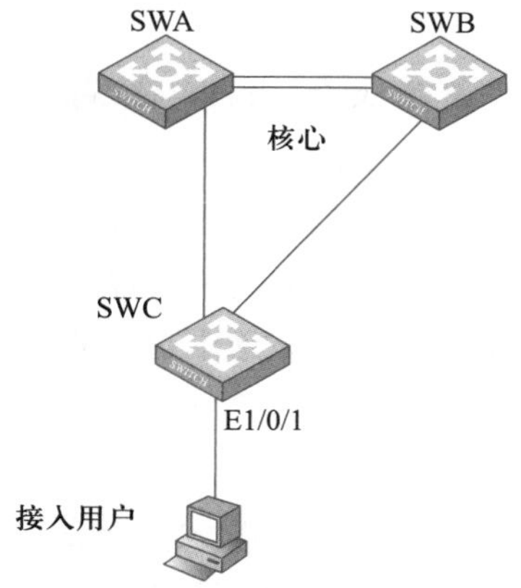

图 3-4-11 STP 配置示例

使 SWB 作为根的备份。

交换机 A 配置:

```
[SWA] stp global enable
[SWA]stp priority 0
```

交换机 B 配置:

```
[SWB]stp global enable
[SWB]stp priority 4096
```

交换机 C 配置:

```
[SWC]stp global enable
[SWC]interface Ethernet 1/0/1
[SWC-Ethernet1/0/1] stp edged-port
```

使用 display stp 命令查看配置情况。

```
[SWA]display stp
-------[CIST Global Info][Mode MSTP]-------
CIST Bridge                :32768.000f-e23e-f9b0
Bridge Times               :Hello 2s MaxAge 20s FwDly 15s MaxHop 20
CIST Root/ERPC             :32768.000f-e23e-f9b0 / 0
CIST RegRoot/IRPC          :32768.000f-e23e-f9b0 / 0
CIST RootPortId            :0.0
BPDU-Protection            :disabled
Bridge Config-
Digest-Snooping            :disabled
TC or TCN received         :0
```

6. 链路聚合

链路聚合（Link Aggregation）指将多个物理端口汇聚在一起，形成一个逻辑端口，以实现出/入流量吞吐量在各成员端口的负荷分担，交换机根据用户配置的端口负荷分担策略决定网络封包从哪个成员端口发送到对端的交换机。当交换机检测到其中一个成员端口的链路发生故障时，就停止在此端口上发送封包，并根据负荷分担策略在剩下的链路中重新计算报文的发送端口，故障端口恢复后再次担任收发端口。链路聚合在增加链路带宽、实现链路传输弹性和工程冗余等方面是一项很重要的技术。

（1）链路聚合的优点

① 增加链路带宽：通过把数据流分散在聚合组中各个成员端口，实现端口间的流量负载分担，从而有效地增加了交换机间的链路带宽。

② 提供链路可靠性：聚合组可以实时监控同一聚合组内各个成员端口的状态，从而

实现成员端口之间彼此动态备份。如果当某个端口发生故障时，聚合组及时把数据流从其他端口传输。

（2）链路聚合的分类

按照聚合方式的不同，链路聚合可以分为下面两大类。

① 静态聚合：在静态聚合方式下，双方设备不需要启用聚合协议，双方不进行聚合组中成员端口状态的交互。如果一方设备不支持聚合协议或双方设备所支持的聚合协议不兼容，则可以使用静态聚合方式来实现聚合。

② 动态聚合：在动态聚合方式下，双方系统使用LACP（Link Aggregation Control Protocol，链路聚合控制协议）来协商链路信息。交互聚合组中成员端口状态。

LACP是一种基于IEEE 802.3ad标准的、能够实现链路动态聚合与解聚合的协议。LACP通过LACPDU（Link Aggregation Control Protocol Data Unit，链路聚合控制协议数据单元）与对端交互信息。

（3）配置链路聚合

如图3-4-12所示交换机SWA使用端口E1/0/1、E1/0/2和E1/0/3连接到SWB的端口E1/0/1、E1/0/2和E1/0/3。在交换机上启用链路聚合以实现增加带宽和可靠性的需求。

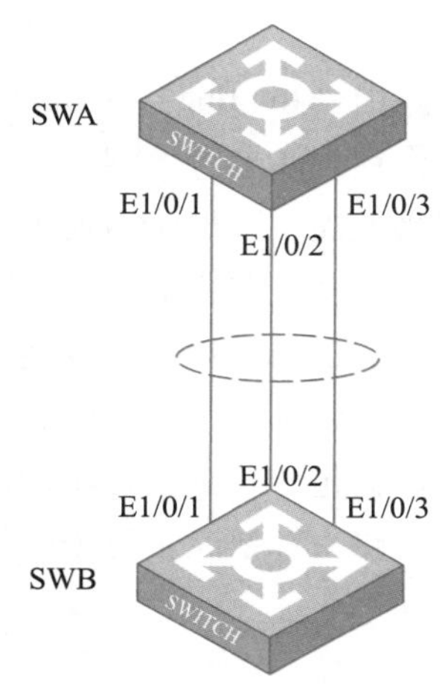

图3-4-12 端口聚合配置示例

交换机A的配置：

```
[SWA] interface bridge-aggregation 1
[SWA-Ethernet1/0/1] port link-aggregation group 1
[SWA-Ethernet1/0/2] port link-aggregation group 1
[SWA-Ethernet1/0/3] port link-aggregation group 1
```

交换机B的配置：

```
[SWB] interface bridge-aggregation 1
[SWB-Ethernet1/0/1] port link-aggregation group 1
[SWB-Ethernet1/0/2] port link-aggregation group 1
[SWB-Ethernet1/0/3] port link-aggregation group 1
```

使用Switch>display link-aggregation summary命令查看配置情况。

```
Aggregation Interface Type:
BAGG -- Bridge-Aggregation, RAGG -- Route-Aggregation
Aggregation Mode: S -- Static, D -- Dynamic
Loadsharing Type: Shar -- Loadsharing, NonS -- Non-Loadsharing
Actor System ID: 0x8000, 000f-e267-6c6a
```

```
AGG          AGG      Partner ID     Select     Unselect      Share
Interface    Mode                    Ports      Ports         Type
------------------------------------------------------------------------
BAGG1        S         none          3          0     Shar
```

3.5 任务3：配置路由

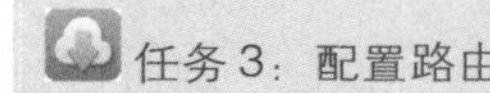

路由（Routing）是指分组从源到目的地时，决定端到端路径的网络范围的进程。路由工作在OSI参考模型第3层——网络层的数据包转发设备。路由器通过转发数据包来实现网络互连。虽然路由器可以支持多种协议（TCP/IP、IPX/SPX、AppleTalk等），但是在我国绝大多数路由器运行TCP/IP。路由器通常连接两个或两个以上由IP子网或点到点协议标识的逻辑端口，至少拥有1个物理端口。路由器根据接收到数据包中的网络层地址以及路由器内部维护的路由表决定输出端口以及下一跳地址，并且重写链路层数据包头实现转发数据包。路由器通过动态维护路由表来反映当前的网络拓扑，并通过网络上其他路由器交换路由和链路信息来维护路由表。

3.5.1 路由器的作用

路由器运行在OSI模型的网络层，其核心功能是在多个网络之间选择最佳路由，以转发报文分组。

路由器具有以下功能：

① 网络互连。路由器支持各种局域网和广域网接口，主要用于互连局域网和广域网，实现不同网络间互相通信。

② 数据处理。提供包括分组过滤、分组转发、优先级、复用、加密、压缩和防火墙等功能。

③ 网络管理。路由器提供包括路由器配置管理、性能管理、容错管理和流量控制等功能。

3.5.2 路由器的工作原理

要理解路由器如何完成数据包的转发，首先要了解路由表。每个路由器中都保存着一张路由表，路由表中主要包括每个目标网络的IP地址、子网掩码、下一个路由器以及跳步数等信息，供路由选择时使用。

1. 路由表

路由器依靠路由协议采用自动学习的方式或管理员手动配置等方式获得 IP 数据包要发往的目的地信息。

（1）路由表主要包含内容

① 目的地址/网络掩码（Destination/Mask）：用来标识 IP 数据报文的目的地址或目的网络。将目的地址和网络掩码“逻辑与”后，可得到目的主机或路由器所在网段的地址。

② 出接口（Interface）：指明 IP 包将从该路由器哪个接口转发。

③ 下一跳地址（Next-hop）：更接近目的网络的下一个路由器地址。如果只配置了出接口，下一跳 IP 地址是出接口的地址。

④ 度量值（Metric）：说明 IP 数据包需要花费多大的代价才能到达目标。

（2）路由表的产生方式

① 直连路由：直连路由是由链路层协议发现的，一般指去往路由器的端口地址所在网段的路径。若路由器相应的端口配置了 IP 地址和子网掩码，且该端口处于激活状态，路由器就会把通向该网段的路由信息填写到路由表中去。直连路由无法使路由器获取与其不直接相连的路由信息。

② 静态路由：在简单拓扑结构的网络里，管理员根据网络的拓扑结构手动输入路由条目。

③ 动态路由：是指协议学习到的路由。在大型网络环境下，利用路由协议如 OSPF、BGP、RIP 等学习。

2. 路由转发

路由器是通过匹配路由表里的路由项来实现数据包的转发。当路由器接收到一个数据包时，将数据包的目的 IP 地址提取出来，然后与路由表中路由项包含的目的地址进行比较。如果与某路由项中的目的地址相同，则认为与此路由项匹配；如果没有路由项能够匹配，则丢弃该数据包。

路由器查看所匹配的路由项的下一跳地址是否在直连链路上，如果在直连链路上，则路由器根据此下一跳转发；如果不在直连链路上，则路由器还需要在路由表中再查找此下一跳地址所匹配的路由项。

在确定了最终的下一跳地址后，路由器将此报文送往对应的接口，接口进行相应的地址解析，解析出此地址所对应的链路层地址，然后对 IP 数据包进行数据封装并转发。

如果路由表中设有路由项能够匹配数据包则丢弃该数据包。但是，如果在路由表中有默认路由存在，则路由器按照默认路由来转发数据包。默认路由又称为缺省路由，其目的地址/掩码为 0.0.0.0/0。

3. 直连路由

直连路由是指路由器接口直接相连的网段的路由。直连路由不需要特别地配置。只需在路由器的接口上配置 IP 地址即可。但路由器会根据接口的状态决定是否使用此路由。如果接口的物理层和链路层状态均为 UP，路由器即认为接口工作正常，该接口所属网段的路由即可生效并以直连路由出现在路由表中。如果接口状态为 DOWN，路由器认为接口工作不正常，不能通过该接口到达其地址所属网段，也就不能以直连路由出现在路由表中。

直连路由的优先级为 0，即最高优先级；开销（Cost）也为 0，表明是直接相连。优先级和开销不能更改。

4. 静态路由

静态路由（Static routing）是一种路由的方式，路由项（Routing entry）由手动配置，而非动态决定。与动态路由不同，静态路由是固定的，不会改变，即使网络状况已经改变或是重新被组态。一般来说，静态路由是由网络管理员逐项加入路由表。

（1）静态路由优点

使用静态路由的另一个好处是网络安全保密性高。动态路由因为需要路由器之间频繁地交换各自的路由表，而对路由表的分析可以揭示网络的拓扑结构和网络地址等信息。因此，出于安全方面的考虑也可以采用静态路由。不占用网络带宽，因为静态路由不会产生更新流量。

（2）静态路由缺点

大型和复杂的网络环境通常不宜采用静态路由。一方面，网络管理员难以全面地了解整个网络的拓扑结构；另一方面，当网络的拓扑结构和链路状态发生变化时，路由器中的静态路由信息需要大范围地调整，这一工作的难度和复杂程度非常高。当网络发生变化或网络发生故障时，不能重选路由，很可能使路由失败。

5. 静态路由的配置

如图 3-5-1 所示路由器 A 通过端口连接路由器 B 在连接路由器 C，将网络配置通，让 PC 能够访问服务器。

路由器接口配置（省略）

路由器 A 的配置：

```
[RTA]ip route-static 10.3.0.0 255.255.255.0 10.2.0.2
[RTA]ip route-static 10.4.0.0 255.255.255.0 10.2.0.2
```

路由器 B 的配置：

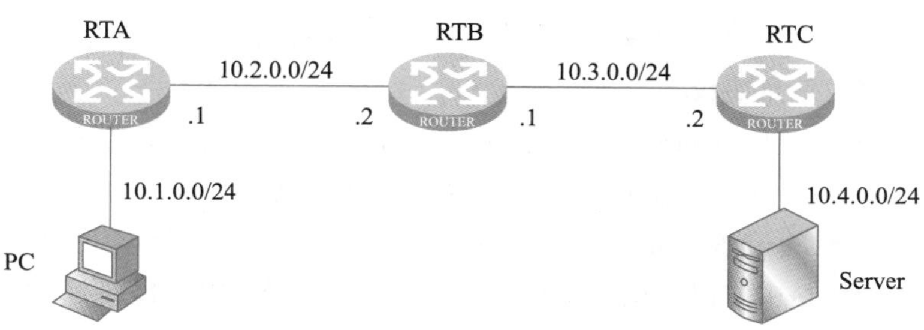

图 3-5-1　静态路由配置示例图

```
[RTB]ip route-static 10. 1. 0. 0 255. 255. 255. 0 10. 2. 0. 1
[RTB]ip route-static 10. 4. 0. 0 255. 255. 255. 0 10. 3. 0. 2
```

路由器 C 的配置：

```
[RTC]ip route-static 10. 1. 0. 0 255. 255. 255. 0 10. 3. 0. 1
[RTC]ip route-static 10. 2. 0. 0 255. 255. 255. 0 10. 3. 0. 1
```

配置完成之后，PC 能够 ping 通 Server。

3. 5. 3 路由协议

路由可以静态配置，也可以通过路由协议来自动生成。路由协议能够自动发现和计算路由，并在拓扑变化时自动更新，无须人工维护，所以适用于复杂的网络中。

1. 路由协议与可路由协议

路由协议：是用来计算、维护路由信息的协议。路由协议通常采用一定的算法，以产生路由，并采用一定的方法确定路由的有效性来维护路由。路由协议可以使路由器全面地了解整个网络的运行。

可路由协议：在网络层进行数据包转发的协议。它提供了网络层的地址供终端节点使用，数据和网络层地址信息一起封装在数据包中。由于数据包含有第 3 层的地址，所以路由器可以根据该地址，对数据包的转发进行判断。例如 IP、IPX 和 AppleTalk 等都属于可路由协议。

2. 常见路由协议

常见的路由协议有 RIP、IGRP（Cisco 私有协议）、EIGRP（Cisco 私有协议）、OSPF、IS-IS、BGP 等。

RIP、IGRP、EIGRP、OSPF、IS-IS 是内部网关协议（IGP），适用于单个 ISP 的统一路由协议的运行，一般由一个 ISP 运营的网络位于一个 AS（自治系统）内，拥有统一的 AS number（自治系统号）。BGP 是自治系统间的路由协议，是一种外部网关协议，多用于不同ISP之间交换路由信息，以及大型企业等具有较大规模的私有网络。

（1）RIP（路由信息协议）

RIP很早就被应用在Internet上，是最简单的路由协议之一。它是“路由信息协议（Route Information Protocol）”的简写，主要传递路由信息，通过每隔30秒广播一次路由表，维护相邻路由器的位置关系，同时根据收到的路由表信息计算自己的路由表信息。RIP是一个距离矢量路由协议，最大跳数为15跳，超过15跳的网络则认为目标网络不可达。此协议通常用在网络架构较为简单的小型网络环境。分为RIPv1和RIPv2两个版本，后者支持VLSM技术以及一系列技术上的改进。RIP的收敛速度较慢。

（2）OSPF（开放式最短路径优先）

OSPF是Open Shortest Path First的英文缩写，属于链路状态路由协议。OSPF提出了“区域（area）”的概念，每个区域中所有路由器维护着一个相同的链路状态数据库（LSDB）。区域又分为骨干区域（骨干区域的编号必须为0）和非骨干区域（非0编号区域），如果一个运行OSPF的网络只存在单一区域，则该区域可以是骨干区域或者是非骨干区域。如果该网络存在多个区域，那么必须存在骨干区域，并且所有非骨干区域必须和骨干区域直接相连。OSPF利用所维护的链路状态数据库，通过最短路径优先算法（SPF算法）计算得到路由表。OSPF的收敛速度较快。由于其特有的开放性以及良好的扩展性，OSPF协议在各种网络中广泛部署。

（3）IS-IS（中间系统到中间系统）

IS-IS是Intermediate System to Intermediate System的英文缩写，属于链路状态路由协议。标准IS-IS协议是由国际标准化组织制定的ISO/IEC 10589：2002所定义的，标准IS-IS协议不适合用于IP网络，因此IETF制定了适用于IP网络的集成化IS-IS协议（Integrated IS-IS）。和OSPF相同，IS-IS也使用了“区域”的概念，同样也维护着一份链路状态数据库，通过最短生成树算法（SPF）计算出最佳路径。IS-IS的收敛速度较快。集成化IS-IS协议是ISP骨干网上最常用的IGP。

（4）IGRP（内部网关路由协议）

IGRP是Interior Gateway Routing Protocol的英文缩写，由Cisco于20世纪80年代独立开发，属于Cisco私有协议。IGRP和RIP一样，同属距离矢量路由协议，因此在诸多方面有着相似点，如IGRP也是周期性的广播路由表，也存在最大跳数（默认为100跳，达到或超过100跳则认为目标网络不可达）。IGRP最大的特点是使用了混合度量值，同时考虑了链路的带宽、延迟、负载、MTU、可靠性5个方面来计算路由的度量值，而不像其他IGP协议单纯地考虑某一个方面来计算度量值。IGRP已经被Cisco独立开发的EIGRP所取代，版本号为12.3及其以上的Cisco IOS（Internetwork Operating System）已经不支持该协议，已经罕有运行IGRP的网络。

（5）EIGRP（增强型内部网关路由协议）

由于IGRP协议的种种缺陷以及不足，Cisco开发了EIGRP（增强型内部网关路由协议）来取代IGRP。EIGRP属于高级距离矢量路由协议（又称混合型路由协议），继承了

IGRP 的混合度量值，最大特点在于引入了非等价负载均衡技术，并拥有极快的收敛速度。EIGRP 在 Cisco 设备网络环境中广泛部署。

（6）BGP（边界网关协议）

为了维护各个 ISP 的独立利益，标准化组织制定了 ISP 间的路由协议 BGP。BGP 是边界网关协议（Border Gateway Protocol）的缩写，处理各 ISP 之间的路由传递。但是 BGP 运行在相对核心的地位，需要用户对网络的结构有较深入的理解，否则可能会造成较大损失。

3.5.4 路由器硬件辨识

1. 路由器的接口

一般路由器上的接口分为：用于局域网的 LAN 接口；用于广域网接入/互联的 WAN 接口；用于 LAN 组网，或者 WAN 接入/互联网的逻辑接口（配置端口）。

2. 路由器硬件架构

路由器是一种连接多个网络或网段的网络设备，它能将不同网络或网段之间的数据信息进行“翻译”，以使它们能够相互“读”懂对方的数据，从而构成一个更大的网络。路由器由硬件和软件组成。

硬件主要由中央处理器、内存、接口、控制端口等物理硬件和电路组成。软件主要由路由器的操作系统组成。

路由器硬件结构如下：

（1）中央处理器（CPU）

与计算机一样，路由器也包含了一个中央处理器（CPU）。不同系列和型号的路由器，其中的 CPU 也不尽相同。Cisco 路由器一般采用 Motorola 68030 和 Orion/R4600 两种处理器。路由器的 CPU 负责路由器的配置管理和数据包的转发工作，如维护路由器所需的各种表格以及路由运算等。路由器对数据包的处理速度很大程度上取决于 CPU 的类型和性能。

（2）只读内存（ROM）

只读内存在 Cisco 路由器中的功能与计算机中的 ROM 相似，只能读取而不能写入，通常用来存储生产厂家固化写入的程序数据，在特定专业条件下才可以写入，如要进行升级，则要替换或写入 ROM 芯片。

ROM 中主要包含：

① 系统加电自检代码（POST），用于检测路由器中各硬件部分是否完好。

② 系统引导区代码（Boot Strap），用于启动路由器并载入 IOS 操作系统。

(3) 闪存 (Flash)

Flash 是可读可写的存储器，在系统重新启动或关机之后仍能保存数据。Flash 中存放着当前使用的操作系统。事实上，如果 Flash 容量足够大，甚至可以存放多个操作系统，这在进行操作系统升级时十分有用。当不知道新版操作系统是否稳定时，可在升级后仍保留旧版操作系统，当出现问题时可迅速地退回到旧版操作系统，从而避免长时间的网络故障。

(4) 非易失性 RAM (NVRAM)

NVRAM 是可读可写的存储器，在系统重新启动或关机之后仍能保存数据。由于 NVRAM 仅用于保存启动配置文件 (Startup-Config)，故其容量较小，通常在路由器上只配置 32 KB~128 KB 大小的 NVRAM。同时，NVRAM 的速度较快，成本也比较高。

(5) 随机存储器 (RAM)

RAM 也是可读可写的存储器，但它存储的内容在系统重启或关机后将被清除。和计算机中的 RAM 一样，Cisco 路由器中的 RAM 也是运行期间暂时存放操作系统和数据的存储器，让路由器能迅速地访问这些信息。RAM 的存取速度优于前面所提到的 3 种内存的存取速度。

3.5.5 RIP 路由协议配置、验证及查看

RIP 是一种较为简单的内部网关协议，主要用于规模较小的网络中，如校园网以及结构较简单的地区性网络。由于 RIP 的实现较为简单，在配置和维护管理方面也远比 OSPF 和 IS-IS 容易，因此在实际组网中有广泛的应用。

RIP 是一种基于距离矢量 (Distance-Vector) 算法的路由协议。RIP 使用跳数 (Hop. Count) 来衡量到达目的网络的距离。在 RIP 中，路由器到与它直接相连网络的跳数为 0，通过与其直接相连的路由器到达下一个紧邻的网络的跳数为 1，其余以此类推，每多经过一个网络，跳数加 1。为限制收敛时间，RIP 规定度量值取 0~15 之间的整数，大于或等于 16 的跳数被定义为无穷大，即目的网络或主机不可到达。由于这项限制，使得 RIP 不适合应用于大型网络。

RIP 包括 RIPv1 和 RIPv2 两个版本。RIPvl 是有类别路由协议，协议报文中不携带掩码信息，不支持 VLSM (Variable Length Subnet Mask，可变长子网掩码)。RIPv1 只支持以广播方式发布协议报文。

RIPv2 支持 VLSM，同时 RIPv2 支持明文认证和 MD5 密文认证。

1. RIP 的基本配置

① 创建 RIP 进程并进入 RIP 视图。

[Router] rip [process-id]

processid 为进程 ID。通常不必进行指定，系统自动选用 RIP 进程 1 作为当前 RIP 的

进程。

② 在指定网段接口上使能 RIP。

[Router-rip-1] networknetwork-address [wildcard-mask]

network-address 为指定网段的地址，其取值可以为各个接口的 IP 网络地址。

③ 指定全局 RIP 版本。

[Router-rip-1] version {1 | 2}

④ 关闭 RIPv2 自动路由聚合功能。

[Router-rip-1] undo summary

2. RIP 的基本示例

路由器接口配置（省略）

路由器 A 的配置：

```
[RTA] rip
[RTA-rip-1] network 10.0.0.0
[RTA-rip-1] network 192.168.0.0
[RTA-rip-1] version 2
[RTA-rip-1] undo summary
[RTA-Serial0/0] rip authentication-mode md5 rfc2453 plain abcdef
```

路由器 B 的配置：

```
[RTB] rip
[RTB-rip-1] network 10.0.0.0
[RTB-rip-1] network 192.168.0.0
[RTB-rip-1] undo summary
[RTB-rip-1] version 2
[RTB-Serial0/0] rip authentication-mode md5 rfc2453 plain abcdef
```

查看 RIP 当前运行状态及配置信息：

```
<Router> display rip
 Public VPN-instance name:
    RIP process: 1
       RIP version: 2
       Preference: 100
       Checkzero: Enabled
       Default cost: 0
       Summary: Disabled
       Host routes: Enabled
       Maximum number of load balanced routes: 6
```

```
Update time       :    30 secs   Timeout time          :  180 secs
Suppress time:   120 secs   Garbage-collect time :  120 secs
Update output delay:    20(ms)   Output count:      3
TRIP retransmit time:      5(s)   Retransmit count: 36
Graceful-restart interval:    60 secs
Triggered Interval : 5 50 200
Silent interfaces: None
Default routes: Disabled
Verify-source: Enabled
Networks:
192.168.1.0                  192.168.0.0
Configured peers: None
Triggered updates sent: 0
Number of routes changes: 1
Number of replies to queries: 0
```

3.5.6 OSPF 路由协议配置、验证及查看

OSPF（Open Shortest Path Firs，开放式最短路径优先）是一个内部网关协议（Interior Gateway Protocol，IGP），用于在单一自治系统（Autonomous System，AS）内决策路由，是对链路状态路由协议的一种实现，隶属内部网关协议（IGP），故运作于自治系统内部。著名的迪克斯加算法被用来计算最短路径树。OSPF 支持负载均衡和基于服务类型的选路，也支持多种路由形式，如特定主机路由和子网路由等。

1. OSPF 工作原理

简单来说就是两个相邻的路由器通过发报文的形式成为邻居关系，邻居再相互发送链路状态信息形成邻接关系，之后各自根据最短路径算法计算出路由，存放在 OSPF 路由表中，OSPF 路由与其他路由比较后优的加入全局路由表。整个过程使用了 5 种报文，分别为 Hello 报文、DBD 报文、LSR 报文、LSU 报文和 LSACK 报文；3 个阶段，分别是邻居发现、路由通告、路由计算；4 张表，分别是邻居表、链路状态数据库表、OSPF 路由表、全局路由表。

具体工作过程如下。

（1）了解自身链路

每台路由器了解其自身的链路，即与其直连的网络。

（2）寻找邻居

不同于 RIP，OSPF 协议运行后，并不立即向网络广播路由信息，而是先寻找网络中

可与自己交换链路状态信息的周边路由器。可以交互链路状态信息的路由器互为邻居。

（3）创建链路状态数据包

路由器一旦建立了邻居关系，就可以创建链路状态数据包。

（4）链路状态信息传递

路由器将描述链路状态的 LSA 泛洪到邻居，最终形成包含网络完整链路状态信息的链路状态数据库。

（5）计算路由

路由区域内的每台路由器都可以使用 SPF 算法来独立计算路由。

2. 配置单区域的 OSPF

路由器接口配置（省略）

路由器 A 的配置：

```
[RTA] interface loopback 0
[RTA-loopback-0]ip address 1. 1. 1. 1 255. 255. 255. 255
[RTA-loopback-0]quit
[RTA] router id 1. 1. 1. 1
[RTA] ospf 1
[RTA-ospf-1] area 0
[RTA-ospf-1-area-0. 0. 0. 0] network 1. 1. 1. 1 0. 0. 0. 0
[RTA-ospf-1-area-0. 0. 0. 0] network 10. 0. 0. 0 0. 0. 0. 255
[RTA-ospf-1-area-0. 0. 0. 0] network 20. 0. 0. 0 0. 0. 0. 255
```

路由器 B 的配置：

```
[RTB]interface loopback 0
[RTB-loopback-0]ip address 2. 2. 2. 2 255. 255. 255. 255
[RTB-loopback-0]quit
[RTB]route id 2. 2. 2. 2
[RTB]ospf 1
[RTB-ospf-1]area 0
[RTB-ospf-1-area-0. 0. 0. 0]network 2. 2. 2. 2 0. 0. 0. 0
[RTB-ospf-1-area-0. 0. 0. 0]network 10. 0. 0. 0 0. 0. 0. 255
[RTB-ospf-1-area-0. 0. 0. 0]network 30. 0. 0. 0 0. 0. 0. 255
```

路由器 C 的配置：

```
[RTC]interface loopback 0
[RTC-loopback-0]ip address 3. 3. 3. 3 255. 255. 255. 255
[RTC-loopback-0]quit
```

```
[RTC]router id 3.3.3.3
[RTC]ospf 1
[RTC-ospf-1]area 0
[RTC-ospf-1-area-0.0.0.0]network 3.3.3.3 0.0.0.0
[RTC-ospf-1-area-0.0.0.0]network 20.0.0.0 0.0.0.255
[RTC-ospf-1-area-0.0.0.0]network 30.0.0.0 0.0.0.255
```

3. 配置多区域的 OSPF

路由器接口配置（省略）

路由器 A 的配置：

```
[RTA] interface loopback 0
[RTA-loopback-0]ip address 1.1.1.1 255.255.255.255
[RTA-loopback-0]quit
[RTA] router id 1.1.1.1
[RTA] ospf 100
[RTA-ospf-1] area 0
[RTA-ospf-1-area-0.0.0.0] network 1.1.1.1 0.0.0.0
[RTA-ospf-1-area-0.0.0.0] network 10.0.0.0 0.0.0.255
[RTA-ospf-1-area-0.0.0.0] network 20.0.0.0 0.0.0.255
```

路由器 B 的配置：

```
[RTB] interface loopback 0
[RTB-loopback-0] ip address 2.2.2.2 255.255.255.255
[RTB-loopback-0] quit
[RTB] route id 2.2.2.2
[RTB] ospf 100
[RTB-ospf-100] area 0
[RTB-ospf-100-area-0.0.0.0] network 2.2.2.2 0.0.0.0
[RTB-ospf-100-area-0.0.0.0] network 10.0.0.0 0.0.0.255
[RTB-ospf-100-area-0.0.0.0] quit
[RTB-ospf-100] area 192.168.10.1
[RTB-ospf-100-area-192.168.10.1] network 20.0.0.0 0.0.0.255
```

路由器 C 的配置：

```
[RTC]interface loopback 0
[RTC-loopback-0]ip address 3.3.3.3 255.255.255.255
[RTC-loopback-0]quit
[RTC]router id 3.3.3.3
```

```
[RTC]ospf 1
[RTC-ospf-1]area 0
[RTC-ospf-1-area-0.0.0.0]network 3.3.3.3 0.0.0.0
[RTC-ospf-1-area-0.0.0.0]network 20.0.0.0 0.0.0.255
[RTC-ospf-1-area-0.0.0.0]network 30.0.0.0 0.0.0.255
```

查看路由信息：

```
<H3C>display ospf routing
          OSPF Process 1 with Router ID 1.1.1.1
                    Routing Table
Routing for network
Destination     Cost    Type     NextHop     AdvRouter    Area
10.0.0.0/30     1       Transit  0.0.0.0     1.1.1.1      0.0.0.0
10.0.1.0/30     1       Transit  0.0.0.0     3.3.3.3      0.0.0.0
3.3.3.3/32      1       Stub     10.0.1.2    3.3.3.3      0.0.0.0
10.0.2.0/30     2       Transit  10.0.0.2    3.3.3.3      0.0.0.0
10.0.2.0/30     2       Transit  10.0.1.2    3.3.3.3      0.0.0.0
2.2.2.2/32      1       Stub     10.0.0.2    2.2.2.2      0.0.0.0
1.1.1.1/32      0       Stub     0.0.0.0     1.1.1.1      0.0.0.0
```

3.5.7 BGP 路由协议配置、验证及查看

BGP（Border Gateway Protocol，边界网关协议）是运行于 TCP 上的一种自治系统的路由协议。BGP 是唯一的一个用来处理如 Internet 规模的网络的协议，也是唯一能够妥善地处理好不相关路由域间的多路连接的协议。BGP 构建在 EGP 的经验之上。BGP 系统的主要功能是与其他的 BGP 系统交换网络可达信息。网络可达信息包括列出的自治系统（AS）的信息。这些信息有效地构造了 AS 互联的拓扑图并由此清除了路由环路，同时在 AS 级别上可实施策略决策。

BGP 路由选择协议执行中使用打开分组（Open）、更新分组（Update）、存活分组（Keepalive）和通告分组（Notification）4 种分组。

1. BGP 邻居建立中的状态和过程

① 空闲（Idle）：为初始状态，当协议激活后开始初始化，复位计时器，并发起第 1 个 TCP 连接，并开始倾听远程对等体所发起的连接，同时转向 Connect 状态。

② 连接（Connect）：开始 TCP 连接并等待 TCP 连接成功的消息。如果 TCP 连接成功，则进入 Open Sent 状态；如果 TCP 连接失败，进入 Active 状态。

③ 行动（Active）：BGP 总是试图建立 TCP 连接，若连接计时器超时，则退回到 Connect 状态，TCP 连接成功就转为 Open Sent 状态。

④ OPEN 发送（Open Sent）：TCP 连接已建立，自己已发送第 1 个 Open 报文，等待接收对方的 Open 报文，并对报文进行检查，若发现错误则发送 Notification 消息报文并退回到 Idle 状态。若检查无误则发送 Keepalive 消息报文，Keepalive 计时器开始计时，并转为 Open Confirm 状态。

⑤ OPEN 证实（Open Confirm）：BGP 等待 Keepalive 报文，同时复位保持计时器。如果收到了 Keepalive 报文，就转为 Established 状态，邻居关系协商完成。如果系统收到一条更新或 Keepalive 消息，它将重新启动保持计时器；如果收到 Notification 消息，BGP 就退回到空闲状态。

⑥ 已建立（Established）：即建立了邻居（对等体）关系，路由器将和邻居交换 Update 报文，同时复位保持计时器。

2. BGP 基本配置

如图 3-5-2 所示，所有路由器均运行 BGP 协议。要求 Router A 和 Router B 之间建立 BGP 连接，Router B 和 Router C 之间建立 IBGP 连接，使得 Router C 能够访问 Router A 直连的网段。

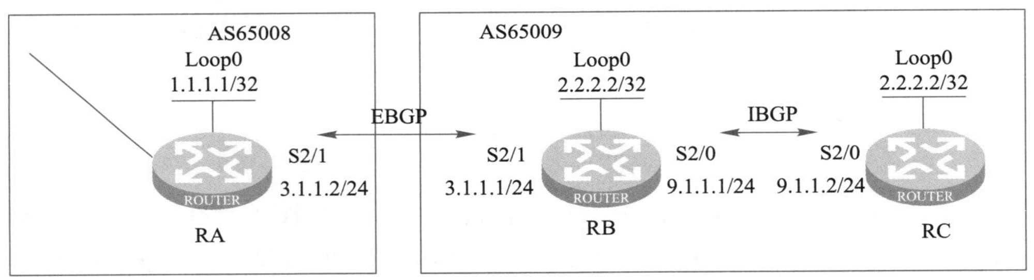

图 3-5-2 BGP 协议配置图

（1）配置各接口的 IP 地址（略）

（2）配置 BGP 连接

为了防止端口状态不稳定引起路由震荡，本例使用 Loopback 接口来创建 IBGP 对等体。

使用 Loopback 接口创建 BGP 对等体时，因为 Loopback 接口不是两对等体实际连接的接口，所以，必须使用 peer connect-interface 命令将 Loopback 接口配置为 BGP 连接的源接口。在 AS 65009 内部，使用 OSPF 协议，保证 Router B 到 Router C 的 Loopback 接口路由可达。

#配置 Router B：

```
<RouterB> system-view
[RouterB] bgp 65009
```

```
[RouterB-bgp] router-id 2.2.2.2
[RouterB-bgp] peer 3.3.3.3 as-number 65009
[RouterB-bgp] peer 3.3.3.3 connect-interface 1oopback 0
    [RouterB-bgp] quit
[RouterB] ospf 1
[RouterB-ospf-1] area 0
[RouterB-ospf-1-area 0.0.0.0] network 2.2.2.2 0.0.0.0
[RouterB-ospf-1-area 0.0.0.0] network 9.1.1.1 0.0.0.255
[RouterB-ospf-1-area-0.0.0.0] quit
[RouterB-ospf-1] quit
```

#配置 Router C：

```
<RouterC> system-view
[RouterC] bgp 65009
[RouterC-bgp]router-id 3.3.3.3
[RouterC-bgp]peer 2.2.2.2 as-number 65009
[RouterC-bgp] peer 2.2.2.2 connect-interface loopbackloopback。
[RouterC-bgp] quit
[RouterC] oapf 1
[RouterC-ospf-1]area 0
[RouterC-ospf-1-area-0.0.0.0]network 3.3.3.3 0.0.0.0
[Routerc--ospf-1-area-0.0.0.0] network 9.1.1.0 0.0.0.255
[RoutexC-ospf-1-8rea-0.0.0.0] quit
[RouterC-ospf-1] quit
```

查看 Router B 和 Router C 之间的 BGP 连接情况

```
[RouterC] display bgp peer
BGP 1ocal router ID：3.3.3.3
Local AS number：65009
Total number of peers：1
Peers in established state：1
Peer      AS     MsgRcvd   M3gSent   OutQ   PrefRcv   Up/Down    State
2.2.2.2   65009  7         10        0      0         00:06:09   Established
```

以上显示信息表明 Router B 和 Router C 之间的 BGP 连接已经建立。

（3）配置 EBGP 直连 EBGP

属于邻居关系的两台路由器（通常属于两个不同运营商），处于不同的 AS 域，对端的 loopback 接口一般路由不可达，所以一般使用直连地址建立 BGP 邻居。因为要求 Router C 能够访问 Router A 直连的 8.1.1.0/24 网段，所以，在建立 BGP 连接后，需要将

8.1.1.0/24 网段路由通告到 BGP 路由表中。

#配置 Router A：

```
<RouterA> system-view
[RouterA] bgp 65008
[RouterA-bgp] router-id 1.1.1.1
[RouterA-bgp] peer 3.1.1.1 as-number 65009
[RouterA-bgp] network 8.1.1.1 24
[RouterA-bgp] quit
```

#配置 Router B：

```
[RouterB] bgp 65009
[RouterB-bgp] peer 3.1.1.2 as-number 65008
[RouterB-bgp] quit
```

#查看 Router B 的 BGP 对等体的连接状态。

```
[RouterB] display bgp peer
BGP 1ocal router ID : 2.2.2.2
LocalAS number : 65009
Total number of peers : 2
Peers in established state : 2
Peer      AS     MsgRcvd   MagSent   OutQ   PrefRcv   Up/Down    State
3.3.3.3   65009  12        10        0      3         00:09:16   Established
3.1.1.2   65008  3         3         0      1         00:00:08   Established
```

可以看出，Router B 与 Router C，Router B 与 Router A 之间的 BGP 连接均已建立。

#查看 Router A 的 BGP 路由表。

```
[RouterA] display bgp routing-table
Total Number of Routes: 1
BGP Local router ID is 1.1.1.1
Status codes: * - valid, ^ - VPNv4 best, > - best, d - damped,
h - history, i - internal, 3 - suppressed, S - Stale
origin : i - IGP,e - EGP,?- incomplete
Network        NextHop     MED     LocPrf     PrefVal   Path/Ogn
*>8.1.1.0/24   0.0.0.0     0       0                    i
```

#显示 Router B 的 BGP 路由表。

```
[RouterB] display bgp routing-table
Total Number of Routes: 1
BGP Local router ID 13 2.2.2.2
Status codes: * - valid, ^ - VPNv4 best, > - best, d - damped,
```

```
h - history, i - internal, 3 - suppressed, S - Stale
origin:i-IGP,e-EGP,? -incomplete.
Network          NextHop     MED     LocPrf    PrefVa1     Path/Ogn
*> 8.1.1.0/24    3.1.1.2     0       0         65008       i
```

#显示 Router C 的 BGP 路由表。

```
[RouterC] display bgp routing-table
Total Number of Routes: 1 .
BGP Local router ID 13 3.3.3.3
Status codes: * - valid, ^ - VPNv4 best, > - best, d - damped,
h - history, i - interna1, 3 - suppressed, S - Stal
eorigin : i - IGE,e - EGP,? - incomplete
Network          NextHop     MED     LocPrf    PrefVa1     Path/Ogn
*> 8.1.1.0/24    3.1.1.2     0       100       0           65008i
```

从路由表可以看出，Router A 没有学到 AS 65009 内部的任何路由，Router C 虽然学到了 AS 65008 中的 8.1.1.0 的路由，但因为下一跳 3.1.1.2 不可达，所以也不是有效路由。

（4）配置 BGP 引入直连路由

在 Router B 上配置 BGP 引入直连路由，以便 Router A 能够获取到网段 9.1.1.0/24 的路由，Router C 能够获取到网段 3.1.1.0/24 的路由。

#配置 Router B。

```
[RouterB] bgp 65009
[RouterB-bgp] import-route direct
```

#显示 Router A 的 BGP 路由表。

```
[RouterA] display bgp routing-table
Total Mumber of Routes: 4
BGP local router ID 1s 1.1.1.1
Status codes: * - valid, ^ - VPNv4 best, > - best, d - damped,
h - history, i - interna1, 3 - suppressed, S - Stale
origin : i - IGE,e - EGP,? - incomplete
Network          NextHop     MED     LocPrf    PrefVal     Path/Ogn
*> 2.2.2.2/32    3.1.1.1     0       0         65009       i
*> 3.1.1.0/24    3.1.1.1     0       0         65009       i
*> 8.1.1.0/24    0.0.0.0     0       0         3.1.1.1
*> 9.1.1.0/24    3.1.1.1     0       0         65009       i
```

以上显示信息表明，在 Router B 上引入直连路由后，Router A 新增了到 2.2.2.2/32 和 9.1.1.0/24 两条路由。

#显示 Router C 的 BGP 路由表。

```
[RouterC] display bgp routing-table
Total Number of Routes: 4
BGP Local router ID is 3.3.3.3
Status codes: * - valid,^ - VPNv4 best, > - best, d - damped,
h - history, i - internal, 3 - suppressed, S - Stale
origin : i - IGP,e - EGP,? - incomplete
Network          NextHop      MED    LocPrf    PrefVal    Path/Ogn
*> 2.2.2.2/32    2.2.2.2      0      100       0          ?
*> 3.1.1.0/24    2.2.2.2      0      100       0          ?
*> 8.1.1.0/24    3.1.1.2      0      100       0          65008
*> 9.1.1.0/24    2.2.2.2      0      100       0          ?
```

以上显示信息表明，到 8.1.1.0 的路由变为有效路由，下一跳为 Router A 的地址。

（5）验证配置结果

#使用 Ping 进行验证。

```
[RouterC] ping 8.1.1.1
PING 8.1.1.1: 56 data byte3, press CTRL_ _C to break
Reply from 8.1.1.1: bytes=56 Sequence=1 tt1=254 time=2 ms
Reply from 8.1.1.1: bytes=56 Sequence=2 tt1=254 time=2 ms
Reply from 8.1.1.1: bytes=56 Sequence=3 tt1=254 time=2 ms
Reply from 8.1.1.1: bytes=56 Sequence=4 tt1=254 time=2 ms
Reply from 8.1.1.1: bytes=56 Sequence=5 tt1=254 time=2 ms
8.1.1.1 ping statistics ---
5 packet(3) transmitted
5 packet(3) received
0.00% packet loss
round-trip min/avg/max = 2/2/2 ms
```

本章小结

本章以企业网络项目为引导，介绍了计算机网络基础知识、Microsoft Visio 绘图软件的使用，重点介绍了网络中交换机与路由器的配置与管理。通过本章的学习，应该具有计算机网络理论知识，能够设计网络拓扑图、会交换机、路由器的基本配置。

本章习题

一、单项选择题

1. 以下工作于 OSI 参考模型数据链路层的设备是（　　）。

A. 广域网交换机　　B. 路由器　　C. 中继器　　D. 集线器

2. 如果以太网交换机中某个运行 STP 的端口不接收或转发数据，接收并发送 BPDU，不进行地址学习，那么该端口应该处于（　　）状态。

A. Blocking　　B. Listening　　C. Learning　　D. Forwarding

3. IP 地址 10.0.10.32 和掩码 255.255.255.224 代表的是一个（　　）。

A. 主机地址　　B. 网络地址　　C. 广播地址　　D. 以上都不对

4. 在开放系统互连参考模型（OSI）中，（　　）以帧的形式传输数据流。

A. 网路层　　B. 会话层　　C. 传输层　　D. 数据链路层

5. 下面关于 OSI 参考模型的说法正确的是（　　）。

A. 传输层的数据称为帧（Frame）　　B. 网络层的数据称为段（Segment）

C. 数据链路层的数据称为数据包（Packet）　　D. 物理层的数据称为比特（bit）

6. 下列关于路由器特点的描述，不正确的是（　　）。

A. 由网络层设备　　B. 根据链路层信息进行路由转发

C. 提供丰富的接口类型　　D. 可以支持多种路由协议

7. 如果需要在 MSR 路由器上配置以太网口的 IP 地址，应该在（　　）下配置。

A. 系统视图　　B. 用户视图　　C. 接口视图　　D. 路由协议视图

8. 在查看配置的时候，如果配置命令较多，一屏显示不完，则在显示完一屏后，可以按下（　　）显示下一页。

A. Ctrl+C 键　　B. Enter 键　　C. Ctrl+P 键　　D. Space 键

9. 在 MSR 路由器上，使用（　　）命令查看设备当前运行版本。

A. display running　　B. display software

C. display version　　D. display current-version

10. 局域网常用的网络拓扑结构为（　　）。

A. 总线型　　B. 环状　　C. 网状　　D. 星状

11. 数据从上到下封装的格式为（　　）。

A. 比特　包　帧　段　数据　　B. 数据　段　包　帧　比特

C. 比特　帧　包　段　数据　　D. 数据　包　段　帧　比特

12. 二层以太网交换机在 MAC 地址表中查找与帧目的 MAC 地址匹配的表项，从而将帧从相应接口转发出去，如果查找失败，交换机将（　　）。

A. 把帧丢弃

B. 把帧由除入端口以外的所有其他端口发送出去

C. 查找快速转发表

D. 查找路由表

13. (　　) 是一种数据封装技术，它是一条点到点的链路，通过这条链路，可以连接多个交换机中的 VLAN 组成员。

A. STP　　B. VLAN　　C. Trunk　　D. DNS

14. 某主机的 IP 地址为 130.25.3.135，子网掩码为 255.255.255.192，那么该主机所在的子网的网络地址为 (　　)。

A. 130.25.0.0　　B. 130.25.3.0　　C. 130.25.3.128　　D. 130.25.3.255

15. 要在路由器上配置一条静态路由。已知目的地址为 192.168.1.0，掩码是 20 位，出接口为 GigabitEthernet0/0，出接口 IP 地址为 10.10.202.1，那么下列配置中 (　　) 是正确的。

A. ip route-static 192.168.1.0 255.255.240.0 GigabitEthernet0/0

B. ip route-static 192.168.1.0 255.255.248.0 10.10.202.1

C. ip route-static 192.168.1.0 255.255.240.0 10.10.202.1

D. ip route-static 192.168.1.0 255.255.248.0 GigabitEthernet0/0

二、多项选择题

1. 物理层定义了物理接口的 (　　)。

A. 机械特性　　B. 电气特性　　C. 功能特性　　D. 规程特性

2. 交换机上的以太帧交换依靠 MAC 地址映射表，这个表可以通过 (　　) 来建立。

A. 交换机自行学习　　B. 手工添加映射表项

C. 交换机之间相互交换目的地的位置信息　　D. 生成树协议交互学习

3. 关于 STP、RSTP 和 MSTP 说法正确的是 (　　)。

A. RSTP 是 STP 的优化版。端口进入转发状态的延迟在某些条件下大大缩短，从而缩短了网络最终达到拓扑稳定所需要的时间

B. MSTP 不能快速收敛，当网络拓扑结构发生变化时，原来阻塞的端口需要等待一段时间才能变为转发状态

C. MSTP 兼容 RSTP，但不兼容 STP

D. MSTP 可以弥补 STP 和 RSTP 的缺陷，它既能快速地收敛，也能够使不同 VLAN 的流量沿各自的路径转发，从而为冗余链路提供更好的负载分担机制

4. 链路聚合的作用是 (　　)。

A. 增加链路带宽　　B. 可以实现数据的负载均衡

C. 增加了交换机间的链路可靠性　　D. 可以避免交换网环路

5. 某企业网络管理员需要设置一个子网掩码，将其负责的 C 类网络 211. 110. 10. 0 划分为最少 10 个子网，请问可以采用（　　　）位的子网掩码进行划分。

A. 28　　B. 27　　C. 26　　D. 29

三、判断题

1. VLAN 技术和端口隔离技术均可以实现数据的二层隔离。(　　)

2. 某公司的两个分公司处于不同地区，其间要搭建广域网连接。根据规划，广域网采用 PPP 协议，考虑到网络安全，要求密码类的报文信息不允许在网络上明文传送，那么该采取 PAP 协议进行验证。(　　)

3. 同一个 VLAN 之中的主机通信必须通过路由器进行信号转发。(　　)

4. 对一个 B 类网段进行子网划分，如果子网掩码是 19 位，那么最多能够划分的子网数为 8。(　　)

5. 某主机的 IP 地址为 130. 25. 3. 135，子网掩码为 255. 255. 255. 192，那么该主机所在的子网的网络地址为 130. 25. 0. 0。(　　)

第4章 云存储

【学习目标】

知识目标

了解硬盘接口类型。

了解磁盘分类。

了解分布式存储技术的特点。

了解云存储的应用场景。

掌握几种磁盘阵列的优缺点。

掌握逻辑卷技术。

掌握云硬盘的创建与管理。

掌握对象存储的创建与管理。

掌握文件存储的创建与管理。

技能目标

创建磁盘阵列。

创建逻辑卷。

创建云硬盘及其管理。

创建对象存储及其管理。

创建文件存储及其管理。

【认证考点】

了解硬盘接口。

理解磁盘阵列。

掌握存储分类。

掌握逻辑卷技术。

掌握云硬盘、对象存储、文件存储的创建及管理。

项目引导：云存储的应用

【项目描述】

小 A 的云上论坛在运行一段时间后，发现论坛的资料越来越多，并且面临着不同类型的数据的上传与存储等问题。经过一番调研后，小 A 准备采用云存储的方式来保存这些数据，并希望云存储能够做到数据与服务器的分离，提高数据的安全性和可靠性。

知识储备

4.1 存储技术基础

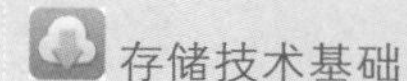

随着计算机存储技术不断地发展，存储设备发展经历了从早期的软盘到只有几十兆字节大小的硬盘，到如今太字节（TB）级大小的硬盘、吉字节（GB）容量的 U 盘等过程。在企业级存储中，为了追求更高的速度和更大的容量，使用独立磁盘冗余阵列（Redundant Arrays of Independent Disks，RAID）技术将每个独立的磁盘组成阵列，联合存储数据，加快数据存储速度。由于数据爆发式增长，将传统的硬盘放到计算机机箱内的做法已经不能满足现代应用对存储容量的需求，这就催生了网络存储技术。网络存储是网络上的一个节点，供其他节点来进行访问。

4.1.1 磁盘及硬盘接口

磁盘是指利用磁记录技术存储数据的存储器，它分为软盘和硬盘。磁盘是计算机主要的存储介质，可以存储大量的二进制数据，并且在断电后也能保持数据不丢失。早期计算机使用的磁盘是软盘（Floppy Disk），如今常用的磁盘是硬盘（Hard disk）。

当磁盘读取数据时，需要有一个接口，通过接口才能从磁盘上读取数据。硬盘接口是硬盘与主机系统间的连接部件，其作用是在硬盘缓存和主机内存之间传输数据。不同的硬盘接口决定着硬盘与计算机之间的连接速度，在整个系统中，硬盘接口的优劣直接影响着程序运行快慢和系统性能好坏。

1. 硬盘从接口的类别来分，常见的有以下几种

（1）IDE（Integrated Drive Electronics）硬盘

IDE 即电子集成驱动器，是指把控制电路和盘片、磁头等放在一个容器中的硬盘驱动

器。把盘体与控制器放在一起的做法减少了硬盘接口的电缆数目与长度。IDE 接口硬盘也称为 ATA 硬盘，IDE 硬盘的缺点为速度比较慢，而且对于接口电缆的长度有很严格的控制，兼容性好的优势随着硬盘技术的发展也渐渐失去。

（2）SCSI（Small Computer System Interface）硬盘

SCSI 小型计算机系统接口并不是专为硬盘设计的接口，而是一种广泛应用于小型机上的一种高速数据传输技术。SCSI 是与 IDE（ATA）完全不同的接口，IDE 接口是普通 PC 的标准接口，SCSI 接口具有应用范围广、多任务、带宽大、CPU 占用率低以及热插拔等优点，但较高的价格使得它很难如 IDE 硬盘般普及，因此 SCSI 硬盘主要应用于中、高端服务器和高档工作站中。

（3）SATA（Serial Advanced Technology Attachment）硬盘

SATA 接口的硬盘已经是现在个人 PC 的主流。最新的 SATA3 标准接口的硬盘理论极限速度已经达到 600 MB/s。

2. 硬盘从不同的种类来分，分别有以下 3 种

（1）HDD（Hard Disk Drive）硬盘

HDD 是日常生活中最常见的硬盘种类，价格便宜且容量较大，缺点是速度较慢，由于采用了机械结构，因此防震抗摔性差。

（2）SSD（Solid State Drive）硬盘

SSD 也常被称为固态硬盘。具有速度快、功耗小、重量轻等诸多优点。由于采用了闪存颗粒作为存储介质，所以 SSD 也摆脱了传统硬盘机械结构的限制，抗震抗摔性能极佳。

（3）HHD（Hybrid Hard Drive）混合硬盘

HHD 可以视为 SSD 和 HDD 的混合体，既有 SSD 的闪存模块，又有传统 HDD 中的磁盘。HHD 在读取常用数据的时候与 SSD 速度相当，但在写入和读取大量数据的时候，由于硬盘中数据的寻址时间更长，速度有时不及 HDD。

4.1.2 RAID 技术

一块磁盘的容量是有限的，读取速度也是有限的，对于企业而言，有时需要上百 GB 甚至 TB 级的分区来存放数据，使用一块磁盘容量远远不够。这时就产生了（Redundant Arrays of Independent Disks，RAID）技术。RAID 是由很多块独立的磁盘来组合成一个容量巨大的磁盘组，将存储的数据切割成许多区段，分别存放在各个硬盘上。

RAID 技术是由美国加州大学伯克利分校提出 RAID 理论基础上发展起来的，它作为高性能的存储系统，已经得到了越来越广泛的应用，并成为一种工业标准。RAID 的级别从 RAID 概念的提出到现在，已经发展了多个级别，RAID 有明确标准级别分别是 0、1、2、3、4、5、6、7、10、30、50 等。接下来着重介绍 RAID0、RAID1、RAID3、RAID5、RAID6 和 RAID10。

1. RAID 0

RAID 0 是指将两块以上的硬盘合并成“一块”，数据同时分散在每块硬盘中。由于采用 RAID 0 技术所组成的硬盘在读写数据时同时对几块硬盘进行操作，因此读/写速度加倍，理论速度是单块硬盘的 N 倍。但是由于数据不是保存在一块硬盘上，而是分成数据块保存在不同硬盘上，所以安全性也下降 N 倍，只要任何一块硬盘损坏就会丢失所有数据，如图 4-1-1 所示。

在图 4-1-1 中，逻辑磁盘是指在系统中所表现的磁盘，但实际上由两块磁盘所构成。系统在读取数据时是将数据分为不同的数据块（A、B、C、D……N），同时将数据块进行写入/读取操作，所以在增加存储容量的同时也提高了读写速度。

RAID 0 是最简单的一种 RAID 形式，其目的只是把多块硬盘连接在一起形成一个容量更大的存储设备，因此它不具备冗余和校验功能，只适用于单纯增大存储容量的场所，而不能用于对数据安全有所要求的场所。

2. RAID 1

RAID 1 也称为磁盘镜像，至少需要两块硬盘共同构建。RAID 1 技术是以一块硬盘作为工作硬盘，同时以另外一块硬盘作为备份硬盘，数据写入工作硬盘的同时也写入备份硬盘，也就是将一块硬盘的内容完全复制到另一块硬盘。为了保证两块硬盘的数据一致性，RAID 控制器必须能够同时对两块硬盘进行读写操作，而速度以慢的硬盘速度为准。同时，由于两块硬盘上的数据一致，因此对数据的存储量而言，硬盘空间的有效存储量只有一块硬盘的存储量，其构成原理图如图 4-1-2 所示。

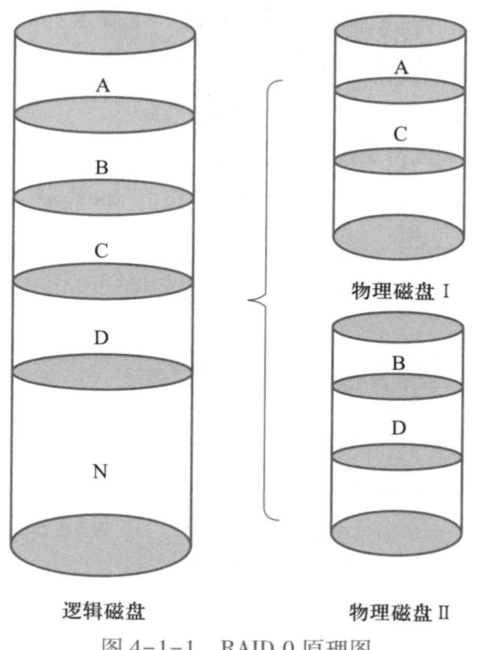

图 4-1-1 RAID 0 原理图

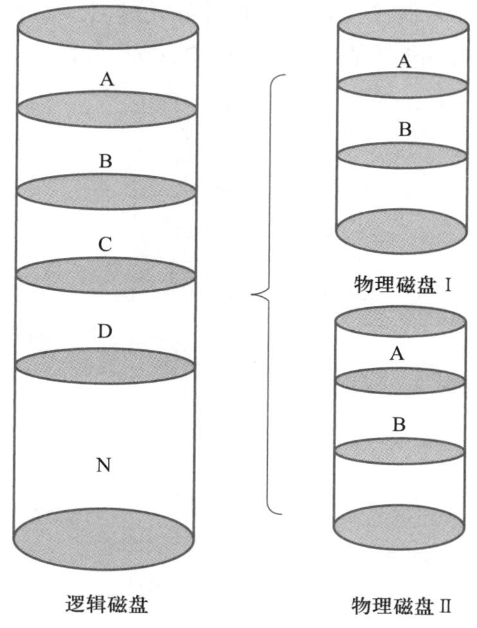

图 4-1-2 RAID 1 原理图

在图 4-1-2 中，与 RAID 0 技术相同，逻辑磁盘实际上也是由两块磁盘所构成，数据也分为多个数据块（A、B、C、D……N）进行写入/读取操作。但与 RAID 0 技术不同的是，系统在写入数据块时，是将数据块同时写入到两块硬盘中，在读取数据时，只需要读取一块硬盘中的数据即可。

RAID 1 是磁盘阵列中单位成本最高的一种形式，但提供了很高的数据安全性和可用性。当一个硬盘失效时，系统可以自动切换到镜像硬盘上读/写，而不需要重组失效的数据。它主要适用于对数据安全性要求较高而对成本没有特别要求的场所。

3. RAID 3

RAID 3 也称为专用奇偶位条带，在条带技术的基础上，为了提高数据的安全性而使用一块硬盘专门用于存储校验数据，因此至少需要 3 块硬盘。其名称中的所谓“奇偶位”，是指奇偶位校验方式，奇偶校验值的计算是以各个硬盘的相对应位作异或逻辑运算，然后将结果写入到奇偶校验硬盘，其构成原理图如图 4-1-3 所示。

4. RAID 5

RAID 5 也称为分布奇偶位条带，它是一种奇偶校验独立存取的阵列，与 RAID 3 技术相类似也是使用奇偶校验来提高数据的安全性，与 RAID 3 技术不同的是其奇偶校验数据不是存放在一个专门的硬盘中，而是分别存储在所有的数据盘。

逻辑磁盘至少由 3 块物理磁盘所构成，数据以块为单位存储在各个硬盘中。其中 P1 代表 A、B 数据块的校验值，P2 代表 C、D 数据块的校验值，P3 代表 E、F 数据块的校验值等。由于奇偶校验值存储在不同的硬盘上，因此任何一个硬盘上的数据损坏都可以通过其他硬盘上的奇偶校验值来恢复损坏的数据，提高了数据的安全性，其构成的原理图如图 4-1-4 所示。

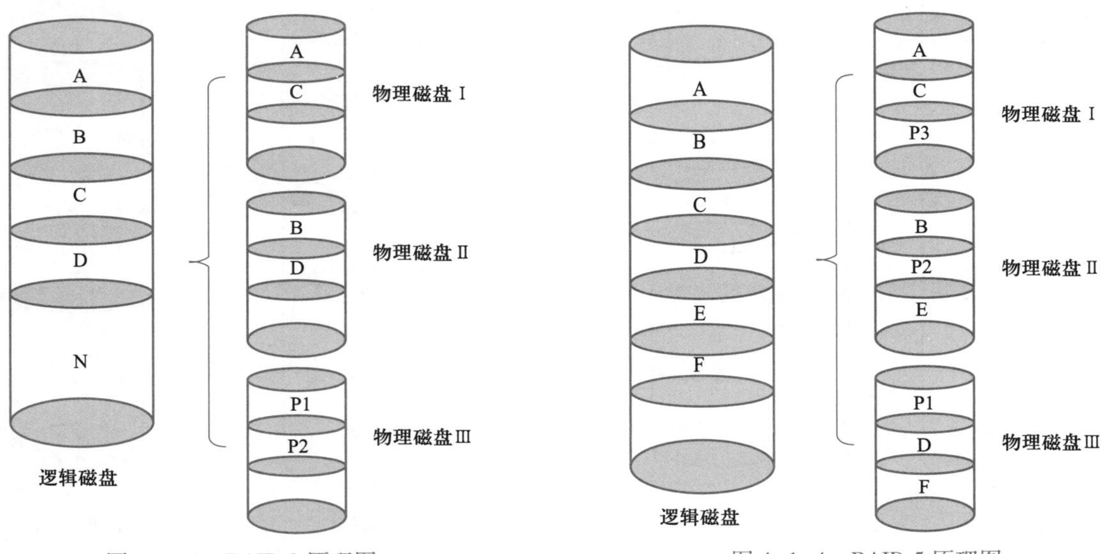

图 4-1-3 RAID 3 原理图

图 4-1-4 RAID 5 原理图

如果一个物理磁盘发生故障，那么来自故障磁盘的数据会重建到更换磁盘中。在单个磁盘故障时，数据不会丢失，但是如果在数据可以重建到更换硬盘之前第二个磁盘发生故障，那么阵列中的所有数据将丢失。需要至少 3 块磁盘才能创建 RAID 5 卷。RAID 5 提供与 RAID 0 差不多的性能，优点是可以保护数据。

5. RAID 6

RAID 6 是一种双维奇偶校验独立存取的磁盘阵列。它的冗余纠错信息均匀分布在所有磁盘上，存储的数据则以大小可变的块为单位采用交叉的方式存在各个盘中。这类盘阵列可容许双盘出错。RAID 6 在跨卷中的两个同等块中并行写入数据，如果一个物理磁盘发生故障，那么来自故障磁盘的数据会重建到另外一个磁盘中。

如果每个数据库有两个同等块，RAID 6 最多支持两个磁盘故障，而不会丢失数据。因为使用双重同等性，RAID 6 来自故障磁盘的同步比 RAID 5 更慢。需要至少 4 块磁盘才能创建 RAID 6 卷，RAID 6 提供极佳的数据保护，与 RAID 5 相比，性能损失很小，磁盘安全可用性提升不少。

6. RAID 10

RAID 10 是 RAID 1 与 RAID 0 相结合。如图 4-1-5 所示，RAID 10 技术是先将数据块按照 RAID 0 技术分别存储在不同的硬盘中，同时对每个硬盘分别采用 RAID 1 技术进行数据的镜像，其性能既具有 RAID 0 技术的读写迅速，又具有 RAID 1 技术的数据安全性，但是很明显的缺点就是硬盘的空间利用率不高。主要适用于对容量要求不太高，但是对数据存取速度和安全性有要求的场所。

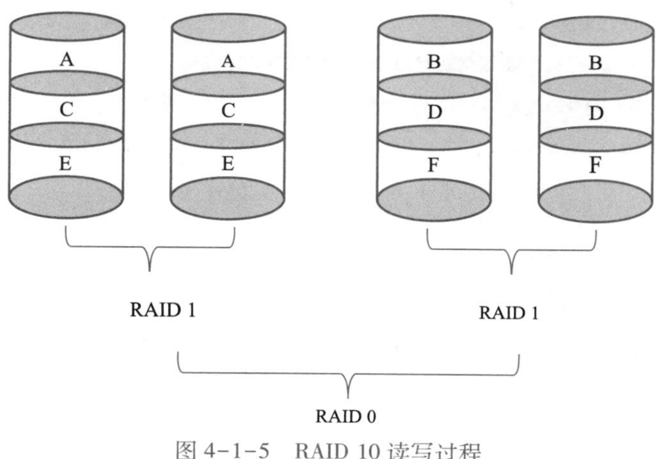

图 4-1-5 RAID 10 读写过程

4.1.3 逻辑卷技术

逻辑卷是系统的一种磁盘管理方式，目的是把硬盘空间从物理硬盘的管理方式中跳出来，进行更方便的统一管理分配。每个卷可以看作一个逻辑盘，可以是一个物理硬盘的逻辑盘，也可以是两个硬盘或两个硬盘的部分空间组成的 RAID 0 或 RAID 1 阵列，或更多硬盘组成其他 RAID 5 阵列，但系统层面上看都是一个本地磁盘。

逻辑卷管理实际上是由卷管理器（Volume manager，VM）完成。首先打开计算机的“控制面板”，然后选择“管理工具”→“计算机管理”，打开“计算机管理”窗口，再选择“存储”→“磁盘管理”，如图 4-1-6 所示。

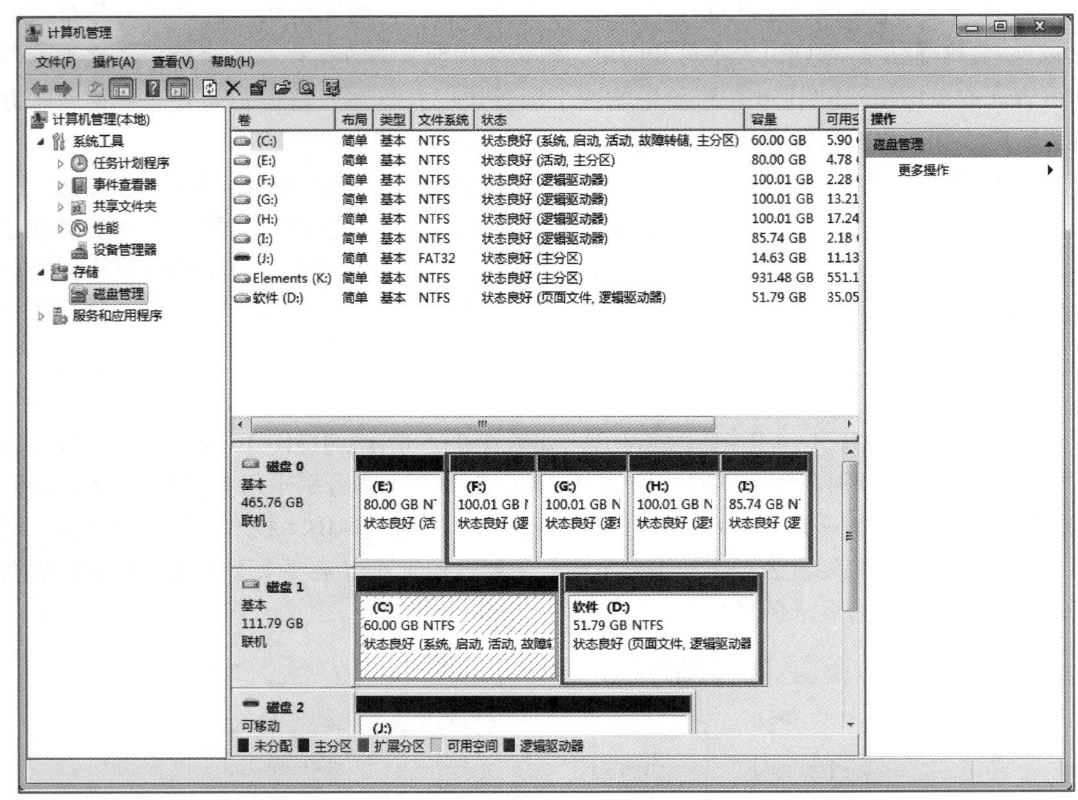

图 4-1-6 Windows 磁盘管理

LVM（Logical Volume Manager）是基于 Linux 系统的逻辑卷管理器。逻辑卷（Logical Volume，LV）是将几个磁盘分区或者块组织起来形成一个大的扩展分区，该扩展分区不能直接使用，需要将其划分成 LV 才能使用，可以格式化成不同的文件系统，挂载后直接使用。LV 的扩展和缩减是不会影响原有数据的，但逻辑卷缩减操作的风险大于逻辑卷扩展的风险，逻辑卷可以支持快照功能。

LVM 使用逻辑卷，不会受限于物理磁盘的大小，硬件相关的存储设置会被其屏蔽，通过 LVM 不需停止应用或卸载文件系统来调整卷大小或数据迁移，提高了易操作性。

4.2 云存储概述

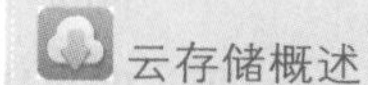

云存储（Cloud Storage）是一种在线存储的模式，即把数据存放在数据中心的多台虚拟服务器，而非专属的服务器上。数据中心营运商根据客户的需求，在后端准备存储虚拟化的资源，并将其以存储资源池（Storage Pool）的方式提供，客户便可自行使用此存储资源池来存放文件或对象，实际上，这些资源可能被分布在众多的服务器主机上。

简单来说，云存储就是将储存资源放到云上供使用者存取的一种新兴方案。使用者可以在任何时间、任何地方，经过互联网连接到云上方便地存取数据。

4.2.1 存储的分类

存储分类从传统网络存储方式、存储类型、存储介质、存储级别等维度进行分类，不同维度分类的方式也不同。

1. 按传统网络存储方式来分类

传统的网络存储技术主要有直连式存储（Direct Attached Storage，DAS）、网络连接存储（Network Attached Storage，NAS）、对象存储技术（Object-Based Storage，OBS）等。

（1）直连式存储

直连式存储依赖服务器主机操作系统进行数据的IO读写和存储维护管理，数据备份和恢复要求占用服务器主机资源（包括CPU、系统IO等），数据流需要回流主机再到服务器连接着的磁带机（库），数据备份通常占用服务器主机资源20%~30%，因此许多企业用户的日常数据备份常常在深夜或业务系统不繁忙时进行，以免影响正常业务系统的运行。直连式存储的数据量越大，备份和恢复的时间就越长，对服务器硬件的依赖性和影响就越大。

直连式存储与服务器主机之间的连接通常采用SCSI连接，带宽分为10 MB/s、20 MB/s、40 MB/s、80 MB/s等多种，随着服务器CPU的处理能力越来越强，存储硬盘空间越来越大，阵列的硬盘数量越来越多，SCSI通道将会成为IO瓶颈，服务器主机SCSI ID资源有限，能够建立的SCSI通道连接也是有限的。

无论是从直连式存储还是服务器主机上进行扩展，从一台服务器扩展为多台服务器组成的群集，或扩展存储阵列的容量，都会造成业务系统的停机，从而给企业带来经济损失，对于银行、电信、传媒等行业7×24小时服务的关键业务系统，这是不可接受的。

（2）网络连接存储

网络连接存储是指连接在网络上的具备存储功能的装置，因此也称为“网络存储器”。它是一种专用的数据存储服务器，以数据为中心，将存储设备与服务器彻底分离，集中管理数据，从而释放带宽、提高性能、降低总拥有成本、保护投资。其成本低于直接使用服务器存储的成本，但效率却高于服务器存储。

网络连接存储被定义为一种特殊的专用数据存储服务器，包括存储器件（如磁盘阵列、CD/DVD 驱动器、磁带驱动器或可移动的存储介质）和内嵌系统软件，可提供跨平台文件共享功能。网络连接存储通常在一个 LAN 上占有自己的节点，无须应用服务器的干预，允许用户在网络上存取数据，网络连接存储采用浏览器就可以对其设备进行集中管理，并处理网络上的所有数据，这样管理起来就更加直观和方便。

网络连接存储能够支持多种协议（如 NFS、CIFS、FTP、HTTP 等），并且能够支持各种操作系统。

网络连接存储将存储设备连接到现有的网络上来，提供数据和文件服务。网络连接存储服务器一般由硬件、操作系统以及其上的文件系统等几个部分组成。网络连接存储通过网络直接连接磁盘存储阵列，磁阵列具备了高容量、高效能、高可靠等特征。网络连接存储将存储设备通过标准的网络拓扑结构连接，可以无须服务器直接上网，不依赖通用的操作系统，而是采用一个面向用户设计的，专门用于数据存储的简化操作系统，内置与网络连接所需的协议，从而使整个系统的管理和设置较为简单。

（3）对象存储技术

对象存储，也称为基于对象的存储，是用来描述解决和处理离散单元方法的通用术语，这些离散单元被称作为对象。对象包含数据，与文件类似，但与文件不同点是对象在一个层结构中不会再有层级结构，每个对象都在存储池地址空间的同一级别里，一个对象不会属于另一个对象的下一级。

对象有包含的数据相关的元数据，每个对象都被分配一个唯一的标识符，允许一个服务器或者最终用户来检索对象，而不必知道数据的物理地址。这种方法对于在云计算环境中自动化和简化数据存储有帮助。

2. 按存储类型分类

按存储类型分类，存储分为块存储、文件存储和对象存储。

（1）块存储

块存储是指在一个 RAID 中，提供固定大小的 RAID 块作为 LUN（逻辑单元号）的卷。块存储主要是将裸磁盘空间整个映射给主机使用的，操作系统需对挂载的裸硬盘进行分区、格式化后才能使用，与平常主机内置的硬盘无差异。

块存储的优点：并行写入、SAN 组网、提升传输速度与读写效率。

块存储的缺点：数据共享实现较难、不能实现跨系统共享。

（2）文件存储

文件存储解决了文件无法共享的问题，它的典型设备是 FTP、NFS 服务器。文件存储也可以采用软硬一体化来实现，如一台普通的 PC，安装操作系统和软件，也可以架设 FTP 与 NFS 服务，这样就能实现文件存储。主机可以直接对文件存储进行文件的上传和下载，与块存储不同，主机是不需要再对文件存储进行格式化的，因为文件存储本身已经具备文件管理的功能了。

文件存储的优点是造价低。配置普通一台计算机即可，直接采用以太网通信，不需要专用的 SAN 网络，所以造价低也方便文件共享。

文件存储的缺点是读写速率低、传输速率慢。因为以太网的上传下载速度较慢，除此所有读写都是通过服务器的硬盘来承受，与磁盘阵列中的几十块或上百块的硬盘同时读写，文件存储的速度是慢了很多。

（3）对象存储

对象存储是无层次结构的数据存储方法，通过管理节点中存储的元数据索引信息找到对象文件本身。典型设备为内置大容量硬盘的分布式服务器。

对象存储常用的方案，就是多台服务器内置大容量硬盘，再装上对象存储软件，使用几台服务器作为管理节点，并安装上对象存储管理软件，管理节点还可以管理其他服务器对外提供读写访问功能。

对象存储是为了克服块存储与文件存储各自的缺点，发扬各自的优点。简单来说，块存储读写快、不利于共享、文件存储读写慢，利于共享。能否有一个读写快且利于共享的存储方式呢？于是就有了对象存储。

对象存储中一个文件包含属性和内容，其中属性有元数据、文件的大小、修改时间、存储路径等，内容则是数据。对象存储将元数据独立出来，控制节点叫元数据服务器，它由服务器和对象存储管理软件构成，主要负责存储对象的属性。其他负责存储数据的分布式服务器（Object-based Storage Device，OSD），主要负责存储文件的数据部分。当用户访问对象，会先访问元数据服务器，元数据服务器只负责反馈对象存储在哪个 OSD，假设反馈文件 A 存储在 B、C、D 3 台 OSD，用户就会再次直接访问 3 台 OSD 服务器去读取数据。

对象存储很好地结合了块存储和文件存储的优点，它的优点表现在对象存储同时兼具 SAN 高速直接访问磁盘特点及 NAS 的分布式共享特点。

3. 按存储介质分类

从存储介质的角度，将存储分为磁盘、HDD 机械硬盘、SSD 固态硬盘。其中磁盘是指利用磁记录技术存储数据的存储器；HDD 机械硬盘即是传统普通硬盘，主要由盘片、磁头、盘片转轴及控制电机、磁头控制器、数据转换器、接口、缓存等部分组成，SSD 固态硬盘是采用固态电子存储芯片阵列而制成的硬盘。

4. 按存储分级分类

存储分级的方式要考虑多个因素，如要考虑数据访问频率、性能要求与成本、存储的迁移等因素。基于上述因素，所以按存储分级将存储分为标准存储、低频存储、离线存储 3 种类型。

（1）标准存储

标准存储适用于频繁访问的数据，拥有较低的延迟和较高的吞吐量性能，主要应用场合有热点视频、社交图片、移动应用、游戏程序、动态网站等。

（2）低频存储

低频存储适用于不频繁访问但在需要时也要求快速访问的数据，拥有与标准存储相同的较低延迟及高吞吐量性能。主要应用场合有网盘数据、大数据分析、政企业务数据、低频档案、监控数据等。

（3）离线存储

离线存储是对在线存储的数据进行备份，以防范可能发生的数据灾难，因此又称备份级的存储，而且主要使用光盘或磁带存储。随着档案信息化的发展，我国各级各类档案馆所保存的数字档案信息量急剧增加，且呈持续快速增长趋势。海量档案信息的安全管理问题已成为各级档案部门面临的重要问题。随着国家电子政务的进一步推进，该问题将愈加突出。离线存储主要的应用场合有档案数据、医疗影像、科学资料、影视素材等。

4.2.2 云存储系统

目前越来越多企业的业务都是运行在云端，企业存储业务也是运行在云端。云存储是一种网上在线存储的模式，即把数据存放在通常由第三方托管的多台虚拟服务器，而非专属的服务器上。

1. 云存储的工作原理

云存储的工作原理：通过集群应用、网格技术或分布式文件系统等功能，将网络中大量各种不同类型的存储设备通过应用软件集合起来协同工作，共同对外提供数据存储和业务访问功能的一个系统，保证数据的安全性，并节约存储空间。

2. 云存储的结构模型

云存储的结构模型分为存储层、基础管理层、应用接口层、访问层4层结构。

存储层是云存储最基础的部分。存储设备可以是FC光纤通道存储设备，可以是NAS、ISCSI等IP存储设备，也可以是SCSI、SAS等DAS存储设备。云存储中的存储设备往往数量庞大且分布于不同地域。彼此之间通过广域网、互联网或者FC光纤通道网络连接在一起。在存储设备之上，是一个统一存储设备管理系统，可以实现存储设备的逻辑虚拟化管理、多链路冗余管理，以及硬件设备的状态监控和故障维护。

基础管理层是云存储最核心的部分，也是云存储中最难以实现的部分。基础管理层通过集群、分布式文件系统和网格计算等技术，实现云存储中多个存储设备之间的协同工作，使多个的存储设备可以对外提供同一种服务，并提供更大、更强、更好的数据访问性能。CDN内容分发系统、数据加密技术保证云存储中的数据不会被未授权的用户所访问，同时通过各种数据备份及容灾技术的措施可以保证云存储中的数据不会丢失，保证云存储自身的安全和稳定。

应用接口层是云存储最灵活多变的部分。不同的云存储运营单位可以根据实际业务类型，开发不同的应用服务接口，提供不同的应用服务，如视频监控应用平台、IPTV 和视频点播应用平台、网络硬盘应用平台、远程数据备份应用平台等。

访问层，任何一个授权用户都可以通过标准的公用应用接口来登录云存储系统，享受云存储服务。云存储运营单位不同，云存储提供的访问类型和访问手段也不同，就如同云状的广域网和互联网一样，云存储对使用者来讲，不是指某一个具体的设备，而是指一个由许多个存储设备和服务器所构成的集合体。使用者使用云存储，并不是只使用某一个存储设备，而是使用整个云存储系统带来的一种数据访问服务。云存储的核心是应用软件与存储设备相结合，通过应用软件来实现存储设备向存储服务的转变。

3. 云存储实现的前提条件

条件 1：宽带网络的发展。真正的云存储系统将会是一个多区域分布、遍布全国、甚至于遍布全球的庞大公用系统，使用者需要通过 ADSL、DDN 等宽带接入设备来连接云存储。只有宽带网络得到充足的发展，使用者才有可能获得足够大的数据传输带宽，实现大量容量数据的传输，真正享受到云存储服务。

条件 2：Web 2.0 技术。Web 2.0 技术的核心是分享。只有通过 Web 2.0 技术，云存储的使用者才有可能通过个人计算机、手机、移动多媒体等多种设备，实现数据、文档、图片和视音频等内容的集中存储和资料共享。

条件 3：应用存储的发展。云存储不仅仅是存储，更多的是应用。应用存储是一种在存储设备中集成了应用软件功能的存储设备，它不仅具有数据存储功能，还具有应用软件功能，可以看作是服务器和存储设备的集合体。应用存储技术的发展可以大量减少云存储中服务器的数量，从而降低系统的建设成本，减少系统中由服务器造成单点故障和性能瓶颈，减少数据传输环节，提高系统性能和效率，保证整个系统的高效稳定运行。

条件 4：集群技术、网格技术和分布式文件系统。云存储系统是一个多存储设备、多应用、多服务协同工作的集合体，任何一个单点的存储系统都不是云存储。

条件 5：CDN 内容技术、数据加密技术。CDN 内容分发技术、数据加密技术保证云存储中的数据不会被未授权的用户所访问，同时，通过各种数据备份和容灾技术保证云存储中的数据不会丢失，保证云存储自身的安全和稳定。

条件 6：存储虚拟化技术、存储网络化管理技术。云存储中的存储设备数量庞大且分布多在不同地域，如何实现不同厂商、不同型号甚至于不同类型（如 FC 存储和 IP 存储）的多台设备之间的逻辑卷管理、存储虚拟化管理和多链路冗余管理将会是一个巨大的难题，如果这个问题得不到解决，存储设备将会是整个云存储系统的性能瓶颈，结构上也无法形成一个整体，而且还会带来后期容量和性能扩展难等问题。

云存储中的存储设备数量庞大、分布地域广造成的另外一个问题就是存储设备运营管理问题。虽然这些问题对云存储的使用者来讲根本不需要关心，但对于云存储的运营单位来讲，却必须要通过切实可行和有效的手段来解决集中管理难、状态监控难、故障维护难、人力成本高等问题。因此，云存储必须要具有一个高效的类似与网络管理软件一样的集中管理平台，可实现云存储系统中所有存储设备、服务器和网络设备的集中管理和状态监控。

4.2.3 分布式云存储

由于传统存储架构存在着横向扩展性较差、不同厂家传统存储管理局限等问题，这时就出现了分布式存储系统。分布式存储系统是采用大量服务器通过 Internet 互联，对外提供一个整体的服务。

1. 分布式存储的特点

(1) 可扩展

分布式存储系统可以扩展到几百台甚至几千台这样的一个集群规模，系统的整体性能呈线性增长。

(2) 低成本

分布式存储系统的自动容错、自动负载均衡的特性，允许分布式存储系统可以构建在低成本的服务器上。另外，分布式存储系统具有线性的扩展能力，能在增加、减少服务器时减低成本，实现分布式存储系统的自动运维。

(3) 高性能

无论是单台服务器，还是整个分布式的存储集群，都要求分布式存储系统具备高性能。

(4) 易用

分布式存储系统对外提供方便易用的接口，同时也提供监控、运维工具，并且能与其他的系统进行集成。

2. 分布式云存储常见产品

在云端分布式存储主要通过云储存产品来表示，主要云存储产品有云硬盘、文件存储、对象存储、归档存储、存储网关等。

3. 分布式存储的挑战

分布式存储系统的挑战主要在于数据和状态信息的持久化，要求在自动迁移、自动容错和并发读写的过程中，保证数据的一致性。

4.2.4 云存储的应用场景

不同的存储类型使用场景不同，这里主要讲解块存储、文件存储和对象存储的应用场景。

1. 块存储的应用场景

块存储技术在云存储中是通过云硬盘来实现的。块存储应用场景主要是在网速要求高、数据可靠性和安全性要求高、数据共享的性能要求高的应用环境。

2. 文件存储的应用场景

文件存储的应用场景有企业应用程序、媒体和娱乐工作流、大数据分析、内容管理和 Web 服务、容器存储等。

3. 对象存储的应用场景

对象存储具有高可用性、高扩展性、低成本、安全可靠等特点，适用于包含大量的热点文件，需要频繁访问数据的业务场景，如 UGC 社交媒体存储场景、大规模数据存储场景、海量数据和超大文件存储场景。

项目实施

小 A 的云上论坛在运行一段时间后，用户访问量剧增，需要存储的资料的量越来越大，并且资料的类型越见庞杂。经过多方比对，小 A 选择了腾讯云的云存储产品。其中运用腾讯云的云硬盘来扩容云服务器容量，运用对象存储来实现共享云盘，运用文件存储实现文件共享。

需要完成的任务：

云硬盘扩容云服务器。

对象存储实现共享云盘。

文件存储实现文件共享。

4.3 任务 1：云硬盘扩容云服务器

任务 1：云硬盘扩容云服务器

云硬盘是云端提供的用于云服务器实例的持久性数据块级存储，可以扩容云服务器。云硬盘中的数据自动地在可用区内以多副本冗余方式进行存储，避免数据的单点故障风险。

4.3.1 云硬盘的概述

云硬盘是一种基于分布式架构的、可弹性扩展的数据块级存储设备，它可以支持在线操作和管理，也可以像物理硬盘一样，对挂载到云主机的云硬盘做格式化、创建文件等操作。云硬盘是云存储的一种产品。

1. 云硬盘的特性

① 多样化持久性存储设备，可灵活地选择磁盘种类，并自动在磁盘上进行存储文件、搭建数据库等操作。

② 有3种磁盘类型。云硬盘支持3种磁盘类型，分别为普通云硬盘、SSD云硬盘、高性能云硬盘。

③ 可以弹性挂载/卸载。普通云硬盘支持弹性挂载、卸载，可为一台云服务器搭建大容量的文件系统。

④ 支持弹性扩容。单盘最大支持4 TB的空间，可随时对硬盘进行扩容。

⑤ 支持快照备份。支持创建快照和快照回滚，及时备份关键数据；支持使用快照创建磁盘，可快速实现业务部署。

2. 云硬盘类型的比较

云硬盘有普通云硬盘、高性能云硬盘、SSD云硬盘3种类型，它们各自的特征见表4-3-1。

表4-3-1 云硬盘比较

云硬盘类型	普通云硬盘	高性能云硬盘	SSD云硬盘
描述	适用于常规工作负载的低成本HDD卷类型	适用于均衡核心工作负载的价格和性能的混合介质卷类型	适用于对延迟敏感的核心交易型工作负载的SSD卷
典型场景	大数据、数据仓库、日志处理	业务逻辑处理、低延迟应用程序	关系数据库和NoSQL数据库
磁盘容量	10 GB~16 TB	50 GB~4 TB	100 GB~4 TB
单盘最大IOPS值	1 000	4 500	24 000
单盘最大吞吐	100 MB/s	130 MB/s	260 MB/s
访问时延	小于10 ms	小于3 ms	小于3 ms

3. 云硬盘的快照

云硬盘快照是云硬盘某个时刻的数据备份，云硬盘的数据写入和修改不会对已创建的快照造成影响。基于此特性，用户可以使用快照记录云硬盘不同时刻的数据，用于满足系统恢复、容灾以及云硬盘复制等需求。快照仅保存云硬盘里被写入或修改过的数据块，所以在一般情况下，云硬盘对应快照的大小会小于云硬盘的大小。

云硬盘快照应用场景有数据日常备份、数据快速恢复、生产数据的多副本等。

① 数据日常备份。系统盘、数据盘的日常备份，可以利用快照定期备份重要业务数据，以应对误操作、攻击或病毒等导致的数据丢失风险。

② 在进行数据快速恢复、更换操作系统、升级应用软件或迁移业务数据等重大操作前，可以创建一份或多份数据快照。一旦在操作过程中出现任何问题，可以通过数据快照及时将业务恢复到正常的系统数据状态。

③ 生产数据的多副本应用。用户可以通过创建生产数据快照，为数据挖掘、报表查询、开发测试等应用提供近实时的真实生产数据。

4. 云硬盘的优势

云硬盘的优势在于它的可靠性、弹性伸缩、高性能、易用性等。

① 可靠性。在每个存储写入请求返回给用户之前，云硬盘就已确保数据已被成功写入3份，且跨机架存储。后台数据复制机制能够保证任何一个副本故障时快速进行数据迁移恢复，时刻保证用户数据3份副本可用，可靠度能达到99.9999999%，保证核心业务数据不丢失。

② 弹性伸缩。可以自由配置存储容量，按需扩容，且无须中断业务；单磁盘容量为10 GB~16000 GB，单云服务器累计可挂载40 TB的存储，单云硬盘集群存储容量无上限，高效应对TB/PB级数据的处理场景。

③ 高性能。SSD云硬盘采用NVMe标准，单盘提供24000随机IOPS，260 MB/s吞吐，实现了超强性能与超高可靠性的集合。高性能的SSD云盘能提高业务的高吞吐量的访问。

④ 易用性。通过简单的创建、挂载、卸载、删除等操作即可管理及使用云硬盘，节省人工管理部署成本。

4.3.2 云硬盘创建与管理

云硬盘的应用主要包括云硬盘的创建、挂载、扩容、快照、销毁/退还等内容。

1. 云硬盘的创建

在腾讯云中，云硬盘分为系统盘和数据盘，单独购买云硬盘时，云硬盘只能作为数据盘，而系统盘则是在创建云服务器实例时同时创建的。创建云硬盘有两种方法，一种方法在购买云服务器时，可以添加多个数据盘，还有一种方法是单独购买云硬盘，然后再把云硬盘挂载到某一个云服务器实例中。

方法1：在购买云服务器实例时购买云硬盘。

在腾讯云控制台中进入云服务器控制台，选择左栏中的实例，单击“新建”按钮，在新建云服务器实例中，选择“自定义配置”选项，在自定义配置页面中有系统盘和数据盘，数据盘是可选。

系统盘是购买云服务器时，会默认购买系统盘。系统盘的类型有高性能云硬盘和SSD云硬盘，默认的容量是50 GB，容量的大小可以设置。

数据盘的购买，单击“新建云硬盘数据盘”按钮，数据盘购买的数量是有限制的，最多购买 20 块，数据盘的类型有高性能云硬盘和 SSD 云硬盘，可以设置购买硬盘的容量和数量，如图 4-3-1 所示。

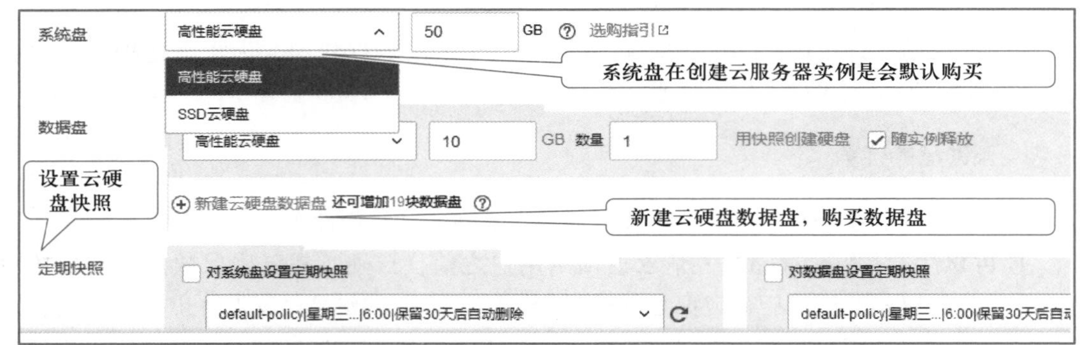

图 4-3-1 购买云服务器实例时购买云硬盘

在购买云服务器实例时，还可以对云硬盘设置快照，可以分别对系统盘和数据盘设置快照。

云服务实例创建好后，登录云服务器实例中，查看“磁盘管理”，发现了新硬盘，如图 4-3-2 所示，这个新硬盘就是购买的数据盘。需要对这个数据盘进行分区、创建卷、格式化等操作生成逻辑盘，这样数据盘才能真正使用起来，如图 4-3-3 所示。

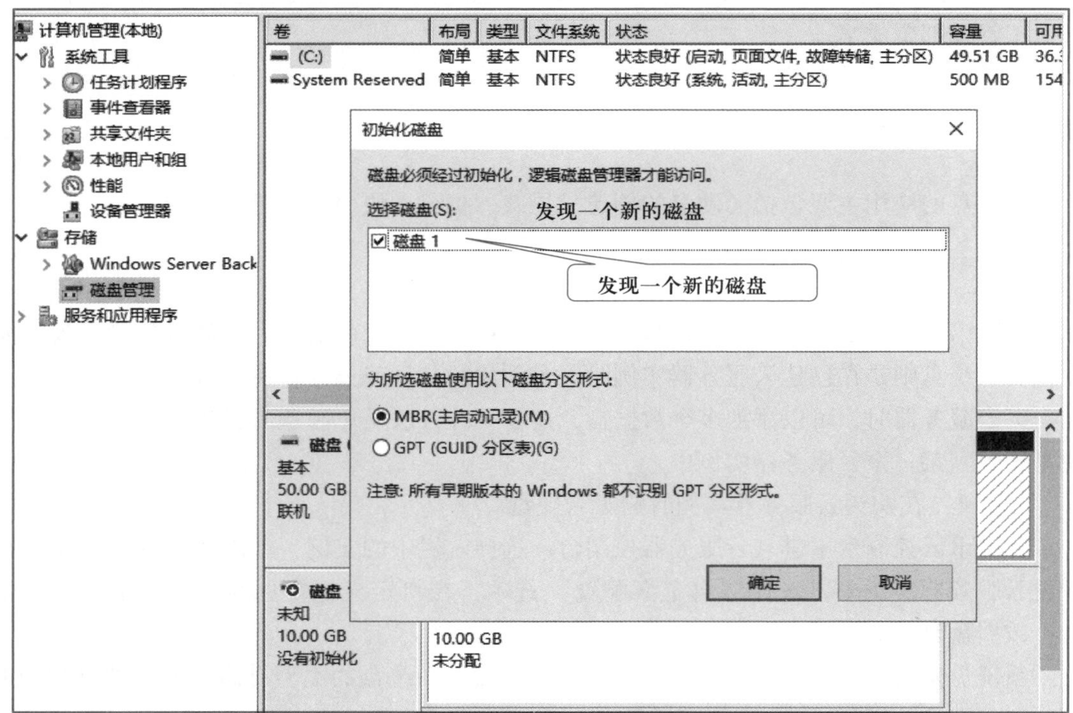

图 4-3-2 发现新硬盘

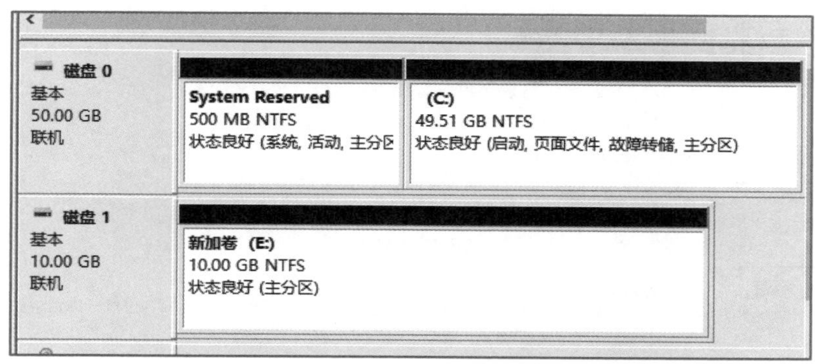

图 4-3-3　对新硬盘分区

方法 2：单独购买云硬盘。

在腾讯云控制台中进入云服务器控制台，选择左栏中的“云硬盘”选项，单击“新建”按钮，也可以创建云硬盘，如图 4-3-4 所示。

图 4-3-4　单独购买云硬盘

在新建云硬盘的页面中，设置云硬盘的可用区、云硬盘类型（高性能云硬盘、SSD 云硬盘）、快速创盘（使用快照创建云硬盘）、容量、定期快照、硬盘名称等信息，如图 4-3-5 所示。

采用这种方式创建云硬盘，创建好的云硬盘如图 4-3-6 所示。云硬盘的状态属于“待挂载”状态，此时，需要把创建好的云硬盘挂载到某个云服务器实例中。

2. 云硬盘的挂载

从腾讯云控制台中进入云服务器控制台，选择左栏中的“云硬盘”选项，选择未挂载的“云硬盘 ID”，单击右边“更多”按钮，在弹出的下拉菜单选择“挂载”命令，如图 4-3-7 所示。在挂载的窗口中，选择云服务器实例，将云硬盘挂载到该服务器中，可以选择云硬盘随实例释放，如图 4-3-8 所示。

登录到云服务器实例中，对挂载的云硬盘进行分区、创建卷、文件系统变成逻辑盘，这样云硬盘就可以正常使用了。

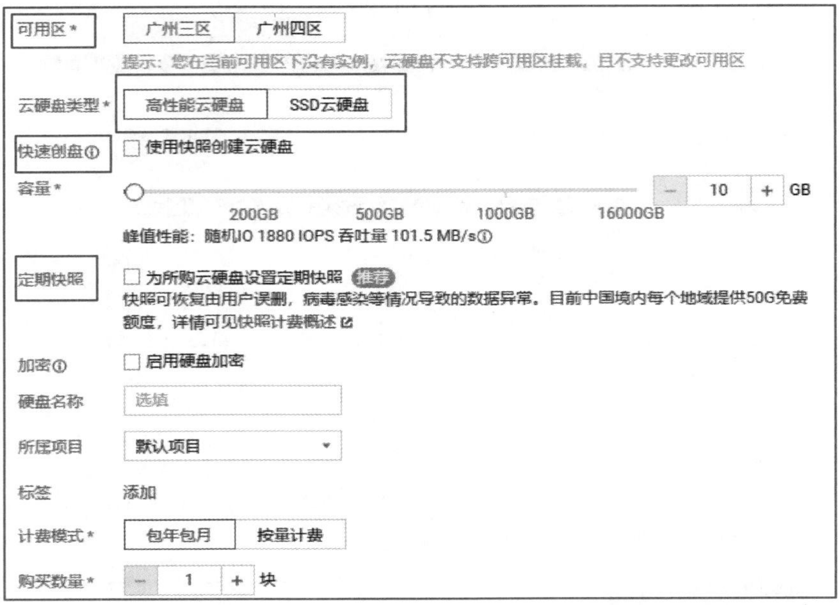

可用区 *
广州三区
广州四区
提示：您在当前可用区下没有实例，云硬盘不支持跨可用区挂载，且不支持更改可用区
云硬盘类型 *
高性能云硬盘
SSD云硬盘
快速创盘
使用快照创建云硬盘
容量 *
10
GB
200GB
500GB
1000GB
16000GB
峰值性能：随机IO 1880 IOPS 吞吐量 101.5 MB/s
定期快照
为所购云硬盘设置定期快照
推荐
快照可恢复由用户误删，病毒感染等情况导致的数据异常。目前中国境内每个地域提供50G免费额度，详情可见快照计费概述
加密
启用硬盘加密
硬盘名称
选填
所属项目
默认项目
标签
添加
计费模式 *
包年包月
按量计费
购买数量 *
1
块

图 4-3-5　创建云硬盘

云硬盘
广州(2)
上海(0)
南京(0)
北京(0)
成都(0)
重庆(0)
中国香港(0)
新加坡(0)
多伦多(0)
法兰克福(0)
莫斯科(0)
新建
挂载
卸载
销毁/退还
更多操作
ID/名称
监控
状态
可用区
属性
类型
容量
disk-7aprkor2
ss
待挂载
广州三区
数据盘
高性能云硬盘
10GB

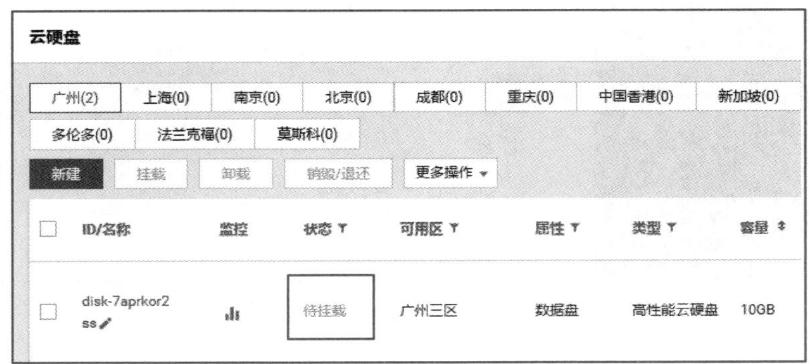

图 4-3-6　云硬盘待挂载

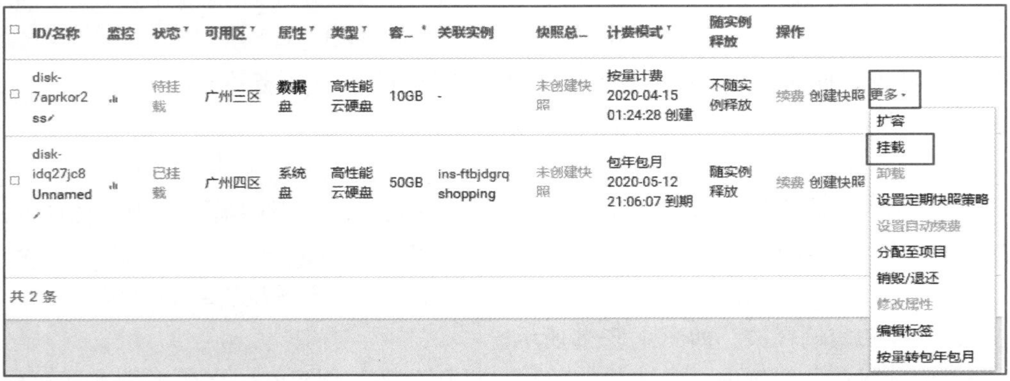

ID/名称
监控
状态
可用区
属性
类型
容...
关联实例
快照总...
计费模式
随实例释放
操作
disk-7aprkor2
ss
待挂载
广州三区
数据盘
高性能云硬盘
10GB
-
未创建快照
按量计费
2020-04-15
01:24:28 创建
不随实例释放
续费
创建快照
更多
disk-idq27jc8
Unnamed
已挂载
广州四区
系统盘
高性能云硬盘
50GB
ins-ftbjdgrq
shopping
未创建快照
包年包月
2020-05-12
21:06:07 到期
随实例释放
续费
创建快照
扩容
挂载
卸载
设置定期快照策略
设置自动续费
分配至项目
销毁/退还
修改属性
编辑标签
按量转包年包月
共 2 条

图 4-3-7　挂载云硬盘

图 4-3-8　云硬盘挂载到云服务器

3. 云硬盘的扩容

在某些业务高峰时，可能出现容量不够用，这时需要对云硬盘进行扩容。要实现对云硬盘扩容，它的前提条件为该云硬盘是“未挂载”的状态才能实现扩容。从腾讯云控制台中进入云服务器控制台，选择左栏中的“云硬盘”选项，选择“云硬盘 ID”，单击右边“更多”按钮，在弹出的下拉菜单中选择“扩容”命令，如图 4-3-9 所示。在扩容的窗口中设置云应用扩容的容量即可，这样就实现云硬盘的扩容。

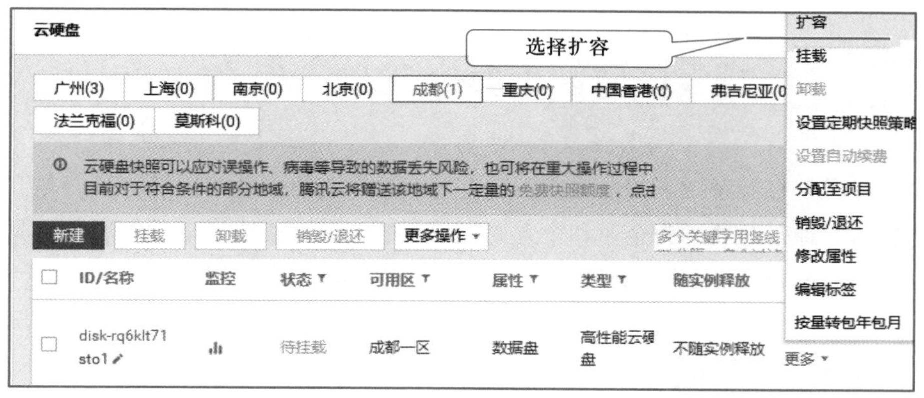

图 4-3-9　云硬盘的扩容

4. 云硬盘的快照

从腾讯云控制台中进入云服务器控制台，选择左栏中的“云硬盘”选项，选择“云硬盘 ID”，单击右边“创建快照”按钮，就可以给云硬盘创建快照了。在创建快照前，建议进行以下操作，即数据库业务的 Flush&LockTable（对数据库进行锁操作）和文件系统的 Sync 操作，将内存数据强制刷入硬盘内。

5. 云硬盘的销毁/退还

云硬盘的卸载前提条件为云硬盘的状态是“未挂载”，才能实现云硬盘的销毁和退还。从腾讯云控制台中进入云服务器控制台，选择左栏中的“云硬盘”选项，选择“云硬盘 ID”，单击右边“更多”按钮，在弹出的下拉菜单中选择“销毁/退还”命令，如图 4-3-10 所示。

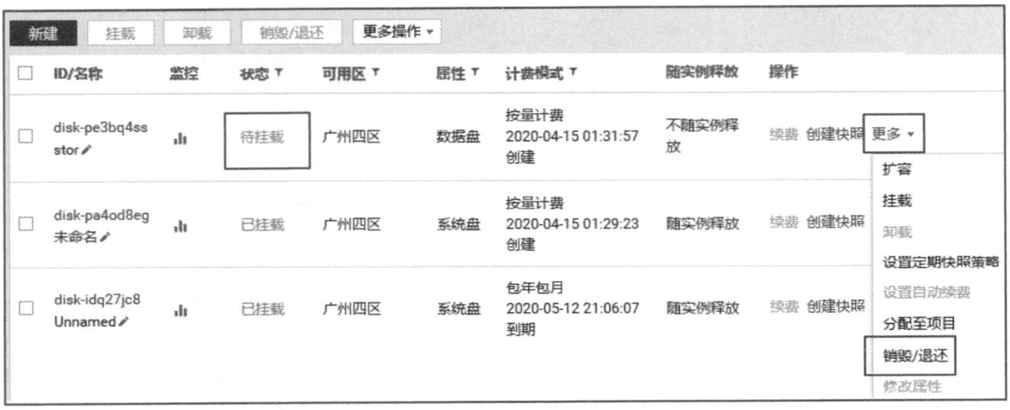

新建 挂载 卸载 销毁/退还 更多操作

ID/名称	监控	状态	可用区	属性	计费模式	随实例释放	操作
disk-pe3bq4ss stor		待挂载	广州四区	数据盘	按量计费 2020-04-15 01:31:57 创建	不随实例释放	续费 创建快照 更多
disk-pa4od8eg 未命名		已挂载	广州四区	系统盘	按量计费 2020-04-15 01:29:23 创建	随实例释放	续费 创建快照
disk-idq27jc8 Unnamed		已挂载	广州四区	系统盘	包年包月 2020-05-12 21:06:07 到期	随实例释放	续费 创建快照

扩容
挂载
卸载
设置定期快照策略
设置自动续费
分配至项目
销毁/退还
修改属性

图 4-3-10 云硬盘的销毁/退还

如果云硬盘还挂载在某一个云服务器实例中，则要登录该云服务器实例中通过磁盘管理，将该硬盘状态设置为“脱机”。

4.4 任务 2：对象存储实现共享云盘

任务 2：对象存储实现共享云盘

共享云盘是云存储系统下的一项应用，它是一种专业的互联网存储工具，是互联网云技术的产物，它通过互联网为企业和个人提供信息的储存、读取、下载等服务，具有安全稳定、海量存储的特点。在腾讯云平台中，采用对象存储可以实现共享云盘。

4.4.1 对象存储的概述

SAN 和 NAS 是目前两种主流网络存储架构，而对象存储是一种新的网络存储架构，基于对象存储技术的设备就是对象存储设备。对象存储综合了NAS和SAN的优点，同时具有SAN的高速直接访问和NAS的分布式数据共享等优势，提供了具有高性能、高可靠性、跨平台以及安全的数据共享的存储体系结构。

1. 对象存储的概念

对象存储是一种基于对象的存储设备，具备智能、自我管理能力，通过Web服务协议（如REST、SOAP）实现对象的读写和存储资源的访问。

对象存储系统包含两种数据描述容器和对象。容器和对象都有一个全局唯一的ID。对象存储采用扁平化结构管理所有数据，用户应用通过接入码（AccessKey）认证后，只需要根据ID就可以访问容器和对象相关的数据（Data）、元数据（Metadata）和对象属性（Attribute）。

对象存储核心是将数据通路（数据读或写）和控制通路（元数据）分离，并且基于对象存储设备构建存储系统，每个对象存储设备具有一定的智能，能够自动管理其上的数据分布。

2. 对象存储与传统网络存储的区别

对象存储在很多重要方面与SAN和NAS迥然不同，对于存储管理员而言最显著的区别在于对象存储没有LUNS、卷以及RAID等要素。对象数据不是存储在固定的块，而是在大小可变的“容器”里。鉴于元数据和数据本身可通过传统数据访问方法进行访问，对象存储允许数据被直接访问。此外，支持对象级和命令级的安全策略设置。

3. 对象存储的特性

（1）优秀的扩展性

对象存储采用扁平化的数据结构，允许对象存储容量从太字节（TB）级扩展到艾字节（EB）级，管理数十个到百亿个存储对象，支持从数字节（Byte）到数万亿字节（TB）范围内的任意大小对象，解决了文件系统复杂的iNode机制带来的扩展性瓶颈，并使得对象存储无须像SAN存储那样管理数量庞大的逻辑单元号（LUN）。对象存储系统通常在一个横向扩展（或网格硬件）架构上构建一个全局的命名空间，这使得对象存储非常适用在云计算环境中使用。对于某些对象存储系统还可支持升级、扩容过程中业务零中断。

（2）基于策略的自动化管理

由于云环境中的数据往往是动态的、快速增长的，所以基于策略的自动化将变得非常重要。对象存储支持从应用角度基于业务需求设置对象/容器的属性，如数据保护级别、保留期限、合规状况、远程复制的份数等。这使得对象存储具备云的自服务特征同时，有效地降低运维管理的成本，使得客户在存储容量从太字节增长到泽字节（ZB）时，运维管理成本不会随之升高。

（3）多租户技术

多租户技术可以使用同一种架构，同一套系统为不同用户和应用提供存储服务，并分别为这些用户和应用设置数据保护、数据存储策略，并确保这些数据之间相互隔离。

多租户技术或称多重租赁技术，是一种软件架构技术，它是指如何实现于多用户的环境下共用相同的系统或程序组件，并且仍可确保各用户间数据的隔离性。

云计算可以划分为以下几个层次的服务——IaaS、PaaS 和 SaaS，而多租户架构就是一种常见的 SaaS 软件架构模式。简单来讲，在一台服务器上运行单个应用实例，它为多个租户提供服务。

4. 对象存储结构

对象存储结构由对象、对象存储设备、元数据服务器、对象存储系统的客户端四部分组成。对象存储结构如图 4-4-1 所示。

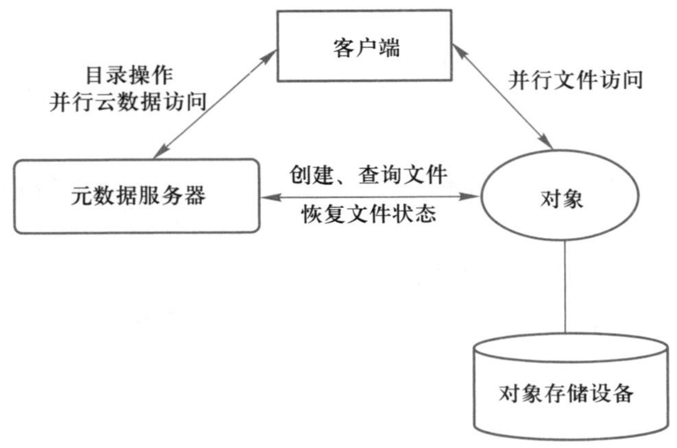

图 4-4-1 对象存储结构

（1）对象

对象（Object）是系统中数据存储的基本单位，一个对象实际上就是文件的数据和一组属性信息（Meta Data）的组合，每个对象是数据和数据属性集的综合体，数据属性可以根据应用的需求进行设置，包括数据分布、服务质量等。

（2）对象存储设备

每个对象存储都是一个智能设备，具有自己的存储介质、处理器、内存以及网络系统等，负责管理本地的对象，是对象存储系统的核心。对象存储同块设备的不同不在于存储介质，而在于两者提供的访问接口。对象存储主要功能包括：数据存储和安全访问。目前国际上通常采用刀片式结构实现对象存储设备。

对象存储设备提供两个主要功能：数据存储功能、智能分布功能。数据存储功能表现在对象存储管理对象数据，并将它们放置在标准的磁盘系统上，对象存储不提供块接口访问方式，客户端请求数据时用对象 ID、偏移进行数据读写。智能分布功能表现在对象存储用其自身的 CPU 和内存优化数据分布，并支持数据的预取。由于对象存储可以智能地支持对象的预取，从而可以优化磁盘的性能。对象存储能对每个对象的元数据进行管理，元数据与传统的 iNode 元数据相似，通常包括对象的数据块和对象的长度。

（3）元数据服务器

元数据服务器（Metadata Server，MDS）控制客户端与对象的交互，为客户端提供元数据，主要是文件的逻辑视图，包括文件与目录的组织关系、每个文件所对应的对象存储等。

（4）对象存储系统的客户端

为了有效地访问 OSD 上的对象，需要在计算节点提供对象存储系统的客户端（Client）。现有的应用对数据的访问大部分都是通过 POSIX 文件方式进行的，对象存储系统提供给用户的也是标准的 POSIX 文件访问接口。

5. 云存储中对象存储

以腾讯云平台为例，下面介绍云端的对象存储的几个基本概念。

① 存储桶（Bucket）。在对象存储中用于存储对象，一个存储桶中可以存储多个对象。

② 对象（Object）。对象存储中存储的基本单元。

③ 地域（Region）。表示对象存储的数据中心所在的地域。用户可以根据费用、请求来源等综合选择数据存储的地域。建议根据自己的业务场景选择就近的地域存储，可以提高对象上传、下载速度。地域是在创建存储桶的时候指定的，一旦指定之后就不允许更改。该存储桶下所有的对象都存储在对应的数据中心，目前不支持对象级别的地域设置。

④ APPID 是腾讯云账户的标识之一，用于关联云资源。在用户成功申请腾讯云账户后，系统自动为用户分配一个 APPID，一个 APPID 下可以创建多个项目。

⑤ 默认访问地址由 APPID、存储桶名、对象存储地域标识和对象名组成，通过默认访问域名可寻址 COS 中唯一对应的对象。

4.4.2 对象存储的创建与管理

以腾讯云平台为实践平台，在腾讯云平台上对象存储实验要经过几个过程，分别为创建存储桶，为存储桶设置防盗链，创建文件夹并上传对象、下载对象、删除对象，删除文件夹和存储桶。

1. 创建存储桶

创建存储桶的方法有两种。

方法 1：

通过云对象存储控制台的概览页面创建存储桶。登录对象存储控制台后，当首次创建存储桶时，单击概览页上的“创建存储桶”按钮，在弹出的“创建存储桶”对话框中，填写存储桶名称，选定存储桶所属地域，单击“确定”按钮，即可快速创建一个存储桶，如图 4-4-2 所示。

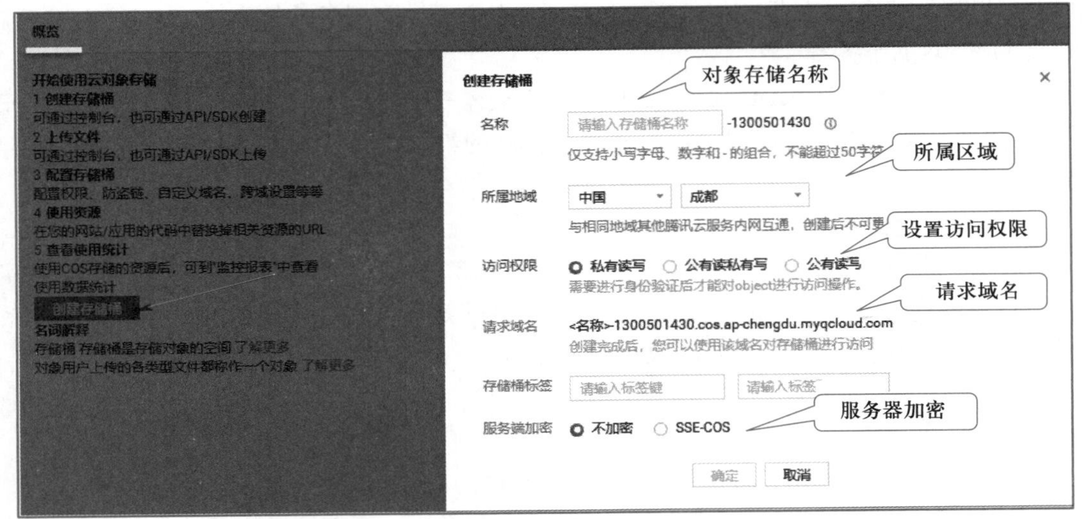

图 4-4-2 创建对象存储

其中，存储桶默认提供 3 种访问权限，分别是私有读写、公有读写和公有读私有写。其中私有读写是指只有该存储桶的创建者及有相应权限的账号才对该存储桶中的文件有读写权限，其他任何人对该存储桶中的文件都没有读写权限；公有读写是指可对对象进行匿名读操作和写操作；公有读私有写是指任何人（包括匿名访问者）都对该存储桶中的文件有读权限，但只有存储桶创建者及有相应权限的账号才对该存储桶中的对象有写权限。在设置权限时，选择公有读私有写和公有读写时，需要注意的是公有读权限可以通过匿名身份直接读取存储桶中的数据，存在一定的安全风险，为确保数据安全，不推荐此配置，建议选择私有读写。

方法 2：

通过云对象存储控制台的“存储桶列表”。登录对象存储控制台后，单击左侧导航“存储桶列表”，进入存储桶列表。单击“创建存储桶”按钮，弹出“创建存储桶”对话框，在其中填写存储桶名称，选定存储桶所属地域，单击“确定”按钮即可快速创建一个存储桶，如图 4-4-3 所示。

2. 为存储桶设置防盗链

为了避免恶意程序使用资源 URL 盗刷公网流量或使用恶意手法盗用资源，给用户带来不必要的损失。腾讯云对象存储支持防盗链配置，通过控制台的防盗链设置配置黑/白名单，来进行安全防护。

通过对象存储控制台，在存储桶列表中选择“存储桶 ID”，进入存储桶的详情页面，选择“基础配置”→“防盗链设置”选项，如图 4-4-4 所示。

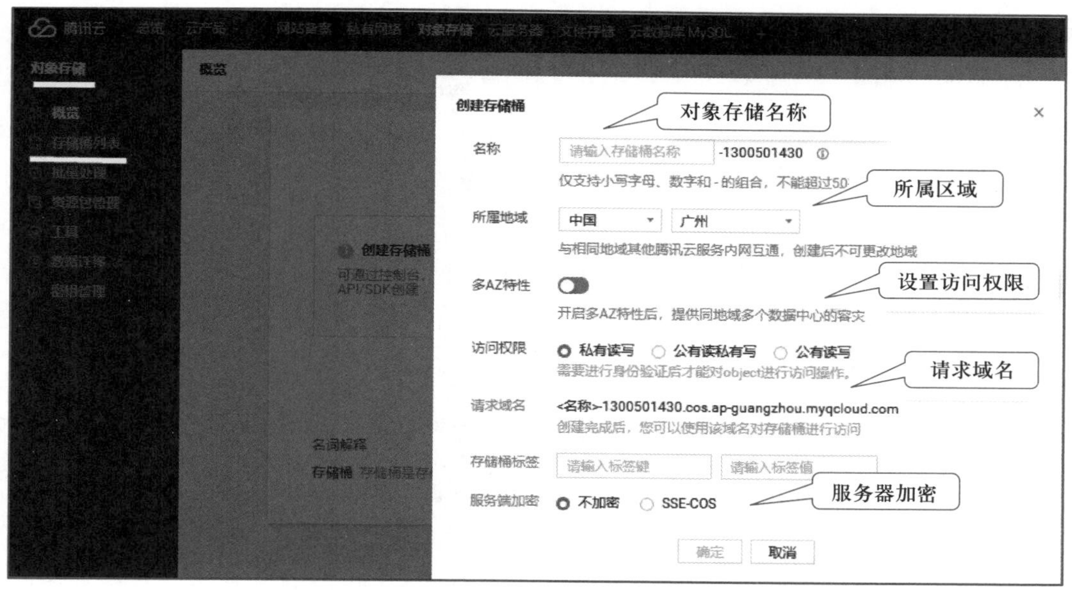

图 4-4-3 创建存储桶

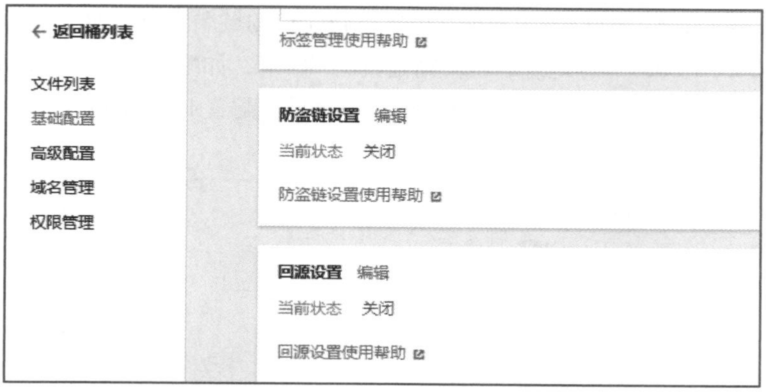

← 返回桶列表
文件列表
基础配置
高级配置
域名管理
权限管理
标签管理使用帮助
防盗链设置 编辑
当前状态 关闭
防盗链设置使用帮助
回源设置 编辑
当前状态 关闭
回源设置使用帮助

图 4-4-4 进入防盗链设置

设置防盗链的名单类型。防盗链的名单类有黑名单、白名单两种。其中，黑名单限制名单内的域名访问存储桶的默认访问地址，若黑名单内的域名访问存储桶的默认访问地址，则返回“403”。白名单限制名单外的域名访问存储桶的默认访问地址，若白名单外的域名访问存储桶的默认访问地址，则返回“403”。

进入存储桶的详情页面，在“基础配置”→“防盗链设置”选项区，单击“编辑”按钮，打开当前状态，就可以设置黑、白名单，如图 4-4-5 所示。

在图 4-4-5 中，“允许空 referer”选项，表示 HTTP 请求中，header 为空，即不包含 referer 字段或 referer 字段为空。

在防盗链设置中，配置 Referer 的黑白名单，Referer 最多支持 10 条域名，这些域名要求

图 4-4-5 设置黑、白名单

有相同前缀匹配，每条一行，多条请换行，可以支持域名、IP 和通配符等形式的地址。示例配置“www. example. com”，可限制如“www. example. com/123”或“www. example. com. cn”等以“www. example. com”为前缀的地址；也支持带端口的域名和 IP，如“www. example. com：8080”“10. 10. 10. 10:8080”等地址；也支持通配符“ * ”，如配置“ * . example. com”，可限制如“a. b. example. com/123”“a. example. com”等地址。配置 Referer 的黑白名单如图 4-4-6 所示。

图 4-4-6 配置 Referer 的黑白名单实例

3. 创建文件夹并上传对象

对象是对象存储的基本单元，对象必须存储在存储桶中。用户可以通过腾讯云控制台、API、SDK 等多种方式管理对象。

对象名称采用 Unicode 字符，虽然可以在名称中使用任何 UTF-8 字符，但是不同应用程序对特殊字符的分析方式可能不同。所以，采用 Unicode 字符能有助于最大程度地符合 DNS、Web 安全字符、XML 分析器和其他 API 的要求。

以下是合法的对象名称示例：

```
my-organization
my.great_photos-2016/01/me.jpg
videos/2016/birthday/video1.wmv
```

对象的访问地址都是基于存储桶的访问地址和对象名称的，腾讯云的对象访问地址构成为“存储桶域名”/“对象名称”，如 APPID 为 1234567890 的用户创建了名为 example，所属地域为广州（华南）的存储桶，并在根目录上传了名为 example.exe 的对象。example.exe 的访问地址如下：

```
JSON API：
example-1234567890.cosgz.myqcloud.com/example.exe
XML API：
example-1234567890.cos.ap-guangzhou.myqcloud.com/example.exe
```

（1）创建文件夹

进入存储桶的详情页面中，单击“文件列表”→“创建文件夹”按钮，如图 4-4-7 所示。在创建文件夹时，文件夹名称长度限制在 20 字符内，不支持保留字符、字段及保留 ASCII 控制字符。

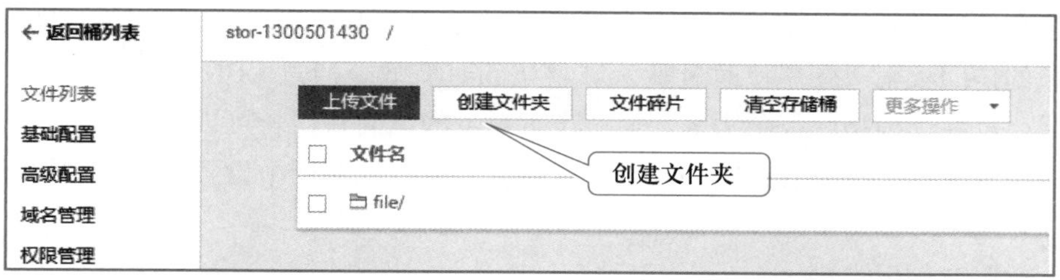

图 4-4-7 创建文件夹

（2）上传文件

通过对象存储控制台上传单个文件最大支持 512 GB，超过 512 GB 的文件将无法成功上传。同时，文件夹名称包含保留字符和字段的也无法上传成功。文件上传支持断点续传，就是在传输过程中，上传中断的对象会以“不完整的文件”的形式存储下来，可查看该“不完整的文件”文件信息，但无法进行正常的下载、修改访问权限、设置自定义权限等，当下次上传相同文件时，文件会自动从断点部分继续上传。

进入存储桶详情页面中的“文件列表”，单击创建好的文件夹，单击“上传”按钮，就可以实现文件的上传，如图 4-4-8 所示。

图 4-4-8 上传文件

4. 下载对象

下载对象的过程需要设置对象权限后，然后进行对象的下载。

（1）设置对象权限

对象存储提供基于对象维度的访问权限设置，且该配置优先级高于存储桶的访问权限。对象的访问权限只在用户通过默认域名访问时有效。通过 CDN 加速域名和自定义域名访问时，以存储桶访问权限为准。通过设置对象的访问权限，可以实现，在私有读写的存储桶中设置个别允许公有访问的对象，或在公有读写存储桶中设置个别需要确认后才可以访问的对象。

对象权限有如下类型：

① 继承存储桶权限。对象权限与存储桶的访问权限一致，当访问对象时，读取到对象权限为继承存储桶权限，会匹配存储桶的权限来响应访问，任何新对象被创建时，默认继承存储桶权限。

② 公有读私有写。当访问对象时，对象存储读取到对象的权限为公有读，此时无论存储桶为何种权限，对象都可以被直接下载。

③ 私有读写。当访问对象时，对象存储读取到对象的权限为私有读写，此时无论存储桶为何种权限，对象都需要通过签名鉴权才可访问。

对象权限的操作步骤。单击存储桶的详情页面中“文件列表”，进入到文件夹，单击上传的某个文件，单击右边的“详情”按钮，选择“对象权限”选项卡，就可以进行对象权限的设置，如图 4-4-9 所示。

图 4-4-9　对象权限

（2）搜索下载对象

如果对象很多，可通过搜索找到要下载的对象。搜索要下载的对象的方法有两种：一是直接在存储桶中输入对象的前缀进行搜索；二是通过多级目录搜索。如图 4-4-10 所示是通过输入对象前缀的方式进行的搜索。

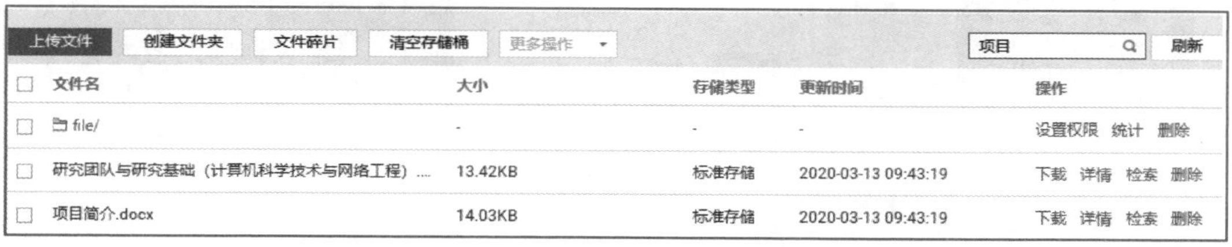

上传文件　创建文件夹　文件碎片　清空存储桶　更多操作　项目　刷新

文件名	大小	存储类型	更新时间	操作
file/	-	-	-	设置权限　统计　删除
研究团队与研究基础（计算机科学技术与网络工程）....	13.42KB	标准存储	2020-03-13 09:43:19	下载　详情　检索　删除
项目简介.docx	14.03KB	标准存储	2020-03-13 09:43:19	下载　详情　检索　删除

图 4-4-10　搜索对象

（3）查看对象信息并下载对象

在对象存储详情页面中，可以查看对象名称、对象大小、修改时间、对象地址等信息，如图 4-4-11 所示。

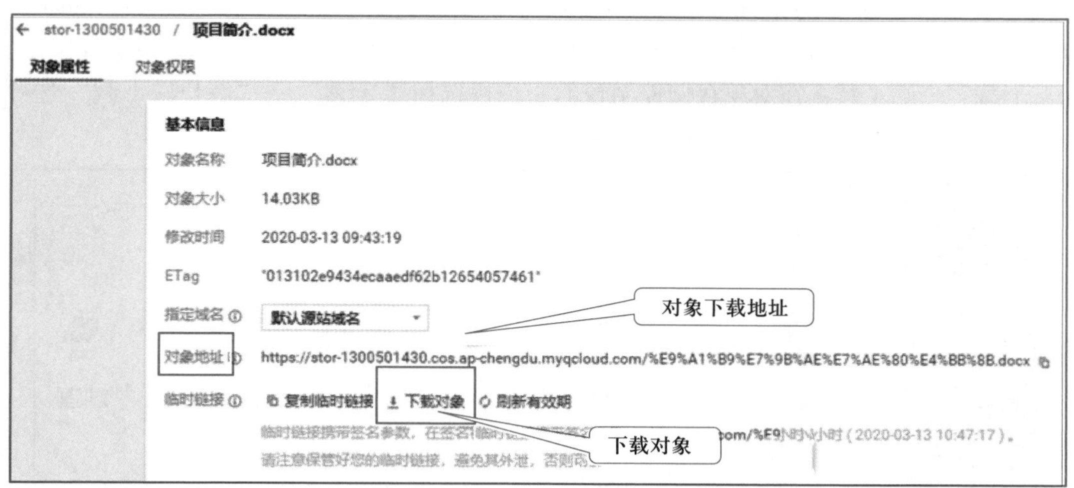

图 4-4-11　查看对象信息

下载对象有两种方法，一种是在对象存储的详情页面中单击“下载对象”按钮，就可以直接下载对象；另一种是在对象存储的详情页面中的“对象地址”复制，粘贴到浏览器上进行访问并下载。

5. 删除对象

当对象不需要使用的时候，可以选择删除对象。但是删除对象操作需谨慎，因为删除后的数据不可恢复和访问。在对象存储控制台找到想要删除的对象，单击“删除”按钮，弹出“删除文件”对话框，如图 4-4-12 所示。

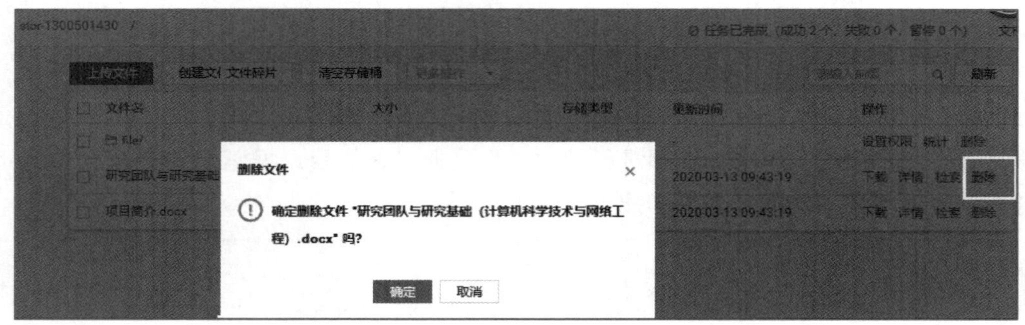

图 4-4-12 删除对象

6. 删除文件夹和存储桶

当不再需要使用某个存储桶时，可以对其进行删除操作。在对象存储控制台找到想要删除的存储桶，先删除存储桶中的文件夹，再找到存储桶列表，单击“删除”按钮。

7. 对象存储客户端工具 COSBrowser

对象存储有独立的桌面版工具 COSBrowser，支持的操作系统有 Windows、macOS、Linux、Android、iOS 等。使用该工具进行可视化管理，方便进行数据上传、下载等操作。

下载客户端工具：在对象存储控制台的左边栏选择“工具”→“客户端下载”选项，根据需要下载支持不同操作系统的客户端工具，如图 4-4-13 所示。

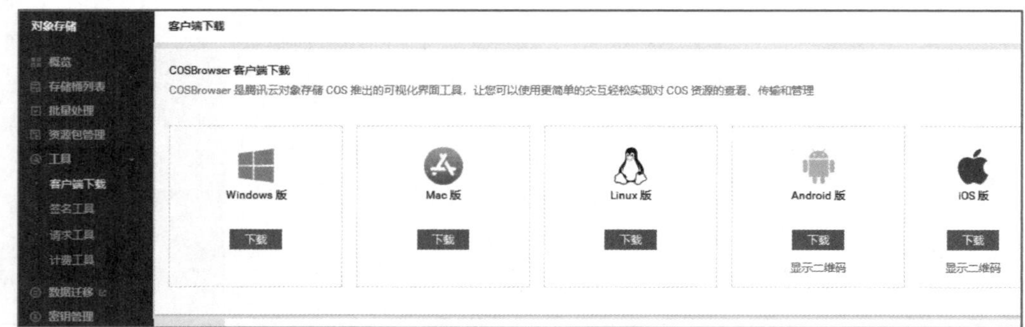

图 4-4-13 客户端工具下载

4.5　任务3：文件存储实现文件共享

任务3：文件存储实现文件共享

文件共享是指在网络上共享自己的计算机文件，可以用文件共享轻松地与其他人分享文件。在腾讯云平台中，采用文件存储实现文件共享。文件存储技术，它采用NFS或CIFS命令集访问数据，以文件为传输协议，通过TCP/IP实现网络化存储，可扩展性好、价格便宜、用户易管理。

4.5.1　文件存储的概述

文件存储是安全可靠、可扩展的共享文件存储服务。文件存储可以与云服务器、容器服务、批量计算等服务搭配使用，它可以为多个计算节点提供容量和性能可弹性扩展的高性能共享存储服务。

1. 文件存储的特点

（1）集成管理

文件存储兼容POSIX接口，可跨平台访问，并保证文件数据的一致性。用户的云服务器实例可通过标准NFS协议访问文件存储系统。

（2）共享访问

多台云服务器实例或容器服务可以共享一个文件存储系统，运行在不同可用区下的计算节点也可以通过私有网络使用同一文件存储系统，实现多计算节点的协同工作及数据共享。

（3）弹性扩展

文件存储系统的存储容量可弹性扩展，且不影响应用或服务。同时，文件系统的性能会随存储容量线性增长，提供高可靠、高性能的服务。

（4）安全可靠

文件存储系统中标准文件存储为3份冗余，具有极高的可用性和可靠性。文件存储系统可以通过用户隔离、网络隔离以及来访白名单等方式来限制客户端的操作权限。

2. 文件存储支持的平台

文件存储系统可以支持的平台包括Linux 、UNIX、Windows等。

4.5.2　文件存储创建与管理

下面以腾讯云为实践平台，讲解文件存储的实现过程。登录到腾讯云控制台，进入文件存储的控制台中，首先创建网络文件系统（如Windows网络文件系统或Linux网络文件系统），然后管理文件系统，最后访问文件系统。

1. 创建文件系统

这里以创建 Windows 网络文件系统为例。进入腾讯云的文件系统控制台。在腾讯云控制台中，单击“云产品”进入到搜索栏中，输入“文件存储”，单击“文件存储”就进入到文件存储控制台中，如图 4-5-1 所示。

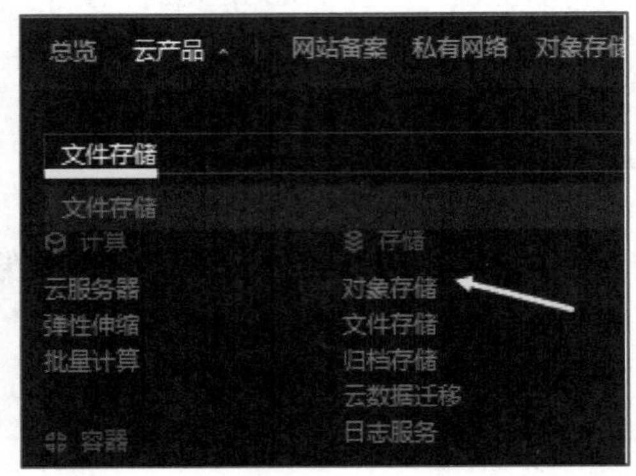

图 4-5-1　进入到文件存储控制台

2. 创建 Windows 网络文件系统

在云平台中，创建云服务器实例，选择 Windows 操作系统。

3. 创建文件系统及挂载点

在 Windows 系统中创建文件系统需要两个过程，首先创建文件系统，接着设置挂载点。

（1）创建文件系统

进入到文件存储的控制台，单击“新建”按钮，弹出“创建文件系统”窗口。在“创建文件系统”窗口中设置存储类型为“标准存储”；文件服务协议为 NFS（若客户端以 Linux 为主，推荐使用 NFS 协议；若客户端以 Windows 为主，推荐使用 SMB 协议），这里文件服务协议下拉菜单只有 NFS 协议；网络类型为“基础网络”和“私有网络”，文件系统需要与云主机同在基础网络或一个私有网络下才能直接访问，所以这里选择与创建的云服务器实例同一个私有网络，最后单击“提交”按钮，这样文件系统就创建好了，如图 4-5-2 所示。

（2）设置挂载点

在文件存储控制台中，进入创建好文件存储的详情页面，选择“挂载点信息”选项卡，进行文件存储的挂载。挂载时可以在 Linux 系统和 Windows 系统下挂载，如图 4-5-3 所示。

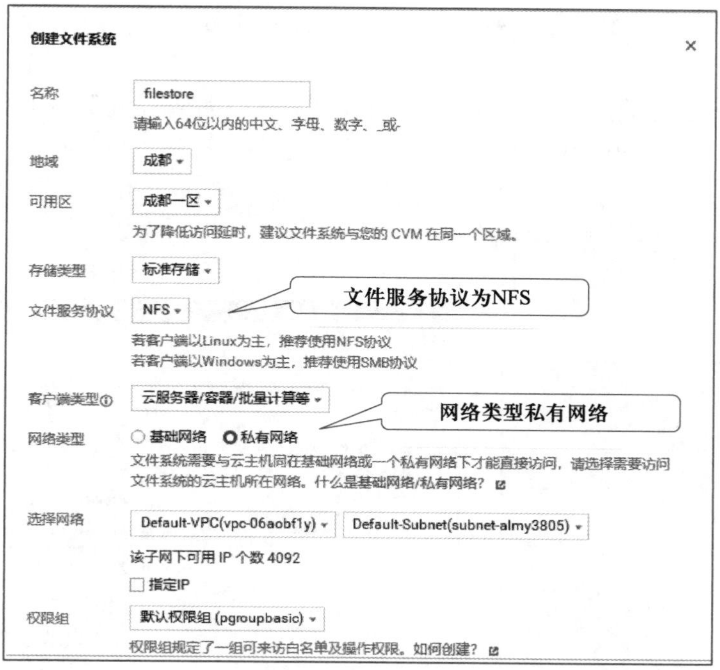

创建文件系统 ×

名称 filestore

请输入64位以内的中文、字母、数字、_或-

地域 成都

可用区 成都一区

为了降低访问延时，建议文件系统与您的 CVM 在同一个区域。

存储类型 标准存储

文件服务协议 NFS

文件服务协议为NFS

若客户端以Linux为主，推荐使用NFS协议

若客户端以Windows为主，推荐使用SMB协议

客户端类型 云服务器/容器/批量计算等

网络类型私有网络

网络类型 ○基础网络 ●私有网络

文件系统需要与云主机同在基础网络或一个私有网络下才能直接访问，请选择需要访问文件系统的云主机所在网络。什么是基础网络/私有网络？

选择网络 Default-VPC(vpc-06aobf1y) Default-Subnet(subnet-almy3805)

该子网下可用 IP 个数 4092

□ 指定IP

权限组 默认权限组 (pgroupbasic)

权限组规定了一组可来访白名单及操作权限。如何创建？

图 4-5-2　创建文件存储

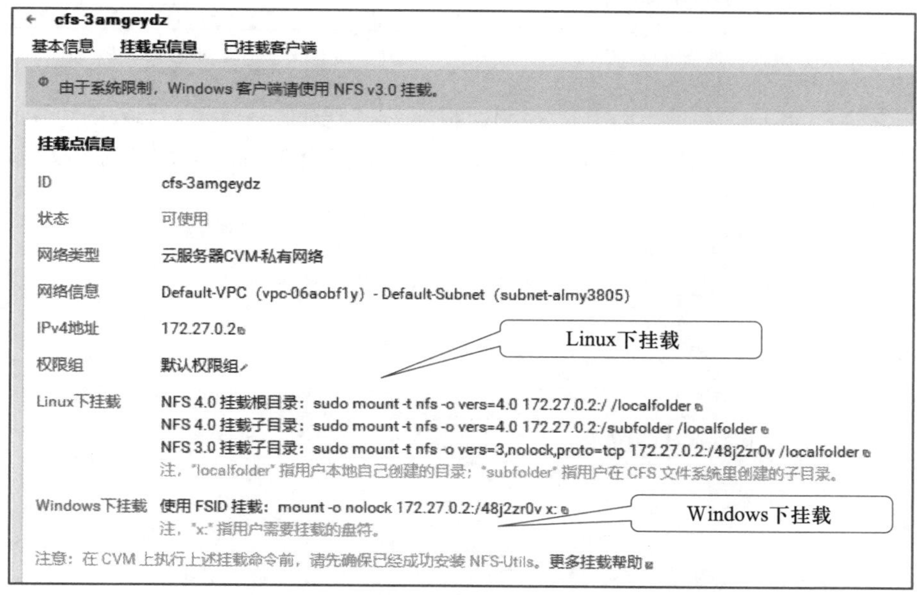

图 4-5-3　设置挂载点

（3）云服务器实例上挂载文件系统

以 Windows 操作系统的云服务器实例进行挂载文件系统，首先登录 Windows 实例，接着安装 NFS 服务器角色，安装 NFS 客户端功能，然后验证 NFS 服务是否启动，添加匿名访问用户和用户组，最后挂载文件系统。

① 登录云服务器实例。登录 Windows 系统的云服务器实例，采用远程桌面方式登录，如图 4-5-4 所示。

② 安装 NFS 服务器角色。在挂载前，首先开启 NFS 服务，确保系统已经启动 NFS 服务。以 Windows Server 2012 R2 为示例，开启 NFS 服务。打开“控制面板”→“程序”→“打开或关闭 Windows 功能”→“服务器角色”，在页面中选中“NFS 服务器”复选项，如图 4-5-5 所示，接着安装 NFS 服务器，这样就开启了 NFS 服务了。

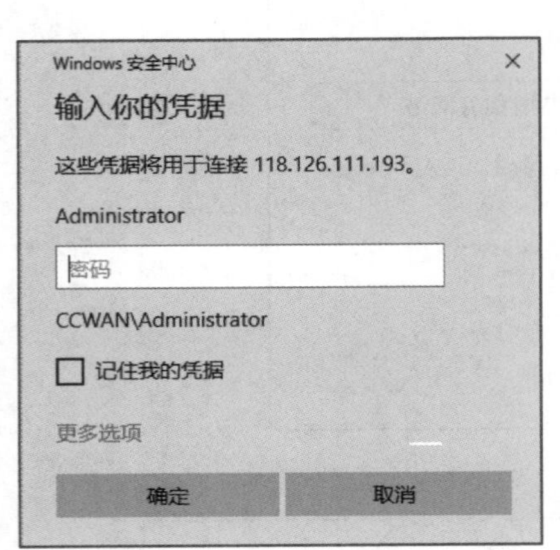

图 4-5-4　远程桌面登录云服务器实例

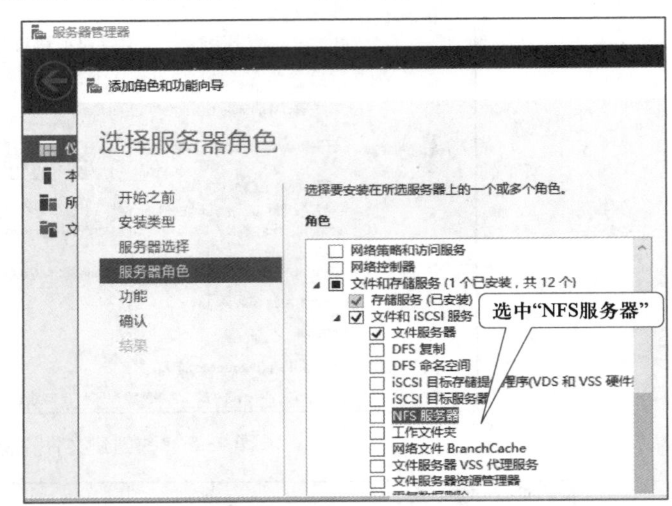

图 4-5-5　开启 NFS 服务器

③ 安装 NFS 客户端功能。打开“控制面板”→“程序”→“打开或关闭 Windows 功能”→“功能”，选中“NFS 客户端”复选项，即可开启 Windows NFS 客户端服务，如图 4-5-6 所示。

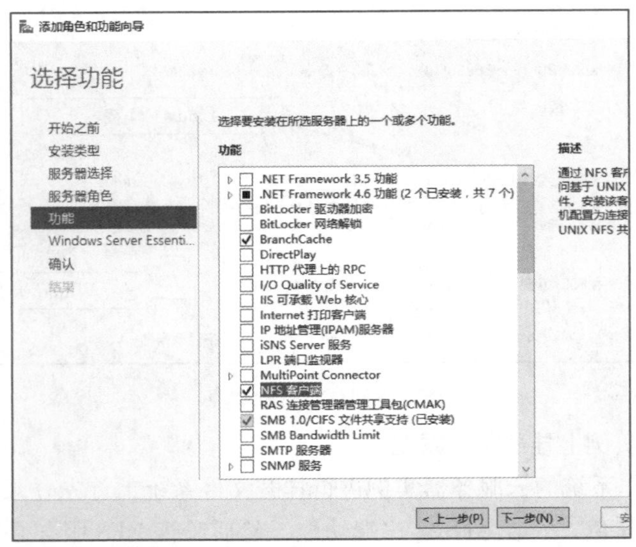

图 4-5-6　安装 NFS 客户端

④ 验证 NFS 服务器和 NFS 客户端是否启动。在登录的 Windows 云服务器实例中，在 Windows 管理工具中，单击“Network File System 服务”，如图 4-5-7 所示。进入“网络文件系统服务”窗口，查看 NFS 服务器和 NFS 客户端是否存在，如果存在则说明 NFS 服务器和 NFS 客户端启动成功，如图 4-5-8 所示。

图 4-5-7 NFS 服务

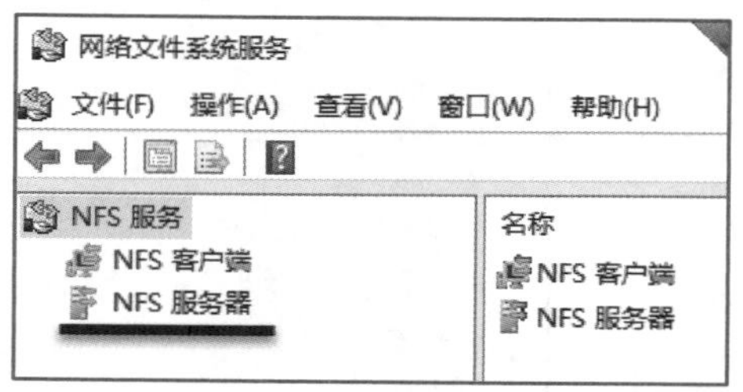

图 4-5-8 网络文件系统服务

⑤ 挂载文件系统。打开 Windows 下的命令行工具，在面板中执行命令“mount ?”，若返回 NFS 相关信息则表示 NFS 客户端正常运行中，如图 4-5-9 所示。

```
C:\Users\Administrator>mount ?
用法:  mount [-o options] [-u:username] [-p:<password | *>] <\\comput

-o rsize=size             设置读取缓冲区的大小(以 KB 为单位)。
-o wsize=size             设置写入缓冲区的大小(以 KB 为单位)。
-o timeout=time           设置 RPC 调用的超时值(以秒为单位)。
-o retry=number           设置软装载的重试次数。
-o mtype=soft|hard        设置装载类型。
-o lang=euc-jp|euc-tw|euc-kr|shift-jis|big5|ksc5601|gb2312-80|ansi
                          指定用于文件和目录名称的编码。
-o fileaccess=mode        指定文件的权限模式。
                          这些模式用于在 NFS 服务器上创建的
                          新文件。使用 UNIX 样式模式位指定。
-o anon                   作为匿名用户装载。
-o nolock                 禁用锁定。
-o casesensitive=yes|no   指定在服务器上执行区分大小写的文件查找。
-o sec=sys|krb5|krb5i|krb5p
```

图 4-5-9 mount 命令运行

挂载创建的文件系统。在 Windows 的命令行工具中输入命令“mount -o nolock 172.27.0.2:/48j2zr0v x:”，其中 IP 地址为文件存储内网地址，文件系统挂载成功后的显示信息，如图 4-5-10 所示。

```
C:\Users\Administrator>mount -o nolock 172.27.0.2:/48j2zr0v x:
x: 现已成功连接到 172.27.0.2:/48j2zr0v

命令已成功完成。
```

图 4-5-10 挂载文件系统

4. 访问文件系统

获取创建的文件存储服务器的 IP 地址（以 172.27.0.2 为例），在 Windows 系统云服务器实例中输入文件存储服务器的 IP 地址“\\172.27.0.2”，如能正常访问，则说明文件存储创建成功，如图 4-5-11 所示。

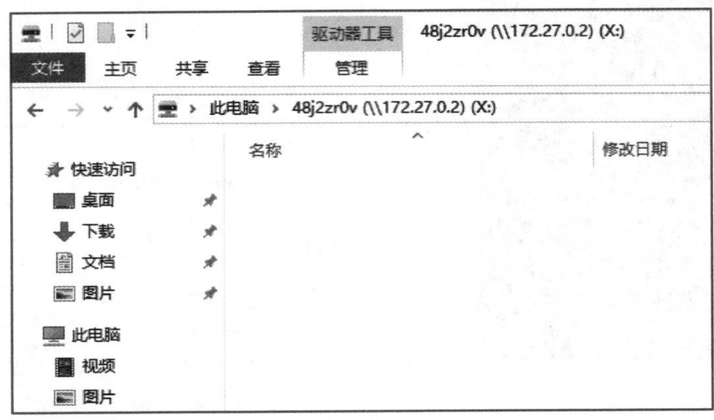

图 4-5-11 访问文件系统

5. 终止资源

终止资源，首先要卸载共享目录。卸载共享目录，使用命令“umount X:”，其中“目录名称”为根目录或者文件系统的完整路径，如图 4-5-12 所示。接着终止云服务器实例，最后终止文件系统。进入腾讯云文件存储控制台，选中需要终止的文件系统，单击“删除”按钮并确认即可删除文件系统。

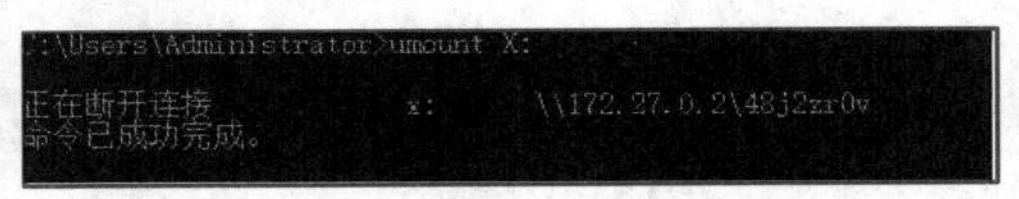

图 4-5-12 卸载共享目录

本章小结

本章以云存储的应用为引导，讲解了存储技术基础、云存储概述及云硬盘扩容云服务器、对象存储实现共享云盘、文件存储实现文件共享。通过本章的学习，读者应了解磁盘与硬盘接口、磁盘阵列、存储分类、分布式存储及云存储的应用场景，掌握云硬盘的创建与管理、对象存储的创建与管理、文件存储的创建与管理。

本章习题

一、单项选择题

1. SAN 存储属于（　　）存储方式。

A. 对象存储　　B. 文件存储　　C. 块存储　　D. IP 存储

2. 下列（　　）技术的数据可靠性最低。

A. RAID 1　　B. RAID 0　　C. RAID 10　　D. RAID 5

3. 文件存储根本解决（　　）的问题。

A. 文件共享　　B. 容灾备份　　C. 异地存储　　D. 容量扩充

4. 下列对低频存储描述正确的是（　　）。

A. 低频存储用于对在线存储的数据进行备份，以防范可能发生的数据灾难

B. 低频存储适用于不频繁访问但在需要时也要求快速访问的数据

C. 低频存储适用于频繁访问的数据

D. 以上描述都不正确

二、多项选择题

1. 下列（　　）选项是按存储介质分类的。

A. 磁盘　　B. 机械硬盘　　C. 固态硬盘　　D. 软盘

2. 在对象存储中，一个文件主要包含（　　）内容。

A. 元数据　　B. 文件属性　　C. 文件内容　　D. MHDK 虚拟磁盘

3. 云硬盘支持的磁盘类型有（　　）。

A. 普通云硬盘　　B. SSD 云硬盘　　C. 高性能云硬盘　　D. NAS

第 5 章　关系数据库

【学习目标】

知识目标

了解关系数据库。

认识 MySQL 和 Oracle。

了解 MySQL 的优势。

掌握 MySQL 的安装、部署、连接。

掌握 MySQL 数据库和表的创建、修改和删除。

掌握 MySQL 的用户管理和查询操作。

掌握 MySQL 的基本状态监控方法。

掌握数据库备份恢复的方法。

了解数据库的性能监控和优化方法。

技能目标

安装、配置和连接 MySQL。

设计数据库和创建、修改 MySQL 数据库结构。

创建用户和赋予权限。

插入测试数据、修改、删除和查询 MySQL 数据库。

备份和恢复 MySQL 数据库。

监控和调试 MySQL 数据库。

【认证考点】

了解 MySQL 和 Oracle 数据库各自的特点。

认识 MySQL 数据库。

掌握 MySQL 的安装、配置和连接。

掌握 MySQL 数据库的创建、修改和删除。

掌握 MySQL 数据库的数据的基本操作。

能够备份和恢复 MySQL 数据库。

能够对 MySQL 用户及权限进行基本管理。

能够对 MySQL 数据库数据导入导出。

能够对 MySQL 进行状态的监控。

了解数据库的性能监控与优化。

项目引导：论坛数据库部署与实现

【项目描述】

论坛是一种能够提供人们进行网络信息交流的平台，用户通过发表观点和评论来实现用户和用户之间、企业和企业之间的信息交互，利用网络快捷地与外界进行各种信息沟通。本项目的目的是实现基于浏览器/服务器（Browser/Server，B/S）模式的企业产品论坛系统的数据库，主要内容包括：设计论坛系统的数据库模型；使用 MySQL 建立数据库及表结构、插入测试数据、对数据库进行基本的查询和修改；在数据库运行的过程中，对数据库的用户和权限进行基本管理、备份和恢复数据库、对数据库的状态进行监控、监控数据库性能、优化数据库。

1. 需求分析

网络论坛是一个网络交流空间，用户不受时间和空间的约束，发表自己的观点。一个论坛要求具有以下几个基本功能。

（1）用户管理

① 能够对用户名和密码简单验证。

② 用户注册，能够判断用户注册的用户名是否已存在。

③ 能够识别用户类型为管理员用户或普通用户。

（2）浏览帖子和帖子管理

① 用户可以浏览和发表帖子。

② 用户可以再编辑和删除帖子。

③ 管理员可以对帖子进行审核。

④ 帖子被用户每浏览 1 次，帖子的浏览量增 1。

⑤ 管理员可以设置热门帖子。

（3）论坛版块管理

① 一个论坛通常包括很多版块，一个板块下有很多帖子。

② 只有管理员、版主和成员能看到这个版块下的内容。

（4）发表评论和评论管理

① 用户可以发表和查看评论。

② 版主和管理员可以对版内的评论进行管理。

2. 数据库实现机制

整个系统采用 Apache 作为应用服务器，MySQL 作为数据库服务器管理软件。根据需求分析可以规划出该数据库的实体包括：用户实体、版块实体、帖子实体、评论实体。数据库的设计和实现参照5.2节的任务1，该任务包括数据库的设计和实现，这部分内容包括论坛数据库的概念结构设计、逻辑结构设计、数据库的实现。数据库管理参照5.3节的任务2，该任务实现了数据库的权限管理、备份与恢复、状态监控、性能监控与优化等内容。

知识储备

5.1 关系数据库管理系统概述

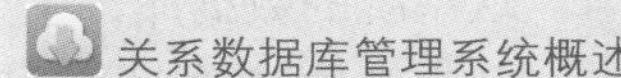

数据库（Database，DB）是长期存储在计算机内、有组织的、统一管理的、可共享的相关数据集合。这种数据集合实现了数据的结构化，具有冗余度低、易扩充等特点，其数据结构独立于使用它的应用程序，数据的增、删、改、查由统一软件进行管理和控制。数据库管理系统（Database Management System，DBMS）就是一种操纵和管理数据库的大型软件，用于建立、使用和维护数据库。

5.1.1 关系数据库

数据的组织形式可以是表的形式、树的形式以及图的形式等，相对应的数据模型称为关系模型、层次模型和网状模型，这些也是比较经典的数据模型。关系型数据库指的是经过数学理论验证可以保存现实生活中的各种关系数据，数据库中存储数据以二维表为单位。

在关系数据模型中，一个关系（Relation）就是一张表（Table）。关系数据模型由数据结构、完整性约束规则和关系运算三部分构成。数据库则是由有相互关联关系的表组成的。表中描述的是一批有相互关联关系的数据，表也就是关系。表名和表的标题一起称作关系模式。表中的一行数据，称作行/元组/记录（Row/Tuple/Record）。表中的一列数据，称作列/属性/字段/数据项（Column/Attribute/Field/Data Item）。

能够对关系数据库进行管理的数据管理系统被称为关系数据库管理系统（Relational Database Management System，RDBMS），RDBMS通常具有以下功能。

① 能够提供建立和修改数据库对象、定义和描述完整性约束以及添加、删除、更新、查询数据的方法。

② 能够保证数据库系统的正常运行，包括多用户环境下的并发控制、安全性检查和存取限制控制、完整性检查和执行、运行日志的组织管理、事务的管理和自动恢复，即保证事务的原子性。

③ 能够对数据组织、存储、管理和维护等。

④ 能够与操作系统的联机处理、分时系统及远程作业输入的相关接口，负责处理数据的传送。

⑤ 在网络环境下的数据库管理系统，还能够与网络中其他软件系统的通信功能以及数据库之间的互操作功能。

目前，市场上开源和非开源的主流关系数据库管理系统有 MySQL、Oracle、SQL Server、PostgreSQL、MariaDB 等。

5.1.2 Oracle 数据库

Oracle 数据库系统是美国甲骨文公司（Oracle）提供的以分布式数据库为核心的一组软件产品，它在数据库领域一直处于领先地位。作为一个通用的数据库系统，它具有完整的数据管理功能；作为一个关系数据库，它是一个完备关系的产品；作为分布式数据库，它实现了分布式处理功能。

它具有系统可移植性好、使用方便、功能强等特点，适用于各类大、中、小微机环境。它是一种高效率、可靠性好、适应高吞吐量的数据库方案。

5.1.3 MySQL 数据库

MySQL 数据库是一个开放源代码的 RDBMS，它由瑞典 MySQL AB 公司开发、发布并支持。MySQL 是目前最流行的关系型数据库管理系统之一，在 Web 应用方面，MySQL 是最好的 RDBMS 之一。

MySQL 因为其速度、可靠性和适应性而备受关注。大多数用户都认为在不需要事务化处理的情况下，MySQL 是管理内容最好的选择。

Linux 作为操作系统，Apache 或 Nginx 作为 Web 服务器，MySQL 作为数据库，PHP/Perl/Python 作为服务器端脚本解释器。由于这 4 款软件都是免费或开放源码软件，因此使用这种方式可以建立起一个稳定、免费的网站系统，被业界称为“LAMP”或“LNMP”组合。

与其他的大型数据库，如 Oracle、DB2、SQL Server 等相比，MySQL 自有它的不足之处，但是这丝毫也没有减少它受欢迎的程度。对于一般的个人用户和中小型企业来说，MySQL 提供的功能已经绰绰有余，而且由于 MySQL 是开放源码的软件，因此可以大大降低总体拥有成本。

与 Oracle 相比，MySQL 的主要优势如下。

① 体积小、速度快、总体拥有成本低，开源。

② 支持多种操作系统。

③ 开源数据库，提供的接口支持多种语言连接操作。

④ 数据库的安装配置都非常简单、性能出色。
⑤ 数据库的插入和查询性能都非常的高效。
⑥ 通过 MySQL 的简单复制功能，可以很好地将数据从一台主机复制到另外一台。

项目实施

采用 MySQL 实现论坛系统数据库，需要分析论坛系统需求、建立数据库模型。

需要完成的任务

论坛数据库的设计与实现。

论坛数据库的管理。

5.2 任务 1：论坛数据库的设计和实现

任务 1：论坛数据库的设计和实现

本论坛系统主要是一个基于 B/S 模式的网络应用，后台系统的开发拟采用 PHP 语言，由于 MySQL 数据库的安装配置非常简单、性能出色，维护也不像很多大型商业数据库管理系统那么复杂，因此本项目选用 MySQL 数据库作为网络论坛系统的数据库管理系统。

5.2.1 论坛数据库的设计

数据库的概念结构可以通过一组实体-关系（Entity-Relationship，E-R）图形式表示。概念结构设计侧重于数据内容的分析和抽象，以用户的观点描述应用中的实体以及实体间的联系。

1. 论坛数据库概念模型设计

通过对论坛基本功能分析，可以建立一个基本概念模型，确定的实体有用户、版块、帖子和评论。

① 用户实体的 E-R 图如图 5-2-1 所示，其属性包括用户 ID、昵称、账户、密码、性别、邮箱地址、注册时间、头像、电话及用户类型。

② 版块实体的 E-R 图如图 5-2-2 所示，其属性包括版块 ID、版块名称、版块描述和版主 ID。

③ 帖子实体 E-R 图如图 5-2-3 所示，其属性包括帖子 ID、帖子标题、帖子内容、修改时间、发表时间、所属版块、所属用户 ID、浏览次数、热门帖属性。

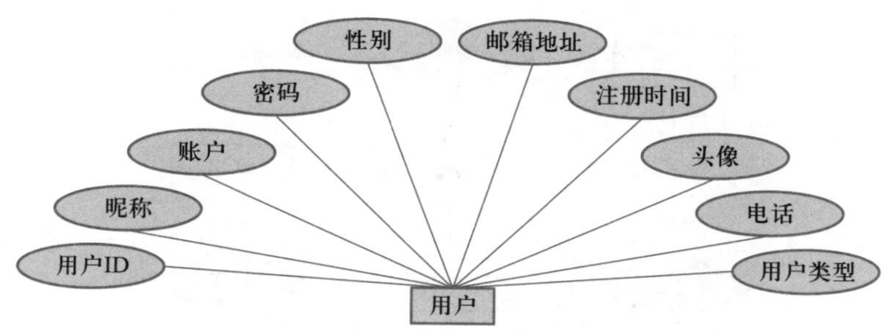

图 5-2-1　用户实体 E-R 图

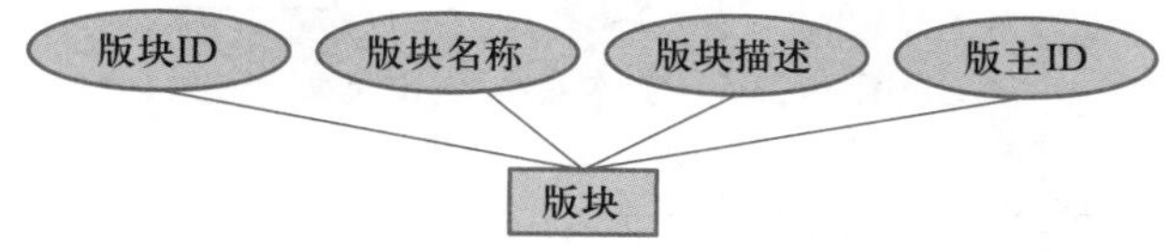

图 5-2-2　版块实体 E-R 图

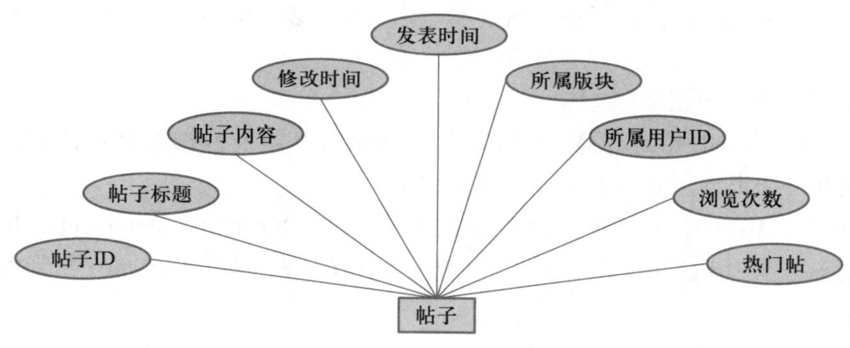

图 5-2-3　帖子实体 E-R 图

④ 评论实体 E-R 图如图 5-2-4 所示，其属性包括评论帖子 ID、评论用户 ID、发表时间、修改时间、评论内容、评论 ID。

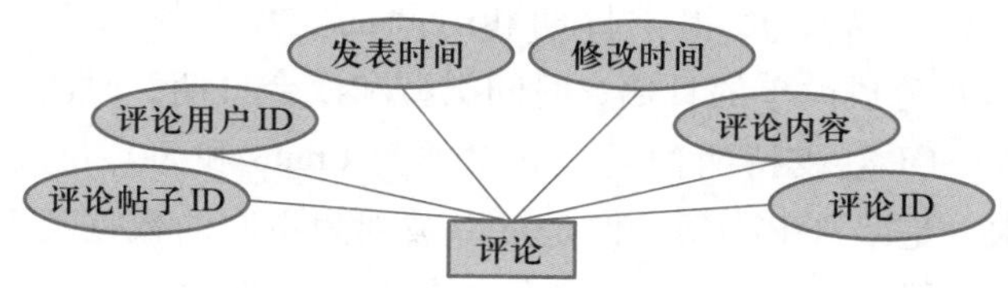

图 5-2-4　评论实体 E-R 图

⑤ 实体关系 E-R 模型如图 5-2-5 所示，用户和帖子之间是 1:N 的关系，一个用户可以发表多个帖子。帖子和评论是 1:N 的关系，一个帖子下可以有多条评论。一个用户可以发表多条评论。一个版块的版主只能有一个，一个用户可以是多个版块的版主。一个帖子也只能属于一个版块。

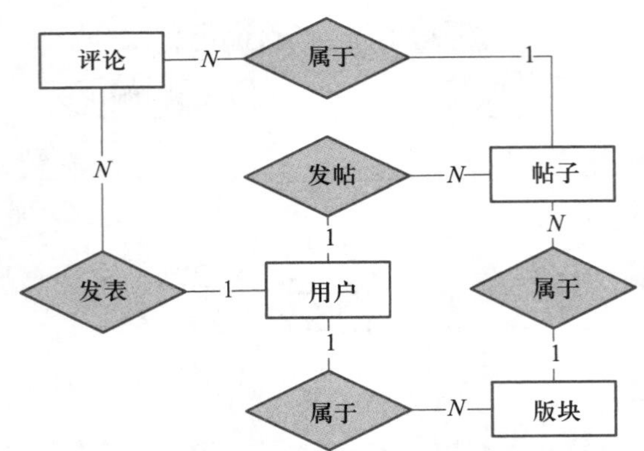

图 5-2-5 实体关系 E-R 模型

2. 论坛数据库逻辑结构设计

数据库的逻辑结构设计是将数据库概念结构转换成能采用二维表形式表示的逻辑结构，采用二维表来表示用户、版块、帖子和评论实体，表名分别为 users、boards、posts 和 comments。

(1) MySQL 基本数据类型

本系统采用 MySQL 作为数据库管理软件。MySQL 基本的数据类型包括数值型、字符串型、时间和日期类型、复合类型、二进制类型。

① 数值型。MySQL 支持的整数类型包括 Tinyint、Smallint、Mediumint、Int、Bigint，其支持的大小分别为 1 字节、2 字节、3 字节、4 字节和 8 字节。Unsigned 修饰符可规定字段只保存正值。

MySQL 支持的 3 种小数类型是 Float、Double 和 Decimal 类型。Float 用于表示单精度浮点数值；Double 用于表示双精度浮点数值；Decimal 用于精度要求较高的计算中。

② 字符串型。MySQL 提供了 Char、Varchar、Tinyblob、Tinytext、Text 等字符串类型，存储的范围从简单的一个字符到巨大的文本块或二进制字符串数据的字符串类型。

③ 日期和时间类型。MySQL 提供日期和时间的类型分别有 Date、Time、Datetime、Timestamp。它们可以被分成简单的日期、时间类型和混合日期、时间类型。

④ 复合类型。MySQL 还支持两种复合数据类型 Enum 和 Set，它们扩展了 SQL 规范。虽然这些类型在技术上是字符串类型，但是可以被视为不同的数据类型。一个 Enum 类型只允许从一个集合中取得一个值；而 Set 类型允许从一个集合中取得任意多个值。

⑤ 二进制类型。二进制类型是在数据库中存储二进制数据的数据类型。二进制类型包括 Binary、Varbinary、Bit、Tinyblob、Blob、Mediumblob 和 Longblob。

选择合适的数据类型应遵循以下原则：在符合应用要求（取值范围、精度）的前提下，尽量使用"短"数据类型；数据类型越简单越好；尽量采用精确小的数据类型（如 Decimal），而不采用浮点数据类型；在 MySQL 中，应该用内置的日期和时间数据类型，而不是用字符串来存储日期和时间。

（2）MySQL 的几种字段约束及表约束

在表结构设计的过程中，还不得不考虑字段的约束和表约束，下列是关于 MySQL 几种字段约束及表约束的介绍。

① 非空约束。非空性是指字段的值不能为空值（Null）。非空约束将保证所有记录中该字段都有值。如果用户新插入的记录中，该字段为空值，则数据库系统会报错。

② 主键约束。一个表通常可以通过一个字段（或多个字段组合）的数据来唯一标识表中的每一行，这个字段（或字段组合）被称为表的主键（Primary Key）。主键可以为表级约束，也可以为列级约束。主键约束通过不允许一个字段（或多个字段组合）输入重复的值来保证一个表中所有行的唯一性，使所有行都是可以进行区分的；一个表只能有一个主键，且构成主键的字段的数据不能为空（Null）值。

③ 唯一约束（Unique），是指在所有记录中该字段的值不能重复出现。唯一性约束将保证所有记录中该字段的值不能重复出现。

④ 自增约束（Auto_increment），是 MySQL 数据库中一个特殊的约束条件。其主要用于为表中插入的新记录自动生成唯一的 ID。一个表只能有一个字段使用 Auto_increment 约束，且该字段必须为主键的一部分。Auto_increment 约束的字段可以是任何整数类型（Tinyint、Smallint、Int、Bigint 等）。

⑤ 默认值约束。在创建表时，可以指定表中字段的默认值（Default）。如果在插入一条新的记录时，没有为这个字段赋值，那么数据库系统会自动为这个字段插入默认值。

⑥ 外键约束。如果表 A 的主关键字是表 B 中的字段，则该字段称为表 B 的外键（Foreign Key），表 A 称为主表，表 B 称为从表。创建外键应满足的条件有：数据类型匹配；长度相等；位于同一数据库；主表有主键约束或唯一性约束。

根据论坛系统的概念结构对数据的逻辑结构进行设计，用户表、版块表、帖子表和评论表分别见表 5-2-1～表 5-2-4 所示。

表 5-2-1　Users 表结构

字　段	数据类型	不能为空	唯一	默认	主键	外键	描　述
User_id	Int	是	是	自增	是	否	用户 ID
User_nickname	Varchar(50)	是	是	无	否	否	昵称
User_account	Varchar(50)	是	是	无	否	否	账户
User_password	Varchar(50)	是	否	无	否	否	密码
User_sex	Varchar(10)	是	否	无	否	否	性别
User_face	Varchar(255)	否	否	Null	否	否	头像
User_regtime	Datetime	是	否	Now()	否	否	注册时间
User_email	Varchar(20)	否	否	Null	否	否	电子邮件
User_mobile	Varchar(20)	否	否	Null	否	否	电话
User_type	Tinyint	是	否	无	否	否	用户类型

表 5-2-2 Boards 表结构

字　段	数据类型	不能为空	唯一	默认	主键	外键	描　述
Board_id	Int	是	是	无	是	否	版块 ID
Board_name	Varchar(50)	是	是	无	否	否	版块名
Board_description	Varchar(255)	否	否	无	否	否	版块描述
Moderatorid	Int	是	否	无	否	是	版主 ID

表 5-2-3 Posts 表结构

字　段	数据类型	不能为空	唯一	默认	主键	外键	描　述
Post_id	Int	是	是	自增	是	否	帖子 ID
Post_title	Varchar(50)	是	否	无	否	否	帖子标题
Post_content	Text	是	否	无	否	否	帖子内容
Post_mtime	Datetime	否	否	Null	否	否	修改时间
Post_pmtime	Datetime	是	否	Now()	否	否	发帖时间
Post_browsenum	Int	是	否	0	否	否	帖子浏览次数
Post_ishot	Tinyint	是	否	0	否	否	1 表示热门
Boardid	Int	是	否	无	否	是	所属版块 ID
Userid	Int	是	否	无	否	是	所属用户 ID

表 5-2-4 Comments 表结构

字　段	数据类型	不能为空	唯一	默认	主键	外键	描　述
Comment_id	Int	是	是	自增	是	否	评论 ID
Comment_mtime	Datetime	否	否	Null	否	否	修改时间
Comment_ptime	Datetime	是	否	Now()	否	否	发表评论时间
Comment_content	Text	是	否	无	否	否	评论内容
Postid	Int	是	否	无	否	是	所属帖子 ID
Userid	Int	是	否	无	否	是	评论用户 ID

5.2.2 MySQL 的安装

MySQL 可运行在不同的操作系统下，本项目采用 CentOS 7 系统的服务器，在 CentOS 7 系统中，默认的数据库是 MariaDB，通过 Yum 命令安装 MySQL 前，需要从官网上下载 Yum 资源包。

1. 使用 Yum 命令安装 MySQL

① 使用 wget 下载工具从 MySQL 官方网站下载 Yum 资源包，具体的命令如下。

```
[root@ localhost ~]# wget http://repo.mysql.com/mysql-community-release-el7.rpm
```

② 使用 Rpm 套件管理方式来安装资源包，具体的命令如下。

```
[root@ localhost ~]# rpm -ivh mysql-community-release-el7.rpm
```

③ 更新 Yum 源，具体的命令如下。

```
[root@ localhost ~]# yum update
```

④ 使用 Yum 命令安装 mysql-server，安装配置默认，具体的命令如下。

```
[root@ localhost ~]# yum -y install mysql-server
```

⑤ 在通常情况下，需要启动 MySQL 服务，并配置 MySQL 服务开机自启动，具体命令和注释如下。

```
[root@ localhost ~]#systemctl start mysqld
[root@ localhost ~]#systemctl enable mysqld
```

⑥ 连接 MySQL 服务器 root 账户的初始密码可以通过下列命令进行查看，具体的命令如下。本例命令执行显示结果如图 5-2-6 所示，即初始密码为“gQNQld(jh7TX”。

```
[root@ localhost ~]#grep "password" /var/log/mysqld.log
```

```
[root@localhost ~]# grep "password" /var/log/mysqld.log
2020-05-07T08:30:06.874064Z 6 [Note] [MY-010454] [Server] A temporary password is generated for root
@localhost: gQNQld(jh7TX
[root@localhost ~]# _
```

图 5-2-6　查看 MySQL 服务器 root 账户的初始密码

⑦ 当 MySQL 安装完成后，需要使用 mysql_secure_installation 命令修改 MySQL 服务器 root 账户的密码，具体的命令和配置过程如下。

```
[root@ localhost ~]# mysql_secure_installation
Enter current password for root (enter for none): #此处输入数据库超级管理员 root 的密码(注意不是系统 root 的密码),第一次进入还没有设置密码则直接按 Enter 键
Set root password? [Y/n]                        # 是否设置密码,输入 y
New password:                                   # 输入新密码
Re-enter new password:                          # 再次输入确认密码
Remove anonymous users? [Y/n]                   # 是否移除匿名用户,输入 y
Disallow root login remotely? [Y/n]             # 是否拒绝 root 远程登录,输入 y
Remove test database and access to it? [Y/n]    #是否删除 test 数据库,输入 y
Reload privilege tables now? [Y/n]              #是否重新加载权限表,输入 y
```

2. 验证 MySQL 安装结果

① 使用 mysqladmin 命令来检查服务器的版本，如果该命令执行后输出该系统的版本信息，说明 MySQL 安装成功；如果未输出信息，说明 MySQL 未安装成功，具体的命令如下。

```
[root@ localhost ~]#mysqladmin --version
```

② 在 CentOS 7 系统中安装 MySQL，MySQL 的配置文件是位于/etc/下的 my. cnf 文件。查看配置文件内容，具体的命令如下。

```
[root@ localhost ~]#cat /etc/my. cnf
```

③ 默认的配置文件信息及注释如下。

```
[mysqld]                                  #服务端基本配置
datadir=/var/lib/mysql                    #默认的数据存储目录
socket=/var/lib/mysql. sock               #客户端程序和服务器之间通信的套接字
log_error = /data/mysql/mysql. err        #记录错误日志文件
pid-file = /data/mysql/mysql. pid         #pid 所在的目录
```

5. 2. 3 MySQL 的基本管理

在 MySQL 配置完成后，用户需要使用账号、密码、主机地址等信息连接到 MySQL 服务器后才可以进行数据库的管理。

1. 连接 MySQL 服务器

连接 MySQL 实例需要使用 MySQL 工具，它提供连接 MySQL 实例的命令，命令的基本格式如下。

```
mysql-h<主机地址> -u<用户名> -p<用户密码> 密码< 端口>
```

① 默认配置下连接本机的 MySQL 服务，-h 参数为 localhost，连接端口参数-P 默认为 3306，本例具体连接到本主机的 MySQL 服务的命令如下。

```
[root@ localhost ~]#mysql -h localhost -uroot -pnew_password -P3306
```

② 连接成功后，输出显示如图 5-2-7 所示，出现“mysql >”表示 MySQL 准备好接受命令。一条 SQL 命令默认以分号结束。若执行结果显示为 error，表明 SQL 命令执行未成功，则检查拼写、英文符号等错误，修改后重新执行。

2. MySQL 的基本操作

MySQL 命令通常由 SQL 语句组成，以分号结束。按 Enter 键执行命令，显示执行结果

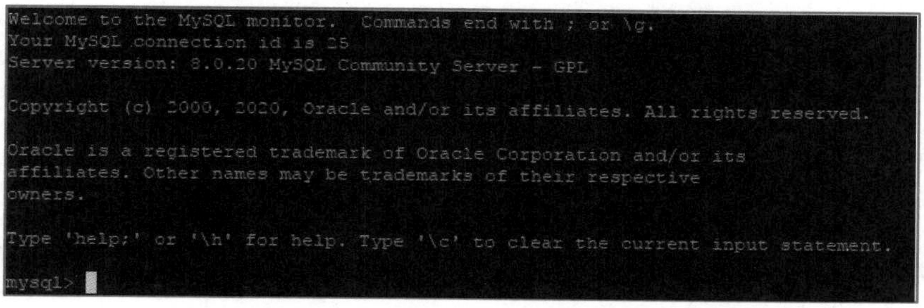

```
Welcome to the MySQL monitor.  Commands end with ; or \g.
Your MySQL connection id is 25
Server version: 8.0.20 MySQL Community Server - GPL

Copyright (c) 2000, 2020, Oracle and/or its affiliates. All rights reserved.

Oracle is a registered trademark of Oracle Corporation and/or its
affiliates. Other names may be trademarks of their respective
owners.

Type 'help;' or '\h' for help. Type '\c' to clear the current input statement.

mysql>
```

图 5-2-7　成功连接到 MySQL 服务器后的显示

后，执行结果由行和列组成的表显示，最后一行显示返回此命令影响的行数以及执行的时间。不必全在一行给出一个命令，可以输入到多行中，系统遇到“;”开始执行，使用 exit 命令可退出连接。

（1）通过命令查询服务器版本号，具体 SQL 语句如下。

```
mysql > select version( );
```

（2）查看当前系统时间，具体 SQL 语句如下。

```
mysql > select now( );
```

（3）查看当前系统中所有的数据库，具体 SQL 语句即执行结果如下。

```
mysql> show databases;
+--------------------+
| Database           |
+--------------------+
| information_schema |
| mysql              |
| performance_schema |
| sys                |
+--------------------+
```

① information_schema 是信息数据库，其中保存着关于服务器所维护的所有其他数据库的信息。

② mysql 数据库主要负责存储数据库的用户、权限设置、关键字等 MySQL 自己需要使用的控制和管理信息。

③ performance_schma 数据库主要用于收集数据库服务器性能参数。可用于监控服务器在一个较低级别的运行过程中的资源消耗、资源等待等情况。

④ sys 数据库库中所有的数据源来自 performance_schema 数据库，其存在的目的是把 performance_schema 的复杂度降低，让数据库管理员能更好地阅读这个库里的内容，更快地了解数据库的运行情况。

5.2.4 论坛数据库的创建

1. 数据库对象的基本操作

（1）建立数据库存放表及其对象使用 CREATE DATABASE 或 CREATE SCHEMA 语句，其基本语法格式如下。

```
CREATE{ DATABASE | SCHEMA}  [IF NOT EXISTS] db_name;
```

其中，db_name 表示数据库名；IF NOT EXISTS 表示在建数据库前进行判断，只有该数据库目前尚不存在时，才执行创建数据库的操作，此选项可以避免出现数据库已经存在而再新建的错误。

（2）查看当前存在的数据库，其基本语法格式如下。

```
SHOW DATABASES;
```

（3）若需要查看某数据库 db_name 的详细情况，其基本语法格式如下。

```
SHOW CREATE DATABASE db_name;
```

（4）删除数据库是指在数据库系统中删除已经存在的数据库。删除数据库之后，原来分配的空间将被收回。值得注意的是，当删除数据库时，会删除该数据库中所有的表和所有数据，删除数据库的基本语法格式如下。

```
DROP  DATABASE [IF EXISTS] db_name ;
```

其中，db_name 为数据库名；IF EXISTS 表示在删除数据库之前，系统会先判断数据库是否存在，只有数据库存在的情况下才会执行删除数据库的操作，使用此选项可以避免出现数据库不存在时，SQL 语句执行返回错误。

（5）选中数据库，系统当中可能存在多个数据库，接下来的命令操作是需要对哪个数据库进行操作，需要在执行 SQL 语句之前对数据库进行选中，其基本语法格式如下。

```
USE db_name ;
```

（6）创建数据表可以使用 CREATE TABLE 语句，其基本语法格式如下。

```
CREATE  [TEMPORARY] TABLE [IF NOT EXISTS] table_name
[([ column_definition ], … |[ index_definition ])]
[table_option];
```

其中，如果选择 TEMPORARY 参数，则表示该表为临时表，临时表将在连接 MySQL 期间存在，当断开连接时，MySQL 将自动删除表并释放所用的空间；如果选择 IF NOT EXISTS 参数，则表示在建数据库前进行判断，只有该数据库目前尚不存在时才执行创建数据库的操作；table_name 表示创建表的表名；column_definition 表示列的定义，包括列名、数据类型、列级别的约束条件和默认值等。index_definition 表示索引的定义；table_option 表选项可以对表的引擎、字符集、字符序、描述等选项进行设置。

（7）查看表结构。查看表结构是指查看数据库中已存在的表的定义。查看表结构使用 DESCRIBE 语句，其基本的语法格式如下。

```
DESCRIBE |DESC  table_name;
```

（8）SHOW CREATE TABLE 语句可以查看表的详细定义，该语句可以查看表的字段名、字段的数据类型、完整性约束条件等信息。除此之外，还可以查看表默认的存储引擎和字符编码。其基本语法格式如下。

```
SHOW  CREATE  TABLE  table_name;
```

（9）修改表结构的基本语法格式如下。

```
ALTER  TABLE  table_name
ADD  [COLMUN]  column_definition  [ FIRST | AFTER col_name]
[RENAME  [TO]  new_table_name]
[CHANGE  column_name  new_column_name]
[MODFIY  column_name]
[DROP  column_name]
```

ADD 表示增加字段，column_definition 是列的定义，通过[FIRST | AFTER]选项可以指定插入的字段的位置；RENAME 可对表名进行更改；CHANGE 和 MODIFY 可以修改字段的名字及其定义；DROP 则可以删除字段。

（10）删除表，是指删除数据库中已存在的表。删除表时，会删除表中的所有数据。因此，在删除表时要特别注意。MySQL 中通过 DROP TABLE 语句来删除表，其基本语法格式如下。

```
DROP  TABLE  [IF EXISTS]  table_name1,table_name2,…;
```

2. 论坛数据库和表的创建

（1）创建论坛系统数据库 forum 及表的 SQL 语句集合如下代码 1 所示，本例将其保存为文件 forum.sql。InnoDB 表示的是一种 MySQL 存储引擎，InnoDB 存储引擎是支持事务，并且支持外键（Foreign key）。

代码 1：数据库及表结构创建的 SQL 语句集合 forum.sql。

```
CREATE DATABASE forum;                                    #创建数据库 forum
USE forum;                                                #选中数据库 forum
CREATE TABLE users(                                       #创建 users 表
        user_id INT PRIMARY KEY AUTO_INCREMENT,           #用户 ID 字段
        user_nickname VARCHAR(50) NOT NULL UNIQUE,        #用户昵称字段
```

```
        user_account VARCHAR(50) NOT NULL UNIQUE,                #用户账户字段
        user_password VARCHAR(50) NOT NULL,                      #用户密码字段
        user_sex VARCHAR(10) NOT NULL,                           #用户性别字段
        user_face VARCHAR(255) DEFAULT NULL,                     #用户头像字段
        user_regtime DATETIME DEFAULT CURRENT_TIMESTAMP NOT NULL,#用户注册时间字段
        user_email VARCHAR(20) DEFAULT NULL UNIQUE,              #用户 E-mail 字段
        user_mobile VARCHAR(20) DEFAULT NULL UNIQUE,             #用户电话字段
        user_type TINYINT NOT NULL                               #用户类型字段
);

CREATE TABLE boards(                                             #创建 boards 表
        board_id INT PRIMARY KEY AUTO_INCREMENT,                 #版块 ID 字段
        board_name VARCHAR(50) NOT NULL UNIQUE,                  #版块名称字段
        board_description VARCHAR(255),                          #版块描述字段
        moderatorid INT NOT NULL,                                #版主 ID 字段
        FOREIGN KEY(moderatorid) REFERENCES users(user_id)#版主 ID 字段参照用户表中的
user_id 字段
    );

CREATE TABLE posts(                                              #创建 posts 表
        post_id INT PRIMARY KEY AUTO_INCREMENT,                  #帖子 ID 字段
        post_title VARCHAR(50) NOT NULL,                         #帖子标题字段
        post_content TEXT NOT NULL,                              #帖子内容字段
        post_mtime DATETIME DEFAULT NULL,                        #帖子修改时间字段
        post_ptime DATETIME DEFAULT CURRENT_TIMESTAMP NOT NULL, #帖子发表时间字段
        post_browsenum INT DEFAULT 0 NOT NULL,                   #帖子浏览次数字段
        post_ishot INT DEFAULT 0 NOT NULL,                       #帖子是否为热门帖
        boardid INT NOT NULL,                                    #帖子所在版块 ID
        userid INT NOT NULL,                                     #发帖用户的 ID
        FOREIGN KEY(boardid) REFERENCES boards(board_id), #帖子所在版块 ID 参照 boards 表
中的 board_id 字段
        FOREIGN KEY(userid) REFERENCES users(user_id)#发帖用户 userid 字段参照 users 表中
的 user_id 字段
);

CREATE TABLE comments(                                           #创建评论表
        comment_id INT PRIMARY KEY AUTO_INCREMENT,               #评论 ID 字段
        comment_mtime DATETIME DEFAULT NULL,                     #评论修改时间字段
```

```
    comment_ptime DATETIME DEFAULT CURRENT_TIMESTAMP NOT NULL,#评论发表时间字段
    comment_content TEXT NOT NULL,                          #评论内容字段
    postid INT NOT NULL,                                    #评论对应的帖子 ID
    userid INT NOT NULL,                                    #评论所属用户 ID
    FOREIGN KEY(postid) REFERENCES posts(post_id), #评论对应的 postid 参照 posts 表的
post_id 字段
    FOREIGN KEY(userid) REFERENCES users(user_id), #评论所属用户的 ID 参照 users 表中
的 user_id 字段
);
```

（2）直接将以上 SQL 语句通过复制粘贴命令到 MySQL 连接中执行。

（3）当数据库创建完成后，数据库管理员如发现有错误或者需要更改表结构，则可以使用 ALTER TABLE 对表结构进行更改。

（4）修改 posts 表中 post_ishot 字段名为 post_is_hot，具体的 SQL 语句如下。

```
mysql> ALTER TABLE posts CHANGE post_ishot post_is_hot tinyint
    -> DEFAULT 0 NOT NULL;
```

（5）修改 user_sex 字段的数据类型为 ENUM 类型，并指定选项为 f 和 m，具体的 SQL 语句如下。

```
mysql> ALTER TABLE users MODIFY user_sex ENUM('f','m') NOT NULL;
```

5.2.5 论坛测试数据的插入

1. 表数据的插入操作

INSERT 用于向一个已存在的表中插入新行。INSERT...VALUES 语句根据明确指定的值插入行。

（1）当向表中插入数据的时候，可以不指定具体的字段名，其基本语法格式如下。

```
INSERT INTO table_name VALUES(value1,value2,…,valuen);
```

其中，table_name 表示表名；value1、value2、valuen 为插入对应列的值。如果表中包含 n 个字段，那么 INSERT 语句中对应的列值也应该是 n 个。

（2）INSERT 语句还可以选择字段插入对应的数据，其基本语法格式如下。

```
INSERT INTO table_name(col_name1,col_name2,col_namen)
    VALUES(value1,value2,…,valuen);
```

其中，col_name1、col_name2、col_namen 表示指定插入哪些字段。如果表的字段比较多，用这种方法可以随意地设置字段的顺序，不需要按照表定义时字段的顺序。

（3）当向 MySQL 的某个表中插入多条记录时，可以使用多个 INSERT 语句逐条插入记录，也可以使用一个 INSERT 语句插入多条记录，其基本语法格式如下。

```
INSERT INTO table_name[(col_namelist)] VALUES(valuelist);
```

其中，table_name 表示表名；col_namelist 表示字段名列表，多个字段名使用逗号隔开；valuelist 表示需要插入的对应 col_namelist 中字段名的字段值，即一行记录，多个 valuelist 同时插入，只需要用逗号隔开。如果插入的数据很多时，一个 INSERT 语句插入多条记录的方式速度会比较快。

由于在定义表结构的时候，对字段有 Primary Key、Not Null、Unique、Auto_increment 等约束，如果插入的数据和这些约束冲突，MySQL 则会提示插入失败，通常出错的情况有以下几种。

① 对于 Auto_increment 字段插入 NuLL 值，让系统自动去维护。

② 对于默认值字段，如果插入 Default，即表示插入该字段的默认值。

③ 如果表示该值未知，通常插入 Null 值而不是 0 或者空字符串。对于字段约束不能为空的字段，则不能插入 Null 值。

④ 对于具有外键约束的字段，例如帖子表 posts 中 userid 字段的值，必须是用户表 users 中 user_id 这一列存在的值。

2. 表数据的修改操作

UPDATE 的功能是更新表中的数据。它的基本语法和 INSERT 的第 2 种用法相似。必须提供表名以及 SET 表达式，在后面可以增加 WHERE 以限制更新的记录范围，其基本语法格式如下。

```
UPDATE table_name SET column_name1 = value1,column_name2 = value2,...
[WHERE 条件表达式];
```

其中，table_name 表示表名称，column_name 表示需要修改的字段名，value 表示需要修改的字段名对应的字段值。UPDATE 可以同时更新多个字段的数据，以逗号隔开。如果使用 WHERE 子句，则 UPDATE 只会修改满足 WHERE 关键字后面的条件表达式结果为 TRUE 的那些行对应的字段值。

3. 表数据的删除

删除数据是删除表中已经存在的记录。在 MySQL 中，可通过 DELETE 语句来删除行记录，其基本语法格式如下。

```
DELETE FROM table_name [WHERE 条件表达式];
```

其中，table_name 表示待删除记录的所在的表名；同 UPDATE 语句一样，DELETE 语句同样可以选择使用 WHERE 子句，如果使用 WHERE 子句，则 DELETE 语句只会删除满足 WHERE 关键字后面的条件表达式结果为 TRUE 的那些行对应的记录。在 DELETE 语句中如果不加上 WHERE 条件表达式，数据库系统则会删除指定表中的所有数据。

4. 向论坛数据库插入测试数据

（1）向 users 表插入 3 个用户 admin、user1 和 user2，具体的 SQL 语句如下，SET names utf8 表示设置默认字符集为 utf8，字符集用来定义 MySQL 存储字符串的方式，具体的 SQL 语句如下。

```
mysql>SET names utf8;
    ->USE forum;
    ->INSERT INTO users VALUES
    ->(NULL,'admin','admin',md5('admin'),'m', NULL,DEFAULT, NULL, NULL,1),
    ->(NULL,'user1','user1',md5('user1'),'m', NULL,DEFAULT, NULL, NULL,2),
    ->(NULL,'user2','user2',md5('user2'),'f', NULL,DEFAULT, NULL, NULL,2);
```

（2）向 boards 表插入测试数据，具体的 SQL 语句如下。

```
mysql>USE forum;
    ->INSERT INTO boards VALUES
    ->(1,'Technology',NULL,1),
    ->(2,'News',NULL,1),
    ->(3,'Entertainment',NULL,1);
```

（3）向 posts 表插入测试数据，具体的 SQL 语句如下。

```
mysql>USE forum;
    ->INSERT INTO posts(post_title,post_content,boardid,userid) VALUES
    ->('testtitle1', 'testcontent1',1,2),
    ->('testtitle2', 'testcontent2',2,2),
    ->('testtitle3', 'testcontent3',3,3);
```

（4）向 Comments 表插入测试数据，具体的 SQL 语句如下。

```
mysql>USE forum;
    ->INSERT INTO comments(comment_ptime,comment_content,postid,userid) VALUES
    ->(DEFAULT, 'testcomment1',1,3),
    ->(DEFAULT, 'testcomment2',2,2),
    ->(DEFAULT, 'testcomment2',3,2);
```

（5）帖子的浏览次数可以使用以下的语句实现，具体的 SQL 语句如下。

```
mysql>UPDATE posts SET post_browsenum=post_browsenum+1 where post_id=1;
```

5.2.6 论坛数据库涉及的基本查询

1. 表数据的查询操作

对于数据的查询可使用 SELECT 语句，其基本语法格式如下，SELECT 语句后可以是表达式，也可以是函数，其基本语法格式如下。

```
SELECT [ALL | DISTINCT] <目标列表达式>
FROM <表名或视图名>
[WHERE <条件表达式>]
[GROUP BY <列名> ]
[HAVING <条件表达式> ]
[ORDER BY <列名 2> [ ASC| DESC ]]
[LIMIT 子句]
```

（1）查询所有字段，是指查询表中的所有字段的数据可以使用通配符“ * ”来查询，其基本语法格式如下，其中 table_name 为要查询表的表名。

```
SELECT * FROM table_name
```

（2）如果需要查询多个字段的数据，则使用逗号将列名隔开，其基本语法格式如下，其中 table_name 为要查询表的表名，colum_name 表示要查询的字段。

```
SELECT column_name[ ,column_name… ] FROM table_name
```

（3）DISTINCT 关键字可以去除重复的查询记录。和 DISTINCT 相对的是 ALL 关键字，即显示所有的记录（包括重复的），而 ALL 关键字是系统默认的。使用 DISTINCT 去除重复的记录，其基本语法格式如下。

```
SELECT DISTINCT(column_name) FROM table_name
```

（4）有时为了显示结果更加直观，需要一个更加直观的名字来表示这一列，而不是用数据库中的字段名。可以使用 AS 关键字为列字段取别名，其基本语法格式如下，其中 column_name 为字段名，column_alias 表示字段别名，table_alias 表示表别名。

```
SELECT column_name AS column_alias FROM table_name AS table_alias
```

（5）WHERE 子句通常是条件表达式，条件表达式的左边操作数和右边操作数进行比较表达式，比较结果为真返回 1，为假返回 0，不确定返回 NULL。SELECT 语句配合 WHERE 子句使用，可查询出满足 WHERE 条件表达式结果为真的数据行，基本语法格式如下，其中 conditional_expresssion 为条件表达式。

```
SELECT… FROM … WHERE conditional_expresssion
```

（6）MySQL 提供了一些集合函数用于简单的分析、统计查询数据，这些函数包括 COUNT( )、SUM( )、AVG( )、MAX( )和 MIN( )等。

① COUNT( )函数功能为统计记录的条数。

② SUM( )函数功能为计算字段的值的总和。

③ AVG( )函数功能为计算字段的值的平均值。

④ MAX( )函数功能为查询字段的最大值。

⑤ MIN( )函数功能为查询字段的最小值。

（7）分组查询是对数据按照某个或多个字段进行分组，在 MySQL 中使用 GROUP BY 关键字对数据进行分组，其基本语法格式如下。

```
GROUP BY 字段 [HAVING <条件表达式>]
```

GROUP 还可以和集合函数一起使用。GROUP BY 和 HAVING 可以一起限定显示记录所需满足的条件，只有满足条件的分组才会被显示。

（8）SELECT 语句中使用 ORDER BY 子句，对查询结果进行排序，其基本语法格式如下。

```
ORDER BY column_name [ASC|DESC]
```

在默认情况下，查询数据按升序（ASC）进行排序，若是用关键字 DESC，则可以让查询数据按降序进行排序。

（9）使用 SELECT 返回匹配的行时，如果只需要返回第一行或者前几行，可以使用 LIMIT 关键字，其基本语法格式如下。

```
LIMIT [offset ,] rows
```

其中 offset 表示位置偏移量，表示数据从哪一行开始显示，是一个可选参数。如果不指定 offset，将会从表中的第 1 行记录开始显示（第 1 行记录的位置偏移量为 0）；rows 表示返回的记录的条数。

（10）当 FROM 子句指定两张或两张以上的表时，称为表的联接（JOIN），进行比较的两列称为联接条件。所有的属性都可以指定其来自于那个表，这可以提高查询的可读性，其基本语法格式如下。

```
SELECT column_name_list
FROM table_name1 JOIN table_name2
ON table_name1. column_name=table_name2. column_name
```

2. 论坛数据库涉及的基本查询操作

（1）对查询浏览量大于 0 的帖子内容且按浏览量的降序进行排序，具体的 SQL 语句及其执行返回结果如下。

```
mysql> SELECT * FROM posts WHERE post_browsenum>0 ORDER BY
    -> post_browsenum\G
*************************** 1. row ***************************
       post_id: 1
    post_title: testtitle1
  post_content: testcontent1
    post_mtime: NULL
    post_ptime: 2020-05-15 08:26:40
post_browsenum: 1
   post_is_hot: 0
       boardid: 1
        userid: 2
1 row in set (0.00 sec)
```

（2）查询评论信息并去除查询结果中的重复评论，具体的 SQL 语句及其执行返回结果如下。

```
mysql> SELECT DISTINCT(comment_content) FROM comments;
+-----------------+
| comment_content |
+-----------------+
| testcomment1    |
| testcomment2    |
+-----------------+
2 rows in set (0.00 sec)
```

（3）查询热门帖子，即 post_is_hot 为 1 的帖子标题和内容，具体的 SQL 语句及其执行返回结果如下。

```
mysql> SELECT post_title,post_content FROM posts WHERE
-> post_is_hot=1;
```

（4）查询 post_id 为 2 的前两条评论，具体的 SQL 语句及其执行返回结果如下。

```
mysql> SELECT * FROM comments WHERE postid=1 LIMIT 0,2\G
*************************** 1. row ***************************
     comment_id: 1
  comment_mtime: NULL
  comment_ptime: 2020-05-15 08:26:44
comment_content: testcomment1
         postid: 1
         userid: 3
1 row in set (0.00 sec)
```

（5）查询发表的帖子数大于或等于 2 的用户昵称、性别及其发帖数，具体的 SQL 语句及其执行返回结果如下。

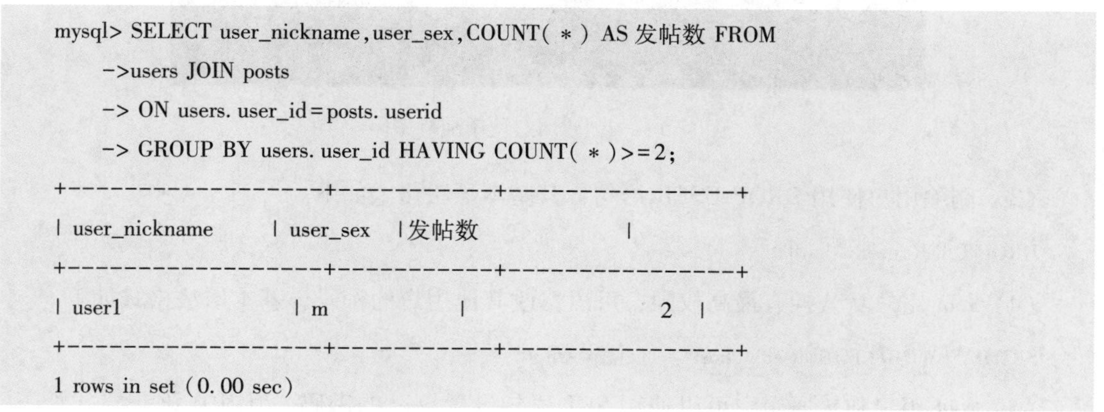

```
mysql> SELECT user_nickname,user_sex,COUNT( * ) AS 发帖数 FROM
    ->users JOIN posts
    -> ON users. user_id=posts. userid
    -> GROUP BY users. user_id HAVING COUNT( * )>=2;
+------------------+-----------+-----------------+
| user_nickname    | user_sex  |发帖数           |
+------------------+-----------+-----------------+
| user1            | m         |               2 |
+------------------+-----------+-----------------+
1 rows in set (0.00 sec)
```

5.3 任务 2：论坛数据库的管理

任务 2：论坛数据库的管理

5.3.1 论坛数据库权限管理

MySQL 服务通过权限表来控制用户对数据库的访问，权限表存放在系统数据库 MySQL 中。MySQL 提供了许多语句来管理用户账号，包括登录和退出 MySQL 服务、创建用户、删除用户和权限管理等内容。

1. MySQL 用户管理

在 MySQL 的日常管理中，通常需要创建一系列具有适当权限的用户，而尽可能地避免恶意用户使用 root 来操作控制数据库。

（1）使用 CREATE USER 语句创建新用户，其基本语法格式如下。其中 user 表示创建的用户的名称，host 表示允许登录的主机名称，IDENTIFIED BY 表示用来设置用户的密码。

```
CREATE USER 'user'@'host' IDENTIFIED BY 'auth_string'
```

（2）当使用 CREATE USER 语句创建用户后，在 MySQL 数据库的 user 表中会新增一条记录，但是新建的用户没有任何权限，如果添加的用户已经存在，CREATE USER 语句会返回一个错误。密码如果不满足复杂性要求，也会返回创建用户失败。也可以使用 IDENTFIED BY RANDOM PASSWORD 的方式创建随机密码，如图 5-3-1 所示，语句执行成功后返回系统生成的随机密码“go:CP5tYy@vj>DcyaTlh”。

```
mysql> create user 'user2'@"%" Identified by random password;
+-------+------+----------------------+
| user  | host | generated password   |
+-------+------+----------------------+
| user2 | %    | go:CP5tYy@vj>DcyaTIh |
+-------+------+----------------------+
1 row in set (0.02 sec)
```

图 5-3-1 创建用户使用随机密码

（3）删除用户使用 DROP USER 语句，其基本语法格式如下。

```
DROP USER 'user'@ 'host'
```

（4）root 用户默认拥有最高权限，可以修改其他用户的密码，基本语法格式如下。

```
SET PASSWORD FOR 'user'@ 'host' = 'new_password'
```

（5）root 用户和普通用户可以使用 SET 语句设置自己的密码，其基本语法格式如下，其中，new_password 是设置的新密码。

```
SET PASSWORD = 'new_password'
```

2. MySQL 权限管理

MySQL 判断该用户可以正常登录后，需要再对该用户的权限进行验证。所有用户的权限都存储在 MySQL 的权限表中。为了避免给 MySQL 服务器带来安全隐患，数据库管理员需要对用户的权限进行合理规划。MySQL 的权限系统主要是验证连接到一台给定主机的用户，并且赋予该用户在数据库上的 SELECT、INSERT、UPDATE 和 DELETE 等权限，常用的权限在权限表中对应的列及权限范围的说明见表 5-3-1。

表 5-3-1 权限表中对应的列及权限范围

权　限	权限表中对应的列	权限的范围
CREATE	Create_priv	数据库、表或索引
DROP	Drop_priv	数据库、表或视图
SELECT	Select_priv	表或列
INSERT	Insert_priv	表
UPDATE	Update_priv	表或列
DELETE	Delete_priv	表
ALTER	Alter_priv	数据库
GRANT	Grant_priv	数据库、表或视图

- CREATE 权限。可以创建新数据库、表或索引，如果将 CREATE 权限授予某个用户，则该用户可以创建数据库、表或索引。
- DROP 权限。可以创建数据库、表或视图。
- SELECT、INSERT、UPDATE 和 DELETE 权限分别允许在一个数据库现有的表上实施查询、添加、更新和删除操作。

- ALTER 权限。可以使用 ALTER TABLE 更改表结构和重新命名表。
- GRANT 权限。允许用户将权限授权给其他用户。

MySQL 的这些权限在授予和收回的时候可以分为多个层级，系统数据库 mysql 中的表 user、db、tables_priv、columns_priv、procs_priv 等记录了这些层级的权限信息。

① 全局层级权限适用于给定服务器的所有数据库，这些权限存储在系统数据库 mysql 的 user 表中。

② 数据库层级权限适用于给定数据库中的所有目标，这些权限存储在系统数据库 mysql 的 db 表中。

③ 表层级权限适用于给定表中的所有列，这些权限存储在系统数据库 mysql 的 tables_priv 表中。

④ 列层级权限适用于给定表中的单一列，这些权限存储在系统数据库 mysql 的 columns_priv 表中。

⑤ 子程序层级权限适用于已存储的子程序。这些权限可以被授予全局层级和数据库层级，这些权限存储在系统数据库 mysql 的 procs_priv 表中。

（1）在 MySQL 中，拥有 GRANT 权限的用户可以为用户授予权限，REVOKE 收回权限、SHOW GRANTS 查看权限，合理的权限可以保证数据库的安全。使用 GRANT 语句可为用户赋予权限，其基本语法格式如下。

```
GRANT priv_type [(column_list)][, priv_type [(column_list)]] ...
    ON [object_type] priv_level
    TO user [, user] ...
    [WITH GRANT OPTION]
```

① priv_type 表示权限类型。

② column_list 表示权限作用于哪些列上，如果不指定，则表示作用于整个表。

③ object _ type 表示指定授权作用的对象类型，包括 TABLE、FUNCTION、PROCEDURE，分别表示表、函数、存储过程。

④ priv_level 表示指定授予权限的数据库和表，其基本语法格式如下。

```
*.*                    #所有库和所有表
db_name.*              #数据库 db_name 下的所有表
db_name.tbl_name       #数据库 db_name 下的 tbl_name 表
```

⑤ user 表示用户账户，由用户名和主机名（或 IP 地址）构成，其基本语法格式如下。

```
'username'@'localhost'
```

⑥ WITH GRANT OPTION 表示允许将自己的权限赋予其他用户。

（2）使用 REVOKE 收回权限，即取消已经赋予用户的权限。REVOKE 有两种语法格式，第 1 种方式可以收回指定的权限，其基本语法格式如下。

```
REVOKE
    priv_type [(column_list)]
    [, priv_type [(column_list)]] ...
    ON [object_type] priv_level
    FROM user [, user] ...
```

REVOKE 语句的第 2 种方式是收回所有用户的所有权限，此语法可以取消用户的所有全局层级、数据库层级、表层级和列层级的权限，其基本语法格式如下。

```
REVOKE ALL [PRIVILEGES], GRANT OPTION
    FROM user [, user] ...
```

其中，FROM 语句可以指明需要收回权限的用户。

（3）使用 SHOW GRANTS 语句查看指定用户的权限信息，其基本语法格式如下。

```
SHOW GRANTS FOR 'user'@'host';
```

3. 论坛数据库的用户权限管理

在实际情况中，并不希望每个用户都可以执行所有的数据库操作，当 MySQL 允许一个用户执行各种操作时，它将首先核实该用户向 MySQL 服务器发送的连接请求，然后确认用户的操作请求是否被允许。因此，论坛数据库的基本用户权限管理需要进行以下操作。

（1）创建一个新用户 admin，密码为随机密码，允许其从本主机访问 MySQL，具体的 SQL 语句及其执行返回结果如下。

```
mysql> CREATE USER 'admin'@'localhost' IDENTIFIED BY RANDOM PASSWORD;
+--------+-----------+----------------------+
|user    | host      | generated password   |
+--------+-----------+----------------------+
|admin   | localhost | *AG2J,YxDKUDeAteLqgH |
+--------+-----------+----------------------+
```

（2）创建一个用户 user1，密码为“Forum@123,./”，具体的 SQL 语句如下。

```
mysql> CREATE USER 'user1'@'%' IDENTIFIED BY 'Forum@123,./';
```

（3）查看 admin 用户的权限信息，查询语句及返回结果如下，admin 用户创建成功，只具有连接服务器的权限（USAGE），具体的 SQL 语句及其执行返回结果如下。

```
mysql> SHOW GRANTS FOR 'admin'@'localhost';
+-------------------------------------------+
| Grants for admin@localhost                |
+-------------------------------------------+
| GRANT USAGE ON *.* TO 'admin'@'localhost' |
+-------------------------------------------+
```

（4）赋予 admin 用户对于数据库 forum 中所有表的所有权限，并指定其可以将自己的权限赋予给其他用户，具体的 SQL 语句及其执行返回结果如下。

```
mysql> GRANT ALL PRIVILEGES
    -> ON forum. *
    -> TO 'admin'@ 'localhost'
    -> WITH GRANT OPTION;
```

（5）查看 admin 用户的权限信息，具体的 SQL 语句及其执行返回结果如下。

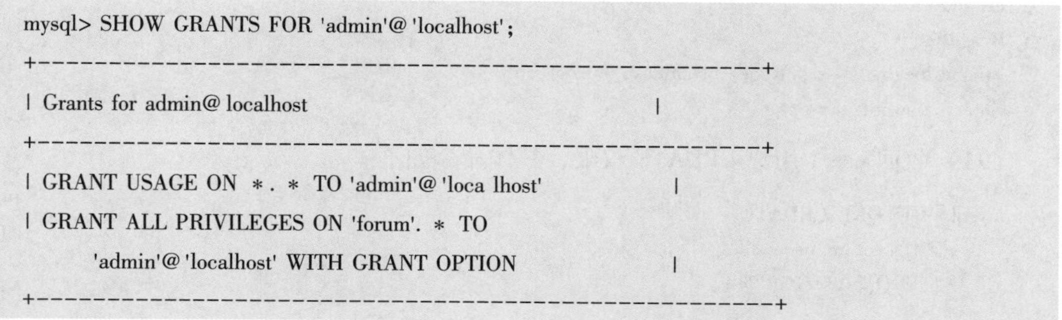

```
mysql> SHOW GRANTS FOR 'admin'@ 'localhost';
+------------------------------------------------------+
| Grants for admin@ localhost                         |
+------------------------------------------------------+
| GRANT USAGE ON *. * TO 'admin'@ 'loca lhost'          |
| GRANT ALL PRIVILEGES ON 'forum'. * TO
      'admin'@ 'localhost' WITH GRANT OPTION          |
+------------------------------------------------------+
```

（6）使用 admin 用户连接 MySQL 服务器，连接成功，退出连接 SQL 语句及连接登录命令如下。

```
mysql> exit
Bye
[root@ localhost ~]#mysql -hlocalhost -u admin -p
Enter password: *******
```

（7）使用 GRANT 语句赋予 user1 用户对数据库 forum 中所有表查看的权限，赋予其对 forum 数据库 users 表中 user_face 字段更新的权限，具体的 SQL 语句如下。

```
mysql> GRANT SELECT
    -> ON forum. *
    -> TO 'user1'@ '%';
mysql> GRANT UPDATE(user_face)
    -> ON forum. users
    -> TO 'user1'@ '%';
```

（8）使用 user1 用户连接 MySQL 服务器，连接成功，具体的连接登录命令如下。

```
[root@ localhost ~]#mysql -hlocalhost -u user1 -p forum@ 123,./
```

（9）修改 forum 数据库 users 表中所有记录的 user_face 字段值为/image/default. jpg，具体的 SQL 语句及其执行返回结果如下。

```
mysql> SELECT user_nickname,user_face FROM forum. users;
+---------------+--------------------+
```

```
| user_nickname | user_face            |
+---------------+--------------------+
|admin          | /image/default. jpg |
| user1         | /image/default. jpg |
| user2         | /image/default. jpg |
+---------------+--------------------+
```

（10）使用 root 用户连接到 MySQL 服务器。

```
mysql> exit
Bye
[root@ localhost ~]#mysql -hlocalhost -u root -p
Enter password: *******
```

（11）收回 user1 用户 UPDATE 权限，具体命令如下。

```
mysql> REVOKE UPDATE
    -> ON forum. users
    -> FROM 'user1'@'%';
```

（12）收回 admin 用户的所有权限，具体命令如下。

```
mysql> REVOKE ALL
    -> ON forum. *
    -> FROM 'admin'@'localhost';
```

（13）删除 admin 和 user1 用户，具体命令如下。

```
mysql> DROP USER 'admin'@'localhost','user1'@'%';
```

（14）使用 SELECT 语句查看 mysql 数据库中的 user 表，显示用户已经被删除，具体查询命令及返回结果如下。

```
mysql> SELECT user,host FROM mysql. user;
+-----------------+-----------+
|user              | host      |
+-----------------+-----------+
| mysql. infoschema | localhost |
| mysql. session    | localhost |
| mysql. sys        | localhost |
|root              | localhost |
+-----------------+-----------+
```

5.3.2 论坛数据库备份与恢复

当系统“崩溃”或者硬件损坏时，可能会导致数据丢失，因此数据库管理员应该定期备份数据，使得意外情况出现时，尽可能地减少损失。

1. 使用 mysqldump 工具备份

mysqldump 工具是 MySQL 数据库自带的备份工具，该工具提供数据库 mysqldump 备份命令。它支持数据库全备也可以指定库进行备份，它备份的文件以文件形式存储并且文件内容都是 SQL 语句。mysqldump 备份数据库的命令基本格式如下。

```
mysqldump [options] -u user -h host -p password dbname[tbname[, tbname...]]
> filename.sql
```

其中，user 表示用户名；host 表示主机名；password 为登录密码；dbname 为需要备份的数据库名称；tbname 为 dbname 数据库中需要备份的数据库表，可以指定多个表，用逗号隔开；>表示将备份数据表的定义和数据写入备份文件；filename.sql 为备份文件的名称。常见的 option 选项及含义如下。

① --databases，表示指定备份多个数据库。

② --all-databases，表示备份所有数据库。

③ --force，表示当出现错误时仍然继续备份操作。

④ --default-character-set，表示指定默认字符集。

⑤ --add-locks，表示备份数据库表时锁定数据库表。

2. 通过直接复制数据库数据文件进行备份

因为 MySQL 数据库结构、表结构及数据等是以文件行的形式存储在 MySQL 服务器或指定的存储路径中。在 Linux 平台下，数据目录的位置通常为/var/lib/mysql/。因此，直接复制 MySQL 数据库的存储目录及文件也是一种备份方式，这种方式虽然简单，但是对于 InnoDB 存储引擎的表不太适用，将备份文件复制到不同版本的 MySQL 服务器，可能会不兼容。数据库目录可以查看配置文件，具体查询命令如下，查询执行的结果如图 5-3-2 所示，datadir 行就定义了数据存储的路径。

```
cat /etc/my.cnf
```

3. 使用 mysql 工具进行还原

使用 mysql 工具将备份导出的 SQL 文件导入 MySQL 就能实现数据库还原，具体的命令格式如下。

```
mysql -u user -p [dbname] < filename.sql
```

其中，user 是可以连接到 MySQL 并执行脚本的用户名；-p 表示用户密码；dbname 是数据库名，可以省略。

4. 使用 SELECT INTO OUTFILE 语句备份数据

使用 SELECT INTO OUTFILE 语句备份数据，这种方法只能导出数据的内容，不包括

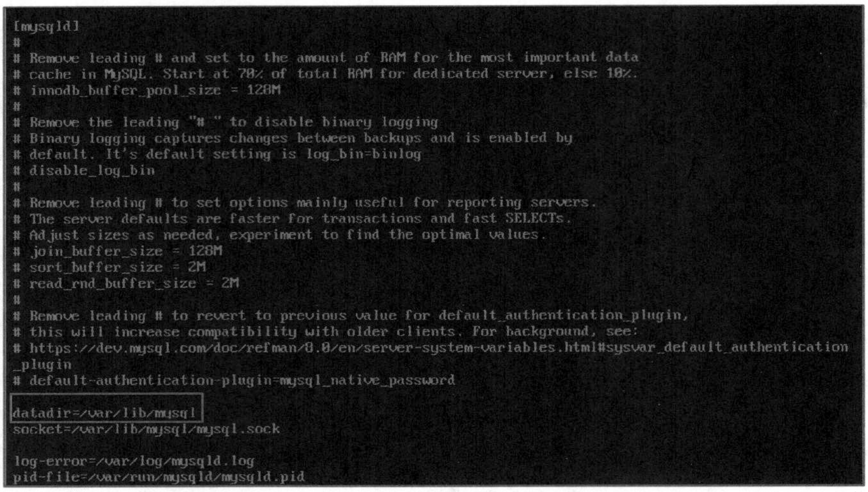

```
[mysqld]
#
# Remove leading # and set to the amount of RAM for the most important data
# cache in MySQL. Start at 70% of total RAM for dedicated server, else 10%.
# innodb_buffer_pool_size = 128M
#
# Remove the leading "# " to disable binary logging
# Binary logging captures changes between backups and is enabled by
# default. It's default setting is log_bin=binlog
# disable_log_bin
#
# Remove leading # to set options mainly useful for reporting servers.
# The server defaults are faster for transactions and fast SELECTs.
# Adjust sizes as needed, experiment to find the optimal values.
# join_buffer_size = 128M
# sort_buffer_size = 2M
# read_rnd_buffer_size = 2M
#
# Remove leading # to revert to previous value for default_authentication_plugin,
# this will increase compatibility with older clients. For background, see:
# https://dev.mysql.com/doc/refman/8.0/en/server-system-variables.html#sysvar_default_authentication
_plugin
# default-authentication-plugin=mysql_native_password

datadir=/var/lib/mysql
socket=/var/lib/mysql/mysql.sock

log-error=/var/log/mysqld.log
pid-file=/var/run/mysqld/mysqld.pid
```

图 5-3-2 my.cnf 文件配置信息

表的结构，如果表的结构文件损坏，必须要先恢复原来表的结构，其基本语法格式如下。

```
SELECT columnlist FROM table_name where_condition INTO OUTFILE 'file_name'
[OPTIONS]
```

这种方法允许使用包含导出定义的 SELECT 语句进行数据的导出操作。columnlist 表示 SELECT 语句查询的列，table_name 表示 SELECT 语句查询的表，where_condition 表示 SELECT 语句的查询条件；file_name 表示导出文件的名称；OPTIONS 的具体语法格式如下。

```
FIELDS
[TERMINATED BY 'value']
[[OPTIONALLY] ENCLOSED BY 'value']
[ESCAPED BY 'value']]
[STARTING BY 'value']
[LINES TERMINATED BY 'string']
```

① FIELDS TERMINATED BY 'value'：设置字段之间的分隔字符，value 可以为单个或多个字符，默认情况下为制表符。

② FIELDS [OPTIONALLY] ENCLOSED BY 'value'：设置字段的包围字符，只能为单个字符，如果使用了 OPTIONALLY，则只包括 Char 和 Varchar 等字符数据字段。

③ FIELDS ESCAPED BY 'value'：设置如何写入或读取特殊字符，只能为单个字符，即设置转义字符，默认值为'\'。

④ LINES STRING BY 'value'：设置每行数据开头的字符，可以为单个或多个字符，默认情况下不设置任何字符。

⑤ LINES TERMINATED BY 'value'：设置每行数据结尾的字符，可以为单个或多个字符，默认值为“\n”。

5. 使用 LOAD DATA 语句导入文本文件

MySQL 允许将数据导出到外部文件，也支持从外部文件导入数据。MySQL 提供了一些导入数据的语句，如 LOAD DATA。LOAD DATA 用于高速地从一个文本文件中读取行，并装入一个表中。其基本语法格式如下。

```
LOAD DATA INFILE file_name INTO TABLE table_name [OPTIONS] [IGNORE
number LINES]
```

其中，file_name 表示待导入的数据库备份文件的名称；table_name 表示需要导入的数据表的表名。IGNORE 表示把与原有行相同的唯一关键字的输入行跳过。OPTIONS 选项和说明参照 SELECT INTO OUTFILE 语句的该选项的说明。

6. 论坛数据库的备份和恢复过程

（1）使用 mysqldump 将 forum 数据库中的 posts 表，备份到文件/var/lib/mysql-files/forum_backup. sql，具体备份命令如下。

```
[root@ localhost ~]# mysqldump -uroot -p forum > /var/lib/mysql-files/forum_backup. sql
```

（2）备份命令执行结束之后，使用 cat 命令可查看 forum_backup. sql 内的具体内容，具体查看命令如下。

```
[root@ localhost ~]# cat /forum_backup. sql
```

（3）为了验证数据还原结果，在当前数据库先删除 forum 数据库。登录 MySQL 后，输入下列命令删除 forum，具体的 SQL 语句如下。

```
mysql>drop database forum;
```

（4）通过 mysql 命令使用 forum_backup. sql 文件还原数据库，具体的 mysql 命令如下。

```
[root@ localhost ~]# mysql -h localhost -u root -p < /var/lib/mysql-files/forum_backup. sql
```

5.3.3 论坛数据库状态监控

（1）在 CentOS 7 系统中，查看 MySQL 服务的运行状态，具体的命令如下。

```
[root@ localhost ~]#systemctl status mysqld
```

（2）连接到 MySQL 后，查看 MySQL 运行状态，具体的 SQL 语句如下。

```
mysql> SHOW GLOBAL STATUS;
```

（3）在不连接 MySQL 的情况下，可以使用下列 mysqladmin 命令查看 MySQL 的运行状态，具体的命令如下，其中 extended-status 可以用 ext 进行缩写。

```
[root@ localhost ~]#mysqladmin -uroot -p extended-status
```

5.3.4 论坛数据库性能监控与优化

MySQL 服务器的状态信息包括查看当前 MySQL 启动后的运行时间、MySQL 的客户端会话连接数、MySQL 服务器执行的慢查询数、MySQL 执行了多少 SELECT/UPDATE/DELETE/INSERT 语句等统计信息。查看 MySQL 运行状态，优化 MySQL 运行效率，就需要使用 SHOW STATUS 命令。

```
SHOW STATUS LIKE 'value'
```

其中，value 是要查询的参数值，常见查询的 value 值如下。

① Connetcions 表示连接 MySQL 服务器的次数。

② Uptime 表示 MySQL 服务器上线的时间。

③ Slow_queries 表示慢查询的次数。慢查询是指 MySQL 通过慢查询日志的方式记录了所有执行超过 long_query_time 参数设定的时间阈值的查询，此参数可以在 my. cnf 文件内设置，单位为秒，前提是需要 MySQL 开启慢查询日志。

④ Com_select 表示查询操作的次数。

⑤ Com_insert 表示插入操作的次数。

⑥ Com_update 表示更新操作的次数。

⑦ Com_delete 表示删除操作的次数。

⑧ Com_commit 表示执行的事务提交次数。

⑨ Com_rollback 表示执行的事务回滚次数。

⑩ Qcache_hits 表示查询缓存命中次数。

通过监控这些性能参数，可以计算出每秒查询量（Queries Per Second，QPS）、每秒事务量（Transactions Per Second，TPS）、查询命中率等性能指标。

MySQL 的性能优化包括服务器硬件优化、MySQL 配置优化、数据库结构优化、查询优化等。优化的原则是减少系统瓶颈、减少资源的占用，从而提高数据库整体性能，并通过合理设计结构和调整参数以提高用户操作的响应速度。

1. 服务器硬件优化

服务器的硬件性能直接决定了 MySQL 数据库的性能，提高硬件配置可以提高数据库的查询、更新的速度。可通过提升硬件设备，如选择高频率的内存、提升网络带宽、使用 SSD 高速磁盘、提升 CPU 性能等方法来优化 MySQL 服务器。其中，对于数据库并发比较高的场景，CPU 的数量比频率重要；对于 CPU 密集型场景和频繁执行复杂 SQL 的场景，CPU 的频率越高越好。

2. MySQL 配置优化

优化 MySQL 的配置可以提高资源利用率，通过修改 MySQL 的参数配置，可以在一定程度上提高 MySQL 服务器的性能。配置优化的方法主要是通过在/etc/my.cnf 文件的[mysqld]组中添加或修改参数，下列是对 MySQL 服务器性能影响较大的几个参数。

(1) innodb_buffer_pool_size

此参数设置的是 InnoDB 类型的表和索引的最大缓存，其单位为字节，这个值越大，查询的速度越快，但是太大也会影响操作系统的性能。

(2) innodb_flush_log_at_trx_commit

此参数是设置何时将缓冲区的数据写入日志文件，并将日志文件写入磁盘中。该参数有3个值，分别为0、1和2。

该参数的值为0时表示每隔1秒将数据写入日志文件并将日志文件写入磁盘；

该参数的值为1时，表示每次提交事务时将数据写入日志文件并将日志写入磁盘，1也是该参数的默认值；

该参数的值为2时，表示每次提交事务时将数据写入日志文件，每隔1秒将日志文件写入磁盘。

(3) key_buffer_size

此参数设置的是索引缓冲区的大小。增加缓冲区可以得到更好的索引效果，但是值太大会降低操作系统的性能。

(4) table_cache

此参数设置的是同时打开的表的个数，该参数值越大，表示能够同时打开的表的个数越多，但是打开的表太多会影响操作系统的性能。

(5) long_qurey_time

此参数设置的是慢查询日志的阈值设置，单位为秒。

(6) interactive_timeout

此参数设置的是服务器关闭连接前等待行动的秒数。

(7) wait_timeout

此参数设置的是在关闭一个连接时等待行动的秒数。

(8) max_connections

此参数设置的是数据库的最大连接数，即此参数的值越大，MySQL 支持的连接数越大，但是过多的连接可能会导致 MySQL 服务器"僵死"。调高该参数则应降低 interactive_timeout、wait_timeout 的值。

3. 数据库结构优化

数据库结构对于数据库的性能起着关键性的作用，合理的数据库结构可以减小磁盘空间占用率，而且能够加快查询速度。数据库结构的优化有以下常见的方法。

(1) 将字段较多的表分解成多个表。尽管在数据库设计的时候要考虑数据不能冗余，但是由于存在使用率较低的字段会导致查询速度变慢。因此，对于字段较多的表而言，如果有些字段的使用率较低，那么这个表的结构就可以做出一些改变，例如将这些字段利用率较低的字段分离出来形成一个新的表。

（2）增加中间表。对于经常需要进行多表连接查询的表，可以建立一个中间表，并将原来联合查询的表的数据插入到中间表，并将原来联合查询的数据插入中间表，从而将原来需要对多表进行连接的查询改为直接对中间表查询。

（3）增加冗余字段。对于那些经常需要连接另外的表来进行的查询，其需要查询的字段只是另外一个表的个别字段，而不是所有字段，需要通过增加冗余字段的方式来优化查询速度。

（4）优化插入记录的速度。影响插入速度的主要是索引、唯一性校验、一次性插入记录速度的条数等。对于 INNODB 引擎常见的优化方法有。

① 在执行插入记录前禁用唯一性检查，插入数据后开启，其基本语法格式如下。

```
SET unique_checks=0              #禁用唯一性检查
SET unique_checks=1              #开启唯一性检查
```

② 在执行插入记录前禁用外键检查，插入数据后开启，其基本语法格式如下。

```
SET foreign_key_checks=0              #禁用外键检查
SET foreign_key_checks=1              #开启外键检查
```

③ 在执行插入记录前禁止事务的自动提交，在导入完成之后，再恢复自动提交操作，其基本语法格式如下。

```
SET autocommit=0              #禁止事务的自动提交
SET autocommit =1             #恢复事务的自动提交
```

（5）分析表、检查表和优化表

MySQL 中提供分析表、检查表和优化表的方法，分析表主要的目的是分析表关键字的分布，检查表主要是检查表是否存储在错误，优化表的目的主要是消除删除或者更新造成的空间浪费。

① MySQL 中使用 ANALYZE TABLE 语句来分析表，其基本语法格式如下。

```
ANALYZE TABLE table_name [ ,tablename...]
```

分析表的结果以二维表的形式显示 Table、Op、Msg_type 和 Msg_text 等 4 个字段的信息。其中，Table 表示表的名称；Op 表示执行的操作，该字段值有 ANALYZE、CHECK 和 OPTIMIZE，ANALYZE 表示进行分析操作，CHECK 表示进行检查查找，OPTIMIZE 表示进行优化操作；Msg_type 表示信息类型，其显示的值通常是状态、警告、错误和信息这四者之一；Msg_text 显示信息。

② MySQL 中使用 CHECK TABLE 语句来检查表。CHECK TABLE 语句能够检查表是否存在错误。而且，该语句还可以检查视图是否存在错误，其基本语法格式如下。

```
CHECK TABLE table_name [ ,table_name...]
```

③ MySQL 中使用 OPTIMIZE TABLE 语句来优化表，但是 OPTIMIZE TABLE 语句只能

优化表中的 Varchar、Blob 或 Text 类型的字段，其基本语法格式如下。

```
OPTIMIZE TABLE table_name[ ,table_name…]
```

④ 通过 OPTIMIZE TABLE 语句可以消除删除和更新造成的磁盘碎片，从而减少空间的浪费。如果一个表使用了 Text 或者 Blob 这样的数据类型，那么更新、删除等操作就会造成磁盘空间的浪费。因为，在进行更新和删除操作后，以前分配的磁盘空间不会自动收回。使用 OPTIMIZE TABLE 语句就可以将这些磁盘碎片整理出来，以便以后再利用。

4. 查询优化

通过对查询语句的分析，可以了解查询语句的执行情况，找出查询语句执行的瓶颈，使用索引等方式对查询进行优化。

（1）在 MySQL 中，可以使用 EXPLAIN 语句来分析查询语句，其基本语法格式如下。

```
EXPLAIN SELECT select_options
```

EXPLAIN 分析的结果以二维表的形式显示 Id、Select_type、Table、Type、Possible_keys、Key、Key_len、Ref、Rows 和 Extra 等字段的信息。其中，Id 段表示 SELECT 语句的编号。Select_type 表示 SELECT 语句的类型，该字段有几个常用的取值，Simple 表示简单查询，其中不包括连接查询和子查询；Primary 表示主查询，或者是最外层的查询语句；Union 表示连接查询的第 2 个或后面的查询语句。Table 表示查询的表的表名。Type 表示表的连接类型，该字段值有几个常用的取值，Const 表示表中有多条记录，但只从表中查询一条记录；Eq_ref 表示多表连接时，后面的表使用了 Unique 或者 Primary Key；Ref 表示多表查询时，后面的表使用了普通索引；Unique_ subquery 表示子查询中使用了 Unique 或者 Primary Key；Index_subquery 表示子查询中使用了普通索引；Range 表示查询语句中给出了查询范围；Index 表示对表中的索引进行了完整的扫描；All 表示此次查询进行了全表扫描。Possible_keys 表示查询中可能使用的索引，如果备选的数量大于 3 会导致选择索引而损耗性能，所以建表时字段最好精简，同时也要建立联合索引，避免无效的单列索引。Key 表示查询使用到的索引。Key_len 表示索引字段的长度。Ref 表示使用哪个列或常数与索引一起来查询记录。Rows 表示查询的行数，这个值反映出 SQL 执行所需要扫描的行数，因此这个值越小越好。Extra 表示查询过程的附件信息。

（2）MySQL 索引的建立对于 MySQL 的高效运行是很重要的，索引可以大大提高 MySQL 的检索速度。索引也是一张表，该表保存了主键与索引字段，并指向实体表的记录。虽然索引大大提高了查询速度，同时却会降低更新表的速度，如对表进行 INSERT、UPDATE 和 DELETE 操作。因为当更新表时，MySQL 不仅要保存数据，还要保存索引文件。

① 创建一个普通索引可以使用 CREATE INDEX 语句，其基本语法格式如下。

```
CREATE INDEX index_Name ON table_name(column_name(length));
```

② 使用 SHOW INDEX 语句可以查看表的索引信息，其基本语法格式如下。

```
SHOW INDEX FROM table_name
```

通过 SHOW INDEX 查看 users 表发现系统默认为 user_id、user_nickname、user_account、user_email、user_mobile 这些主键或 Unique 约束的字段创建了索引。下面使用 EXPLAIN 来分析 3 种查询语句来查询 user_nickname 为 user2 的用户的 user_email、user_mobile 信息，找出优化的查询语句。

第 1 种方式执行语句和结果如下。

```
mysql> explain select user_nickname,user_email,user_mobile from
       ->users where user_nickname like '%er2'\G
*************************** 1. row ***************************
           id: 1
  select_type: SIMPLE
        table: users
   partitions: NULL
         type: ALL
possible_keys: NULL
          key: NULL
      key_len: NULL
          ref: NULL
         rows: 3
     filtered: 33.33
        Extra: Using where
```

第 2 种方式执行语句和结果如下：

```
mysql> explain select user_nickname,user_email,user_mobile from
       ->users where user_nickname like 'user2'\G
*************************** 1. row ***************************
           id: 1
  select_type: SIMPLE
        table: users
   partitions: NULL
         type: range
possible_keys: user_nickname
          key: user_nickname
      key_len: 152
          ref: NULL
         rows: 1
     filtered: 100.00
        Extra: Using index condition
```

对比两种查询方式的分析结果，第1种方式的Rows字段值为3，Key字段值为NULL；第2种方式的Rows字段值为1，Key字段值为user_nickname。说明第1种方式在查询的时候扫描了3行，没有使用索引，第2种方式扫描了1行，使用了索引，即第2种方式查询效果更好，也说明了索引在一定程度上对查询速度有积极的影响。

5. 论坛数据库的优化过程

数据库管理员可以对forum数据库表结构进行优化，例如users表中有些字段不常用，可以将users表分解成两个表，即表users和表users_detail。其中，表users管理用户的登录认证信息，包括user_id、user_account、user_password、user_type字段；表users_detail包括user_id、user_nickname、user_sex、user_face、user_regtime、user_email、user_mobile字段。具体的实现过程如下。

（1）选中数据库，导出表users中user_id、user_account、user_password、user_type字段的数据到文本文件usersdata中，具体的SQL语句如下。

```
mysql> use forum;
mysql> select user_id,user_account,user_password,user_type
    ->from users into outfile "/var/lib/mysql-files/usersdata";
```

（2）导出表users中user_id、user_nickname、user_sex、user_face等字段的数据到文本文件usersdetaildata中，具体的SQL语句如下。

```
mysql> select user_id,user_nickname,user_sex,user_face,
    -> user_regtime,user_email,user_mobile from users
    ->into outfile "/var/lib/mysql-files/usersdetaildata";
```

（3）创建一个新表users_detail，其创建出来的新表包含源表的完整表结构和索引信息与users表相同，具体的SQL语句如下。

```
mysql> create table users_detail like users;
```

（4）禁用唯一性检查和外键检查，具体的SQL语句如下。

```
mysql> SET unique_checks=0;
mysql> SET foreign_key_checks=0;
```

（5）删除users表和users_detail表中的数据，具体的SQL语句如下。

```
mysql> delete from users;
mysql> delete from users_detail;
```

（6）删除users表中的user_nickname、user_sex、user_face、user_reqtime、user_email、user_mobile字段，具体的SQL语句如下。

```
mysql> alter table users drop column user_nickname;
mysql> alter table users drop column user_sex;
```

```
mysql> alter table users drop column user_face;
mysql> alter table users drop column user_regtime;
mysql> alter table users drop column user_email;
mysql> alter table users drop column user_mobile;
```

（7）删除 users_detail 表中的 user_account、user_password、user_type 字段，具体的 SQL 语句如下。

```
mysql> alter table users_detail drop column user_account;
mysql> alter table users_detail drop column user_password;
mysql> alter table users_detail drop column user_type;
```

（8）分别将第（1）步和第（2）步中导出的数据，导入到 users 表和 users_details 表中，具体的 SQL 语句如下。

```
mysql> load data infile '/var/lib/mysql-files/usersdata' into
    ->table forum.users;
mysql> load data infile '/var/lib/mysql-files/usersdetaildata'
    ->into table forum.users_detail;
```

（9）开启唯一性检查和外键检查，具体的 SQL 语句如下。

```
mysql> SET unique_checks=1;
mysql> SET foreign_key_checks=1;
```

本章小结

本章以网络论坛系统数据库为引导，介绍了关系型数据库、关系型数据库管理系统、MySQL 的安装和管理、数据库模型的建立、数据库的创建、数据的操作、数据库权限管理、数据库的备份恢复、数据库的状态监控、数据库的性能监控与优化，重点介绍了论坛系统的数据库设计、实现和管理。通过本章的学习，读者应能够安装 MySQL、创建数据库和表、实现数据的基本操作和管理。

本章习题

一、单项选择题

1. 关系型数据库指的是经过数学理论验证的，可以保存现实生活中的各种关系数据，数据库中存储数据以（　　）为单位。

A. 图　　B. 二维表　　C. 键值对　　D. 列

2. 在员工信息管理系统中，员工 ID 字段是唯一能识别员工的，那么此字段在设计的时候最好采用（　　）约束。

A. Unique　　B. Not Null　　C. Primary Key　　D. Default

3. 需要查询的字段涉及两张及以上的表，可以使用下列（　　）方法实现基于多表的查询。

A. LIMIT　　B. WHERE　　C. JOIN　　D. 以上 3 种都不能实现

4. 在网络论坛系统中，帖子表如需增加一个是否为精华帖字段，该字段的值只能取 0 或 1，0 表示不是精华帖，1 代表是精华帖，以下（　　）MySQL 数据类型最适合该字段。

A. Int　　B. Tinyint　　C. Varchar(50)　　D. Set

二、判断题

1. 索引创建的越多越好。(　　)

2. 如果表 A 中的某字段作为外键参照了表 B 中的某字段，直接使用 DROP 语句删除 B 表将会删除失败。(　　)

3. 使用 mysqldump 具备份数据库导出的仅仅是表中的数据。(　　)

第6章 Linux操作系统基础

【学习目标】

知识目标

了解 Linux 发展史和主流发展版本。

掌握系统账户与安全相关概念。

掌握文件管理与磁盘管理相关知识。

掌握 LVM 扩容、yum 命令相关用途。

技能目标

Linux 系统安装与配置。

学会使用文件、目录的操作命令。

学会使用 useradd、userdel、groupadd 等账户与安全命令。

运用 RPM 工具和 yum 命令。

【认证考点】

能够熟练使用 Linux 系统基本操作命令。

能熟练掌握系统账户与安全基本概念及常见操作命令。

能掌熟练握磁盘和文件系统管理的工作机制及其操作命令。

能熟练掌握软件包管理。

项目引导：系统管理员的日常账户与磁盘管理

【项目描述】

目前，Linux 在服务器领域已经占到大中型互联网公司的 70%~80%，作为网站底层承载的 Linux 系统来说，已得到大批量的应用。未来 Linux 会在各行各业得到普遍的应用。小李作为企业 Linux 系统管理员，对服务器上文件、目录、账户安全以及磁盘进行管理是其最基本的日常工作。本章将通过小李在日常维护 Linux 系统服务器中遇到的不同问题以及解决办法来介绍系统账户与磁盘管理的内容。

知识储备

6.1 Linux 操作系统概述

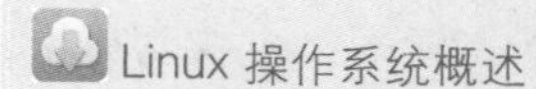

在操作系统的发展的过程中，出现了各种各样的实用操作系统，Linux 操作系统就是这类实用操作系统之一，本节主要介绍 Linux 的起源、特点和版本。

6.1.1 Linux 系统概述

Linux 是一套免费使用和自由传播的类 UNIX 操作系统，是一个基于 POSIX 和 UNIX 的多用户、多任务、支持多线程和多 CPU 的操作系统。它能运行主要的 UNIX 工具软件、应用程序和网络协议。它支持 32 位和 64 位硬件。Linux 继承了 UNIX 以网络为核心的设计思想，是一个性能稳定的多用户网络操作系统。1991 年 10 月，Linux 的创始人 Linus Torvalds 在 comp. os. minix 新闻组上发布消息，正式向外宣布 Linux 内核的诞生，1994 年 3 月，Linux 1.0 发布，代码量 17 万行，当时是按照完全自由免费的协议发布，随后正式采用 GPL（General Public License，是一份 GNU 通用公共授权）协议。Linux 具有如下优点：

① 稳定、免费或者花费少。

② 安全性高。

③ 多任务，多用户。

④ 耗资源少。

⑤ 由于内核小，所以它可以支持多种电子产品，如 Android 手机、PDA 等。

6.1.2 Linux 发展和主流发行版本

1. Linux 的发展

Linux 操作系统的诞生、发展和成长过程始终依赖着 5 个重要支柱，即 UNIX 操作系统、Minix 操作系统、GNU 计划、POSIX 标准和 Internet 网络。

1981 年 IBM 公司推出微型计算机 IBM PC。

1991 年，GNU 计划已经开发出了许多工具软件，最受期盼的 GNU C 编译器已经出现，GNU 的操作系统核心 HURD 一直处于实验阶段，没有任何可用性，实质上也没能开发出完整的 GNU 操作系统，但是 GNU 奠定了 Linux 用户基础和开发环境。

1991 年初，Linus Torvalds 开始在一台 386SX 兼容微机上学习 Minix 操作系统。1991 年 4 月，Linus Torvalds 开始酝酿并着手编制自己的操作系统。

Linux 能有今天的发展绝非偶然，将 Linux 加入 GUN 项目计划，使 Linux 遵循 POSIX 标准，是促使 Linux 茁壮成长的两个至关重要的决策。

2. Linux 的主流发行版本

（1） Debian Linux

Debian 运行起来极其稳定，这使得它非常适合用于服务器。Debian 平时维护 3 套正式的软件库和 1 套非免费软件库，这给另外几款发行版（如 Ubuntu 和 Kali 等）带来了灵感。Debian 这款操作系统派生出了多个 Linux 发行版。发行版包括 Woody、Sarge 和 Sid。Woody 是最稳定安全的系统，但稳定性的苛刻要求导致它不会使用软件的最新版本，非常适合于服务器的运行；Sarge 上则运行了版本比较新的软件，但稳定性不如 Woody，比较适合普通用户；Sid 保证了软件是最新的，但不能保证这些最新的软件在系统上能稳定运行，适合于乐于追求新软件的爱好者。

（2） Ubuntu

Ubuntu 是 Debian 的一款衍生版，也是当今最受欢迎的免费操作系统之一。Ubuntu 侧重于它在这个市场的应用，在服务器、云计算甚至一些运行 Ubuntu 的移动设备上很常见。Ubuntu 基于 Debian 发行版和 GNOME 桌面环境，与 Debian 的不同在于它每 6 个月会发布一个新版本。Ubuntu 的目标在于为一般用户提供一个最新的同时又相当稳定的主要由自由软件构建而成的操作系统。Ubuntu 具有庞大的社区力量，用户可以方便地从社区获得帮助。作为 Debian Gnu Linux 的一款衍生版，Ubuntu 的进程、外观和感觉大多数仍然与 Debian 一样。它使用 apt 软件管理工具来安装和更新软件。它也是如今市面上用起来最容易的发行版之一。Ubuntu 使用基于 apt 的程序包管理器。

（3） RedHat Linux/Fedora Core

最出色、用户最多的 Linux 发行版本之一。RedHat 公司在 2003 年发布了 RedHat 9.0，之后转向了支持商业化的 RedHat Enterprise Linux（RHEL），并选择了和开源社区合作的方式，以 Fedora Core X（X 为版本号）的名称继续发布。Fedora Core 每半年发布一个最新的版本。

（4）红旗 Linux

红旗 Linux 是由北京中科红旗软件技术有限公司开发的一系列 Linux 发行版，包括桌面版、工作站版、数据中心服务器版、HA 集群版和红旗嵌入式 Linux 等产品。红旗 Linux 与 Windows 有相似的用户界面，界面十分美观、操作起来也非常简单，是我国较大、较成熟的 Linux 发行版之一。

（5）CentOS

CentOS 是一款企业级 Linux 发行版，它使用红帽企业级 Linux 中的免费源代码重新构建而成。这款重构版完全去掉了注册商标以及 Binary 程序包方面一个非常细微的变化。对于有些不想支付过多的费用，又想领略红帽企业级 Linux 系统的用户来说，CentOS 值得一试。此外，CentOS 的外观和行为似乎与红帽企业级 Linux 如出一辙。CentOS 使用 yum 来管理软件包。CentOS 作为服务器端环境现在应用非常广泛。

6.1.3 Linux 系统安装与配置

1. Linux 系统安装

（1）新建 Linux 虚拟机，如图 6-1-1 所示。

（2）选中“稍后安装操作系统”单选按钮，如图 6-1-2 所示。

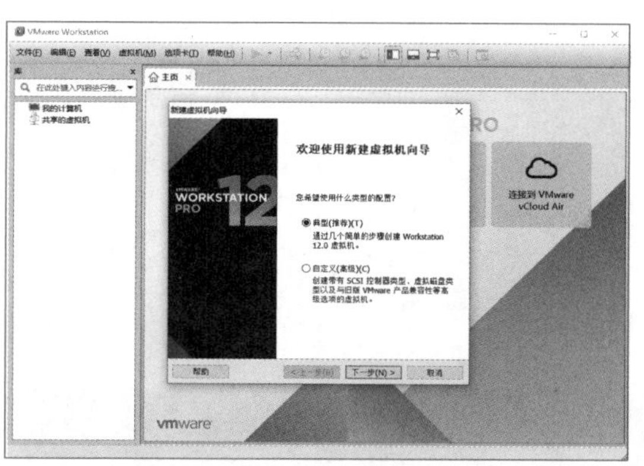

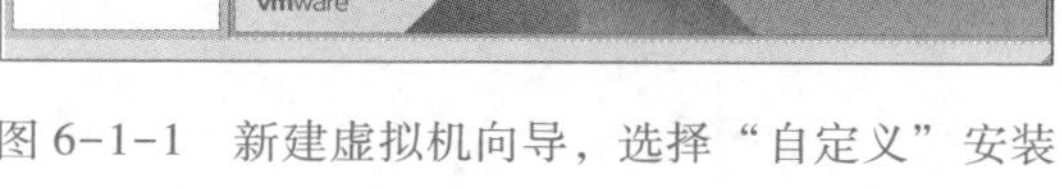

图 6-1-1 新建虚拟机向导，选择“自定义”安装

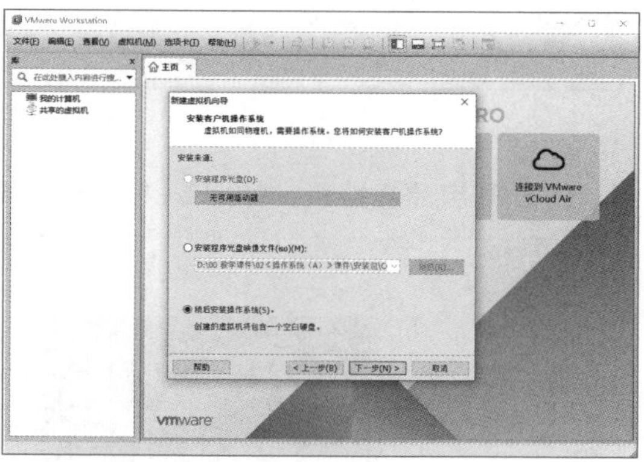

图 6-1-2 选择稍后安装操作系统

（3）单击“下一步”按钮，选择要安装的系统，如图 6-1-3 所示。

（4）为系统命名，并设置安装目录，存储虚拟机的位置用户自定义，由于虚拟机文件较大，建议不要放 C 盘中，如图 6-1-4 所示。

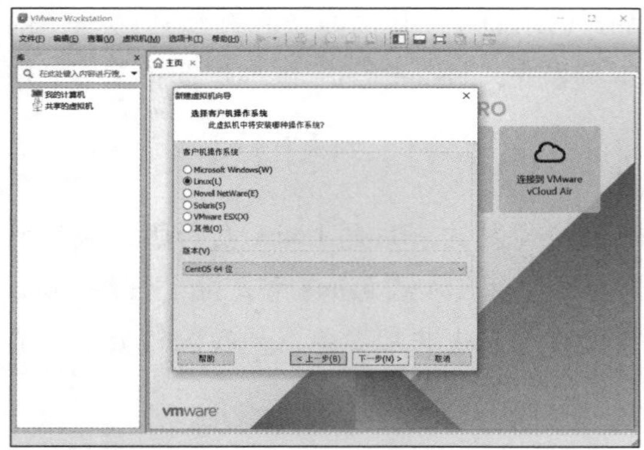

图 6-1-3　选择要安装的系统

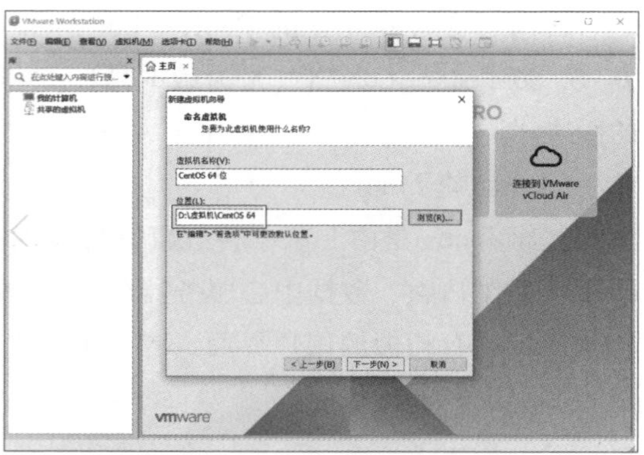

图 6-1-4　为系统命名并设置安装目录

（5）设置硬盘大小，如图 6-1-5 所示。

（6）自定义硬件，使用 ISO 镜像文件，如图 6-1-6 所示。

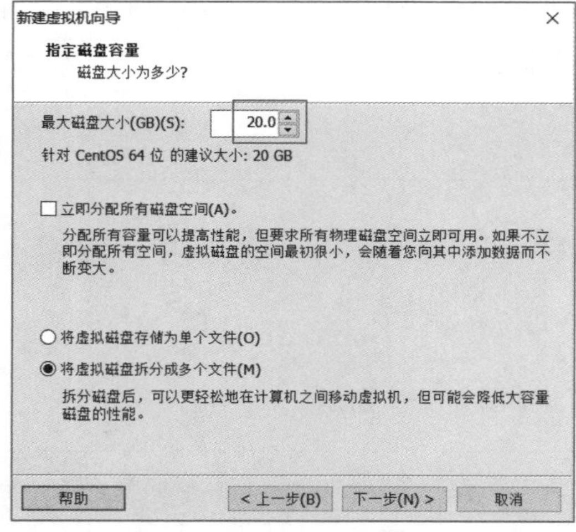

图 6-1-5　设置硬盘大小

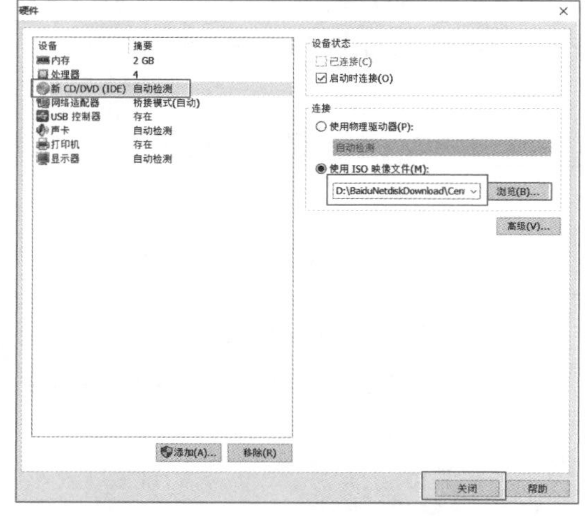

图 6-1-6　自定义硬件

（7）开启此虚拟机，如图 6-1-7 和图 6-1-8 所示。

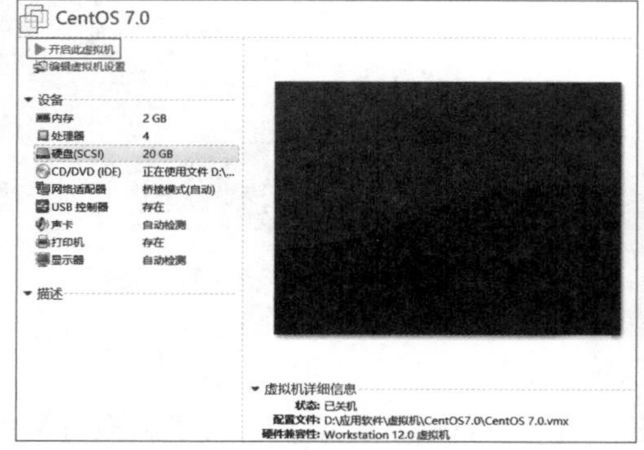

图 6-1-7　虚拟机开启

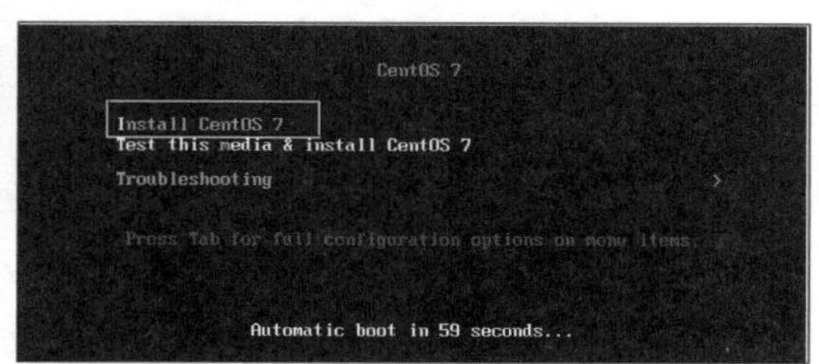

图 6-1-8　虚拟机开启界面选择

界面说明：

Install CentOS 7：安装 CentOS 7；

Test this media & install CentOS 7：测试安装的光盘镜像并安装 CentOS 7；

Troubleshooting：修复故障，是指无法正常启动的 Linux 系统时，再使用。

（8）进入欢迎页面，选择“中文”→“简体中文（中国）”，单击“继续”按钮，如图 6-1-9 所示。

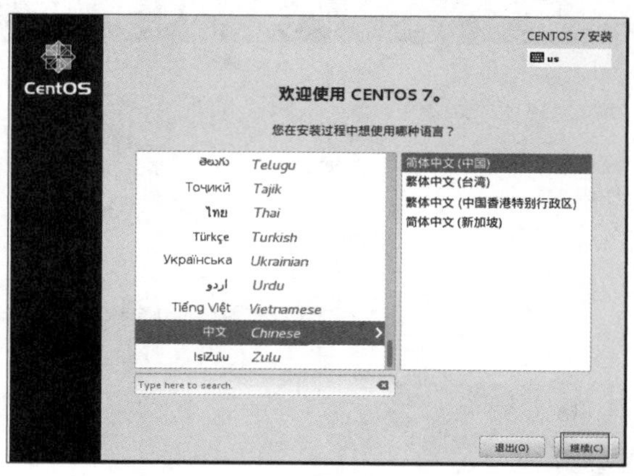

图 6-1-9　进入语言选择页面

2. Linux 系统配置

（1）软件包选择，初学者建议选择带 GUI 的服务器，同时也安装“开发工具”相关的软件包，然后单击“完成”按钮，如图 6-1-10 所示。

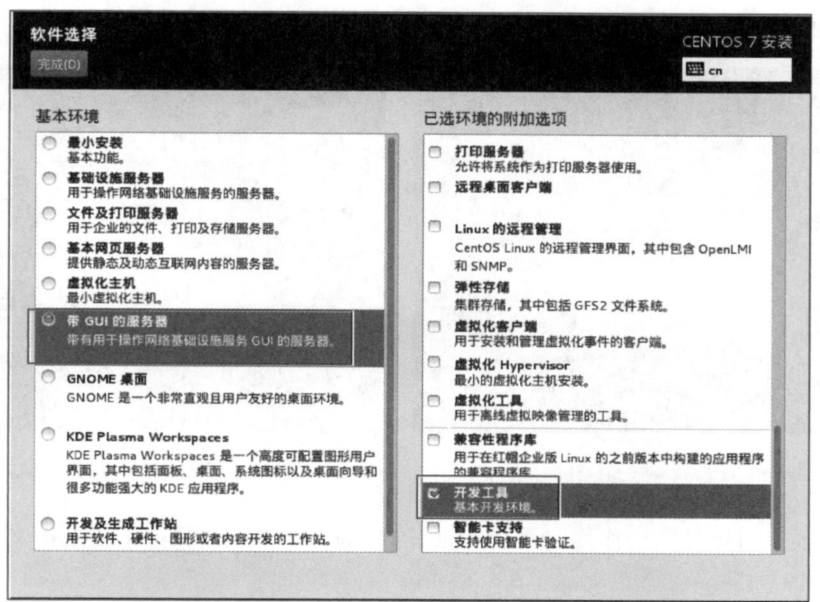

图 6-1-10　软件包选择

（2）进入磁盘分区界面。选择“其他存储选项”→“分区”→“我要配置分区”，单击左上角的“完成”按钮，进入如图6-1-11所示的界面，在分区方案有标准分区、Btrfs、LVM、LVM简单配置，这里选择“标准分区”方案即可。

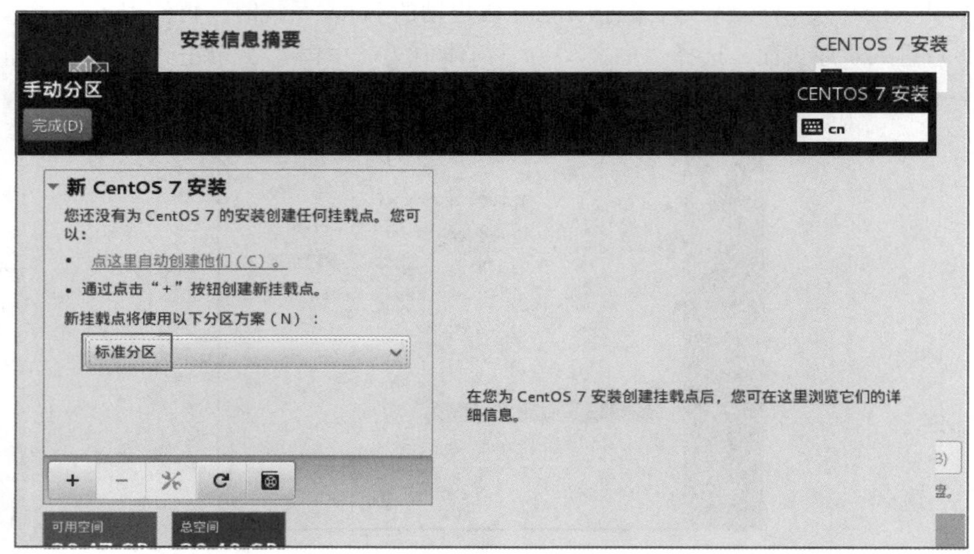

图6-1-11 磁盘分区页面

（3）然后单击“+”按钮创建新的分区，提前规划好分区，boot分区200 MB，一般swap分区为物理内存的1.5~2倍，当物理机内存多于16 GB后，swap分区在8 GB~16 GB之间。根分区18 GB，实际工作中可以创建数据分区，一般把数据和系统分开，如图6-1-12~图6-1-14所示。

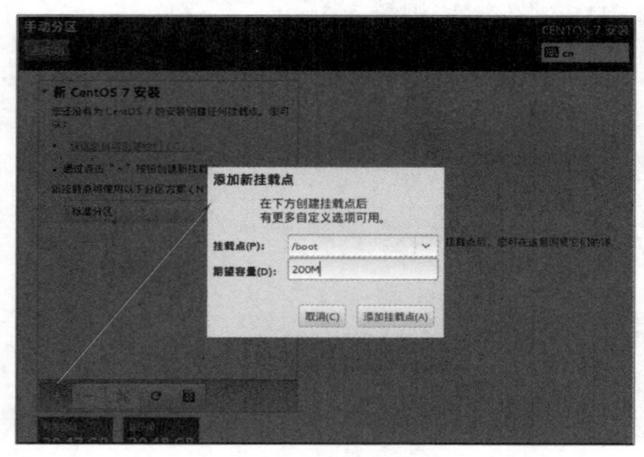

图6-1-12 boot分区页面

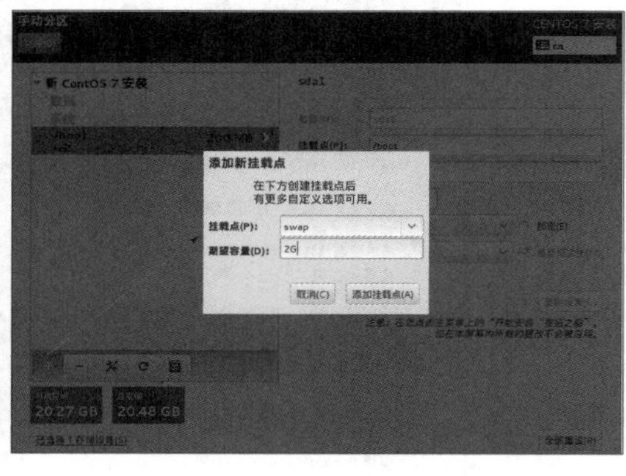

图6-1-13 swap分区页面

boot分区：引导分区。作用是系统启动，在boot分区存放着grub、内核文件等，大小一般为200 MB。

swap交换分区：内存扩展分区、交换分区。一般最多8 GB或16 GB。

根分区：所有文件的根，绝对路径的开始标志。

sda：表示第 1 块磁盘。

（4）网络配置，默认 CentOS 7 是关闭网络的，这里一定要开启以太网连接，将会自动获取 IP 地址，如图 6-1-15 所示。

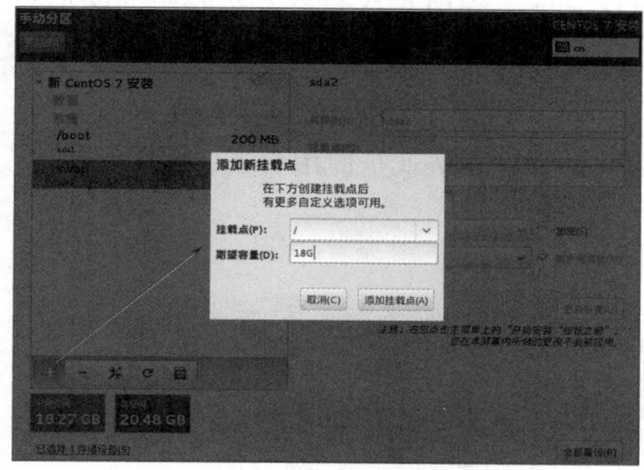

图 6-1-14　根目录分区页面

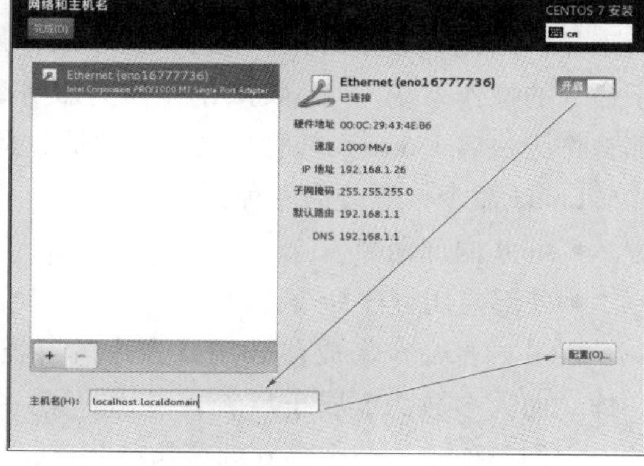

图 6-1-15　Linux 网络配置

（5）CentOS 7.0 基本配置，查看能否正常上网，如图 6-1-16 所示为网络连接正常。

```
[root@ localhost ~]# ping www. baidu. com
```

```
slc@localhost:/
文件(F) 编辑(E) 查看(V) 搜索(S) 终端(T) 帮助(H)
[slc@localhost /]$ ping baidu.com
PING baidu.com (220.181.38.148) 56(84) bytes of data.
64 bytes from 220.181.38.148: icmp_seq=1 ttl=53 time=34.6 ms
64 bytes from 220.181.38.148: icmp_seq=2 ttl=53 time=34.1 ms
64 bytes from 220.181.38.148: icmp_seq=3 ttl=53 time=33.7 ms
64 bytes from 220.181.38.148: icmp_seq=4 ttl=53 time=35.6 ms
64 bytes from 220.181.38.148: icmp_seq=5 ttl=53 time=33.4 ms
^C
--- baidu.com ping statistics ---
5 packets transmitted, 5 received, 0% packet loss, time 4019ms
rtt min/avg/max/mdev = 33.486/34.318/35.625/0.793 ms
[slc@localhost /]$ ls
bin   dev  home  lib64  mnt  proc  run   srv  tmp  var
boot  etc  lib   media  opt  root  sbin  sys  usr
[slc@localhost /]$ 
```

图 6-1-16　Linux 网络正常连接

6.1.4 Linux 命令格式及获取帮助

目前的 Linux 系统都配置了 GUI（图形用户接口）的工作环境，但是它需要消耗一定的系统资源（如内存、硬盘等），并且 Linux 中有大量的管理命令并没有相对应的图形界面工具，因此图形界面并不能替代命令的作用，这也是为什么大家总说“Linux 是一个基于命令的操作系统”。一般来说，作为服务器的 Linux 为了节约资源不会安装图形界面，那么作为一名 Linux 系统管理员，最快捷、最有效的管理方法就是使用命令。

Linux 命令一般分为两种：

- shell 内部命令。
- 外部应用程序命令。

shell 内部命令集成在 shell（命令解释器）里，就好像是操作系统本身所具有的命令一样。而大多数命令属于后者，是通过某一个应用程序（也就是通常所说的软件）安装的，它们类似于一个个独立的可执行程序，用户可以自由地安装和卸载它们。

1. 命令格式

Linux 中的命令都具有一个统一的格式，当用户输入一个命令后，会交由 shell 程序解释并交给相应的程序进行处理，处理完成后再通过 shell 返回结果给用户，返回的结果就是命令的执行结果。Linux 命令的格式如下：

```
Command [options] [arguments]
```

其中，Command 表示命令的名称；options 表示命令的选项，定义了命令的执行特性；arguments 表示命令的作用对象、参数。[ ]可有可无的，也就是选项和参数可有也可无。命令、选项、参数之间要以空格隔开。实例如下：

```
$ rm -r dir
```

该语句的功能为删除目录 dir，其中 rm 为命令的名称，表示删除文件；-r 为选项，表示删除目录中的文件和子目录；dir 为命令作用的对象，该对象是一个目录。Linux 系统中的命令都遵循以上格式，命令中的选项和参数均可默认。

2. 参数的运用

命令由命令名称、命令选项、命令参数组成，选项和参数的选项一般有两种：

① 短格式选项：如-h。

② 长格式选项：如-help。

上面两种选项实现的功能都是相同的，这两种选项都可以带参数。例如：

短式带参数形式：如-f 512。

长格式带参数形式：如-filesize=512。

上面两种形式实现的功能都是相同的。

参数也分为两种：

① 选项的参数。

② 命令对象参数。

常见的命令如下：

文件名、目录名：如 touch /opt/test

用户名、组名：useradd test

3. 获取帮助

在 Linux 中，查看帮助有以下 4 种方法：

（1）man 命令

Linux 的在线帮助 man 命令。在 Linux 中，当需要查找一个命令的用法时，可以通过 man 命令来获得命令的详细说明。因为每个 Linux 都有一份 man 文档，所以介绍命令的时候只是简单介绍命令的常用选项。命令的详细说明可查看 man 在线帮助文档。

man 命令的执行格式如下：

```
man command
```

如需要查看 ls 命令的帮助信息，可以使用以下方式：

```
[root@ localhost ~]# man ls
```

此命令执行后可按 q 键回退到提示符。

（2）help 命令

这个命令只适用于所有的 shell 内部命令，而外部应用程序命令不可以使用 help 获取帮助，如 cd 是 shell 内部命令，那么可以输入以下命令获取 cd 的帮助信息：

```
[root@ localhost~]# help cd
```

（3）帮助选项

当要查看某个命令的帮助信息时，可以通过-h 或-help 选项来获取该命令的帮助说明，但要注意的是，有的命令可以支持两种选项，而有的命令只支持一种。如想查看 ls 命令的帮助信息，可以使用如下命令：

```
[root@ localhost~]# ls -help
```

（4）info 命令

info 命令的执行格式如下：

```
info command
```

大多数命令都可以通过 info 命令来查看帮助信息，如需要查看 ls 命令的帮助信息，可以通过以下方式：

```
[root@ localhost~]# info ls
```

6.2 Linux 文件和目录的浏览、管理及维护

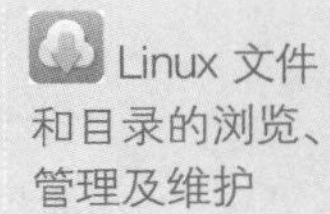

对 Linux 而言一切皆文件，接下来讲解 Linux 系统里的各个目录文件夹，主要目录有 /、/root、/home、/usr、/bin 等目录结构的大致功能。

6.2.1 Linux 文件系统的层次结构

Linux 采用的是树状目录结构，最上层是根目录，其他的所有目录都是从根目录出发而生成的。在 Windows 系统中，查看文件先进入相应的盘符，然后进入文件目录，它是多目录，如 c:\、d:\、e:\，如图 6-2-1 所示。

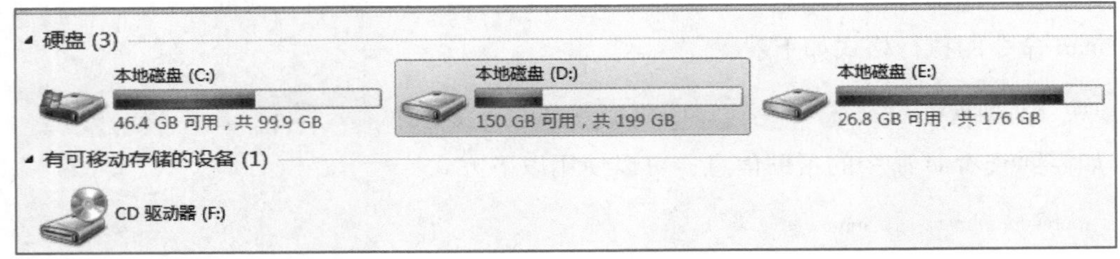

图 6-2-1 Windows 的文件目录

与 Windows 系统不同的是，Linux 中的目录树只有一个根目录，如图 6-2-2 所示。

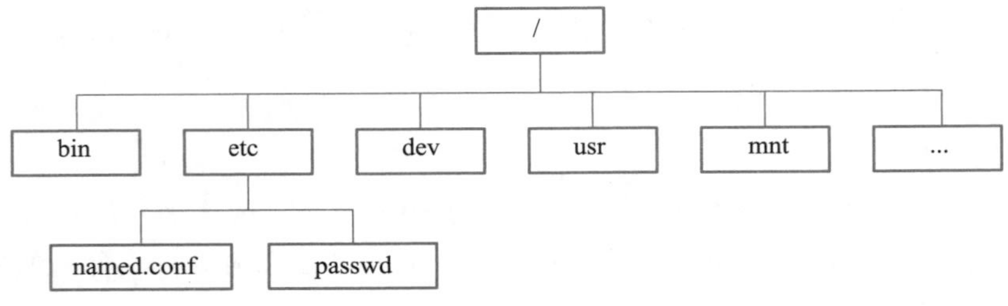

图 6-2-2 Linux 目录结构

（1）利用命令查看根下有哪些文件，如图 6-2-3 所示。

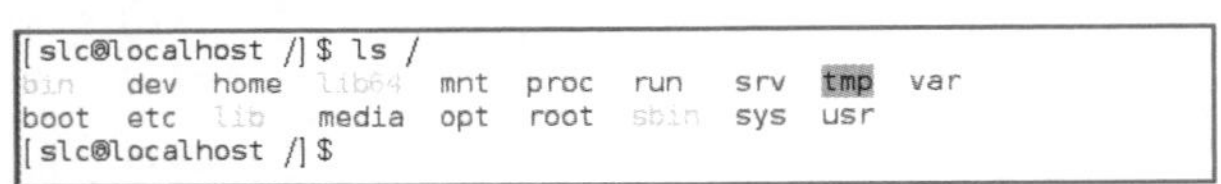

图 6-2-3 命令查看根文件

（2）对根下的目录作用进行说明，见表 6-2-1。

表 6-2-1 Linux 文件目录说明

目 录	说 明
/	处于 Linux 系统树结构的最顶端，它是 Linux 文件系统的入口，所有的目录、文件、设备都在“/”之下
/bin	bin 是 Binary 的缩写。常用的二进制命令目录，如 ls、cp、mkdir、cut 等
/boot	存放与系统启动相关的文件，例如 kernel. grub（引导装载程序）
/dev	dev 是 Device 的缩写。设备文件目录，如声卡、磁盘等，在 Linux 中，一切都被看作文件。终端设备、磁盘等都被看作文件，如设备文件有/dev/sda、/dev/sda1、/dev/tty1、/dev/tty2、/dev/pts/1、/dev/zero、/dev/null、/dev/cdrom
/etc	常用系统及二进制安装包配置文件默认路径和服务器启动命令目录。 passwd 用户信息文件。 shadow 用户密码文件。 group 存储用户组信息。 fstab 系统开机启动自动挂载分区列表。 hosts 设定用户自己的 IP 与主机名对应的信息
/home	普通用户的默认存放目录
/lib	库文件存放目录，函数库目录
/mnt /media	一般用来临时挂载存储设备的挂载目录，如有 cdrom、U 盘等目录。 在 CentOS 7 中会挂载到/run 下
/opt	表示的是可选择的意思，有些软件包也会被安装在这里
/proc	在操作系统运行时，进程（正在运行中的程序）信息及内核信息（如 CPU、硬盘分区、内存信息等）存放在这里。/proc 目录是伪装的文件系统 proc 的挂载目录，proc 并不是真正的文件系统。因此，这个目录是一个虚拟的目录，它是系统内存的映射，可以通过直接访问这个目录来获取系统信息。也就是说，这个目录的内容不在硬盘上而是在内存里，查看 CPU 信息 cat /proc/cpuinfo
/sys	系统目录，存放硬件信息的相关文件
/run	运行目录，存放的是系统运行时的数据，如进程的 PID 文件
/srv	服务目录，存放的是本地服务的相关文件
/sbin	大多数涉及系统管理的命令都存放在该目录中，它是超级权限用户 root 的可执行命令存放地，普通用户无权限执行这个目录下的命令，凡是目录 sbin 中包含的命令都是 root 权限才能执行的
/tmp	该目录用于存放临时文件，有时用户运行程序的时候，会产生一些临时文件。/tmp 就是用来存放临时文件的。/var/tmp 目录和该目录的作用是相似的，不能存放重要数据，它的权限比较特殊
/var	系统运行和软件运行时产生的日志信息，该目录的内容是经常变动的，存放的是一些变化的文件，如/var 下有/var/log 目录用来存放系统日志的目录，还有 mail、/var/spool/cron
/usr	存放应用程序和文件。 /usr/bin 普通用户使用的应用程序。 /usr/sbin 管理员使用的应用程序。 /usr/lib 库文件 Glibc（32 位）。 /usr/lib64 库文件 Glibc

续表

目 录	说 明
/lib /lib64 都在/usr/ 目录下	该目录里存放着系统最基本的动态链接共享库，包含许多被/bin/和/sbin/中的程序使用的库文件，目录/usr/lib/中含有更多用于用户程序的库文件。 注：lib＊＊＊.a 是静态库； lib＊＊＊.so 是动态库； 静态库在编译时被加载到二进制文件中。 动态库在运行时加载到进程的内存空间中。 简单地说：这些库是为了让程序能够正常编译运行的其实类似于 WIN 中 .dll 文件，几乎所有的应用程序都需要用到这些共享库

6.2.2 相对路径与绝对路径

路径：在平时使用计算机时，要找到需要的文件就必须知道文件的位置，而表示文件的位置的方式就是路径。

1. 绝对路径

绝对路径：从根目录开始，依次将各级子目录的名字组合起来，形成的路径就称为某个文件的绝对路径。例如，根目录（/）下有目录 usr，usr 目录下有子目录 bin，bin 目录下有文件 chsh，则 chsh 文件的绝对路径就是/usr/bin/chsh。

换句话说，如果一个路径是从根目录（/）开始的，它一定是绝对路径，如/etc/passwd。

```
[root@ localhost etc]#cd /etc
[root@ localhost etc]#ll passwd
-rw-r--r--. 1 root root 1905 5 月   18 23:44 passwd
[root@ localhost etc]# ll /etc/passwd
-rw-r--r--. 1 root root 1905 5 月   18 23:44 /etc/passwd
```

2. 相对路径

相对路径：相对于目前路径的文件名写法，是以“.”或“..”开始的。

.：代表当前的目录，也可以使用“./”来表示；

..：表示上级目录，也可以用“../”来表示。

在路径中，要把“.”和“..”当作目录来看。

```
[root@ localhost /]#cd /etc
[root@ localhost etc]#ll ./fuse.conf
-rw-r--r--. 1 root root 38 1 月   25 2014 ./fuse.conf
```

注：这里的“./fuse.conf”表示的是相对路径，当前目录在/etc 下。

【实例 6-1】如何先进入/etc/dconf/db 目录，再进入到/etc/dconf/profile 目录内？

由于/etc/dconf/db 与/etc/dconf/profile 是同样在/etc/dconf/目录中，因此最简单的命令执行方法为：

```
[root@ localhost /]#cd /etc/dconf/db
[root@ localhost db]#cd ../profile
```

如此操作，就不需要再由根目录开始写起了，这个相对路径是十分方便的。

6.2.3 软链接与硬链接

为解决文件的共享使用，Linux 系统引入了两种链接：硬链接（hard link）与软链接（soft link 或 symbolic link，又称符号链接）。链接为 Linux 系统解决了文件的共享使用，还带来了隐藏文件路径、增加权限安全及节省存储等好处。若一个 inode 号（索引节点的编号）对应多个文件名，则称这些文件为硬链接。换言之，硬链接就是同一个文件使用了多个别名，如图 6-2-4 所示。hard link 就是 file 的一个别名，它们有共同的 inode。

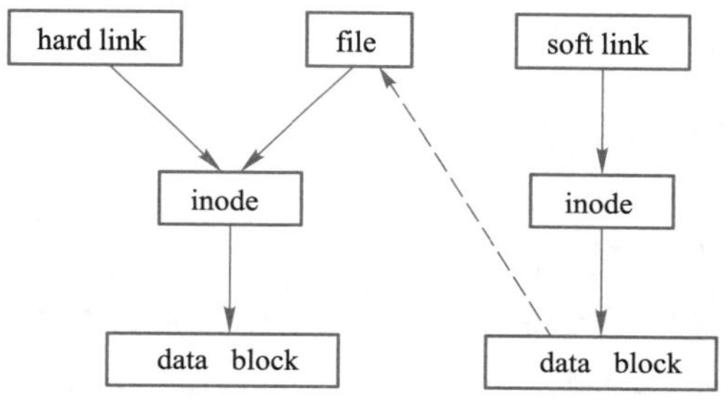

图 6-2-4 硬链接和软链接的访问

1. 硬连接

硬链接 ln 命令的语法。

```
ln 原文件 目标文件
```

由于硬链接具有相同的 inode 号、仅文件名不同的文件，因此硬链接存在以下几点特性：

- 文件有相同的 inode 及 data block。
- 只能对已存在的文件进行创建。
- 不能交叉文件系统进行硬链接的创建。
- 不能对目录进行创建，只可对文件创建。
- 删除一个硬链接文件并不影响其他有相同 inode 号的文件。

2. 软链接

软链接ln命令语法：

```
ln -s 原文件 目标文件
```

软链接与硬链接不同，若文件用户数据块中存放的内容是另一文件的路径名的指向，则该文件就是软链接。软链接就是一个普通文件，只是数据块内容比较特殊。软链接有着自己的inode号以及用户数据块data block，如图6-2-4所示。因此软链接的创建与使用没有类似硬链接的诸多限制。以下是软链接的基本特征：

- 软链接有自己的文件属性及权限等。
- 可对不存在的文件或目录创建软链接。
- 软链接可交叉文件系统。
- 软链接可对文件或目录创建。
- 在创建软链接时，链接计数i_nlink不会增加。
- 删除软链接并不影响被指向的文件，但若被指向的原文件被删除，则相关软链接被称为死链接（即dangling link，若被指向路径文件被重新创建，死链接可恢复为正常的软链接）。

6.2.4 文件、目录的管理命令

Linux操作系统秉持“一切皆文件”的思想，将其中的文件、设备等都作为文件来操作，因此，文件和目录的操作命令是Linux常用命令基础，也是至关重要的一部分。常用的处理命令有ls、cd、pwd、touch、mkdir、cp、mv、rm、rmdir等，涵盖了文件的属性查看、目录切换、目录查看、删除、复制等功能。

1. ls命令

ls命令的原意为list，即“列出”，用于列出参数的属性信息，其命令格式如下：

```
ls [选项][参数]
```

ls的参数通常为文件或目录，其常用的选项含义如下：

-l：以详细信息的形式展示出当前目录下的文件。

-a：显示当前目录下的全部文件，包括以“.”开头的隐藏文件。

-A：列出除了“.”及“..”以外的任何项目。

-i：输出文件的inode编号。

-d：将目录像文件一样显示，而不是显示其下的文件。

-c：输出文件的ctime（文件状态最后更改的时间），并根据ctime排序。

-R：列出当前目录下的所有文件信息，同时列出所有子目录层。

【实例 6-2】 显示当前目录下的文件。

```
[slc@ localhost ~]$ ls
公共  模板  视频  图片  文档  下载  音乐  桌面
```

当参数默认时，ls 命令默认列出当前目录中的内容，不包括隐藏文件。

【实例 6-3】 显示当前目录下的所有文件信息，包括隐藏文件。

```
[slc@ localhost ~]$ ls -a
.    .bash_logout  .bashrc  .config  .ICEauthority  .mozilla
..   .bash_profile .cache   .esd_auth .local         .xauth2A3LGj
公共  模板  视频  图片  文档  下载  音乐  桌面
```

2. cd 命令

cd 命令的原意为 change directory，即更改目录。若执行该命令的用户具有切换目录的权限，cd 命令将更改当前工作目录到目标目录。该命令格式如下：

```
cd  参数
```

cd 命令没有选项，其参数不可省略。

【实例 6-4】 使用 cd 命令切换目录。

```
[slc@ localhost ~]$ cd ./Public
[slc@ localhost Public]$ cd ..
[slc@ localhost ~]$ cd /etc/yum
[slc@ localhost yum ]$ cd ~
```

以上共有 4 条路径切换命令，它们对应的功能依次如下：

- 切换工作路径到当前目录下的 Public 目录中。
- 切换工作路径到上一级目录。
- 切换工作路径到 etc 目录下的 yum 目录中。
- 切换工作路径为当前用户的家目录。

3. pwd 命令

pwd 命令的原意为 print working directory，即打印当前工作目录的绝对路径。该命令可直接使用，用法及打印结果如实例 6-5。

【实例 6-5】 使用 pwd 命令获取当前目录。

```
[slc@ localhost ~]$ pwd
/home/slc
```

4. touch 命令

touch 命令的主要功能是将已存在文件的时间标签更新为系统的当前时间。若指定的文件不存在，该命令将会创建一个新文件，所以该命令具有附加功能，即创建新的空文件。touch 命令的格式如下：

```
touch 参数
```

touch 命令的参数可以是文件，也可以是一个目录。

【实例 6-6】 修改文件 file 的时间标签为当前时间。

```
[slc@ localhost ~ ]$ ls -l file
-rw-rw-r--. 1 slc slc 0 5 月  24 16:54 file
[slc@ localhost ~ ]$ touch file
[slc@ localhost ~ ]$ ls -l file
-rw-rw-r--. 1 slc slc 0 5 月  24 17:10 file
```

在该实例中，先使用 ls -l 命令列出文件 file 的属性信息，再使用 touch 命令对 file 进行操作，之后再次打印文件 file 的属性信息。对比两次打印结果，可知 touch 成功更新了文件 file 的时间标签。

5. mkdir 命令

mkdir 命令的原意为 make directory，即创建目录，mkdir 命令的格式如下：

```
mkdir [选项] 参数
```

mkdir 命令的常用选项如下：

-p：若路径中的目录不存在，则先创建目录。

-v：查看文件创建过程。

mkdir 命令的参数一般为目录或路径名。当参数为目录时，为保证新目录可成功创建，使用该命令前应确保新建目录不与其同路径下的目录重名；当参数为路径时，需要保证路径中的目录都已存在或通过选项创建路径中缺失的目录。

【实例 6-7】 在当前路径下的 test 目录中创建 bxg 目录。

```
[slc@ localhost ~ ]$ mkdir ./test/bxg
mkdir:无法创建目录"./test/bxg"：没有那个文件或目录
[slc@ localhost ~ ]$ mkdir -p ./test/bxg
[slc@ localhost ~ ]$ ls
file  test  公共  模板  视频  图片  文档  下载  音乐  桌面
```

如上所示，若路径中的目录不存在，又未使用参数-p，系统将会报错，提示没有发现相应文件或目录；之后添加-p 选项，则会先在路径中创建 test 目录，之后再在 test 目录中创建子目录 bxg。

6. cp 命令

cp 命令的原意为 copy，即复制。该命令的功能为将一个或多个源文件复制到指定的目录，其命令格式如下：

```
cp [选项] 源文件或目录  目的目录
```

在默认情况下，该命令不能复制目录，若要复制目录，需要同时使用-R 选项。

cp 命令常用的选项如下：

-R：递归处理，将指定目录下的文件及子目录一并处理。

-p：复制的同时不修改文件属性，包括所有者、所属组、权限和时间。

-f：强行复制文件或目录，无论目的文件或目录是否已经存在。

【实例 6-8】 将当前目录下的 Public 目录复制到./test/bxg。

```
[slc@ localhost ~]$ cp Public ./test/bxg
cp:略过目录"Public"
[slc@ localhost ~]$ cp -R Public ./test/bxg
```

如上所示，若要复制目录，则需要添加选项-R，否则该命令不能复制目录。

7. mv 命令

mv 命令的原意为 move，该命令用于移动文件或目录。其命令格式为：

```
mv 源文件或目录  目标目录
```

若该命令操作的对象是相同路径下的两个文件，则其功能为修改文件名。

【实例 6-9】 将文件 a 移动到目录./test/bxg 中。

```
[slc@ localhost ~]$ mv a ./test/bxg
```

【实例 6-10】 使用 mv 命令修改文件名。

```
[slc@ localhost ~]$ mv ./test/bxg/a  ./test/bxg/b
[slc@ localhost ~]$ cd ./test/bxg
[slc@ localhost bxg]$ ls
b
```

8. rm 命令

rm 命令的原意为 remove，功能为删除目录中的文件或目录。该命令可同时删除多个对象，其命令格式如下：

```
rm [选项] 文件或目录
```

若要使用 rm 命令删除目录，则需要在参数前添加-r 选项。除-r 外，rm 常用的选项如下：

-f：强制删除文件或目录。

-rf：选项-r 与-f 结合，删除目录中所有文件和子目录，并且不一一确认。

-i：在删除文件或目录时对要删除的内容逐一进行确认（y/n）。

【实例 6-11】 使用 rm -rf 命令删除文件，结果如图 6-2-5 所示。

图 6-2-5　删除文件结果

【注意】 使用 rm 删除的文件无法恢复，所以在删除文件之前，要进行确认。

9. rmdir 命令

rmdir 命令的原意为 remove directory。该命令与 rm 命令类似，但它仅用于删除目录。rmdir 的命令格式如下：

```
rmdir [-p] 目录
```

rmdir 命令可删除指定路径中的一个或多个空目录。若在命令中添加参数-p，此条命令将会在删除指定目录后检测其上层目录，若该目录的上层目录已变成空目录，则将其一并删除。

【实例 6-12】 删除 test 目录下的 bxg 目录。

```
[slc@ localhost ~]$ rmdir test/bxg
[slc@ localhost ~]$ rmdir -p test/bxg
rmdir:删除 "test/bxg" 失败: 没有那个文件或目录
```

6.2.5　文件查看命令

文件查看命令主要用于查看文件中的内容，常用的文件查看命令有 cat、more、head、tail 等。

1. cat 命令

cat 的功能为将文件中的内容打印到输出设备，该命令的格式如下：

```
cat 文件名
```

【实例 6-13】 打印 etc 目录下用户信息文件中的内容，该文件路径为/etc/passwd。

```
[slc@ localhost ~]$ cat /etc/passwd
root:x:0:0:root:/root:/bin/bash
```

```
bin:x:1:1:bin:/bin:/sbin/nologin
...
```

2. more命令

more命令用于分页显示文件内容，其命令格式如下：

```
more [文件名]
```

在使用more命令分页显示文件内容时，可用快捷键进行翻页等操作，其快捷键见表6-2-2。

表6-2-2 more命令的快捷键

快捷键	说明
f/Space	显示下一页
Enter	显示下一行
q/Q	退出

【实例6-14】 分页显示etc目录下用户信息文件中的内容，该文件路径为/etc/passwd。

```
[slc@localhost ~]$ more /etc/passwd
(打印结果不再显示,读者可自行实验)
```

3. head命令

head命令也用于查看文件内容，但该命令可指定查看文件的前n行。在默认情况下，head命令显示文件的头10行内容。head命令的格式如下：

```
head - n文件名
```

其中，n为要查看的行数，文件名为待查看文件的文件名。

【实例6-15】 使用head命令查看etc目录下passwd文件中的前3行内容。

```
[slc@localhost ~]$ head -3 /etc/passwd
root:x:0:0:root:/root:/bin/bash
bin:x:1:1:bin:/bin:/sbin/nologin
daemon:x:2:2:daemon:/sbin:/sbin/nologin
```

4. tail命令

tail命令与head命令相反，用于查看文件后n行内容。tail命令的格式如下：

```
tail - n文件名
```

其中，n为要查看的行数，文件名为待查看文件的文件名。

【实例 6-16】使用 tail 命令查看 etc 目录下 passwd 文件中的后 3 行内容。

```
[slc@ localhost ~]$ tail -3 /etc/passwd
sshd:x:74:74:Privilege-separatedSSH:/var/empty/sshd:/sbin/nologin
tcpdump:x:72:72::/:/sbin/nologin
slc:x:1000:1000:slc:/home/slc:/bin/bash
```

项目实施

小李在进行日常 Linux 系统维护与管理时，除了需要在 Linux 系统中进行大量的用户和文件目录操作之外，还需要对系统的账号与安全、磁盘的分区与挂载和软件包的安装等功能进行操作。

需要完成的任务：

管理 Linux 系统的用户与用户组；

管理 Linux 系统的磁盘和文件系统；

管理 RPM 软件包与压缩包；

YUM 源的配置与软件的 YUM 安装。

6.3 任务 1：Linux 系统账户与安全

任务 1：Linux 系统账户与安全

Linux 操作系统是多用户的操作系统，允许多个用户同时登录到系统中，使用系统资源。当多个用户能同时使用系统时，为了使所有用户的工作都能顺利进行，保护每个用户的文件和进程，也为了系统自身的安全和稳定，必须建立一种秩序，使每个用户的权限都得到规范。

6.3.1 Linux 用户和用户组概述

1. 用户

Linux 是真正意义上的多用户操作系统，可以在 Linux 系统中创建若干用户。

Linux 是一个多用户、多任务的分时操作系统，在一台 Linux 主机上，可能同时登录多名用户，为了对用户的状态进行跟踪，并对其可访问的资源进行控制，每个使用者在使用 Linux 之前，必须先向系统管理员申请一个账号并设置密码，之后才能登录系统，访问系统资源。

在Linux系统中，用户的账号等相关信息（密码除外）均存放在etc目录下的passwd文件中。因为所有用户对passwd都有读取的权限，为了保证系统安全，密码被另外保存在/etc/shadow中。

2. 文件所有者

Linux系统中的文件所有者是指文件的拥有者。在默认情况下，创建文件的用户即为文件所有者，也可在创建文件的同时指定其他用户为文件所有者，或者在文件创建后通过高级用户变更所有者。为文件指定所有者有利于保护用户隐私，保障文件的安全，若某个用户在其账户下编辑了一个机密文件，为防止其他用户获取该机密文件信息，将文件权限设置为仅文件所有者可读可写或可执行即可。

3. 用户的类型

（1）root用户：系统唯一的root用户，可以登录系统，可以操作系统任何文件和命令。拥有最高权限。

root用户也是Linux系统中的用户，它属于用户组root，是一个超级用户。root用户非常重要，具有普通用户的一切权限，其还可以创建、删除普通用户和用户组，设置用户权限等。root用户权限极大，为保证系统安全，一般通过安装操作系统时创建的账户来使用系统。

本节所要讲解的大部分命令都需要在root用户下完成，因此选择使用root用户演示本节的案例。

（2）普通用户：这类用户能登录系统，但只能操作自己目录的内容；权限有限；这类用户都是系统管理员自行添加的。

（3）系统用户：Linux为满足自身系统管理所内建的账号，通常在安装过程中自动创建，不能用于登录操作系统。

4. 用户组

用户组就是具有相同特征的用户的集合体。有时要让多个用户具有相同的权限，如查看、修改某一文件或执行某个命令，这时就需要把用户都定义到同一用户组，通过修改文件或目录的权限，让用户组具有一定的操作权限，这样用户组下的多个用户对该文件或目录都具有相同的权限。

Linux系统中的用户大体上可分为管理员（root）、普通用户和系统用户3组。管理员的用户id（uid）为0；系统用户是保障系统运行的用户，其用户ID为1~499。还可以根据需要，为普通用户自行分组，处于同一组的用户可能拥有类似的功能，用户组的信息存放于etc目录下的group文件中。

用户和用户组的对应关系是：一对一、多对一、一对多或多对多。

一对一：某个用户可以是某个组的唯一成员。

多对一：多个用户可以是某个唯一的组的成员，不归属其他用户组。

一对多：某个用户可以是多个用户组的成员。

多对多：多个用户对应多个用户组，并且几个用户可以是归属相同的组。

5. 文件所属组

文件所属组与用户组相呼应。假设当前系统中有一个用户组为 itheima，其中包含 4 名用户（A、B、C、D）；当前有一个文件，若设置其文件所属组为 itheima，并设置其对文件所属组的权限为可读可修改，那么用户组 ithelma 中的 4 名用户都可对 file 文件进行读写操作。

6. 其他用户

Linux 系统中还有一个“其他用户（Others）”的概念。假设当前系统中有一个用户组为 itheima，其中包含 4 名用户（A、B、C、D）；另外该系统中还有一个属于用户组 bxg 的用户 X，则对于用户组 itheima 中的用户来说，X 就是其他用户。

6.3.2 Linux 本地用户和组配置文件

Linux 用户和组的配置文件主要有以下 4 种：

- /etc/passwd：用户配置文件。
- /etc/group：用户组配置文件。
- /etc/shadow：用户密码及其相关属性。
- /etc/gshadow：组密码及其相关属性。

1. /etc/passwd 文件

系统用户配置文件，是用户管理中最重要的一个文件。记录了每个用户的一些基本属性，并且对所有用户可读，/etc/passwd 中每一行记录对应一个用户，使用 head 命令查看 etc/passwd 文件前 3 行数据，查询结果如图 6-3-1 所示。

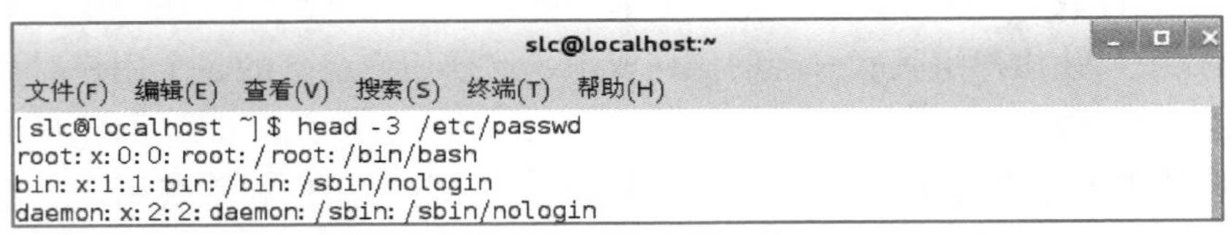

图 6-3-1 查询结果

在以上所示结果中，每行记录被冒号（:）分割为 7 项，其格式和具体含义如下：

用户名 :	口令 :	用户标识号 :	组标识号 :	注释性描述 :	主目录 :	默认 shell
root	: x	: 0	: 0	: root	: /root	: /bin/bash
bin	: x	: 1	: 1	: bin	: /bin	:/sbin/nologin
daemon	: x	: 2	: 2	: daemon	: /sbin	:/sbin/nologin

每个字段的含义如下：

● 用户名：是代表用户账号的字符串。

● 口令：存放着加密后的用户口令，虽然这个字段存放的只是用户口令的加密串，不是明文，但是由于/etc/passwd文件对所有用户都可读，所以这仍是一个安全隐患。因此，许多Linux版本都使用了shadow技术，把真正加密后的用户口令存放到/etc/shadow文件中，而在/etc/passwd文件的口令字段中只存放一个特殊的字符，如用“x”或者“*”来表示。

● 用户标识号：就是用户的UID，每个用户都有一个UID，并且是唯一的，通常UID号的取值范围是0~65535，0是超级用户root的标识号，1~499由系统保留，作为管理账号；普通用户的标识号从500开始。而在Linux系统中，普通用户UID默认从500开始。UID是Linux下确认用户权限的标志，用户的角色和权限都是通过UID来实现的，因此多个用户共用一个UID是非常危险的，会造成系统权限和管理的混乱。

例如，将普通用户的UID设置为0后，这个普通用户就具有了root用户的权限，这是非常危险的操作。因此要尽量保持用户UID的唯一性。

● 组标识号：就是组的GID，与用户的UID类似，这个字段记录了用户所属的用户组。

它对应着/etc/group文件中的一条记录。

● 注释性描述：字段是对用户的描述信息，如用户的住址、电话、姓名等。

● 主目录：也就是用户登录到系统之后默认所处的目录，也可以叫做用户的主目录、家目录、根目录等。

● 默认shell：就是用户登录系统后默认使用的命令解释器，shell是用户和Linux内核之间的接口，用户所作的任何操作，都是通过shell传递给系统内核的。Linux下常用的shell有sh、bash、csh等。

2. /etc/group文件

用户组配置文件，用户组的所有信息都存放在此文件中。/etc/group文件内容的格式：

```
组名 : 口令 : 组标识号 : 组内用户列表
```

如图6-3-2所示是/etc/group的部分输出：

/etc/group每个字段的含义如下：

● 组名：是用户组的名称，由字母或数字构成。与/etc/passwd中的用户名相同，组名不能重复。

```
slc@localhost:~
文件(F) 编辑(E) 查看(V) 搜索(S) 终端(T) 帮助(H)
[slc@localhost ~]$ more /etc/group
root:x:0:
bin:x:1:
daemon:x:2:
sys:x:3:
adm:x:4:
tty:x:5:
disk:x:6:
```

图 6-3-2 /etc/group 的部分输出结果

- 口令：存放的是用户组加密后的口令字串，密码默认设置在/etc/gshadow 文件中，而在这里用“x”代替，Linux 系统下默认的用户组都没有口令，可以通过 gpasswd 来给用户组添加密码。
- 组标识号：就是 GID，与/etc/passwd 中的组标识号对应。
- 组内用户列表：显示属于这个组的所有用户，多个用户之间用逗号分隔。

3. /etc/shadow 文件

用户影子文件，由于/etc/passwd 文件是所有用户都可读的，这样就导致了用户的密码容易泄露，因此，Linux 将用户的密码信息从/etc/passwd 中分离出来，单独放到了一个文件中，这个文件就是/etc/shadow，该文件只有 root 用户拥有读权限，从而保证了用户密码的安全性。

以下是/etc/shadow 文件内容的格式：

```
用户名 : 加密口令 : 最后一次修改时间 : 最小时间间隔 : 最大时间间隔 :
警告时间 : 不活动时间 : 失效时间 : 保留字段
```

如图 6-3-3 所示是/etc/shadow 文件的部分输出结果。

```
root@localhost:~
文件(F) 编辑(E) 查看(V) 搜索(S) 终端(T) 帮助(H)
[root@localhost ~]# more /etc/shadow
root:$6$abaeh/PG$.YxYXcWcXf3x7iL9EXhBRAKPMKqokw.B2GGvUiNt0rRwVKmeYkrYbPuAM78kOwE
jAXPj2vOGCqN6/2B/dS8j5.:18405:0:99999:7:::
bin:*:16231:0:99999:7:::
daemon:*:16231:0:99999:7:::
adm:*:16231:0:99999:7:::
lp:*:16231:0:99999:7:::
sync:*:16231:0:99999:7:::
shutdown:*:16231:0:99999:7:::
```

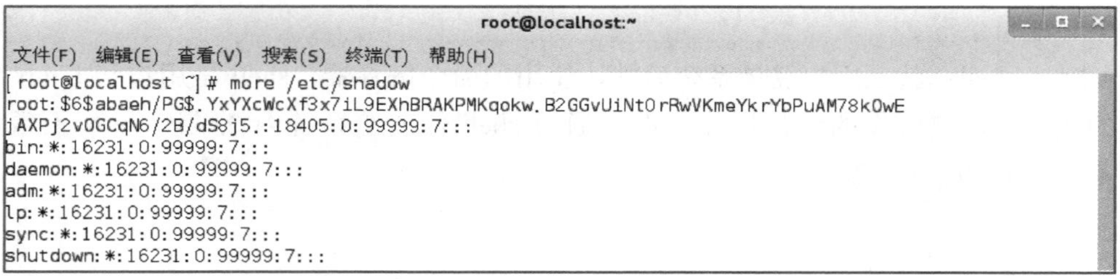

图 6-3-3 /etc/shadow 文件的部分输出结果

/etc/shadow 每个字段的详细含义如下：

- 用户名：与/etc/passwd 文件中的用户名有相同的含义。
- 加密口令：存放的是加密后的用户口令字串，如果此字段是“*”“!”“x”等字符，则对应的用户不能登录系统。
- 最后一次修改时间：表示从某个时间起，到用户最近一次修改口令的间隔天数。可以通过 passwd 来修改用户的密码，然后查看/etc/shadow 中此字段的变化。

- 最小时间间隔：表示两次修改密码之间的最小时间间隔。
- 最大时间间隔：表示两次修改密码之间的最大时间间隔，这个设置能增强管理员管理用户的时效性。
- 警告时间：表示从系统开始警告用户到密码正式失效之间的天数。
- 不活动时间：此字段表示用户口令作废多长时间后，系统会禁用此用户，也就是说系统不再让此用户登录，也不会提示用户过期，是完全禁用。
- 失效时间：表示该用户的账号生存期，超过这个设定时间，账号失效，用户就无法登录系统了。如果这个字段的值为空，账号永久可用。

4. /etc/gshadow 文件

组密码及其相关属性。/etc/gshadow 文件内容的格式为：

```
群组名称 ：群组密码 ：组管理员列表 ：以当前组为附加组的用户列表
```

如图 6-3-4 所示是/etc/group 的部分输出结果

```
root@localhost:~
文件(F) 编辑(E) 查看(V) 搜索(S) 终端(T) 帮助(H)
root:x:0:
bin:x:1:
daemon:x:2:
sys:x:3:
adm:x:4:
tty:x:5:
disk:x:6:
lp:x:7:
```

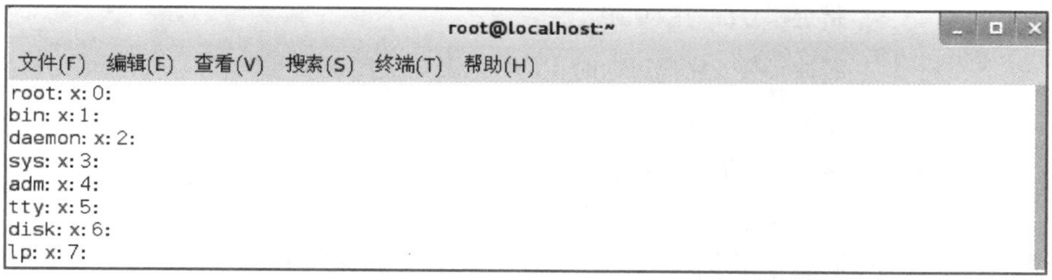

图 6-3-4 /etc/group 的部分输出结果

/etc/gshadow 每个字段的含义如下：

- 群组名称：就是群组名称。
- 群组密码：就是群组的密码。
- 组管理员列表：组管理员的列表，更改组密码和成员。
- 以当前组为附加组的用户列表（分隔符为逗号）。

6.3.3 用户和用户组管理

用户是 Linux 系统中的一个重要概念，创建、删除和管理用户是 Linux 系统管理的基础，为方便对多用户的同时管理，Linux 系统中又提出了用户组的概念，以下讲解用户和用户组的管理。

1. 用户管理

用户管理即用户的账号管理，包括账号的添加、修改和删除，下面分别讲解这 3 种操作。

（1）用户账号添加

用户账号添加即在系统中创建一个新账号，并为该账号设置用户号、用户组、主目录、登录 Shell 等。添加新账号时使用 useradd 命令，其命令格式如下：

```
useradd [选项] 用户名
```

useradd 命令常用的选项见表 6-3-1。

表 6-3-1 useradd 命令常用的选项

选 项	说 明
-d	指定用户登录时的目录
-c	指定账户的备注文字
-e	指定账号的有效期限
-f	缓冲天数，密码过期时在指定天数后关闭该账号
-g	指定用户所属组
-G	指定用户所属的附加用户组
-m	自动建立用户的登入目录
-r	创建系统账号
-s	指定用户的登录 shell
-u	指定用户的用户 ID。若添加-o 选项，则用户 ID 可与其他用户重复

普通用户的账号通常要求不以数字和下画线作为账户名的第 1 个字符。

【实例 6-17】 创建新用户 bxg，指定用户的主目录/usr/bxg；若指定主目录不存在，则创建主目录。

```
[root@ localhost ~]# useradd - d /usr/bxg - m bxg
```

【实例 6-18】 创建新用户 wdj1，指定其登录 shell 和所属组。

```
[root@ localhost ~]# useradd -s /bin/sh -g itheima wdj1
```

【实例 6-19】 创建新用户 kdy，并设置其用户 id。

```
[root@ localhost ~]# useradd  zsy -u 875
```

【注意】 1~499 为系统用户 id。为避免 id 冲突，用户 id 应取大于或等于 500 的数值。若创建账户时未指定用户 id、用户组、用户目录和登录 shell 等信息，系统会自动为新账号指定相关信息，并同时更新用户组配置文件。

前面已经讲解过用户配置文件信息，添加新用户账号的实质是在/etc/passwd文件中新添加一条记录，因此使用tail命令查看/etc/passwd文件末尾的3行数据，便可看到以上新建的3个账户的信息。查询结果如下：

```
[root@ localhost ~]# tail -3 /etc/passwd
bxg:x:1002:1004::/usr/bxg:/bin/bash
wdji:x:1003:1005::/home/wdji:/bin/sh
kdy:x:875:1006::/home/kdy:/bin/bash
```

在以上所示结果中，每一行为一个账号的相关信息。

新增的用户若未指定uid，则其uid为前面一条记录的uid加1。此时新建的账号是无法使用的，因为尚未为该账号设置密码，账号处于锁定状态。

（2）设置用户密码

设置用户密码的命令是passwd，该命令用于设置用户的认证信息，包括用户密码、密码有效期等，其命令格式如下：

```
passwd [选项]  用户名
```

passwd命令常用的选项见表6-3-2。

表6-3-2 passwd命令常用的选项

选项	说明
-l	锁定密码，锁定后密码失效，无法登录（新用户默认锁定）
-d	删除密码，仅系统管理员可使用
-S	列出密码相关信息，仅系统管理员可使用
-f	强行执行

系统管理员可以修改所有用户的密码，普通用户只能修改自己的密码。

【实例6-20】 为【实例6-17】中创建的用户bxg指定密码。

```
[root@ localhost /]# passwd bxg
```

更改用户bxg的密码。

新的密码：新创建的密码。

无效的密码：密码未通过字典检查 - 过于简单化/系统化

重新输入新的密码：

passwd：所有的身份验证令牌已经成功更新。

Linux中也有一定的密码验证机制。在root用户下可以随意修改密码，即便系统会出现警告，密码仍能成功保存；但是普通用户在修改自己的密码时，应尽量复杂（至少6

位，由字母与数字组成），避免与用户名相同。

若要修改当前登录账户的密码，可以默认用户名。当密码被设置或修改时，系统会自动更新 etc 目录下存放密码的文件 shadow。

在 root 用户下使用 tail 命令查看/etc/shadow 文件末尾的 3 行数据，输出结果如下：

```
[root@ localhost /]# tail -3 /etc/passwd
bxg:x:1002:1004::/usr/bxg:/bin/bash
wdji:x:1003:1005::/home/wdji:/bin/sh
kdy:x:875:1006::/home/kdy:/bin/bash
```

这 3 行数据分别为【实例 6-16】~【实例 6-18】中创建的账户所对应的密码信息，密码信息中的每一项以“:”分隔，其中第 2 项为加密后的用户密码。

（3）删除用户

若一个用户账号不再使用，可以使用 userdel 命令，将该用户从系统中删除，userdel 命令可以删除指定用户及与该用户相关的文件和信息。其命令格式如下：

```
userdel [选项] 用户名
```

userdel 命令常用的选项见表 6-3-3。

表 6-3-3 userdel 命令常用的选项

选项	说明
-f	强制删除用户，即便该用户为当前用户
-r	删除用户的同时删除与用户相关的所有文件

【实例 6-21】 删除账号 bxg，并删除相关文件。

```
[root@ localhost /]# userdel -r bxg
[root@ localhost /]# userdel -rf bxg
[root@ localhost /]# userdel -f bxg
```

上述实例使用了 3 次 userdel 命令：第 1 次删除 bxg 账号时，会提示该账号正被进程使用；第 2 次添加 f 参数，强制删除账号；第 3 次使用 userdel 命令时，提示 bxg 账号不存在，表明该账号在第 2 次使用删除命令时被强制删除。

（4）修改用户账号

修改用户账号信息即修改账号的属性，如用户 ID、主目录、用户组、登录 shell 等。修改用户账号信息的命令为 usermod，其命令格式如下：

```
usermod 选项 参数
```

在使用 usermod 命令修改用户账号信息时，必须先确认该用户没有在计算机上执行任何程序。usermod 命令常用的选项见表 6-3-4。

表 6-3-4 usermod 命令常用的选项

选　项	说　明
-c	修改用户账号的备注信息
-d	修改用户的登录目录
-e	修改账号的有效期限
-f	修改缓冲天数，即修改密码过期后关闭账号的时间
-g	修改用户所属组
-l	修改用户账号名称
-L	锁定用户密码，使密码失效
-s	修改用户登录后使用的 Shell
-u	修改用户 id
-U	解除密码锁定

【实例 6-22】 修改账户 kdy 的用户 id 为 678。

```
[root@ localhost /]# usermod -u 678 kdy
```

查看账户 kdy 的相关信息，输出结果如下：

```
[root@ localhost /]# cat /etc/passwd |grep kdy
kdy:x:678:1006::/home/kdy:/bin/bash
```

根据输出结果可知，当前 kdy 账户的 uid 已被修改为 678。

2. 用户组管理

每个用户都有一个用户组。若在创建账户时未指定，那么系统会以用户账号名作为该用户的用户组，并将与该账号同名的用户组同步到/etc/group 文件中，以上面创建的用户 kdy 为例，查看/etc/group 文件中包含 kdy 的行，输出结果如下：

```
[root@ localhost /]# cat /etc/group |grep kdy
kdy:x:1006:
```

输出的结果由“:”分隔成 3 项，分别为组名、密码位、组 ID。

本小节将讲解用户组管理的相关知识，包括用户组添加和删除、用户组属性修改与用户组切换。

(1) 添加用户组

用户组可以在创建用户的同时默认设置，也可以由用户主动添加用户组，默认情况下新建用户的用户组与用户名相同，在创建用户的同时被创建。主动添加用户组时使用的命令为 groupadd，命令格式如下：

```
groupadd[选项] 参数
```

groupadd 命令常用的选项见表 6-3-5。

表 6-3-5 groupadd 命令常用的选项

选 项	说 明
-g	指定新建用户组的组 ID
-r	创建系统用户组，组 ID 取值范围为 1~499
-o	允许创建组 ID 已存在的用户组

【实例 6-23】 创建一个用户组 group1，指定其组 ID 为 550。

```
[root@ localhost /]# groupadd -g 550 group1
```

此时/ etc/group 文件中会新增一条记录，具体信息如下：

```
[root@ localhost /]# tail -1 /etc/group
group1:x:550:
```

【实例 6-24】 创建一个用户组 group2。

```
[root@ localhost /]# groupadd group2
```

若选项缺省，则新增用户组其 id 值为上一条未指定组 ID 记录中的组 ID 加 1。使用 tail 命令查看/etc/group 文件中末尾的 5 条记录，输出的信息如下：

```
[root@ localhost /]# tail -5 /etc/group
wdj1:x:1004:
itheima:x:1005:
kdy:x:1006:
group1:x:550:
group2:x:1007:
```

通过观察输出结果可发现，其中 kdy 的组 wdj1 为 1004，新创建的用户组 itheima 和 kdy 的 GID 在 1004 的基础上递增，group1 的 GID 被指定，group2 的 GID 在 kdy 组 ID 的基础上加 1。

（2）删除用户组

若要删除已存在的用户组，可使用 groupdel 命令。其命令格式如下：

```
groupdel 参数
```

该命令的用法很简单，在命令后直接跟上用户组名即可。

【实例 6-25】 删除用户组 group2。

```
[root@ localhost /]# groupdel group2
```

（3）修改用户组属性

用户组的一些属性，如组 ID 和组名，都可以被修改。修改用户组属性的命令为 groupmod，其命令格式如下：

```
groupmod[选项][用户组]
```

groupmod 命令常用的选项见表6-3-6。

表6-3-6 groupmod 命令常用的选项

选项	说明
-g	为用户组指定新的组 ID
-n	修改用户组的组名
-o	允许组 ID 不唯一

【实例6-26】 修改用户组 group1 的组 ID 为555。

```
[root@ localhost /]# groupmod -g 555 group1
```

使用 tail 命令可以查看文件的记录，输出的信息如下：

```
[root@ localhost /]# tail -1 /etc/group
group1:x:555:
```

【实例6-27】 修改用户组 group1 的组 ID 为666，并更改组名为 group2。

```
[root@ localhost /]# groupmod -g 666 -n group2 group1
```

使用 tail 命令可以查看文件的记录，输出的信息如下：

```
[root@ localhost /]# tail -1 /etc/group
group2:x:666:
```

可见，group1 的用户组更名为 group2，且 id 更改为666。

用户与用户组管理并不难，但它们是 Linux 中的基础知识，读者应熟练掌握用户与用户组的管理方法。

6.3.4 管理文件系统权限

在理解了 Linux 的用户与用户组之后，对于某个文件的权限的“用户”和“用户组”的设置，这个部分是相当重要的。

1. 文件权限简介

Linux 系统是多用户系统，能做到不同的用户可同时访问不同的文件，因此一定要有文件权限控制机制。Linux 系统的权限控制机制和 Windows 的权限控制机制存在很大的差别。

根据用户的权限，Linux 系统中的用户大体分为两类：超级用户 root 和普通用户，其中超级用户拥有操作Linux系统的所有权限，但为了保证系统安全，一般不使用超级用户登录，而是创建普通用户，使用普通用户进行一系列操作。为避免普通用户权限过大或权限不足，通常需要由root用户创建拥有不同权限的多个用户或变更某个用户的权限。

根据用户与文件的关系，Linux系统中将普通用户分为3种，即文件或目录的拥有者、同组用户、其他组用户；又根据用户对文件的权限，将用户权限分为读权限（read）、写权限（write）和执行权限（execute），表6-3-7列出了文件与目录拥有对应权限时的含义。

表6-3-7 权限说明

权限	对应字符	对文件的含义	对目录的含义
读权限	r	可以查看文件内容	可以列出目录中的内容
写权限	w	可以修改文件内容	可以在目录中创建、删除文件
执行权限	x	可以执行文件	可以用cd命令进入该目录

也就是说，每一个文件或目录的访问权限也相应有3组，即文件所有者的读、写和执行权限，与文件属主同组的用户的读、写和执行权限，其他用户的读、写和执行权限，除了用字符表示权限以外，还可以用数值法来表示文件权限，见表6-3-8。

表6-3-8 3种用户的权限分配

权限项	读	写	执行	读	写	执行	读	写	执行
字符表示	(r)	(w)	(x)	(r)	(w)	(x)	(r)	(w)	(x)
数字表示	4	2	1	4	2	1	4	2	1
权限分配	文件的所有者			文件所属组用户			其他用户		

查看文件和目录的权限，可以使用“ls -l”命令来显示权限标志，如：

```
[root@ localhost /]# ls -l
```

执行该命令结果如图6-3-5所示。

```
[root@localhost /]# ls -l
总用量 32
-rw-r--r--.  1 root root    0 5月  30 01:07 a1.txt
-rw-r--r--.  1 root root    0 5月  30 01:08 a2.c
-rw-r--r--.  1 root root    0 5月  30 01:07 abc1.user
lrwxrwxrwx.  1 root root    7 5月  18 22:54 bin -> usr/bin
dr-xr-xr-x.  4 root root 4096 5月  18 23:10 boot
```

图6-3-5 查看文件和目录权限

每个文件的信息以一行进行表示，这些信息包括表示文件的类型、文件的权限、文件的属主和文件的所属组，文件的大小和创建时间，最后是文件名称。其中第3列表示文件和目录的属主，第4列显示文件和目录的同组。

第1列的第1个字符和字母主要有-、d、l、b、c、p，其含义如下所示。

-：普通文件。

d：目录文件。

l：符号链接文件。

b：块设备文件。

c：字符设备文件。

p：管道文件。

第1列的其余9个字母，每3个字母一组，分成3组。第1组表示文件属主的权限，第2组代表文件所属组的权限，第3组代表其他用户的权限。例如第1行中的“-rw-r--r--”表示普通文件，属主有读写权限，所属组的用户和其他用户只有读权限。

2. 更改文件和目录的操作权限

系统管理员和文件的属主可以根据需要更改文件的权限。更改文件和目录的权限使用chmod命令进行，包含字符设定法和数值设定法两种方法。

（1）字符设定法

chmod语法格式如下：

```
chmod [模式] [操作符] [权限] 文件名
```

在设定文件权限时，在模式种常用以下字母代表用户或用户组：

u：用户user，表示文件或目录的所有者。

g：用户组group，表示文件或目录所属的用户组。

o：其他用户others。

a：代表所有用户all（即u+g+o）。

操作符：

+：表示添加权限。

-：表示减少权限。

=：表示直接设定一个权限。

权限：

r：读权限。

w：写权限。

x：执行权限。

下面看一个具体的例子：

```
[root@localhost /]# ls -l a1.txt
-rw-r--r--. 1 root root 0 5月  30 01:07 a1.txt
```

//当前a1.txt的权限为“-rw-r--r--”。

```
[root@ localhost /]# chmod u+x a1. txt
[root@ localhost /]# ls -l a1. txt
-rwxr--r--. 1 root root 0 5 月  30 01:07 a1. txt
```

//执行该命令后，a1. txt 的权限变为“-rwxr--r--”，表示对文件的属主增加对文件的执行权限。

（2）数值设定法

chmod 语法格式如下：

```
chmod n1n2n3 文件名
```

其中，n1 代表属主的权限，n2 代表组用户的权限，n3 代表其他用户的权限，它们取值为 0~7。用八进制数来表示，读、写、执行依次各自对应一个二进制位，如果某位为“0”则表示无权限；如果某位为“1”，则表示有权限。数值设定法的数字权限见表 6-3-9。

表 6-3-9 数字权限

权限	二进制值	八进制值	描述
---	000	0	没有任何权限
--x	001	1	只有执行权限
-w-	010	2	只有写入权限
-wx	011	3	有写入和执行权限
r--	100	4	只有读取权限
r-x	101	5	有读取和执行权限
rw-	110	6	有读取和写入权限
rwx	111	7	有全部权限

例如：

```
[root@ localhost /]# chmod 664 a1. txt
```

等同于：

```
[root@ localhost /]# chmod u=rw,g=rw,o=r a1. txt
//这两条命令执行之后的结果是相同的：
[root@ localhost /]# ls -l a1. txt
-rw-rw-r--. 1 root root 0 5 月  30 01:07 a1. txt
```

3. 更改文件和目录的属主和所属组

有时需要更改文件的属主和所属的组，只有文件的属主有权更改。

（1）更改文件的属主，使用 chown 命令的格式如下：

```
chown 用户名 文件或目录名
```

【**实例 6-28**】更改文件 a1.txt 的所有者为 stu2 用户。

```
[root@ localhost /]# ls -l a1.txt
-rw-rw-r--.   1 root root     0 5月   30 01:07 a1.txt
[root@ localhost /]# chown stu2 a1.txt
[root@ localhost /]# ls -l a1.txt
-rw-rw-r--. 1 stu2 root 0 5月   30 01:07 a1.txt
```

对比两次显示结果可知，文件 a1.txt 的所有者由 root 变成了 stu2。

（2）更改文件的所属组使用的命令是 chgrp。

在一般情况下，文件或目录与创建该文件的用户属于同一组，或者在被创建时通过选项指定所属组，但当需要时，可通过 chgrp 命令更改文件的所属组。chgrp 命令的格式如下：

```
chgrp [组名] [文件或目录]
```

【**实例 6-29**】修改文件 a1.txt 的所属组为 stu2。

```
[root@ localhost /]# chgrp stu2 a1.txt
[root@ localhost /]# ls -l a1.txt
-rw-rw-r--. 1 stu2 stu2 0 5月   30 01:07 a1.txt
```

由以上输出结果可以看出，文件 a1.txt 的所属组由 root 变成了 stu2。

6.3.5 Linux 系统提权知识简介

SUID（设置用户 ID）是赋予文件的一种权限，它会出现在文件拥有者权限的执行位上，具有这种权限的文件会在其执行时，使调用者暂时获得该文件拥有者的权限。那么，为什么要给 Linux 二进制文件设置这种权限呢？其实原因有很多，例如，程序 Ping 需要 root 权限才能打开网络套接字，但执行该程序的用户通常都是普通用户，用来验证与其他主机的连通性。sudo 命令选项说明见表 6-3-10。

表 6-3-10 选项说明

选项	说明
-b	在后台执行命令
-h	显示帮助
-H	将 HOME 环境变量设置为新身份的 HOME 环境变量
-k	结束密码的有效期限
-l	列出目前用户可执行与无法执行的命令
-p	改变询问密码的提示符号

续表

选　项	说　明
-s	执行指定的 Shell
-u	以指定的用户作为新的身份，即切换到指定用户。默认切换到 root 用户

sudo 命令的格式如下：

```
sudo [选项] - u 用户 [命令]
```

具体使用注意事项如下：

① sudo 命令可以视为受限的 su，它可以使“部分”用户使用其他用户的身份执行命令。

② 在使用 sudo 命令之前，需要通过修改/etc/sudoers 文件，为当前用户配置要使用的权限。

③ /etc/sudoers 文件有一定的语法规范，为避免因修改后出现语法错误，应使用 visudo 命令打开文件进行修改。

④ 如下所示为/etc/sudoers 文件中的一条配置信息，该信息设置了 root 用户可在任何情境下执行任何命令。

```
root      ALL=(ALL)        ALL
```

6.4　任务 2：磁盘和文件系统管理

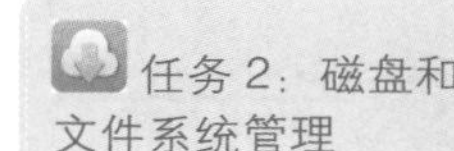

文件系统是任何一种操作系统中最基本、最重要的一部分内容。Linux 文件系统与 Windows 文件系统区别比较大。首先磁盘分区的概念完全不同，其次文件组织方式不一样。对于一个系统管理者（root）而言，磁盘的管理是相当重要的一环，如果要在系统里面新增一块硬盘，需要完成如下操作。

① 对磁盘进行分区，以新建可用的分区。

② 对该分区进行格式化（Format），以创建系统可用的文件系统。

③ 在 Linux 系统上，需要创建挂载点（即是目录），并将它挂载上来。

6.4.1　磁盘分区及格式化

1. 硬盘分区

磁盘上的盘片被细分为多个大小相同的扇区，扇区是磁盘空间的基本单位，一般来说，一个扇区的大小为 512 字节。磁盘中第 1 个扇区非常重要，其中存储了与磁盘正常使用相关的重要信息，分别为主引导记录、磁盘分区表和魔数。

主引导记录（Master Boot Record）占用446字节，其中包含一段被称为引导加载流程（Boot Loader）的程序，在计算机启动后，会到磁盘0扇面的0扇区去读取MBR中的内容，只有MBR中的程序正确无误，计算机才能正常开机。

磁盘分区表（Partition Table）占用64字节，其中记录整块磁盘的分区状态，每个分区的信息需要16字节，因此磁盘分区表若只记录分区信息，便最多只能存储4个分区的分区信息。

魔数（Magic Number）占用2字节，用来标识MBR是否有效。

Linux系统"一切皆文件"，所以Linux下的设备也会被视为文件，硬盘作为设备的一种，其对应的文件被存储于系统的/dev目录下。若磁盘为SATA类型，则磁盘路径名为/dev/sda，如图6-4-1所示的4个分区在/dev目录下对应的文件名如下：

```
P1:/dev/sda1
P2:/dev/sda2
P3:/dev/sda3
P4:/dev/sda4
```

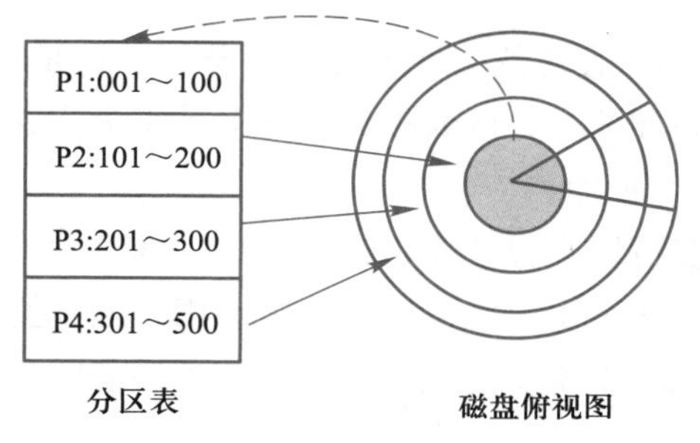

图6-4-1　分区表与磁盘分区图

事实上，磁盘除可以划分出主分区外，还可以划分出一个扩展分区，而扩展分区可以继续划分。由扩展分区划分出的分区称为逻辑分区，而逻辑分区的分区信息会被存储在扩展分区中的第1个扇区。

如图6-4-2所示的磁盘中有两个分区表（分别用黑色扇形和方块表示）。存在于分区P1中的分区表为主分区表，共占64字节，其中只记录了P1和P2两个分区，分区P1为主分区，分区P2为扩展分区，分区P2又被划分为4个逻辑分区L1~L4，其分区信息存储于第101个柱面的扇区中。若Linux系统按图6-4-2的方式分区，/dev目录下将会有6个设备文件，文件的路径名分别如下：

```
P1:/dev/sda1
P2:/dev/sda2
L1:/dev/sda5
```

```
L2:/dev/sda6
L3:/dev/sda7
L4: /dev/sda8
```

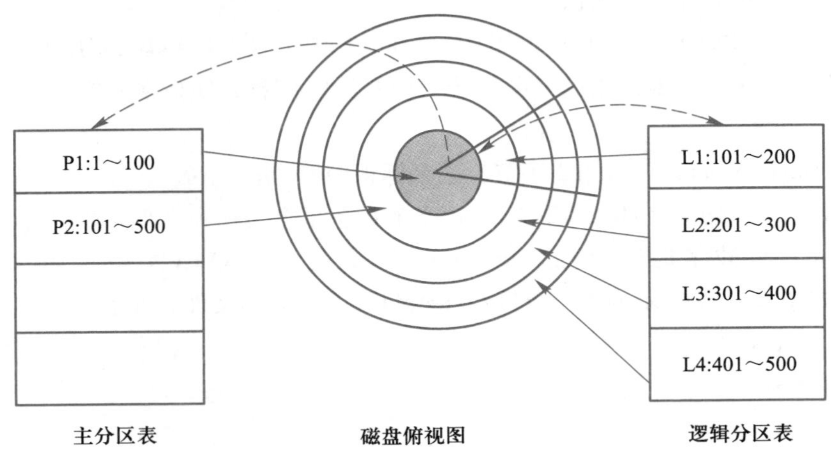

图 6-4-2 主分区与逻辑分区

可注意到逻辑分区 L1-14 的设备文件编号从 5 开始，这是因为编号 1~4 被预留给主分区表中的设备文件使用，即使主分区表中的分区不足 4 个，逻辑分区的设备文件也不能使用编号 1~4。

虽然磁盘分区表中最多可以存储 4 个分区的信息，但在使用时一般只使用两个分区，即一个主分区和一个扩展分区。主分区可以马上被使用，但不能再分；扩展分区必须再划分为逻辑分区才能使用，因为系统不能识别未划分的扩展分区。

2. 磁盘分区

fdisk 磁盘分区，是 Linux 发行版本中最常用的分区工具之一，其格式为：

```
fdisk [选项] 设备名称
```

常用的选项：-l 查看硬盘分区表。

fdisk 有许多子命令，见表 6-4-1。

表 6-4-1 fdisk 的子命令

命　令	说　明
a	调整硬盘的启动分区
d	删除一个硬盘分区
l	列出所有支持的分区类型
m	列出所有命令

续表

命　令	说　明
n	创建一个新的分区
p	列出硬盘分区表
q	退出 fdisk，不保存更改
t	更改分区类型
u	切换所显示的分区大小的单位
w	把设置写入硬盘分区表，然后退出
x	列出高级选项

在 Command 提示后面输入以上选项命令可以开始对此硬盘进行分区操作，输入 m 可以列出所有可供选择的子命令。

下面通过实例来说明对硬盘的分区划分。

【实例 6-30】 一台计算机新增加第 2 块 SCSI 接口硬盘，假设硬盘大小为 4 GB，在使用时要先进行分区。要求创建一个大小为 200 MB 的主分区，剩余空间为一个扩展分区，扩展分区中有两个逻辑分区。

具体操作如下：

【步骤 1】首先在虚拟机上添加一块硬盘，如图 6-4-3 所示。

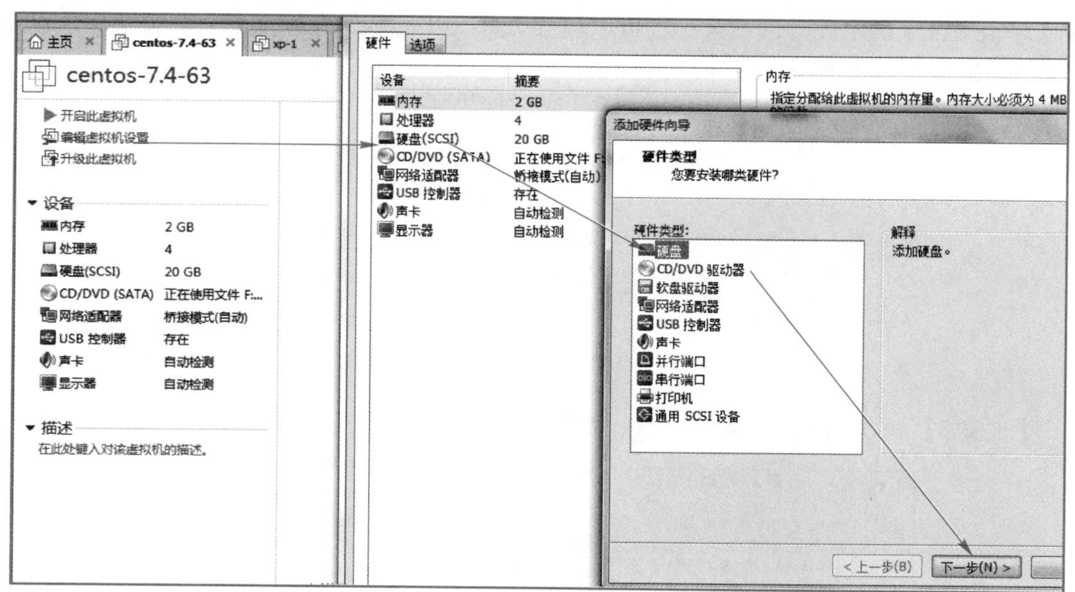

图 6-4-3　虚拟机添加硬盘图

【步骤 2】对 sdb 这块盘划分一个 200 MB 的分区，操作命令如下：

```
[root@ localhost ~]# fdisk  /dev/sdb
```

结果显示如图 6-4-4 所示。

```
[root@localhost ~]# fdisk  /dev/sdb
欢迎使用 fdisk (util-linux 2.23.2)。

更改将停留在内存中，直到您决定将更改写入磁盘。
使用写入命令前请三思。

Device does not contain a recognized partition table
使用磁盘标识符 0x4ed47a65 创建新的 DOS 磁盘标签。
```

图 6-4-4 fdisk 命令

【步骤 3】首先输入 p，查看当前的分区表，可以看到硬盘上没有任何分区，如图 6-4-5 所示。

```
命令(输入 m 获取帮助)：p

磁盘 /dev/sdb：4294 MB, 4294967296 字节，8388608 个扇区
Units = 扇区 of 1 * 512 = 512 bytes
扇区大小(逻辑/物理)：512 字节 / 512 字节
I/O 大小(最小/最佳)：512 字节 / 512 字节
磁盘标签类型：dos
磁盘标识符：0x4ed47a65

   设备 Boot      Start         End      Blocks   Id  System
```

图 6-4-5 输入子命令 p

【步骤 4】要创建新的分区输入 n，然后输入 p，选择创建主分区（输入 e，选择创建扩展分区），输入 1，创建第 1 个主分区。输入此分区的起始扇区，默认是第 2048 个扇区，输入终止扇区来确定此分区的大小，可以用+sizeM，以兆字节为单位来分配分区大小，本例为“+2000M”，如图 6-4-6 所示。

```
命令(输入 m 获取帮助)：n
Partition type:
   p   primary (0 primary, 0 extended, 4 free)
   e   extended
Select (default p): p
分区号 (1-4，默认 1)：1
起始 扇区 (2048-8388607，默认为 2048)：
将使用默认值 2048
Last 扇区, +扇区 or +size{K,M,G} (2048-8388607，默认为 8388607)：+2000M
分区 1 已设置为 Linux 类型，大小设为 2 GiB
```

图 6-4-6 创建新分区

【步骤 5】再次输入 p 查看分区表，如图 6-4-7 所示。

```
命令(输入 m 获取帮助)：p

磁盘 /dev/sdb：4294 MB, 4294967296 字节，8388608 个扇区
Units = 扇区 of 1 * 512 = 512 bytes
扇区大小(逻辑/物理)：512 字节 / 512 字节
I/O 大小(最小/最佳)：512 字节 / 512 字节
磁盘标签类型：dos
磁盘标识符：0xa46d844c

   设备 Boot      Start         End      Blocks   Id  System
/dev/sdb1          2048     4098047     2048000   83  Linux
```

图 6-4-7 查看新分区

【步骤6】可以看到，此硬盘中已经增加了一个主分区 sdb1，大小为2048000字节。要删除此分区，可以输入d然后输入要删除的分区号，如图6-4-8所示。

```
命令(输入 m 获取帮助)：d
已选择分区 1
分区 1 已删除
```

图6-4-8 删除分区

分区结束，输入w把设置写入硬盘分区表并退出。

【步骤7】可以接着创建扩展分区，也可以在以后进行创建。要创建扩展分区，先输入n，创建新分区，再输入e创建扩展分区，大小为默认（即剩余空间）。

【步骤8】输入p查看分区表，可以看到，此硬盘中经增加了一个扩展分区 sdb2，大小为2145280字节，如图6-4-9所示。

```
命令(输入 m 获取帮助)：n
Partition type:
   p   primary (1 primary, 0 extended, 3 free)
   e   extended
Select (default p): e
分区号 (2-4，默认 2)：2
起始 扇区 (4098048-8388607，默认为 4098048)：
将使用默认值 4098048
Last 扇区，+扇区 or +size{K,M,G} (4098048-8388607，默认为 8388607)：
将使用默认值 8388607
分区 2 已设置为 Extended 类型，大小设为 2 GiB

命令(输入 m 获取帮助)：p

磁盘 /dev/sdb：4294 MB, 4294967296 字节，8388608 个扇区
Units = 扇区 of 1 * 512 = 512 bytes
扇区大小(逻辑/物理)：512 字节 / 512 字节
I/O 大小(最小/最佳)：512 字节 / 512 字节
磁盘标签类型：dos
磁盘标识符：0xa46d844c

   设备 Boot      Start         End      Blocks   Id  System
/dev/sdb1            2048     4098047     2048000   83  Linux
/dev/sdb2         4098048     8388607     2145280    5  Extended
```

图6-4-9 创建扩展分区

【步骤9】接着创建第1个逻辑分区 sdb5，操作如图6-4-10所示（依次输入n、1、p）。

```
命令(输入 m 获取帮助)：n
Partition type:
   p   primary (1 primary, 1 extended, 2 free)
   l   logical (numbered from 5)
Select (default p): l
添加逻辑分区 5
起始 扇区 (4100096-8388607，默认为 4100096)：
将使用默认值 4100096
Last 扇区，+扇区 or +size{K,M,G} (4100096-8388607，默认为 8388607)：+1000M
分区 5 已设置为 Linux 类型，大小设为 1000 MiB

命令(输入 m 获取帮助)：p

磁盘 /dev/sdb：4294 MB, 4294967296 字节，8388608 个扇区
Units = 扇区 of 1 * 512 = 512 bytes
扇区大小(逻辑/物理)：512 字节 / 512 字节
I/O 大小(最小/最佳)：512 字节 / 512 字节
磁盘标签类型：dos
磁盘标识符：0xa46d844c

   设备 Boot      Start         End      Blocks   Id  System
/dev/sdb1            2048     4098047     2048000   83  Linux
/dev/sdb2         4098048     8388607     2145280    5  Extended
/dev/sdb5         4100096     6148095     1024000   83  Linux
```

图6-4-10 在扩展分区创建第1个逻辑分区

【步骤 10】使用同样的步骤创建第 2 个逻辑分区 sdb6，最后磁盘分区的结果如图 6-4-11 所示。

```
命令(输入 m 获取帮助)：p

磁盘 /dev/sdb：4294 MB, 4294967296 字节，8388608 个扇区
Units = 扇区 of 1 * 512 = 512 bytes
扇区大小(逻辑/物理)：512 字节 / 512 字节
I/O 大小(最小/最佳)：512 字节 / 512 字节
磁盘标签类型：dos
磁盘标识符：0xa46d844c

   设备 Boot      Start         End      Blocks   Id  System
/dev/sdb1            2048     4098047     2048000   83  Linux
/dev/sdb2         4098048     8388607     2145280    5  Extended
/dev/sdb5         4100096     6148095     1024000   83  Linux
/dev/sdb6         6150144     8198143     1024000   83  Linux
```

图 6-4-11　在扩展分区创建第 2 个逻辑分区

【注意】不管创建哪种分区，最后都要输入 w 把设置写入硬盘分区表并退出，如果不想保存设置退出 fdisk，输入 q 命令即可。

3. 磁盘格式化

分区完毕后，自然就是要进行文件系统的格式化。格式化的命令非常简单，使用 mkfs 命令，该命令是个综合的命令，它会去调用正确的文件系统格式化工具软件。具体格式如下：

```
mkfs [-t 文件系统格式] 设备文件名
```

参数：

-t：可以接文件系统格式，如 ext3、ext2、vfat 等。

【实例 6-31】将上一小节当中所创建的/dev/sdb6 格式化为 ext3 文件系统，如图 6-4-12 所示。

```
[root@localhost ~]# mkfs -t ext3 /dev/sdb6
mke2fs 1.42.9 (28-Dec-2013)
文件系统标签=
OS type: Linux
块大小=4096 (log=2)
分块大小=4096 (log=2)
Stride=0 blocks, Stripe width=0 blocks
64000 inodes, 256000 blocks
12800 blocks (5.00%) reserved for the super user
第一个数据块=0
Maximum filesystem blocks=264241152
8 block groups
32768 blocks per group, 32768 fragments per group
8000 inodes per group
Superblock backups stored on blocks:
        32768, 98304, 163840, 229376

Allocating group tables: 完成
正在写入inode表: 完成
Creating journal (4096 blocks): 完成
Writing superblocks and filesystem accounting information: 完成
```

图 6-4-12　/dev/sdb6 格式

这样就创建了需要的ext3文件系统。按两次Tab键，会发现mkfs支持的文件格式如图6-4-13所示，可以格式化vfat。

```
[root@localhost ~]# mkfs
mkfs          mkfs.cramfs  mkfs.ext3    mkfs.fat     mkfs.msdos   mkfs.xfs
mkfs.btrfs    mkfs.ext2    mkfs.ext4    mkfs.minix   mkfs.vfat
```

图6-4-13 mkfs支持的文件格式

6.4.2 文件系统类型

文件系统是操作系统用于明确磁盘或分区上的文件的方法和数据结构，即在磁盘上组织文件的方法，也指用于存储文件的磁盘或分区。一个分区或磁盘在作为文件系统使用前，需要进行初始化，并将记录数据结构写到磁盘上，该过程为建立文件系统。

1. ext2/ext3/ext4文件系统

ext2与ext3是Linux专门设计的硬盘文件系统，一般称为扩展文件系统。ext3是一个完全兼容ext2文件系统的日志文件系统，它在ext2的基础上添加了一个被称为日志的块，专门来记录写入或修订文件时的步骤。除此之外，它的构造与ext2文件系统相同。

ext4文件系统是Linux中原有使用的ext3文件系统的后续版本，是第4代扩展文件系统，属于典型的日志型文件系统。其特点是保持有磁盘存取记录的日志数据，便于进行恢复，性能和稳定性更加出色。当系统由于断电等原因意外停机后，在重新启动时，可以根据这些日志直接回溯重整在停机时处理中断的部分，同时也更加安全、可靠。

2. swap文件系统

除了ext4文件系统之外，Linux中还有一个比较特殊的swap类型的文件系统，swap文件系统是专门给交换分区使用的。交换分区类似于Windows系统中的虚拟内存，能够在一定程度上缓解物理内存不足的问题。不同的是，在Linux系统中划分了一个单独的分区作为虚拟内存，这个分区就被称为交换分区。交换分区的大小通常设置为主机物理内存的2倍，如主机的物理内存大小为1 GB，则交换分区大小设置为2 GB即可。在安装Linux操作系统时，交换分区是必须建立的，并且其类型一定是swap。交换分区由操作系统自动管理，用户不需要对其进行过多的操作。

3. vfat文件系统

在Linux中，将DOS下的所有FAT文件系统称为vfat，其中包括FAT12、FAT16和FAT32。

4. NFS文件系统

NFS即网络操作系统，用于在UNIX系统间通过网络进行文件共享，用户可以把网络中NFS服务器提供的共享目录挂装到本地文件目录中，可以像对本地文件系统一样操作NFS文件系统中的内容。

5. ISO9660文件系统

ISO9660是光盘所使用的标准文件系统，Linux对光盘有非常好的支持，不仅可以读取光盘中的文件，还可以进行光盘的刻录。

6.4.3 管理磁盘和文件系统

在磁盘上创建文件系统之后，还需要把新建立的文件系统挂载到系统上才能使用。

所谓挂载，是指将一个目录作为入口，将磁盘分区中的数据放置在以该目录为根节点目录关系树中。这相当于为文件系统与磁盘建立联系，指定了某个分区中文件系统访问的位置。在Linux系统中，根目录是整个磁盘访问的基点，因此根目录必须要挂载到某个分区。

Linux系统通过mount命令和unmount命令实现分区的挂载和卸除。

1. mount命令

Linux系统中可以使用mount命令将某个分区挂载到目录，mount命令常用的格式如下：

```
mount [选项] [参数] 设备 挂载点
```

mount命令常用的选项有两个，分别为-t和-o。

选项-t用于指定待挂载设备的文件系统类型，常见的类型如下：

光盘/光盘镜像：iso9660；

DOS FAT16文件系统：msdos；

Windows 9X FAT32文件系统：vfat；

Windows NT NTFS文件系统：ntfs；

Mount Windows文件网络共享：smbfs；

UNIX（Linux）文件网络共享：nfs。

Linux支持待挂载设备中的文件系统类型时，该设备才能被成功挂载到Linux系统中并被识别。

选项-o主要用来描述设备的挂载方式，常用的挂载方式见表6-4-2。

表 6-4-2 常用的挂载方式

方式	说明
loop	将一个文件视为硬盘分区挂载到系统
ro	read-only，采用只读的方式挂载设备（即系统只能对设备进行读操作）
rw	采用读写的方式挂载设备
iocharset	指定访问文件系统所用的字符集
remount	重新挂载

mount 的参数通常为设备文件名与挂载点。设备文件名为要挂载的文件系统对应的设备名；挂载点指挂载点目录。设备必须被挂载到一个已经存在的目录上，其中的内容才能通过目录访问。挂载的目录可以不为空，但将某个设备挂载到该目录后，目录中之前存放的内容不可再用。

下面以文件系统与镜像文件的挂载为例来讲解 mount 命令的使用方法。

(1) 挂载 ext2/ext3 文件系统

【实例 6-32】 使用默认的方式将之前创建的逻辑分区/dev/sdb6，挂载到/mnt/sdb6 上面，则需使用如下命令：

```
mount /dev/sdb6 /mnt/sdb6
```

【注意】 使用 mount 命令挂载硬盘或其某个分区到指定目录下时，指定的目录必须已经存在。其输出结果如图 6-4-14 所示。

```
[root@localhost ~]# mkdir /mnt/sdb6
[root@localhost ~]# mount /dev/sdb6 /mnt/sdb6
[root@localhost ~]# df
文件系统          1K-块    已用     可用  已用% 挂载点
/dev/sda3      18421760 4950488 13471272   27% /
devtmpfs         926944       0   926944    0% /dev
tmpfs            935392     148   935244    1% /dev/shm
tmpfs            935392    9084   926308    1% /run
tmpfs            935392       0   935392    0% /sys/fs/cgroup
/dev/sda1        201388  102796    98592   52% /boot
/dev/sr0        4050860 4050860        0  100% /run/media/slc/CentOS 7 x86_64
/dev/sdb6        991512    1284   922644    1% /mnt/sdb6
```

图 6-4-14 挂载文件系统成功

这里的 df 命令是用于查看与磁盘空间相关的信息。

(2) 挂载 CD 或 DVD 光盘

【实例 6-33】 将用来安装 Linux 的 CentOS 原版光盘挂载，具体命令如下。

```
[root@ localhost ~]# mkdir /media/cdrom
[root@ localhost ~]# mount -t iso9660 /dev/cdrom /media/cdrom
```

可以指定-t iso9660 这个光盘的格式来挂载，也可以让系统自己去测试挂载。故上述命令也可以使用“mount /dev/cdrom /media/cdrom”来进行代替，但是在目录的初次创建时，必须要进行挂载。下面用 df 查看磁盘挂载信息，如图 6-4-15 所示。

```
[root@localhost ~]# df
文件系统          1K-块     已用      可用  已用% 挂载点
/dev/sda3      18421760 4950448 13471312   27% /
devtmpfs         926944       0   926944    0% /dev
tmpfs            935392     148   935244    1% /dev/shm
tmpfs            935392    9084   926308    1% /run
tmpfs            935392       0   935392    0% /sys/fs/cgroup
/dev/sda1        201388  102796    98592   52% /boot
/dev/sr0        4050860 4050860        0  100% /media/cdrom
/dev/sdb6        991512    1284   922644    1% /mnt/sdb6
```

图 6-4-15 挂载光盘成功

光驱一旦挂载之后就无法退出光盘，除非将它卸载才能够退出。从上面的数据可以发现，因为是光盘，所以磁盘使用率达到 100%，因为无法直接写入任何数据到光盘当中。另外，其实/dev/cdrom 是个连接文件，正确的磁盘文件名需要看光驱是何种连接接口的环境。以此题为例，光驱接在 dev/sr0 中，所以正确的挂载应该是 “mount/dev/sr0/media/cdrom”。

2. umount 命令

当需要挂载的分区只是一个移动存储设备（如移动硬盘）时，要进行的工作是在该设备与主机之间进行文件传输，那么在文件传输完毕之后，需要卸载该分区，Linux 系统中卸载分区的命令是 umount，该命令的格式如下：

```
umount [参数] 设备文件名或挂载点
```

参数：

-f：强制卸载。可用在类似网络文件系统（NFS）无法读取到的情况下；

-n：不更新/etc/mtab 情况下卸载。

直接将已挂载的文件系统卸载即可。在卸载之后，可以使用 df 命令查看是否还存在在目录树中。卸载的方式可以执行设备文件名或挂载点。具体的举例如下：

【实例 6-34】 将本节之前自行挂载的文件系统全部卸载。

先找到已经挂载的文件系统，如下所示，/dev 即为刚刚挂载的设备。

```
[root@ localhost ~]# mount
..... 前面省略 .....
/dev/sdb6 on /mnt/sdb6 type ext3 (rw)
/dev/sr0 on /media/cdrom type iso9660 (rw)
```

然后进行卸载，命令如下。

```
[root@ localhost ~]# umount /dev/sdb6
[root@ localhost ~]# umount /media/cdrom
```

此时，就把之前挂载的系统文件和光盘全部卸载了。

6.4.4 LVM概述

1. LVM的工作原理

LVM（Logical Volume Manager，逻辑卷管理器）是在磁盘分区和文件系统之间添加的一个逻辑层，来为文件系统屏蔽下层磁盘分区布局，提供一个抽象的盘卷，在盘卷上建立文件系统。

管理员利用LVM可以在磁盘不用重新分区的情况下动态调整文件系统的大小，并且利用LVM管理的文件系统可以跨越磁盘，当服务器添加了新的磁盘后，管理员不必将原有的文件移动到新的磁盘上，而是通过LVM可以直接扩展文件系统跨越磁盘。

其通过将底层的物理硬盘封装起来，然后以逻辑卷的方式呈现给上层应用。在LVM中，其通过对底层的硬盘进行封装，当对底层的物理硬盘进行操作时，其不再是针对于分区进行操作，而是通过一个逻辑卷来对其进行底层的磁盘管理操作。

2. LVM常用的术语

（1）物理存储介质（Physical Media）

这里指系统的存储设备硬盘或者分区，如/dev/hda1、/dev/sdb5等，是存储系统最底层的存储单元。设备必须初始化为LVM物理卷，才能与LVM结合使用。

（2）物理卷PV（Physical Volume）

物理卷就是LVM的基本存储逻辑块，但和基本的物理存储介质（如分区、磁盘等）比较，却包含有与LVM相关的管理参数。

（3）卷组VG（Volume Group）

LVM卷组类似于非LVM系统中的物理硬盘，其由物理卷组成，可以在卷组上创建一个或多个“LVM分区”（逻辑卷），一个LVM卷组由一个或多个物理卷组成。

（4）逻辑卷LV（Logical Volume）

LVM逻辑卷类似于非LVM系统中的硬盘分区，LV建立在VG之上，可以在LV之上建立文件系统（比如/home或者/usr等）。

（5）物理块PE（Physical Extents）

每一个物理卷被划分为称为PE的基本单元，物理卷中可以分配的最小存储单元，PE的大小是可配置的，默认大小为4 MB。

（6）逻辑块LE（Logical Extent）

逻辑卷也被划分为称为LE的基本单元，逻辑卷中可以分配的最小存储单元，在同一个卷组中，LE的大小和PE是相同的，并且一一对应。

6.4.5 管理 LVM 存储

1. 创建分区

添加一个 sdb 磁盘，使用分区工具 fdisk 创建 LVM 分区，方法和创建其他一般分区的方式是相同的。需要注意的是，要通过输入 t 命令将 LVM 的分区类型改为 8e，8e 是 LVM 卷文件系统的 ID。下面是创建分区的命令，前面已经介绍这里不再赘述。

```
[root@ localhost ~]# fdisk /dev/sdb      #创建 4 个主分区,每个分区 1 GB
[root@ localhost~ ]# ls /dev/sdb *
/dev/sdb  /dev/sdb1  /dev/sdb2  /dev/sdb3  /dev/sdb4
```

已经创建好的物理分区如图 6-4-16 所示。

```
命令(输入 m 获取帮助)：p

磁盘 /dev/sdb：4294 MB, 4294967296 字节，8388608 个扇区
Units = 扇区 of 1 * 512 = 512 bytes
扇区大小(逻辑/物理)：512 字节 / 512 字节
I/O 大小(最小/最佳)：512 字节 / 512 字节
磁盘标签类型：dos
磁盘标识符：0xa46d844c

   设备 Boot      Start         End      Blocks   Id  System
/dev/sdb1            2048     2099199     1048576   8e  Linux LVM
/dev/sdb2         2099200     4196351     1048576   8e  Linux LVM
/dev/sdb3         4196352     6293503     1048576   83  Linux
/dev/sdb4         6293504     8388607     1047552   83  Linux
```

图 6-4-16　成功创建物理分区

这里 8e 的出现把系统变成“Linux LVM”。其实不设置为 8e 也没有关系，现在的系统已经非常智能，直接使用默认的 83 Linux 分区，也可以进行 PV 创建。

2. 创建 PV 物理卷

要新建 PV 其实很简单，只要直接使用 pvcreate 即可。以下是与 PV 有关的命令。

pvcreate：将物理分区新建成为 PV；

pvscan：查询目前系统里面任何具有 PV 的磁盘；

pvdisplay：显示出目前系统上面的 PV 状态；

pvremove：将 PV 属性删除，让该分区不具有 PV 属性。

【实例 6-35】 将刚才创建的 4 个分区创建成物理卷，使用命令如下。

```
[root@ localhost ~]# pvcreate /dev/sdb{1,2,3,4}
```

//该命令可以一次性创建 4 个物理卷，也可以分开一个个地创建，输出结果如图 6-4-17 所示。

```
root@localhost ~]# pvcreate /dev/sdb{1,2,3,4}
 Physical volume "/dev/sdb1" successfully created
 Physical volume "/dev/sdb2" successfully created
 Physical volume "/dev/sdb3" successfully created
 Physical volume "/dev/sdb4" successfully created
```

图 6-4-17 创建的输出结果

使用 pvscan 命令可以查看目前系统里面的 PV 磁盘。

```
[root@ localhost ~]# pvscan
  PV /dev/sdb3                 lvm2 [1.00 GiB]
  PV /dev/sdb4                 lvm2 [1023.00 MiB]
  PV /dev/sdb1                 lvm2 [1.00 GiB]
  PV /dev/sdb2                 lvm2 [1.00 GiB]
  Total: 4 [4.00 GiB] / in use: 0 [0   ] / in no VG: 4[4.00 GiB]
```

更详细地列出系统上每个 PV 的信息：

```
[root@ localhost ~]# pvdisplay /dev/sdb1
  "/dev/sdb1" is a new physical volume of "1.00 GiB"
  --- NEW Physical volume ---
  PV Name               /dev/sdb1
  VG Name
  PV Size               1.00 GiB
  Allocatable           NO
  PE Size               0
  Total PE              0
  Free PE               0
  Allocated PE          0
  PV UUID               a5kzRi-I5I1-jQKJ-OqAd-4U0q-yOuC-OOi19O
```

3. 创建 VG 卷组

创建了物理卷后，就可以用来建立卷组。LVM 的每一个卷组都是由一个或多个物理卷组合的，要建立卷组，可以使用 vgcreate 命令。

```
vgcreate[-s N[mgt]] VGNAME PV 名称
```

VGNAME 是卷组的名称，输入 VGNAME 的内容，每一个 VGNAME 都必须是独一无二的，并且不能与/dev 中的文件名称冲突，而 PV 名称则是组成这个卷组的物理卷设备文件名称。

-s 参数的作用是：创建卷组时设置 PE 块的大小，单位可以是 MB、GB、TB，如果不手工设置，则默认为 4 MB。

以下是与 VG 相关的命令。

vgcreate：主要新建 VG 的命令；
vgscan：查找系统上面是否有 VG 存在；
vgdisplay：显示目前系统上面的 VG 状态；
vgextend：在 VG 内增加额外的 PV；
vgreduce：在 VG 内删除 PV；
Vgchange：设置 VG 是否启动（active）；
vgremove：删除一个 VG。

【实例 6-36】 将/dev/sdb1 物理卷建立出 vg01 这个卷组。

```
[root@ localhost ~]# vgcreate vg01 /dev/sdb1
Volume group "vg01" successfully created
```

更详细地列出系统上每个 VG 的状态信息：

```
[root@ localhost ~]# vgdisplay
  --- Volume group ---
  VG Name               vg01
  System ID
  Format                lvm2
  Metadata Areas        1
  Metadata Sequence No  1
  VG Access             read/write
  VG Status             resizable
  MAX LV                0
  Cur LV                0
  Open LV               0
  Max PV                0
  Cur PV                1
  Act PV                1
  VG Size               1020.00 MiB
  PE Size               4.00 MiB
  Total PE              255
  Alloc PE / Size       0 / 0
  Free  PE / Size       255 / 1020.00 MiB
  VG UUID               iXYiio-se0D-7KLJ-UTH8-Iofm-NGF5-uLiC93
```

4. 创建 LV 逻辑卷

在产生出卷组之后，就可以从卷组中划分一块空间作为逻辑卷。要建立逻辑卷需使用 lvcreate 命令。

```
lvcreate[-L N[mgt]]  [-n lv 名称] vg 名称
```

参数：

-L：后面接容量，容量的单位可以是 M、G、T 等，要注意的是，最小单位为 PE。因此这个数量必须是 PE 的倍数，若不符合要求，系统会自行计算最相近的容量。

-l：后面可以接 PE 的“个数”，而不是容量，若要这么做，则需要自行计算 PE 数。

-n：后面接的就是 LV 的名称。

与 LV 相关的命令如下：

lvcreate：新建 LV；

lvscan：查询系统上面的 LV；

lvdisplay：显示系统上面的 LV 状态；

lvextend：在 LV 里面增加容量；

lvreduce：在 LV 里面减少容量；

lvremove：删除一个 LV；

lvresize：对 LV 进行容量大小的调整。

【实例 6-37】 将 vg01 这个卷组划出 16 MB 分别分配给逻辑卷 lv01、lv02。

```
[root@ localhost ~]# lvcreate -n lv01 -L 16M vg01
  Logical volume "lv01" created
```

由于本案例中每个 PE 为 4 MB，因此在创建逻辑卷 lv02 时，也可以使用如下方式来进行创建：

```
[root@ localhost ~]# lvcreate -n lv02 -l 4 vg01
  Logical volume "lv02" created
```

更详细地列出系统上每个 LV 的状态信息：

```
[root@ localhost ~]# lvdisplay
  --- Logical volume ---
  LV Path                /dev/vg01/lv01
  LV Name                lv01
  VG Name                vg01
  LV UUID                09tPrb-rvpo-AuVV-mzwH-Cw0X-XH7b-XEje9F
  LV Write Access        read/write
  LV Creation host, time localhost.localdomain, 2020-06-01 13:51:08 +0800
  LV Status              available
  # open                 0
  LV Size                16.00 MiB
  Current LE             4
```

```
  Segments                  1
  Allocation                inherit
  Read ahead sectors        auto
  - currently set to        8192
  Block device              253:0
```

查看卷组 vg01 下的信息，可以知道有两个逻辑卷，共占用了 8 个 PE。

```
[root@ localhost ~]# vgdisplay vg01
  --- Volume group ---
  VG Name                   vg01
  System ID
  Format                    lvm2
  Metadata Areas            1
  Metadata Sequence No      3
  VG Access                 read/write
  VG Status                 resizable
  MAX LV                    0
  Cur LV                    2
  Open LV                   0
  Max PV                    0
  Cur PV                    1
  Act PV                    1
  VG Size                   1020.00 MiB
  PE Size                   4.00 MiB
  Total PE                  255
  Alloc PE / Size           8 / 32.00 MiB
  Free  PE / Size           247 / 988.00 MiB
  VG UUID                   iXYiio-se0D-7KLJ-UTH8-Iofm-NGF5-uLiC93
```

5. 文件系统的创建与挂载

当逻辑卷创建完成后，必须创建文件系统，使用 ext3 格式。

```
[root@ localhost ~]# mkfs -t ext3 /dev/vg01/lv01
[root@ localhost ~]# mkdir /mnt/lvm
[root@ localhost ~]# mount /dev/vg01/lv01  /mnt/lvm
[root@ localhost ~]# df
文件系统                 1K-块      已用      可用 已用% 挂载点
/dev/sda3            18421760 4954624 13467136   27% /
```

```
devtmpfs                 926944       0  926944   0% /dev
tmpfs                    935392     148  935244   1% /dev/shm
tmpfs                    935392    9092  926300   1% /run
tmpfs                    935392       0  935392   0% /sys/fs/cgroup
/dev/sda1                201388  102796   98592  52% /boot
/dev/mapper/vg01-lv01     14839     145   13548   2% /mnt/lvm
```

当创建了文件系统之后，就可以加载并使用它。

6.5 任务3：软件包管理

任务3：软件包管理

应用软件的安装在任何操作系统中都是必要的。在 Windows 中安装应用软件直观明了，而在 Linux 中安装应用软件速度快，过程简单。本节介绍 Linux 中安装软件的常用方法，包括 RPM 包安装。

RPM 是 Red Hat 公司开发的软件包管理器，使用它可以很容易地对 RPM 形式的软件包进行安装、升级、卸载、验证、查询等操作，安装简单，而在卸载时也可以将软件安装在多处目录中的文件删除干净，因此推荐初学者尽可能使用 RPM 形式的软件包。软件包往往有特定的命令规范，名字是由“文件名+版本号+包的类型+RPM”组成的字串。各个支持 RPM 格式的 Linux 常见软件的 RPM 包可以在其官方网站中找到。

RPM 有 5 种基本的操作方式，分别是安装、查询、校验、升级、卸载。

1. 安装软件包

基本命令格式：

```
RPM -ivh  RPM 包文件名
```

其中：

-i：安装软件包；

-v：显示附加信息，提供更多详细信息；

-V：校验，对已经安装的软件进行校验；

-h：表示显示水平进度条，安装时输出“####”标记。

【实例 6-38】 安装 RPM 包的两种不同方法。

（1）从本地安装

提前将光盘挂载到/mnt 下。

```
[root@localhost ~]# mount /dev/cdrom /mnt
mount: /dev/sr0 写保护,将以只读方式挂载
[root@localhost ~]# cd /mnt/
```

```
[root@ localhost mnt]# ls
CentOS_BuildTag  GPL        LiveOS     RPM-GPG-KEY-CentOS-7
EFI              images     Packages   RPM-GPG-KEY-CentOS-Testing-7
EULA             isoLinux   repodata   TRANS. TBL
[root@ localhost mnt]# cd Packages
[root@ localhost Packages]# ls -l |grep zsh
-rw-rw-r--. 2 slc slc  2489188 7月   4 2014 zsh-5. 0. 2-7. el7. x86_64. RPM
```

此时即可安装RPM包。

```
[root@ localhost Packages]# RPM -ivh /mnt/Packages/zsh-5. 0. 2-7. el7. x86_64. RPM
警告:/mnt/Packages/zsh - 5. 0. 2 - 7. el7. x86 _ 64. RPM: 头 V3 RSA/SHA256 Signature, 密钥 ID
f4a80eb5: NOKEY
准备中...                         ################################### [100%]
正在升级/安装...
   1:zsh-5. 0. 2-7. el7            ################################### [100%]
```

（2）从网上下载直接安装centos epel扩展源

```
[root@ localhost/]# RPM  -ivh http://dl. fedoraproject. org/pub/epel/epel-release -latest-7. noarch. RPM
获取 http://dl. fedoraproject. org/pub/epel/epel-release-latest-7. noarch. RPM
警告:/var/tmp/RPM-tmp. k4Vuc5: 头 V3 RSA/SHA256 Signature, 密钥 ID 352c64e5: NOKEY
准备中...                         ################################### [100%]
正在升级/安装...
   1:epel-release-7-12          ################################### [100%]
```

2. 查询软件包

基本命令格式：

```
RPM-q[选项] 软件包名
```

其中选项为：

-a（all）：查询所有已安装的软件包；

-f（file）：系统文件名（查询系统文件所属哪个软件包），反向查询；

-i：显示已经安装的RPM软件包信息，后面直接跟包名；

-l（list）：查询软件包中文件安装的位置；

-p：查询未安装软件包的相关信息，后面要跟软件的命名；

-R：查询软件包的依赖性。

【实例6-39】 查询软件包的不同用法。

```
[root@ xuegod63 mnt]# RPM -q zsh    --->查询指定的包是否安装
[root@ xuegod63 mnt]# RPM -qa       --->查询所有已安装包
```

```
[root@ xuegod63 mnt]# RPM -qa|grep vim    --->查询所有已安装包中带 vim 关键字的包
[root@ xuegod63 ~]# which find    --->查看 find 命令的路径
/usr/bin/find
[root@ xuegod63 ~]# RPM  -qf /usr/bin/find    ---->查询文件或命令属于哪个安装包
```

查询已经安装的 RPM 包的详细信息或作用，使用 RPM -qi RPM 包名。

```
[root@ xuegod63 ~]# RPM -qi lrzsz
```

针对没有安装的 RPM 包，要加参数-p，即使用 RPM -qpi RPM 包的绝对路径。

```
[root@ localhost~]# RPM -qpi /mnt/Packages/php-mysql-5.4.16-21.el7.x86_64.RPM
Name        : php-mysql
Version     : 5.4.16
......
Summary     : A module for PHP applications that use MySQL databases
// php 使用 mysql 数据库的一个模块
```

3. 校验软件包

用于检验命令是否被黑客修改，基本命令格式如下：

```
RPM-V[选项]  软件包名
```

其中，选项的参数可以是-f、-p、-a，同查询软件包中的一样。

【实例 6-40】校验已安装软件包的不同用法。

```
[root@ localhost ~]# RPM -V zsh
//验证 zsh 软件包
[root@ localhost ~]# RPM -Vf /etc/passwd
//验证包含文件/etc/passwd 的软件包
[root@ localhost ~]# RPM -Vp /mnt/Packages/zsh-5.0.2-7.el7.x86_64.RPM
//验证包文件 zsh-5.0.2-7.el7.x86_64.RPM
[root@ localhost ~]# RPM -Va
//验证所有已安装的软件包
```

4. 升级软件包

基本命令格式：

```
RPM-Uvh  RPM 包文件名
```

【实例 6-41】升级之前已安装的 zsh 和 lrzsz 软件包。

```
[root@ localhost ~]# RPM -Uvh /mnt/Packages/zsh-5.0.2-7.el7.x86_64.RPM
[root@ localhost ~]# RPM -Uvh /mnt/Packages/lrzsz-0.12.20-36.el7.x86_64.RPM
```

因为升级时会有一些依赖包要解决，所以一般我们使用 yum update 包来升级。

5. 卸载软件包

基本命令格式：

```
RPM-e RPM 包文件名
```

【实例 6-42】 卸载之前安装的 zsh 软件包。

```
[root@ localhost ~]# RPM -q zsh        ---->查询 zsh 软件包
zsh-5.0.2-7.el7.x86_64
[root@ localhost ~]# RPM -e zsh        ---->卸载 zsh 软件包
[root@ localhost ~]# RPM -q zsh
未安装软件包 zsh
```

这样就可以把已安装的 RPM 软件包 zsh 给卸载。

本章小结 

本章以 Linux 服务器的日常管理与维护为引导，介绍了 Linux 服务器的安装与配置、Linux 文件和目录的浏览、管理及维护、Linux 的系统账户与安全、磁盘和文件系统管理、软件包管理，重点介绍了 Linux 日常管理的账户和磁盘管理。通过本章的学习，读者应能熟练掌握系统账户与安全的基本概念，掌握常见操作命令、磁盘和文件系统管理的工作机制及其操作命令，掌握软件包管理的基本概念。

本章习题 

一、单项选择题

1. Linux 操作系统自诞生至今，有数十万的程序开发人员参与到了它的开发与完善中，如今 Linux 已发展成为一个成熟、稳定的操作系统。以下选项中关于 Linux 特点描述完全正确的一项是（　　）。

A. 多用户、多线程、单 CPU　　B. 单用户、单线程、多任务

C. 多用户、多线程、多 CPU　　D. 单用户、多线程、多 CPU

2. Linux 操作系统的应用领域极其广泛，在下列各选项中，（　　）可能用到了 Linux 操作系统。

A. 汽车　　B. 手机

C. 机顶盒　　D. 以上全部

3. VMware 提供了虚拟网络功能，使用户可方便地进行网络环境部署。以下（　　）选项不属于 VMware 虚拟网络中的网络模式。

A. C/S　　B. 桥接

C. 网络地址转换　　D. NAT

4. 下面（　　）选项不是 Linux 服务器可提供的服务。

A. Web　　B. XShell

C. SFTP　　D. SSH

5. Linux 历经多年发展，到如今已发展出了许多版本，下面（　　）版本的 Linux 系统是我国用户使用最多的版本。

A. CnetOS

B. Ubuntu

C. Fedora

D. Red Hat

6. 在以下选项中，选出实现打印当前路径下所有文件名的命令（　　）。

A. ls -l

B. ls

C. ls -a

D. ls -i

7. 假设当前有一文件 file1，其权限为 rwxr--r--，则在以下命令中，（　　）命令可以使该文件所属组拥有对该文件的执行权限？

A. chown g+x file1

B. chmod 644 file1

C. chmod o+x file1

D. chmod a+x file1

8. 假设 Linux 系统中不存在文件 newfile，现要创建一个新文件 newfile，以下（　　）命令无法实现该功能。

A. vi newfile

B. touch newfile

C. cp file /itheima/newfile

D. cd /itheima/newfile

9. 假设当前有两个用户组 group1、group2，有 3 名用户 usr1、usr2、usr3，其中 usr1、usr2 属于用户组 group1，usr3 属于用户组 group2。假设用户 usr1 使用“touch file”命令创建了一个文件 file，并将该文件的权限设置为 654。以下关于用户与文件的说法中错误的是（　　）。

A. usr1、usr3 对文件 file 有读权限

B. usr1、usr2、usr3 对文件 file 有读权限

C. usr1、usr3 对文件 file 有写权限

D. usr2 对文件 file 有执行权限

10. 在下面关于基本组和附加组的说法中，错误的是（　　）。

A. 若用户被创建时没有指定用户组，系统会为用户创建一个与用户名相同的组，该组就是该用户的基本组

B. 可以在创建用户时，使用选项-G 为其指定基本组

C. 为用户组指定附加组，可以使该用户拥有对应组的权限

D. 用户可以从附加组中移除，但不能从基本组中移除

11. 下面各选项中关于用户切换命令 su 和 sudo 的说法，正确的是（　　）。

A. su 和 sudo 都用于切换用户身份，相比之下，su 命令更加安全

B. 使用 su 命令切换用户时需要知道当前用户的密码

C. 使用 sudo 命令切换用户时需要知道待切换用户的密码

D. 即便当前用户为 root 用户，切换用户时也必须输入用户密码

12. 若一个文件的权限为 rwxrw-r-x，问文件所有者、所属组用户和其他用户分别能否删除该文件。（　　）

A. 文件所有者、所属组用户可以，其他用户不能

B. 文件所有者和其他用户可以，文件所属组用户不能

C. 文件所有者可以，文件所属组用户、其他用户不能

D. 无法判断

二、多项选择题

1. Linux 操作系统是一款免费使用且可以自由传播的类 UNIX 操作系统，它支持（　　　）及多 CPU，从其诞生到现在，性能逐步得到了稳定的提升。

A. 单用户

B. 多用户

C. 多任务

D. 多线程

2. Linux 操作系统秉持“一切皆文件”的思想，将其中的文件、设备等通通作为文件来操作和处理，因此，文件处理与管理命令是 Linux 系统中最基础的命令。常用的文件处理与管理命令有（　　　）。

A. ls

B. cd

C. pwd

D. cp

3. Linux 系统中的用户大体上可分为三组，分别为（　　　）。

A. 管理员
B. 系统用户
C. 普通用户
D. 一般用户

三、判断题

1. Linux 是一种开放源代码、可自由传播的计算机操作系统，其目的是建立不受任何商品化软件版权制约、全世界都能自由使用的类 UNIX 系统。(　　)

2. Linux 操作系统在服务器、超级计算机、嵌入式系统等领域都有广泛应用。(　　)

3. VMware 网络配置中有 4 种网络模式。(　　)

4. 在 Linux 系统中，可以通过“ifconfig -a”命令查看所有的网卡。(　　)

5. SFTP 即安全 Shell 协议，是远程文件管理中会用到的协议，该协议通过高强度的加密算法，提高了数据传输的安全性。(　　)

6. Linux 一词本指 Linux 操作系统的内核，但后来人们逐渐使用 Linux 指代整个操作系统。(　　)

7. 在日常生活中，人们使用的智能手机、车载电脑、智能电视、机顶盒等都会使用 Linux 操作系统。(　　)

8. grep 命令的功能是在文件中搜索与字符串匹配的行并输出。(　　)

9. Vi 编辑器的 3 种工作模式间可直接相互切换。(　　)

10. chmod 命令用于更改文件或目录的所有者。(　　)

11. GCC 编译器的编译流程依次为编译、汇编、预处理、连接。(　　)

12. gzip 命令既能用于压缩文件，又能对压缩包解压缩。(　　)

13. Linux 系统中的用户分为超级用户和普通用户，超级用户具有管理员权限，普通用户只拥有部分权限。(　　)

14. 除基本组外，用户所在的组都是附加组。为用户指定附加组，可以使用户拥有对应组的权限。(　　)

15. 用户可以从附加组中移除，也可从基本组中移除。(　　)

16. 使用 su 命令从当前用户（itcast）切换到 itheima 用户时，使用的命令为“su - itheima”，在输入命令后须再输入用户 itheima 的密码，才能成功切换用户。(　　)

17. 当使用 sudo 命令切换用户时，要求当前用户须有使用待切换用户身份的权限，该权限在/etc/sudoers 文件中设置，用户可通过 vi 命令打开该文件，并对其进行编辑。(　　)

第 7 章　常用网络应用服务器管理

【学习目标】

知识目标

理解 FTP/Mail 服务原理与配置过程。

理解 Samba/NFS 服务原理与配置过程。

掌握搭建 rsync 服务。

技能目标

熟悉 FTP/Mail 服务安装与配置。

熟悉 Samba/NFS 服务安装与配置。

熟悉 rsync 用法并能掌握搭建 rsync 服务方法。

【认证考点】

掌握多种应用服务器的类型、工作原理与基本概述。

熟悉 VSFTPD 服务器配置文件、连接选项及配置方法。

熟悉 Mail/NFS 服务概述、常用参数配置与配置过程。

熟悉 Samba 等配置文件与配置过程和服务安装。

掌握 rsync 用法与搭建方法。

项目引导：重庆季目有限公司的应用服务器管理

【项目描述】

重庆季目有限公司是重庆一家中型服务公司，该公司的大型通用网络上部署了多种类型的服务器，以满足员工间对不同文件类型的传输和下载以及网络配置的要求。本章将依据该公司在网络运营发展过程中需要的各种网络服务，来配置与安装不同的网络应用服务器。

知识储备

7.1 应用服务器类型

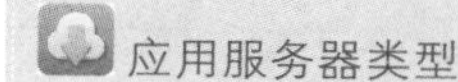

中型公司的大型通用网络可能会部署多种类型的服务器，一般包括以下几种类型。

7.1.1 FTP 服务器

FTP（File Transfer Protocol，文件传输协议）是文件传输协议的简称。FTP 的作用正如其名所示，就是让用户连接上一个远程计算机（这些计算机上运行着 FTP 服务器程序）并查看远程计算机中有哪些文件，然后把文件从远程计算机复制到本地计算机，或把本地计算机的文件送到远程计算机去。

FTP 工作原理：以下载文件为例，当用户启动 FTP 从远程计算机复制文件时，事实上用到了两个程序。一个是本地机上的 FTP 客户端程序，它向 FTP 服务器提出复制文件的请求；另一个是运行在远程计算机上的 FTP 服务器程序，它响应用户的请求，把用户指定的文件传送到用户的计算机中。

vsftpd 是“very secure FTP daemon”的缩写，安全性是它的最大的特点之一。vsftpd 是一个 UNIX 类操作系统上运行的服务器的名字，它可以运行在诸如 Linux、BSD、Solaris、HP-UNIX 等系统中，是一个完全免费的、开放源代码的 FTP 服务器软件，支持很多其他的 FTP 服务器所不支持的特征，如非常高的安全性需求、带宽限制、良好的可伸缩性、可创建虚拟用户、支持 IPv6、速率高等。

vsftpd 中的三类用户：

（1）本地用户

本地用户是指具有本地登录权限的用户，这类用户在登录FTP服务器时，所使用的登录名为本地用户名，采用的密码为本地用户的口令。登录成功之后进入的为本地用户的目录。

（2）虚拟用户

虚拟用户只具有从远程登录FTP服务器的权限，只能访问为其提供的FTP服务。虚拟用户不具有本地登录权限。虚拟用户的用户名和口令都是由用户口令库指定。一般采用PAM进行认证。

（3）匿名用户

匿名用户在登录FTP服务器时并不需要特别的密码就能访问服务器。一般匿名用户的用户名为ftp或anonymous。

FTP服务器支持通过文件传输协议工具移动文件。FTP服务器可通过FTP客户端程序远程访问。

7.1.2　Samba服务器

1. Samba概述

Samba是一组软件包，使Linux支持SMB协议，该协议是在TCP/IP上实现的，它是Windows网络文件和打印共享的基础，负责处理和使用远程文件和资源。

Samba是用来实现SMB协议的一种软件，由Andew Tridgell开发，是一套UNIX系统能够应用Microsoft网络通信协议的软件。

2. Samba服务工作原理

（1）SMB协议

SMB（Server Message Block）通信协议是微软（Microsoft）和英特尔（Intel）在1987年制定的协议，主要是作为Microsoft网络的通信协议。SMB是在会话层（session layer）和表示层（presentation layer）以及小部分应用层（application layer）的协议。SMB协议是用来在微软公司的Windows操作系统之间共享文件和打印机的一种协议。

Samba是一组软件包，使用SMB协议在Linux系统和Windows系统之间共享文件和打印机。

（2）SMB功能

利用Samba可以实现如下功能：

① 把Linux系统下的文件共享给Windows系统。

② 在Linux系统下访问Windows系统的共享文件。

③ 把Linux系统下安装的打印机共享给Windows系统使用。

④ 在 Linux 系统下访问 Windows 系统的共享打印机。

7.1.3 Mail 服务器

Mail 服务器是一种用来负责电子邮件收发管理的设备。它比网络上的免费邮箱更安全和高效，因此一直是企业公司的必备设备。

1. 常见的电子邮件协议

（1）SMTP：主要负责将邮件在网络上的主机之间传输。

（2）POP（Post Office Protocol，邮局协议）：负责把邮件从 Mail 服务器上的电子邮箱中传输到本地邮件客户端。

（3）IMAP：POP3 的一种替代协议。POP3 是从 Mail 服务器中下载邮件进行存储，IMAP 则是将邮件留在服务器端直接对邮件进行管理、操作。

Mail 服务器便于发送和接收电子邮件。如果计算机上有电子邮件客户端，则该软件将连接到 IMAP 或 POP 电子 Mail 服务器，以邮件的方式下载到用户的计算机，而 SMTP 服务器则通过 Mail 服务器发回邮件。

2. Mail 服务器工作原理

Mail 服务器构成了电子邮件系统的核心。每个收信人都有一个位于某个 Mail 服务器上的邮箱（mailbox）。Bob 的邮箱用于管理和维护已经发送给他的邮件消息。一个邮件消息的典型旅程是从发信人的用户代理开始。邮件发信人的 Mail 服务器，中转到收信人的 Mail 服务器，然后投递到收信人的邮箱中。当 Bob 想查看自己的邮箱中的邮件消息时，存放该邮箱的 Mail 服务器将以他提供的用户名和口令进行认证。Alice 的 Mail 服务器还需要处理 Bob 的 Mail 服务器出故障的情况。如果 Alice 的 Mail 服务器无法把邮件消息立即递送到 Bob 的 Mail 服务器，Alice 的服务器就把它们存放在消息队列（message queue）中，以后再尝试递送。这种尝试通常每 30 min 左右执行一次：要是过了若干天仍未尝试成功，该服务器就把这个消息从消息队列中去除掉，同时以另一个邮件消息通知发信人（即 Alice）。

简单邮件传送协议（SMTP）是因特网中的电子邮件系统首要的应用层协议。它使用由 TCP 提供的可靠的数据传输服务，把邮件消息从发信人的 Mail 服务器传送到收信人的 Mail 服务器。与大多数应用层协议一样，SMTP 也存在两个端：在发信人的 Mail 服务器上执行的客户端和在收信人的 Mail 服务器上执行的服务器端。SMTP 的客户端和服务器端同时运行在每个 Mail 服务器上。当一个 Mail 服务器在向其他 Mail 服务器发送邮件消息时，它是作为 SMTP 客户在运行；当一个 Mail 服务器从其他 Mail 服务器接收邮件消息时，它是作为 SMTP 服务器在运行。

7.1.4 NFS 服务器

NFS 就是 Network File System 的缩写，它最大的功能就是可以通过网络，让不同的机器、不同的操作系统可以共享彼此的文件。

NFS 服务器可以让计算机将网络中的 NFS 服务器共享的目录挂载到本地端的文件系统中，而在本地端的系统中来看，该远程主机的目录就好像是自己的一个磁盘分区一样，在使用上相当便利。

NFS 一般用来存储共享视频、图片等静态数据。

1. NFS 挂载原理

当在 NFS 服务器设置好一个共享目录/home/public 后，其他的有权访问 NFS 服务器的 NFS 客户端就可以将这个目录挂载到自己文件系统的某个挂载点，这个挂载点可以自己进行定义，如图 7-1-1 所示，客户端 A 与客户端 B 挂载的目录就不相同，并且挂载好后在本地能够看到服务端/home/public 的所有数据。如果服务器端配置的客户端只读，那么客户端就只能够读。如果配置读写，客户端就能够进行读写。挂载后，NFS 客户端查看磁盘信息命令为“#df - h”。

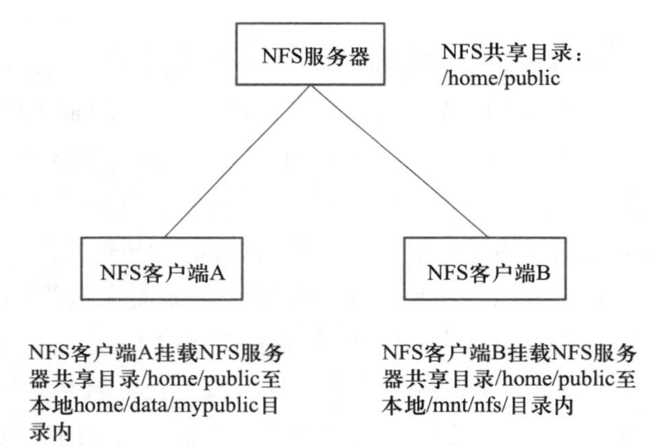

图 7-1-1 服务器挂载结构图

既然 NFS 是通过网络来进行服务器端和客户端之间的数据传输，那么两者之间要传输数据就要有相对应的网络端口，NFS 这个服务器的端口基本上开在 2049，但由于文件系统非常复杂。因此 NFS 还有其他的程序去启动额外的端口，这些额外的用来传输数据的端口是随机选择的，是小于 1024 的端口。既然是随机的端口，那么客户端又是如何知道 NFS 服务器端到底使用的是哪个端口呢？这时就需要通过远程过程调用（Remote Procedure Call，RPC）协议来实现。

2. RPC 与 NFS 通信原理

因为 NFS 支持的功能相当多，而不同的功能都会使用不同的程序来启动，每启动一个功能就会启用一些端口来传输数据，因此 NFS 的功能对应的端口并不固定，客户端要知道 NFS 服务器端的相关端口才能建立连接进行数据传输，而 RPC 就是用来统一管理 NFS 端口的服务的，并且统一对外的端口是 111，RPC 会记录 NFS 端口的信息，如此就能够通过 RPC 实现服务端和客户端沟通端口信息。RPC 最主要的功能就是指定每个 NFS 功能所对应的 port number，并且通知客户端，即客户端可以连接到正常端口上去。

那么 RPC 又是如何知道每个 NFS 功能的端口呢?

首先当 NFS 启动后，就会随机地使用一些端口，然后 NFS 就会向 RPC 去注册这些端口，RPC 就会记录下这些端口，并且 RPC 会开启 111 端口，等待客户端 RPC 的请求，如果客户端有请求，那么服务器端的 RPC 就会将之前记录的 NFS 端口信息告知客户端。如此客户端就会获取 NFS 服务器端的端口信息，就会以实际端口进行数据的传输了。

3. NFS 客户端和 NFS 服务器通信过程

如图 7-1-2 所示，NFS 客户端和 NFS 服务器通信分为以下几个过程:

(1) 首先服务器端启动 RPC 服务，并开启 111 端口。

(2) 服务器端启动 NFS 服务，并向 RPC 注册端口信息。

(3) 客户端启动 RPC (portmap 服务)，向服务端的 RPC (portmap) 服务请求服务端的 NFS 端口。

(4) 服务端的 RPC (portmap) 服务反馈 NFS 端口信息给客户端。

(5) 客户端通过获取的 NFS 端口来建立和服务端的 NFS 连接并进行数据的传输。

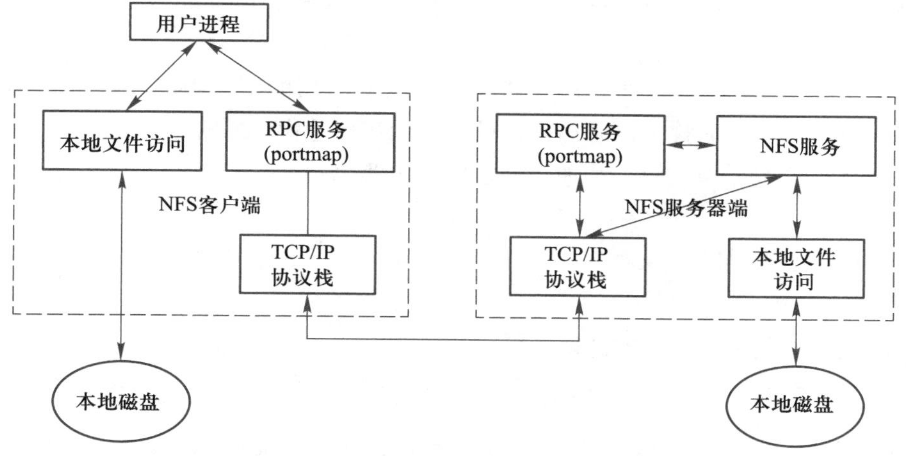

图 7-1-2 NFS 工作原理图

项目实施

重庆季目有限公司考虑到系统的稳定性和安全性，打算在 Linux 平台上搭建各种应用服务器，以实现文件的共享满足各部门员工的需求，还要考虑到部门员工信息的私密性以及公司资料的机密性等问题，因此在 Linux 平台上需要进行各种服务器的搭建与实施。

需要完成的任务：

TP/Mail/NFS 服务器安装与配置。

Samba/LDAP/VPN 服务器的安装与配置。

搭建 rsync 服务并掌握 rsync 用法。

7.2 任务 1：FTP 服务器安装与配置

任务 1：FTP 服务器安装与配置

FTP 服务采用客户机/服务器模式，FTP 客户机和服务器使用 TCP 建立连接。FTP 服务器使用两个并行的 TCP 连接来传送文件，一个是控制连接；另一个是数据连接。控制连接用于在客户主机和服务器主机之间发送控制信息，如用户名和口令改变远程目录的命令、取来或放回文件的命令，数据连接用于真正传输文件。

FTP 服务器是在互联网上提供文件存储和访问服务的计算机，它们依照 FTP 协议提供服务。

FTP 的作用是 Internet 上用来传送文件的协议。

常见 FTP 服务器有 Windows 下的 Serv-UFTP Server、filezilla_server 和 Linux 下的 VSFTP。

VSFTP 是一款基于 GPL 发布的类 UNIX 系统上使用的 FTP 服务器软件，其全称是 Very Secure FTP，从此名称可以看出来，设计者的初衷是代码的安全。

FTP 特点：它是一个安全、高速、稳定的 FTP 服务器。

7.2.1 FTP 服务器的安装

【步骤 1】查看是否有 FTP 服务。

```
rpm - qa|grep vsftp
```

【步骤 2】如果没有安装 FTP 服务，则首先挂载光盘，然后进行安装。挂载命令如下：

```
mkdir  /mnt/cdrom
mount - t iso9660 /dev/cdrom  /mnt/cdrom
```

如图 7-2-1 所示为光盘挂载安装。

```
root@localhost:/
文件(F) 编辑(E) 查看(V) 搜索(S) 终端(T) 帮助(H)
[root@localhost /]# rpm -qa|grep vsftp
[root@localhost /]# mkdir /mnt/cdrom
[root@localhost /]# mount -t iso9660 /dev/cdrom /mnt/cdrom
mount: /dev/sr0 写保护，将以只读方式挂载
```

图 7-2-1 挂载到光盘下

【步骤 3】安装 vsftp 服务。查看系统有没有安装该服务 ls vsftp *，若未安装，则使用 rpm 命令，按 Tab 键自动补全进行安装。

```
rpm -ivh vsftpd-2.0.5-12.el5.i386.rpm
```

安装 vsftpd 主程序包，如图 7-2-2 所示。

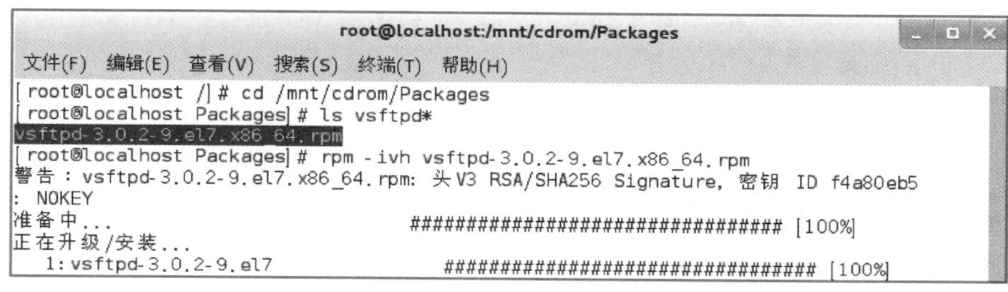

```
root@localhost:/mnt/cdrom/Packages
文件(F) 编辑(E) 查看(V) 搜索(S) 终端(T) 帮助(H)
[root@localhost /]# cd /mnt/cdrom/Packages
[root@localhost Packages]# ls vsftpd*
vsftpd-3.0.2-9.el7.x86_64.rpm
[root@localhost Packages]# rpm -ivh vsftpd-3.0.2-9.el7.x86_64.rpm
警告：vsftpd-3.0.2-9.el7.x86_64.rpm: 头V3 RSA/SHA256 Signature, 密钥 ID f4a80eb5
: NOKEY
准备中...                          ################################# [100%]
正在升级/安装...
   1:vsftpd-3.0.2-9.el7            ################################# [100%]
```

图 7-2-2 vsftpd 主程序包的安装

【步骤 4】vsftpd 相关文档的查询概述，核心配置文件。

```
[root@localhost Packages]# ll /etc/vsftpd
总用量 20
-rw-------. 1 root root  125 6 月 10 2014 ftpusers //指定哪些用户不能访问 FTP 服务器
-rw-------. 1 root root  361 6 月 10 2014 user_list //指定允许访问 FTP 的用户列表
-rw-------. 1 root root 5030 6 月 10 2014 vsftpd.conf //vsftpd 的核心配置文件
-rwxr--r--. 1 root root  338 6 月 10 2014 vsftpd_conf_migrate.sh //vsftpd 的变量和脚本的设置,一般不需要改动
```

7.2.2 FTP 服务器的配置

【步骤 1】配置 vsftpd.conf 主配置文件。

```
vi /etc/vsftpd/vsftpd.conf   //打开配置文件
```

【步骤 2】服务器配置上传支持。

服务器配置上传支持即允许匿名用户访问 anonymous_enable=YES，如图 7-2-3 所示。

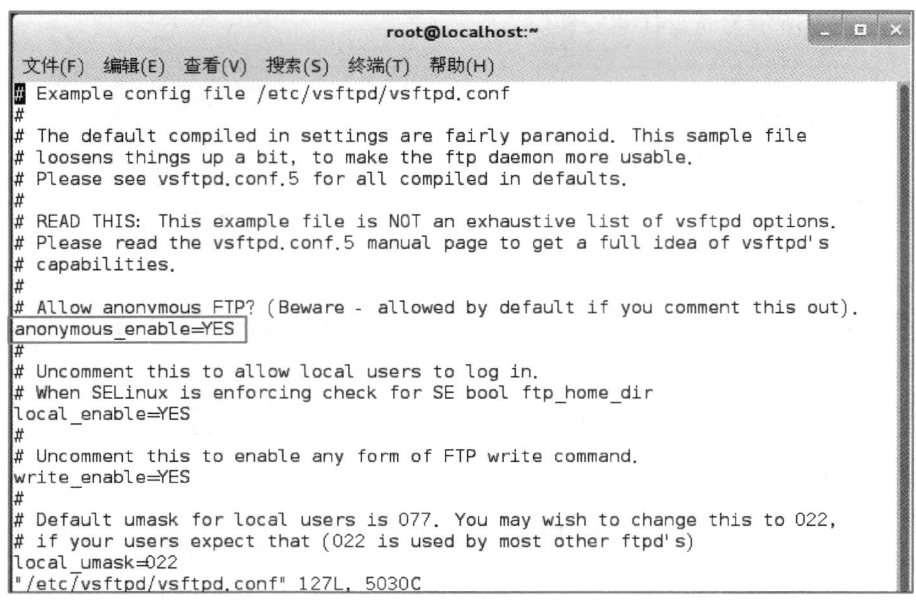
```
root@localhost:~
文件(F) 编辑(E) 查看(V) 搜索(S) 终端(T) 帮助(H)
# Example config file /etc/vsftpd/vsftpd.conf
#
# The default compiled in settings are fairly paranoid. This sample file
# loosens things up a bit, to make the ftp daemon more usable.
# Please see vsftpd.conf.5 for all compiled in defaults.
#
# READ THIS: This example file is NOT an exhaustive list of vsftpd options.
# Please read the vsftpd.conf.5 manual page to get a full idea of vsftpd's
# capabilities.
#
# Allow anonymous FTP? (Beware - allowed by default if you comment this out).
anonymous_enable=YES
#
# Uncomment this to allow local users to log in.
# When SELinux is enforcing check for SE bool ftp_home_dir
local_enable=YES
#
# Uncomment this to enable any form of FTP write command.
write_enable=YES
#
# Default umask for local users is 077. You may wish to change this to 022,
# if your users expect that (022 is used by most other ftpd's)
local_umask=022
"/etc/vsftpd/vsftpd.conf" 127L, 5030C
```

图 7-2-3　允许匿名用户访问

【步骤 3】允许匿名用户上传文件并可以创建目录，注意把注释号“#”去掉，然后再保存退出，如图 7-2-4 所示。

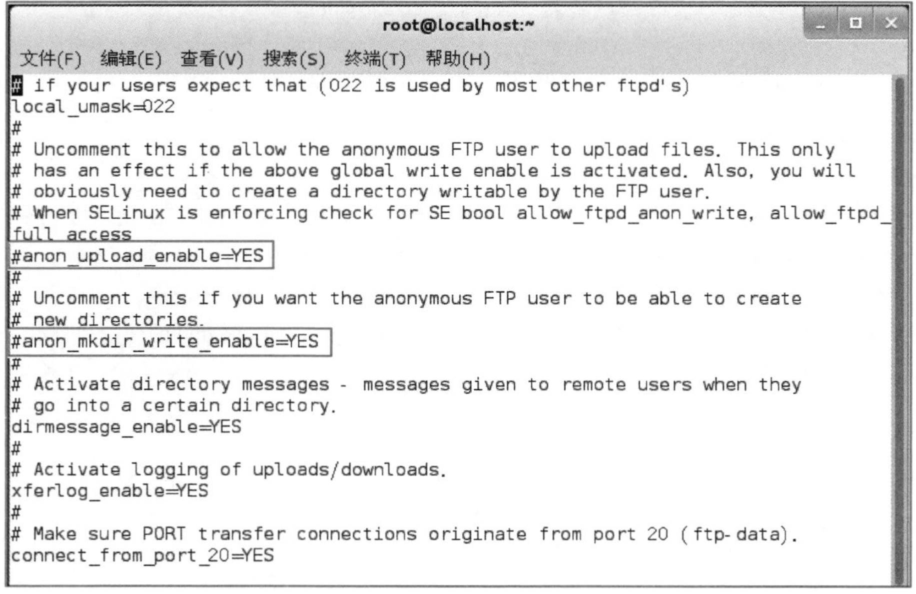
```
root@localhost:~
文件(F) 编辑(E) 查看(V) 搜索(S) 终端(T) 帮助(H)
# if your users expect that (022 is used by most other ftpd's)
local_umask=022
#
# Uncomment this to allow the anonymous FTP user to upload files. This only
# has an effect if the above global write enable is activated. Also, you will
# obviously need to create a directory writable by the FTP user.
# When SELinux is enforcing check for SE bool allow_ftpd_anon_write, allow_ftpd_
full_access
#anon_upload_enable=YES
#
# Uncomment this if you want the anonymous FTP user to be able to create
# new directories.
#anon_mkdir_write_enable=YES
#
# Activate directory messages - messages given to remote users when they
# go into a certain directory.
dirmessage_enable=YES
#
# Activate logging of uploads/downloads.
xferlog_enable=YES
#
# Make sure PORT transfer connections originate from port 20 (ftp-data).
connect_from_port_20=YES
```

图 7-2-4　允许匿名用户上传并创建目录

【步骤 4】修改目录权限，创建一个公司上传用的目录，命名为 jimu，分配该目录归 ftp 用户所有，目录默认权限是 755。

```
[root@ localhost ~]# mkdir /var/ftp/jimu
[root@ localhost ~]# ll -d /var/ftp/jimu
drwxr-xr-x. 2 root root 6 6 月  22 22:02 /var/ftp/jimu
[root@ localhost ~]# chown ftp /var/ftp/jimu
[root@ localhost ~]# ll /var/ftp/jimu
总用量 0
[root@ localhost ~]# ll -d /var/ftp/jimu
drwxr-xr-x. 2 ftp root 6 6 月  22 22:02 /var/ftp/jimu
```

【步骤 5】修改目录权限，需要开启 SELinux 服务器。

```
[root@ localhost ~]# getenforce          #开启 SELinux 服务器
```

【步骤 6】reboot 重启系统，查询 SELinux 运行状态，如图 7-2-5 所示。

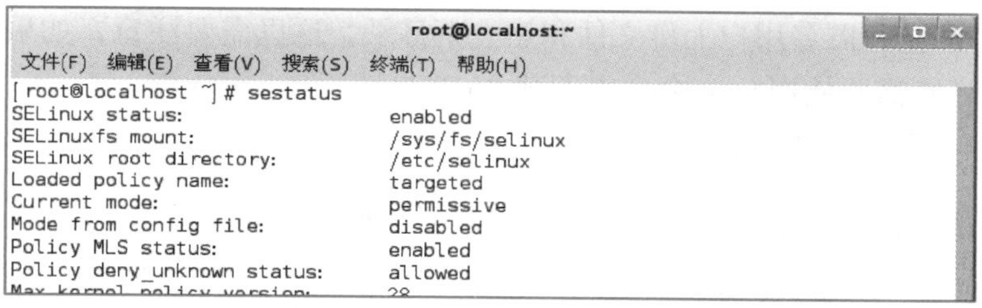
root@localhost:~
文件(F) 编辑(E) 查看(V) 搜索(S) 终端(T) 帮助(H)
[root@localhost ~]# sestatus
SELinux status: enabled
SELinuxfs mount: /sys/fs/selinux
SELinux root directory: /etc/selinux
Loaded policy name: targeted
Current mode: permissive
Mode from config file: disabled
Policy MLS status: enabled
Policy deny_unknown status: allowed

图 7-2-5 SELinux 的运行状态

【步骤 7】使用 getsebool -a | grep ftp 命令可以找到 ftp 的 bool 值，然后更改其 bool 值，getsebool -a 是显示所有 selinux 的布尔值，通过管道，查找与 ftp 相关的 bool 值，使用 setsebool -P allow_ftpd_anon_write on 命令设置布尔值，如图 7-2-6 所示设置布尔值。

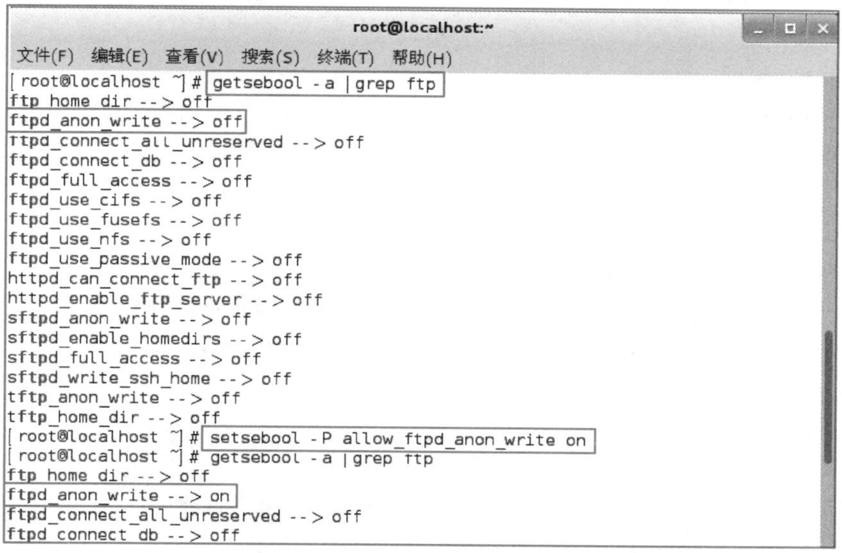
root@localhost:~
文件(F) 编辑(E) 查看(V) 搜索(S) 终端(T) 帮助(H)
[root@localhost ~]# getsebool -a |grep ftp
ftp_home_dir --> off
ftpd_anon_write --> off
ftpd_connect_all_unreserved --> off
ftpd_connect_db --> off
ftpd_full_access --> off
ftpd_use_cifs --> off
ftpd_use_fusefs --> off
ftpd_use_nfs --> off
ftpd_use_passive_mode --> off
httpd_can_connect_ftp --> off
httpd_enable_ftp_server --> off
sftpd_anon_write --> off
sftpd_enable_homedirs --> off
sftpd_full_access --> off
sftpd_write_ssh_home --> off
tftp_anon_write --> off
tftp_home_dir --> off
[root@localhost ~]# setsebool -P allow_ftpd_anon_write on
[root@localhost ~]# getsebool -a |grep ftp
ftp_home_dir --> off
ftpd_anon_write --> on
ftpd_connect_all_unreserved --> off
ftpd_connect_db --> off

图 7-2-6 设置布尔值

【步骤8】准备修改 jimu 用户内容。

```
[root@ localhost ~]# ls -Zd /var/ftp/jimu/
drwxr-xr-x. ftp root unconfined_u:object_r:public_content_t:s0 /var/ftp/jimu/
[root@ localhost ~]# chcon -t public_content_rw_t  /var/ftp/jimu/
[root@ localhost ~]# ls -Zd /var/ftp/jimu/
drwxr-xr-x. ftp root unconfined_u:object_r:public_content_rw_t:s0 /var/ftp/jimu/
```

7.2.3　匿名用户上传、下载文件及创建目录

【步骤1】当 ftp 用户的权限修改之后，需要重启 vsftpd 服务器。

```
systemctl restart  vsftpd.service
```

【步骤2】测试：匿名用户上传文件和建立新目录。这里需要注意，如果出现 ftp 命令找不到的情况，则需要使用 yum 命令来下载 ftp 客户端。

```
yum -y install ftp
```

之后就可以进行匿名用户上传文件和建立目录的操作。

```
[root@ localhost ~]# ftp localhost
Trying ::1...
Connected to localhost (::1).
220 (vsFTPd 3.0.2)
Name(localhost:root): ftp                               #匿名用户名
331 Please specify the password.
Password:                                               #密码:空
230 Login successful.
Remote system type is UNIX.
Using binary mode to transfer files.
ftp> ls
229 Entering Extended Passive Mode (|||39545|).
150 Here comes the directory listing.
drwxr-xr-x    2 14      0                 6 Jun 22 14:02jimu
drwxr-xr-x    2 0       0                 6 Jun 10  2014 pub
226 Directory send OK.
ftp> cd jimu
250 Directory successfully changed.
ftp> mkdir test                                   #在 jimu 目录内,创建新目录 test
257 "/jimu/test" created
```

```
ftp> put initial-setup-ks.cfg        #向 jimu 目录内上传本地文件
local: initial-setup-ks.cfg remote: initial-setup-ks.cfg
229 Entering Extended Passive Mode (|||29449|).
150 Ok to send data.
226 Transfer complete.
1098 bytes sent in 0.00871 secs (126.03 Kbytes/sec)
ftp> ls
229 Entering Extended Passive Mode (|||14666|).
150 Here comes the directory listing.
-rw-------    1 14    50        1098 Jun 25 10:46 initial-setup-ks.cfg
drwx------    2 14    50           6 Jun 25 10:22 test
226 Directory send OK.
```

7.3 任务2：Samba服务器安装与配置

任务2：Samba服务器安装与配置

大家知道通过FTP能上传下载文件，那么还有必要学习Samba服务器吗？学完本节，相信大家会有答案。

Samba服务器实现了Windows系统中的SMB/CIFS文件共享协议的服务器功能。Samba服务器的Linux主机可以提供Windows文件共享服务，可作为Windows主机的服务器使用Samba的客户端软件，实现了SMB/CIFS文件共享协议的客户端功能。在Linux主机中，使用Samba客户端软件可以访问Windows主机中提供的共享文件。通过在Linux系统中使用Samba服务器软件和Samba客户端软件可以实现Linux主机与Windows主机高效的共享文件互访。

在Linux主机之间其实可以使用NFS服务实现文件共享，而且实现起来也十分方便。但由于现在企业网络中不可能只有Linux一种操作系统，目前Windows操作系统居多。在Windows主机之间使用Windows文件共享同样可以实现包括网络文件在内的系统资源的共享。如果想在Linux和Windows主机之间进行文件共享，使用Samba服务器是比较理想的解决方案。

7.3.1 Samba服务器的安装

重庆季目公司的网络管理员小李要在Samba服务器上进行以下配置，为每个用户创建私有共享目录，为每个部门创建私有共享目录，为公司创建公共共享目录。

以下是安装Samba相关软件。

samba-common软件包中提供了Samba服务器和客户端中都必须使用的公共文件。

samba 软件包中包括了 Samba 服务器程序的所有文件。

samba-client 软件包中提供了 Samba 客户端的所有文件。

以上软件可以在安装 Linux 的时候选择安装，如没有安装，则需要自行挂载光盘安装，使用命令查看 Samba 相关软件是否安装。

```
[root@ localhost ~]#  rpm -qa|grep samba
samba-libs-4. 1. 1-31. el7. x86_64
samba-common-4. 1. 1-31. el7. x86_64
```

用以上命令查看，发现 Samba 软件包没有安装，可以使用以下方法安装：

```
[root@ localhost ~]# mount /dev/cdrom /mnt
mount：/dev/sr0 写保护,将以只读方式挂载
[root@ localhost ~]# cd /mnt
[root@ localhost mnt]# ls
CentOS_BuildTag   GPL        LiveOS     RPM-GPG-KEY-CentOS-7
EFI               images     Packages   RPM-GPG-KEY-CentOS-Testing-7
EULA              isolinux   repodata   TRANS. TBL
[root@ localhost mnt]# cd Packages
[root@ localhost Packages]# ls samba *
samba-4. 1. 1-31. el7. x86_64. rpm
samba-client-4. 1. 1-31. el7. x86_64. rpm
samba-common-4. 1. 1-31. el7. x86_64. rpm
samba-libs-4. 1. 1-31. el7. x86_64. rpm
samba-python-4. 1. 1-31. el7. x86_64. rpm
[root@ localhost Packages]# rpm -ivh samba-4. 1. 1-31. el7. x86_64. rpm
准备中...                      ################################# [100%]
正在升级/安装...
1:samba-0:4. 1. 1-31. el7    ################################# [100%]
```

通过以上操作，成功安装 Samba 服务器。

7. 3. 2 Samba 服务器的配置

1. Samba 服务器的文件

smb. conf 文件默认存放在/etc/samba 目录中，Samba 服务在启动时会读取 smb. comf 文件中的内容，以决定如何启动、提供服务以及相应的权限设置、共享目录、打印机和机器所属的工作组等各项细致的选项。

（1）全局配置

Samba 配置文件中的全局配置是对该台主机的配置，并不是指共享资源的配置，因此比较特殊，全局配置的配置项会有很多，但读者掌握比较常用的即可。

全局配置的开始是由［global］声明的，以下是全局配置中比较常用的配置项。

```
[global]
workgroup = MYGROUP          #workgroup 设置 Samba 服务器所在的工作组的名称,默认设置为"MYGROUP"
server string = Samba Server          #server string 设置 Samba 服务器的说明文字,用于描述 Samba 主机
log file = /var/log/samba% m. log     #log file 设置 Samba 服务器的日志文件,默认设置为/ var/log/samba%m. log",表示所有设置文件都保存在"/var/log/samba/"目录中,使用 Samba 服务器的每个客户机的日志分别保存在与客户主机同名的"%m. log"文件中,"%m"变量表示客户端主机的名称
max log size = 50          #max log size 设置日志文件的最大容量,默认为"50",表示 50KB;该设置项的数值单位是"KB"
Security = user          #Security 设置 Samba 服务器的缺省安全级别为"user",表示需要经过 Samba 服务器的用户认证后才能够访问服务器中的资源
```

关于 Security 项的配置，其值说明如下：

share：表示用户不需要账户及密码即可登入 Samba 服务器。

user：表示由提供服务的 Samba 服务器负责检查账户及密码（是 Samba 默认的安全等级）。

server：表示检查账户及密码的工作指定由另一台 Windows 服务器或 Samba 服务器负责。

domain：表示指定 Windows 域控制服务器来验证用户的账号及密码。

（2）Samba 用户

当大家把全局配置的 Security 项设置为 user 时，会发现登录 Samba 服务器时提示输入用户名和密码，这时应该输入 Samba 的用户，Samba 可以使用文件或数据库来保存用户的账号信息，这样做也是为了保障系统的安全。注意这种用户只能用来登录 Samba 服务器，大大减少了服务器的安全隐患。

以下是如何创建 Samba 用户。

① smbpasswd 命令。

语法：smbpasswd［选项］用户名。

选项：-a 添加一个 Samba 用户。

-d 禁用一个 Samba 用户，禁用后该用户将不能登录。

-e 把禁用后的 Samba 用户启用。

-x 删除一个 Samba 用户。

那么接下来创建一个叫作 sambauser 的 Samba 用户：

```
[root@ localhost /]# smbpasswd -a sambauser
New SMB password:
Retype new SMB password:
Failed to add entry for user sambauser.
```

可以看到添加 Samba 用户失败了，这是因为 Samba 必须要依赖同名的系统用户，因为 Linux 系统中的文件只对系统用户有权限，而 Samba 用户是没有权限的，所以必须要使用同名的系统账号身份访问 Linux 系统资源（文件和目录）。而当前系统中并没有一个叫作 sambauser 的用户，所以就不能创建 Samba 用户。

```
[root@ localhost /]# useradd sambauser
[root@ localhost /]# smbpasswd -a sambauser
New SMB password:
Retype new SMB password:
Added user sambauser.
```

本次操作创建成功了，这里注意并没有为 sambauser 这个系统账户设置密码，因为 Samba 用户的口令和同名系统用户的口令是独立的，口令可以相同也可以不同，需要分别进行维护和更改。当 Samba 用户不需要登录 Linux 系统时，同名的系统用户账号就可不设置口令。

② 用户私有共享目录配置。

当在 Linux 上创建一个用户时，就会自动给这个用户创建一个家目录，这个家目录一般位于 home 目录下，那么这里的私有共享目录就是指把用户的家目录共享，由于用户对自己的家目录有完全控制权限，而其他用户没有权限，也就是说用户的家目录是只有这个用户才可以读写的目录，因此被称为用户私有共享目录。那么这种目录应该如何进行配置呢？可先打开 Samba 的配置文件进行如下操作：

```
vi /etc/samba/smb.conf。
[homes]
comment = Home Directories     #comment 用于设置共享的说明信息
browseable = No                #browseable 设置为 no 表示所有 Samba 用户的宿主目录不能被看到,只
有登录用户才能看到自己的宿主目录共享。这样设置可以加强 Samba 服务器的安全性
writable = Yes                 #writable 设置为 yes 表示用户可对该共享目录写入,设置用户对自己
的宿主目录具有写权限是比较合理的
```

③ 配置公共共享目录。

公共共享目录，顾名思义，也就是说任何 Samba 的用户都可以访问公共目录并对目录具有读写权限。可用 vi 打开 smb.conf 文件，修改以下部分内容：

```
[public]
```

```
comment = Public Directory
path = /home/samba                #公共共享目录的绝对路径
public = Yes                      #public 设置为 yes 表示该共享目录对于所有 Samba 用户可见
writable = Yes                    #writable 设置为 yes 表示该共享目录对于用户可写，配置文件写好了
之后这个目录还不能作为一个公共目录，因为这个目录它本身是有权限的
```

使用 ls-l 命令查看一下该 samba 用户的权限，如下：

```
[root@ localhost home]# ls -l samba
drwxr-xr-x 2 root root 1024 June 21 19:11 samba
```

可以看到该目录本身对于其他用户是没有写权限的，如果大家用前面建立的 sambauser 用户登录将不能对这个目录进行写操作，而 sambauser 用户对于这个目录是属于其他人的角色，所以可把这个目录的权限进行修改：

```
[root@ localhost home]# chmod o+w samba
```

这样任何登录的 Samba 用户都可以进行读写了。这其实跟 Windows 的共享权限和 NTFS 权限有点类似。

2. Samba 服务器的配置

（1）配置用户私有共享目录

用 vim 打开 Samba 的配置文件 smb. conf，修改以下部分内容：

```
[homes]
comment = Home Directories
browseable = No
writable = Yes
```

（2）为每个部门配置共享目录

小李先为每个部门的员工建立了 Samba 账号：

```
[root@ localhost /]# useradd alex
[root@ localhost /]# smbpasswd -a alex
New SMB password:
Retype new SMB password:
Added user alex.
```

修改 smb. conf 文件，为每个部门设置一个共享目录，如市场部设置［sales］目录：

```
[sales]
comment = sales department
path = /depts/sales
write list = +sales
```

其他部门可自行设置。

注意这个目录本身的权限，需要给针对组的权限部分添加一个写权限。

```
[public]
comment = Public Directory
path = /home/samba
public = Yes
writable = Yes
```

7.4　任务3：Mail服务器安装与配置

任务3：Mail服务器安装与配置

Mail服务器是一种用来负责电子邮件收发管理的设备，也是目前互联网中最普遍的一项应用之一。通过电子邮件可进行方便、快捷的信息交流，它比网络上的免费邮箱更安全和高效，因此一直是企业公司的必备设备。

Mail服务器的特点是多域邮件服务、安全防护、多语言、远程监控和性能调整、无限的、可扩展能力。

7.4.1　Mail服务器的安装

【步骤1】环境初始化。

```
[root@ mail ~]# rpm -q centos-release //查看系统版本
  centos-release-7-8. 2003. 0. el7. centos. x86_64
[root@ localhost ~]# vi /etc/hostname //将主机名更改为Mail服务器域名mail. test. com
[root@ localhost ~]# systemctl disable firewalld //禁止防火墙开机自启动
[root@ localhost ~]# vi /etc/sysconfig/selinux //将未注释的SELINUX行的值改为disabled
SELINUX=disabled
[root@ localhost ~]# vi /etc/fstab //编辑fstab配置文件,在最后一行添加如下:/dev/cdrom /mnt
iso9660 ro 0 0
```

将光盘镜像开机自动以只读方式挂载到/mnt目录下，如图7-4-1所示。

```
[root@ localhost ~]# vi /etc/yum. repos. d/CentOS-Base. repo //编辑yum的配置文件,方便后续安装
[root@ localhost ~]# reboot //重启让优化环境生效
```

【步骤2】搭建DNS环境域名解析。

搭建DNS环境域名解析，用于解析postfix地址。

（1）安装DNS服务器

```
[root@ mail ~]# yum install -y bind //安装DNS服务器
```

```
[root@ mail ~]# vi /etc/named.conf //修改 DNS 主配置文件
listen-on port 53 { any; };
allow-query { any; }; //修改这两行的内容
```

```
slc@mail:~
文件(F) 编辑(E) 查看(V) 搜索(S) 终端(T) 帮助(H)

#
# /etc/fstab
# Created by anaconda on Mon May 18 14:54:26 2020
#
# Accessible filesystems, by reference, are maintained under '/dev/disk'
# See man pages fstab(5), findfs(8), mount(8) and/or blkid(8) for more info
#
UUID=ae0d4a6c-17e6-42c9-86ce-75ea602647d0 /                   xfs     defaults
    1 1
UUID=8d1e606a-18d9-43fd-be21-f40902843b9a /boot               xfs     defaults
    1 2
UUID=76b114a6-dc63-4cda-8f1d-5d59df72f452 swap                swap    defaults
    0 0
/dev/cdrom /mnt iso9660 ro 0 0
~
```

图 7-4-1 光盘镜像的挂载

（2）修改子配置文件

```
[root@ mail ~]# vi /etc/named.rfc1912.zones //修改子配置文件
zone "test.com" IN {
        type master;
        file "test.com.zone";
};
zone "79.168.192.in-addr.arpa" IN {
        type master;
        file "test.com.local";
}; //在最后添加一个正向和一个反向解析区域
```

（3）进入 DNS 服务器区域配置文件目录

```
[root@ mail ~]# cd /var/named/ //进入 DNS 服务器区域配置文件目录
[root@ mail named]# cp -p named.localhost test.com.zone
[root@ mail named]# cp -p named.localhost test.com.local //复制模板区域配置文件为指定区域配置
文件。保留源文件权限,确定属组为 named
```

（4）编辑正向区域配置文件

命令如下，显示结果如图 7-4-2 所示。

```
[root@ mail named]# vi test.com.zone
```

（5）编辑反向区域配置文件

命令如下，显示结果如图 7-4-3 所示。

```
[root@ mail named]# vi test. com. local
```

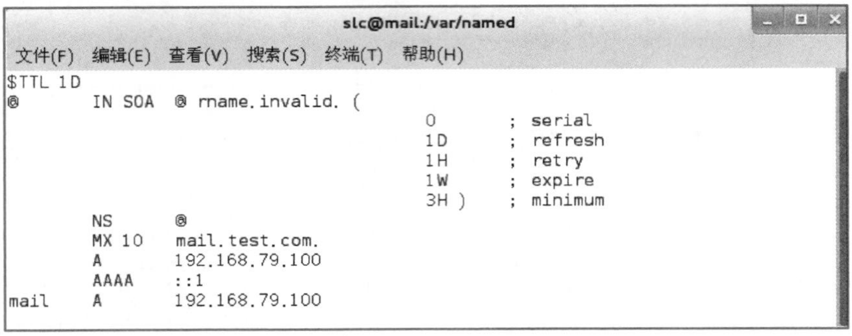

```
slc@mail:/var/named
文件(F) 编辑(E) 查看(V) 搜索(S) 终端(T) 帮助(H)
$TTL 1D
@       IN SOA  @ rname.invalid. (
                                        0       ; serial
                                        1D      ; refresh
                                        1H      ; retry
                                        1W      ; expire
                                        3H )    ; minimum
        NS      @
        MX 10   mail.test.com.
        A       192.168.79.100
        AAAA    ::1
mail    A       192.168.79.100
```

图 7-4-2　正向区域配置文件

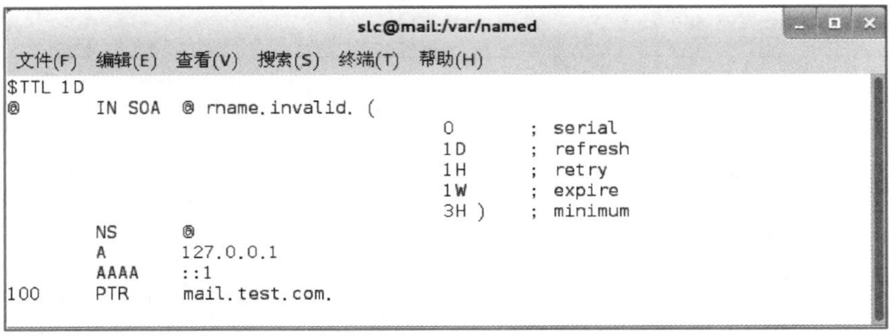

```
slc@mail:/var/named
文件(F) 编辑(E) 查看(V) 搜索(S) 终端(T) 帮助(H)
$TTL 1D
@       IN SOA  @ rname.invalid. (
                                        0       ; serial
                                        1D      ; refresh
                                        1H      ; retry
                                        1W      ; expire
                                        3H )    ; minimum
        NS      @
        A       127.0.0.1
        AAAA    ::1
100     PTR     mail.test.com.
```

图 7-4-3　反向区域配置文件

（6）启动 DNS 域名解析服务器

```
[root@ mail named]# systemctl start named
[root@ mail named]# yum install -y bind-utils          //安装 nslookup 命令测试 dns 能否解析成功
[root@ mail named]# vi /etc/resolv. conf              //给本机的 DNS 指向自己的 dns 服务器
nameserver 192. 168. 79. 100
//解析服务器地址
[root@ mail named]# nslookup mail. test. com          //正向解析
Server:192. 168. 79. 100
Address:192. 168. 79. 100#53
Name:mail. test. com
Address: 192. 168. 79. 100
[root@ mail named]# nslookup 192. 168. 79. 100        //反向解析
Server:192. 168. 79. 100
Address:192. 168. 79. 100#53
100. 79. 168. 192. in-addr. arpa name = mail. test. com. //成功
```

（7）安装postfix服务器并进行配置

一般CentOS 7是默认自动安装postfix服务器的。检查系统是否已经安装了postfix服务器，使用以下命令。

```
[root@ mail named]# rpm -q postfix
postfix-2.10.1-6.el7.x86_64
```

系统已经安装了postfix服务器，检查postfix是否支持cyrus dovecot功能，如果不支持则需重新安装更新的版本，使用如下命令。

```
[root@ mail named]# postconf -a
cyrus
dovecot
```

此时，postfix服务器安装成功，无须安装更新版本。

7.4.2 Mail服务器的配置

【步骤1】编辑postfix的配置文件，查找并修改对应配置项。

```
[root@ mail named]# vi /etc/postfix/main.cf
myhostname = mail.test.com //本机主机名
mydomain = test.com //服务器域名
myorigin = $mydomain //初始域名
inet_interfaces = all //监听接口
inet_protocols = ipv4//监听网络版本,可以不改
mydestination = myhostname,myhostname,mydomain //目标域
home_mailbox = Maildir/ //邮件目录,在用户家目录下
[root@ mail named]# postfix check //检查配置文件是否有语法错误
[root@ mail named]# systemctl start postfix //启动postfix服务器
```

【步骤2】Mail服务器简单发信测试。

```
[root@ mail named]# groupadd mailusers //添加邮件账号组
[root@ mail named]# useradd -g mailusers -s /sbin/nologin jack //不允许用户jack登录(通过
mailusers可以连接)
[root@ mail named]# passwd jack
[root@ mail named]# useradd -g mailusers -s /sbin/nologin tom
[root@ mail named]# passwd tom //添加jack、tom邮件服务测试账号
[root@ mail named]# yum install -y telnet //安装远程登录插件,用于登录25端口测试
[root@ mail named]# telnet mail.test.com 25 //远程登录25端口,如报错连接不上,重启postfix
Trying 192.168.79.100...
telnet: connect to mail.test.com
```

7.5 任务4：NFS服务器安装与配置

任务4：NFS服务器安装与配置

NFS（Network File System，网络文件系统）是由Sun公司开发的一种通过网络方式共享文件系统的通用共享解决方案。目前NFS有3个版本，分别为NFSv2、NFSv3、NFSv4。NFSv2是一个古老的版本，但却被众多的操作系统所支持，因为它的兼容性比较好；NFSv3拥有更多的特点，包括更快的速度、更大的单个文件大小、更多便于排错的错误及成功信息、对TCP协议的支持等；NFSv4提供了有状态的连接，更容易追踪连接状态，增强了安全特性。CentOS 7版本默认使用NFSv4提供NFS网络文件系统共享服务，NFS监听在TCP 2049端口。

当两台计算机需要通过网络建立连接时，双方主机就一定需要提供一些基本信息，如IP地址、服务端口号等，当有100台客户端需要访问某台服务器时，服务器就需要记住这些客户端的IP地址以及相应的端口号等信息，而这些信息是需要由程序来进行管理的。在Linux中，这样的信息可以由某个特定服务自己来管理，也可以委托给RPC（Remote Procedure Call）来帮助管理。RPC是远程过程调用协议，RPC为远程通信程序管理通信双方所需的基本信息，这样NFS服务就可以专注于如何共享数据，至于通信的连接以及连接的基本信息，则全权委托RPC管理，CentOS 7系统由rpcbind服务提供RPC协议的支持。目前NFSv4虽然不再需要与rpcbind直接交互，但rpc. mountd依然是NFSv4所必需的服务。所以，如果在CentOS 7平台上实现NFS共享，需要同时启动NFS与rpcbind服务。

所需软件包括nfs-utils、rpcbind。

7.5.1 NFS服务器的安装

1. NFS服务所需软件

安装NFS服务，需要安装两个软件，分别是：

（1）RPC主程序：rpcbind

NFS其实可以被视为一个RPC服务，因为在启动任何一个RPC服务之前，都需要做好port的对应（mapping）的工作才行，这个工作其实就是［rpcbind］这个服务所负责的。也就是说，在启动任何一个RPC服务之前，都需要启动rpcbind才行。

（2）NFS主程序：nfs-utils

提供rpc. nfsd及rpc. mountd这两个NFS daemons与其他相关documents、说明文件、执行文件等的软件，即NFS服务所需要的主要软件。

2. NFS 的相关文件

（1）主要配置文件：/etc/exports

这是 NFS 的主要配置文件。该文件是空白的，有的系统可能不存在这个文件，需要手动建立。NFS 的配置一般只在这个文件中配置即可。NFS 服务器通过读取/etc/exports 配置文件设定哪些客户端可以访问哪些 NFS 共享文件系统。

（2）NFS 文件系统维护指令：/usr/sbin/exportfs

这是维护 NFS 分享资源的指令，可以利用这个指令重新分享/etc/exports 变更的目录资源，将 NFS Server 分享的目录卸除或重新分享。

（3）分享资源的登录档：/var/lib/nfs/ * tab

在 NFS 服务器的登录文件都放置到/var/lib/nfs/目录里面，在该目录下有两个比较重要的登录档，一个是 etab，主要记录了 NFS 所分享出来的目录的完整权限设定值；另一个 xtab 则记录曾经链接到此 NFS 服务器的相关客户端数据。

（4）客户端查询服务器分享资源的指令：/usr/sbin/showmount

这是另一个重要的 NFS 指令。exportfs 是用在 NFS Server 端，而 showmount 则主要用在 Client 端。showmount 可以用来查看 NFS 分享出来的目录资源。

3. 服务端安装 NFS 服务

【步骤 1】安装 NFS 和 rpc。

```
[root@ localhost~ ]# yum install -y  nfs-utils  #安装 nfs 服务
[root@ localhost ~ ]# yum install -y rpcbind  #安装 rpc 服务
```

【步骤 2】启动服务和设置开机启动。

```
[root@ localhost ~ ]# systemctl start rpcbind      #先启动 rpc 服务
[root@ localhost ~ ]# systemctl enable rpcbind   #设置开机启动
[root@ localhost ~ ]# systemctl start nfs-server nfs-secure-server
#启动 nfs 服务和 nfs 安全传输服务
[root@ localhost ~ ]# systemctl enable nfs-server nfs-secure-server
[root@ localhost / ]# firewall-cmd --permanent --add-service=nfs
success   #配置防火墙放行 nfs 服务
[root@ localhost / ]# firewall-cmd   --reload
success
```

【步骤 3】配置共享文件目录，编辑配置文件。

首先创建共享目录，然后在/etc/exports 配置文件中编辑配置即可。

```
[root@ localhost /]# mkdir /public
#创建 public 共享目录
[root@ localhost /]# vi /etc/exports
                /public 192.168.79.100/24(ro)
                /protected 192.168.79.100/24(rw)
[root@ localhost /]# systemctl reload nfs
#重新加载 NFS 服务,使配置文件生效
```

这里需要提醒一下，在启动 NFS 服务之前，首先要启动 RPC 服务，否则 NFS 服务就无法向 RPC 服务区注册。另外，如果 RPC 服务重新启动，原来已经注册好的 NFS 端口数据就会全部丢失。所以此时 RPC 服务管理的 NFS 程序也要重新启动以重新向 RPC 注册。

【注意】 一般在修改 NFS 配置文档后，是不需要重启 NFS 的，直接执行命令 systemctl reload nfs 或 exportfs-rv 即可使修改的/etc/exports 生效。

最简单的 NFS 配置可以仅给定一个共享路径与一个客户端主机，而不指定选项。因为在没有选项时，NFS 将使用默认设置，而默认属性为 ro、sync、wdelay、no_root_squash，其具体的 NFS 属性及其对应的含义见表 7-5-1，查看 exports 的帮助文档可以找到很多服务器配置模板。

表 7-5-1 NFS 属性及其对应的含义

NFS 选项	功能描述	NFS 选项	功能描述
ro	只读共享	rw	可读可写共享
sync	同步写操作	async	异步写操作
wdelay	延迟写操作	root_squash	屏蔽远程 root 权限
no_root_squash	不屏蔽远程 root 权限	all_squash	屏蔽所有的远程用户

在以上选项中，ro 与 rw 比较容易理解，用来定义客户端访问共享时可以获得的权限是只读访问还是可读写访问。计算机对数据进行修改时会先将修改的内容写入快速的内存，随后才会慢慢写入慢速的硬盘设备中，async 选项允许 NFS 服务器在没有完全把数据写入硬盘前就返回成功消息给客户端，而此时数据实际还存放在内存中，但客户端则显示数据已经写入成功。注意，该选项仅影响操作消息的返回时间，并不决定如何进行写操作，async 选项将确保在数据真正写入存储设备后才会返回成功信息。wdelay 为延迟写入选项，也就是说，它决定了先将数据写入内存，再写入硬盘，然后将多个写入请求合并后写入硬盘，这样可以减少对硬盘 I/O 的次数，从而优化性能。该选项可以优化 NFS 性能，但有可能导致非正常关闭 NFS 时数据丢失情况的发生。与此相反的选项是 no wdelay，但该选项与 async 选项一起使用时将不会生效，因为 async 是基于 wdelay 实现对客户端的一种响应功能。在默认情况下，NFS 会自动屏蔽 root 用户的权限，root_squash 使得客户端使用 root 账号访问 NFS 时，服务器系统默认会自动将 root 映射为服务器本地的匿名账号，使用 no_root_squash 可以防止这种映射而保留 root 权限，all_squash 选项则可以屏蔽所有的账

户权限，将所有的用户对 NFS 的访问自动映射为服务器本地的匿名账户。在默认情况下，普通账号的权限是有所保留的，也就是没有进行 squash 操作。

7.5.2 NFS 客户端挂载配置

【步骤 1】使用 showmount 命令查看 NFS 服务器共享信息。输出格式为“共享的目录名称 允许使用客户端地址”。

```
[root@ localhost /]# showmount -e 192.168.79.100
Export list for 192.168.79.100:
/protected 192.168.79.100/24
/public    192.168.79.100/24
```

showmount 命令的用法见表 7-5-2。

表 7-5-2 showmount 命令的用法

参　数	作　用
-e	显示 NFS 服务器的共享列表
-a	显示本机挂载的文件资源的情况、NFS 资源的情况
-v	显示版本号

【步骤 2】在客户端创建目录，并挂载共享目录。

```
[root@ localhost ~]# mkdir /mnt/public
[root@ localhost ~]# mkdir /mnt/data
[root@ localhost ~]# vim /etc/fstab
#在该文件中挂载,使系统每次启动时都能自动挂载
        192.168.79.100:/public   /mnt/public     nfs    defaults 0 0
        192.168.79.100:/protected /mnt/data      nfs    defaults  0 1
[root@ localhost ~]# mount -a    #使文件/etc/fstab 生效
```

【步骤 3】检查共享文件全部挂载到磁盘上。

使用 df-Th 命令检查，如图 7-5-1 所示。

```
[root@localhost /]# df -Th
文件系统                   类型      容量  已用  可用 已用% 挂载点
/dev/sda3                  xfs        18G  4.2G   14G   24% /
devtmpfs                   devtmpfs  905M     0  905M    0% /dev
tmpfs                      tmpfs     914M  148K  914M    1% /dev/shm
tmpfs                      tmpfs     914M   21M  893M    3% /run
tmpfs                      tmpfs     914M     0  914M    0% /sys/fs/cgroup
/dev/sda1                  xfs       197M  102M   95M   52% /boot
tmpfs                      tmpfs     183M   12K  183M    1% /run/user/1000
/dev/sr0                   iso9660    70M   70M     0  100% /mnt/cdrom
192.168.79.100:/protected nfs4        18G  4.2G   14G   24% /mnt/data
```

图 7-5-1 共享文件挂载成功

使用 df-a 命令检查，如图 7-5-2 所示。

```
/dev/sr0                       71618    71618        0  100% /mnt/cdrom
192.168.79.100:/public      18421760  4287232 14134528   24% /mnt/public
192.168.79.100:/protected   18421760  4287232 14134528   24% /mnt/protected
192.168.79.100:/protected   18421760  4287232 14134528   24% /mnt/data
```

图 7-5-2　共享文挂载成功

7.6　任务 5：使用 rsync 工具

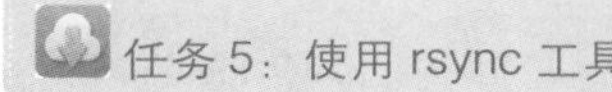

7.6.1　rsync 工具

rsync（remote sync）是 UNIX 及类 UNIX 平台下一款数据镜像备份软件，它不像 FTP 或其他文件传输服务那样需要进行全备份，rsync 可以根据数据的变化进行差异备份，从而减少数据流量，提高工作效率。可以使用它进行本地数据或远程数据的复制，rsync 可以使用 SSH 安全隧道进行加密数据传输。rsync 服务器端定义源数据，rsync 客户端仅在源数据发生改变后才会从服务器上实际复制数据至本地，如果源数据在服务器端被删除，则客户端数据也会被删除，以确保主机之间的数据是同步的。rsync 使用 TCP 873 端口。

rsync 的特性：

① 支持复制特殊文件如链接文件、设备等。

② 有排除指定文件或者目录同步的功能，相当于打包命令 tar 的排除功能。

③ 可以做到保持原文件或者目录的权限、时间、软硬链接、属组、主等所有属性均不改变。

④ 可以实现增量备份，即只同步发生变化的数据。

⑤ 可以使用 rcp、rsh、ssh 等方式来配合传输文件。

⑥ 可以通过 socket 传输文件和数据。

⑦ 支持匿名的认证模式传输。

7.6.2　rsync 工具的使用

使用 CentOS 7 系统安装部署 rsync 非常方便，安装光盘以及 yum 源中都提供了 rsync 软件包，使用 yum 方式安装即可。以下案例演示了如何共享/common 目录，为此，需要创建/common 目录，并复制一些测试文件存放在该目录下。本例需要手动创建配置文件/etc/rsync.conf，该文件具体的语法格式在后面有详细的描述。

使用以下命令，先检查一下系统有没有安装包。

```
[root@ localhost /]#  rpm -qa | grep rsync
rsync-3.0.9-15.el7.x86_64
```

使用 yum 命令更新一下安装包，更新到目前版本。

```
[root@ centos7 # yum -y install rsync
[root@ localhost /]#  rpm -qa | grep rsync
rsync-3.1.2-10.el7.x86_64
```

创建/common 共享目录，复制部分测试文件存放在该目录下。

```
[root@ localhost /]# mkdir /common;
[root@ localhost /]# cp /etc/init.d/ * /common/
```

创建配置文件/etc/rsync.conf，命令如下。

```
[root@ localhost /]# vim /etc/rsync.conf
#/etc/rsyncd.conf
#设置服务器信息提示文件名称,在该文件中编写提示信息 motd file = /etc/rsyncd.motd
#开启 rsync 数据传输日志功能 transfer logging = yes
#设置日志文件名称,可以通过 format 参数设置日志格式
log file= /var/log/rsyncd.log
#设置 rsync 进程号保存文件名称 pid file = /var/run/rsynod.pid #设置锁文件名称
lock file = /var/run/rsync.lock #设置服务器监听的端口号,默认为 873
port= 873
#设置服务器所监听网卡接口的 IP 地址,这里服务器的地址为 192.168.79.100 address
= 192.168.79.100
#设置进行数据传输时所使用的账户名称或 ID 号,默认使用 nobody
uid= nobody
#设置进行数据传输时所使用的组名称或 GID 号,默认使用 nobody
gid= nobody
#设置 user chroot 为 yes 后,:rsync 会首先进行 chroot 设置,将根映射到 path 参数
#路径下,对客户端而言,系统的根就是 path 参数所指定的路径。但这样做需要 root
#权限,并且在同步符号
#连接资料时仅会同步名称,而内容将不会同步
use chroot= no
#是否允许客户端上传数据,这里设置为只读
read only= yes
#设置并发连接数,0 代表无限制。超出并发数后,如果依然有客户端连接请求,则将会
#收到稍后重试的提示消息
max connections= 10
#模块,rsync 通过模块定义同步的目录,模块以[name]的形式定义,这与 Samba 定义共
```

```
#享目录是一样的效果,在 rsync 中也可以定义多个模块
[common]
#comment 定义注释说明字串
comment= Web content
#同步目录的真实路径通过 path 指定
path= /common
#忽略一些错误
ignore errors
#exclude 可以指定例外的目录,即将 common 目录下的某个目录设置为不同步数据
#exclude= test/
#设置允许连接服务器的账户,账户可以是系统中不存在的用户
auth users= tom,jerry
#设置密码验证文件名称,注意该文件的权限要求为只读,建议权限为 600,仅在设置 auth
#users
#参数后有效
secrets file= /etc/rsyncd.secrets
#设置允许哪些主机可以同步数据,可以是单个 IP,也可以是网段,多个 IP 与网段之间
#使用空格分隔
hosts allow=192.168.0.0/255.255.255.0
#设置拒绝所有(除 hosts allow 定义的主机外)
hosts deny= *
#客户端请求显示模块列表时,本模块名称是否显示,默认为 true
list= false
```

接下来，通过 echo 的方式创建密码文件/etc/rsyncd.secrets，在该文件中输入两个账户：tom 账户的密码是 pass，jerry 账户的密码是 111。需要注意：密码文件不可以对所有人开放可读权限，出于安全考虑，建议设置权限为 600。创建服务器提示信息文件并向该文件中导入欢迎词。由于 rsync 默认不是开机启动服务，为了实现开机启动 rsync 服务，可以通过 echo 将 rsync -daemon 追加至开机启动文件/etc/rc.local。最后通过设置防火墙开启 873 端口的入站数据请求，或者直接关闭防火墙，部分命令如下。

```
[root@localhost /]# echo "tom:pass" > /etc/rsyncd.secrets
[root@localhost /]# echo "jerry:111" > /etc/rsyncd.secrets
[root@localhost /]# chmod 600 /etc/rsyncd.secrets
[root@localhost /]# echo "welcome to access" >/etc/rsyncd.motd
[root@localhost /]# rsync --daemon
[root@localhost /]# echo "/usr/bin/rsync --daemon" > /etc/rc.local
```

本章小结

计算机网络的基本功能是在计算机间实现信息和资源共享，文件共享可以说是最基本、最普遍的一种网络服务。本章以“重庆季目有限公司”的应用服务器管理为引导，在介绍相关背景知识的基础上，重点以 CentOS 7.0 平台讲解了 FTP 服务器的安装与配置、Samba 服务器的安装与配置、Mail 服务器的安装与配置以及 NFS 服务器安装与配置。

本章习题

一、单项选择题

1. 在以下文件中，不属于 vsftpd 的配置文件的是（　　）。

A. /etc/vsftpd/sftp. conf

B. /etc/vsftpd/vsftpd. Conf

C. /etc/vsftpd. ftpusers

D. /etc/vsftpd user list

2. 安装 vsftpd FTP 服务器后，若要启动该服务，则正确的命令是（　　）。

A. server vsftpd start

B. service vsftd restart

C. service vsftd start

D. /etc/rc. d/init. d/vsftpd restart

二、多项选择题

vsftp 支持（　　　　）访问。

A. 本地用户

B. 虚拟用户

C. 匿名用户

D. 真实用户

第 8 章　C/C++程序开发基础

【学习目标】

知识目标

了解软件开发过程。

掌握 C 语言基本语法。

掌握程序调试概念。

掌握编译相关概念。

掌握 GCC、Makefile、GDB 的用途。

技能目标

安装 C/C++的开发工具。

编写简单的 C/C++程序。

调试程序。

编译程序。

【认证考点】

了解软件开发过程。

认识编译相关概念、工具。

掌握 GCC、Makefile、GDB 的用途。

能够编写简单的 C/C++程序。

能够编译、运行 C/C++程序。

基本读懂 C/C++程序。

掌握程序调试的基本知识和技巧。

项目引导：简易计算器

【项目描述】

该项目将实现两个数据加、减、乘、除的简易计算器，任意输入两个数，求出它们的和、差、积、商，简易计算器运行界面如图 8-1-1 所示。完成该项目需要几个过程，分别为软件开发流程、安装与配置程序语言的开发环境、设计程序流程图、编写程序代码、调试代码、编译以及运行，经过上述过程才能完成该项目。

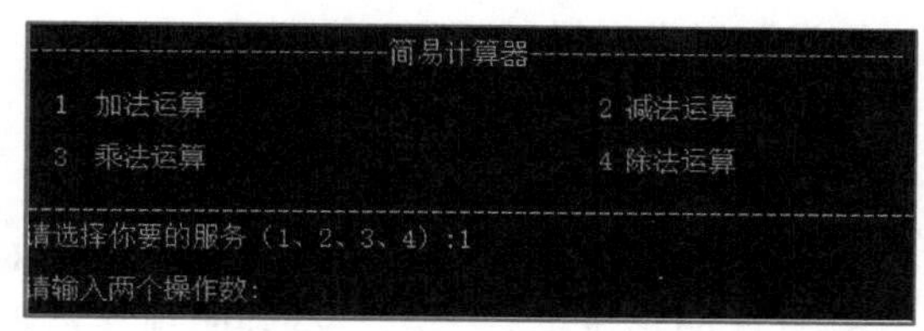

图 8-1-1 简易计算器运行界面

知识储备

8.1 软件开发流程

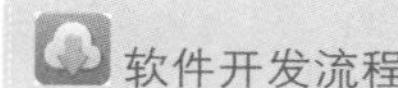

软件开发流程

软件开发流程即建立软件设计思路和方法。它的一般过程分为需求分析、概要设计、详细设计、编码、测试及软件交付等一系列操作，以满足用户的需求、解决用户的问题。

1. 需求分析

在软件开发项目启动前期，首先要明确用户的需求，在充分沟通后，项目双方对需求达成一致，最后形成需求分析。

首先，初步了解用户需求，然后用相关的工具软件列出要开发的系统的大功能模块，每个大功能模块包含哪些小功能模块。有些需求具有比较明确的界面时，可以初步定义少量的相关界面。接着，深入了解和分析需求，根据自己的经验用 Word 等工具写出一份系统的《功能需求文档》。该文档要清楚地列出系统的功能模块，并且列出相关的界面及其功能。最后，向用户再次确认需求。

2. 概要设计

对软件系统进行概要设计，即系统设计。概要设计需要对软件系统的设计进行考虑，包括系统的基本处理流程、组织结构、模块划分、功能分配、接口设计、运行设计、数据结构设计和出错处理设计等，为软件的详细设计提供基础。

3. 详细设计

在概要设计的基础上，开发者需要进行软件系统的详细设计。在详细设计中，描述实现具体模块所涉及的主要算法、数据结构、类的层次结构及调用关系，需要说明软件系统各个层次中的每一个程序的设计思路，要保证软件的需求完全分配到整个软件结构中，应当能够根据《软件系统详细设计报告》进行编码和测试。

4. 编码

在软件编码阶段，开发者根据《软件系统详细设计报告》中对数据结构、算法和模块实现等的设计要求，开始具体的程序编写工作，分别实现各模块的功能，从而实现目标系统的功能、性能、接口、界面等。在规范化的研发流程中，编码工作量在整个项目流程里最多不超过 1/2，通常为 1/3。设计过程完成得好，编码效率就高，需要注意的是，编码时不同模块之间的进度协调和协作是最需要小心的，也许一个小模块的问题就可能会影响整体进度，让很多程序员因此被迫停下工作，这种问题在很多研发过程中都出现过。

5. 测试

测试编写好的系统，交给用户使用，用户使用时确认每个功能。软件测试有多种方法，按照测试执行方式区分，可以分为内部测试和外部测试；按照测试范围区分，可以分为模块测试和整体联调；按照测试条件区分，可以分为正常操作情况测试和异常情况测试；按照测试的输入范围区分，可以分为全覆盖测试和抽样测试。

8.2 C 语言语法基础

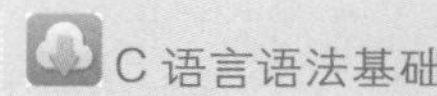

C 语言是一种通用的高级语言，最初是由丹尼斯·里奇在贝尔实验室为开发 UNIX 操作系统而设计的。C 语言最开始于 1972 年，它是一种高级语言，应用很广泛，即可用于嵌入式开发也用于应用程序的开发，其中 UNIX 操作系统、C 编译器及 UNIX 应用程序都是用 C 语言编写的。

C 程序主要包括预处理器指令、变量、结构与表达式、函数、注释。

1. 预处理器指令

预处理器是一个程序，用来处理源程序中的预处理指令。一个C语言程序在编译之前一般都要经过预处理。

预处理器指令以“#”开头，它可以出现在任何位置。预处理语句须在一行结束，如要换行，则须用“\”来连接两行内容。预处理主要有宏定义、宏函数、文件包含、条件编译。

（1）包含

文件包含是指一个文件包含另一个文件的内容，代码如下。

```
#include  "文件名"
//或
#include  <文件名>
```

（2）宏指令

宏相当于文本的替换操作，定义在函数的外面，如定义PI内容替换为3.14，代码如下：

```
#define 标识符文本
#define PI 3.14
```

（3）宏函数

宏函数只是文本，只是相当于做了内容替换的操作，注意参数是没有数据类型。代码如下：

```
//带参数的宏定义
#define S(a,b) a * b
```

（4）条件编译指令

在代码中设置编译条件，根据编译条件进行代码的编译并运行。在编译文件的时候传入一个参数，根据参数就可以对代码进行有选择的编译。代码如下：

```
#ifdef 标识符
程序段 1
#else
程序段 2
#endif
```

或

```
#ifdef
程序段 1
#endif
```

2. 变量

C 语言中变量是程序可操作的存储区的名称。C 语言中每个变量都有特定的类型，类型决定了变量存储的大小和布局，该范围内的值都可以存储在内存中，运算符可应用于变量上。

C 语言中的变量定义语法如下：

```
type variable_list;
```

type 必须是一个有效的 C 语言数据类型，可以是 char、w_char、int、float、double 或任何用户自定义的对象，variable_list 可以由一个或多个标识符名称组成，多个标识符之间使用逗号进行分隔。

下面列出几个有效的声明：

```
int i,j,k;
char c,ch;
float f,salary;
double d;
```

（1）变量的命名规则

变量的名称可以由字母、数字和下画线字符组成。它必须以字母或下画线开头。大写字母和小写字母是不同的，因为 C 语言对大小写是敏感的。

（2）变量的数据类型

C 语言中的数据类型可分为基本类型、构造类型、空类型、指针类型和用户自定义类型。基本类型包括整型、实型和字符型，基本类型的数据是不可分解的；构造类型的值是由若干成分按某种方式组成的，它的成分可能是基本类型，也可能是其他类型的，C 语言中的构造类型有数组、结构体、共用体、位段和枚举等类型；用户自定义类型是为已经存在的数据类型重新命名；指针类型是表示数据在内存中的地址的一种特殊数据类型形式。

① 整型数据。整型数据有短整型（shortint 或 short）、基本整型（int）、长整型（longint 或 long）和无符号整型（unsigned）。若不指定变量为无符号型，则变量默认为有符号型（signed）。整型数据见表 8-2-1。

表 8-2-1 整型数据类型

类型	关键字	字节	取值范围
整型	int	2	$-2^{15}\sim2^{15}-1$
短整型	short	2	$-2^{15}\sim2^{15}-1$
长整型	long	4	$-2^{31}\sim2^{31}-1$
无符号整型	unsignedint	2	$0\sim2^{16}-1$

续表

类　　型	关 键 字	字　　节	取值范围
无符号短整型	unsignedshort	2	$0\sim2^{16}-1$
无符号长整型	unsignedlong	4	$0\sim2^{32}-1$

② 实型变量。C语言中的实型变量分为单精度类型（float）和双精度类型（double）。对于每一个实型变量也都应该先定义后使用，一般在定义变量的同时进行初始化。

③ 字符变量。字符型变量用来存放字符数据，同时只能存放一个字符。在C语言中，字符变量用关键字char进行定义，在定义的同时一般进行初始化，其基本定义格式与前面的整型变量定义相同。

④ 数组。C语言支持数组数据结构，它可以存储一个固定大小的相同类型元素的顺序集合，数组是用来存储一系列数据，但它往往被认为是一系列相同类型的变量。

声明一个数组，需要指定元素的类型和元素的数量，语法如下：

```
type array Name[arraySize];
```

初始化数组，可以逐个初始化数组，也可以使用一个初始化语句，代码如下：

```
double balance[5]={1000.0,2.0,3.4,7.0,50.0};
```

大括号{}之间的值的数目不能大于数组声明时在方括号[]中指定的元素数目。

访问数组元素。数组元素可以通过数组名称加索引进行访问。元素的索引是放在方括号内，跟在数组名称的后边。代码如下：

```
double salary=balance[2];
```

⑤ 枚举。枚举是C语言中的一种基本数据类型，它可以让数据更简洁，更易读。枚举语法定义格式为：

```
enum   枚举名   {枚举元素1,枚举元素2,......};
```

【实例8-1】 定义一星期有7天，代码如下：

```
enum DAY
{
MON=1,TUE,WED,THU,FRI,SAT,SUN
};
```

⑥ 结构体。数组允许定义可存储相同类型数据项的变量，结构体是C语言编程中另一种用户自定义的可用的数据类型，它允许存储不同类型的数据项。

结构体的定义，使用struct语句。struct语句定义了一个包含多个成员的新的数据类型，struct语句的格式如下：

```
struct tag{
member-list
member-list
member-list
...}variable-list;
```

tag 是结构体标签；member-list 是标准的变量定义，如 inti 或者 floatf，或者其他有效的变量定义；variable-list 结构变量，定义在结构的末尾，最后一个分号之前，可以指定一个或多个结构变量。

【实例 8-2】 声明 Books 结构的方式，代码如下：

```
struct Books{
char title[50];
char author[50];
char subject[100];
int book_id;
}book;
```

3. 程序基本结构

C 语言程序的结构有顺序结构、选择结构和循环结构。

（1）选择结构

选择结构要求程序员指定一个或多个要评估或测试的条件，以及条件为真时要执行的语句和条件为假时要执行的语句。C 语言把任何非零和非空的值假定为 true，把零或 null 假定为 false。

① 选择结构类型。选择结构有 if、if...else、嵌套 if、switch、嵌套 switch 语句等类型，见表 8-2-2。

表 8-2-2 选择结构类型

语　句	描　述
if 语句	一个 if 语句由一个布尔表达式后跟一个或多个语句组成
if...else 语句	一个 if 语句后可跟一个可选的 else 语句，else 语句在布尔表达式为假时执行
嵌套 if 语句	可以在一个 if 或 else if 语句内使用另一个 if 或 else if 语句
switch 语句	一个 switch 语句允许测试一个变量等于多个值时的情况
嵌套 switch 语句	可以在一个 switch 语句内使用另一个 switch 语句

② 三元运算符可以用来替代 if...else 语句，它的一般形式如下：

```
Exp1?Exp2:Exp3;
```

其中，Exp1、Exp2 和 Exp3 是表达式。“?”表达式的值是由 Exp1 决定的。如果 Exp1 为真，则计算 Exp2 的值，结果即为整个“?”表达式的值。如果 Exp1 为假，则计算 Exp3 的值，结果即为整个“?”表达式的值。

【实例 8-3】 输入一个数字来判断它是否为奇数或偶数，代码如下：

```
#include <stdio.h>
int main() {
int num;
printf("输入一个数字 : ");
scanf("%d",&num);
(num%2==0)?printf("偶数"):printf("奇数");
}
```

（2）循环结构

有的时候，可能需要多次执行同一块代码，C 语言提供了执行路径更为复杂的多种控制结构。循环语句允许多次执行一个语句或语句组。

① 循环类型。C 语言提供了以下几种循环类型，见表 8-2-3。

表 8-2-3　循环结构类型

循环类型	描　　述
while 循环	当给定条件为真时，重复语句或语句组。它会在执行循环主体之前测试条件
for 循环	多次执行一个语句序列，简化管理循环变量的代码
do...while 循环	除了在循环主体结尾测试条件外，其他与 while 语句类似
嵌套循环	在 while、for 或 do...while 循环内使用一个或多个循环

② 循环控制语句。循环控制语句改变用户代码的执行顺序，通过它可以实现代码的跳转，见表 8-2-4。

表 8-2-4　循环控制语句

控制语句	描　　述
break 语句	终止循环或 switch 语句，程序流将继续执行紧接着循环或 switch 的下一条语句
continue 语句	告诉一个循环体立刻停止本次循环迭代，重新开始下次循环迭代
goto 语句	将控制转移到被标记的语句。但是不建议在程序中使用 goto 语句

【实例 8-4】 循环输出 1…10 的值，代码如下：

```
#include   <stdio. h>
int main ( ) {
for( int i=1;i<10 i++;) {
  printf("i=%d",i);
  }
}
```

4. 函数

函数是一组在一起执行一个任务的语句。每个 C 程序都至少有一个函数，即主函数 main( )，所有简单的程序都可以定义其他额外的函数，通常是根据每个函数执行一个特定的任务来定义函数。

（1） 定义函数

函数声明告诉编译器函数的名称、返回类型和参数。函数定义提供了函数的实际主体，C 语言中的函数定义的一般形式如下：

```
return_type function_name( parameter list) {
   body of the function
}
```

return_type 返回类型是函数返回值的数据类型，有些函数执行所需的操作而不返回值，return_type 设置返回类型为 void。function_name 函数名称是函数的实际名称。parameter list 参数，参数就像是占位符，当函数被调用时，向参数传递一个值，这个值被称为实际参数，参数列表包括函数参数的类型、顺序、数量，参数是可选的，也就是说，函数可能不包含参数。函数主体包含一组定义函数执行任务的语句。

【实例 8-5】 定义 max 函数，函数有两个参数 num1 和 num2，会返回这两个数中较大的那个数，代码如下：

```
int max( int num1, int num2) {
/ * 局部变量声明 * /
int result;
if (num1 > num2)
result = num1;
else
result = num2;
return result;
}
```

（2） 调用函数

当程序调用函数时，程序控制权会转移给被调用的函数。被调用的函数执行已定义的任务，当函数的返回语句被执行时，或到达函数的结束括号时，会把程序控制权交还给主程序。当调用函数时，传递所需参数，如果函数返回一个值，则可以存储返回值。

【实例 8-6】 调用 max 函数，代码如下：

```
int main () {
  /* 局部变量定义 */
  int a = 100;
  int b = 200;
  int ret;
  /* 调用函数来获取最大值 */
  ret = max(a, b);
  printf("Max value is : %d\n", ret);
  return 0;
  }
```

（3） 函数参数

如果函数要使用参数，则必须声明接受参数值的变量，这些变量称为函数的形式参数。当调用函数时，有两种向函数传递参数的方式，见表 8-2-5。

表 8-2-5 函数参数

调用类型	描述
传值调用	该方法把参数的实际值复制给函数的形式参数。在这种情况下，修改函数内的形式参数不会影响实际参数
引用调用	通过指针传递方式，形参为指向实参地址的指针，当对形参的指向操作时，就相当于对实参本身进行的操作

5. 注释

C 语言有两种注释方式：“// ”表示单行注释，这种注释可以单独占一行；“/ **/ ”表示多行注释，可以单行或多行。格式如下：

```
//单行注释
/*
  多行注释
  多行注释
  多行注释
  */
```

项目实施

采用C语言来实现简易计算器项目，首先要确定项目的需求，这个项目比较简单，从功能上主要实现两个数的加、减、乘、除。

需要完成的任务：

安装与配置C开发环境。

编写简易计算器程序代码。

调试、编译、运行程序。

8.3 任务1：安装与配置开发环境

任务1：安装与配置开发环境

C语言和C++语言是国际上广泛流行的计算机高级程序设计语言，也是世界上最受欢迎的语言之一，它具有强大的功能，许多著名的软件都是采用C语言或C++语言来编写的。这里主要介绍C语言。

C语言的开发过程一般要经过编辑、编译、链接、运行4个步骤。编写的代码称为源代码或源文件，编辑是指输入、修改源代码的过程。在这个过程中还要对源代码进行排版，使之美观、易读、有层次，并加上一些说明性的文字注释，帮助程序员理解代码的含义。经过编辑的源代码保存后生成扩展名为“.c”的文件。编译是指把源代码转换为可执行文件，这个转换的过程需要借助编译器，经过编译，把源代码转换为以“.obj”为扩展名的目标文件，但目标文件是机器代码，是不能够直接执行的，它还需要有其他文件或者其他函数库辅助，才能最终生成以“.exe”为扩展名的可执行文件，这个过程称为链接。执行“.exe”文件并生成结果的过程称为运行。

8.3.1 开发工具介绍及安装

C语言常用的集成开发环境有Visual C++、Visual C++.NET、Turbo C以及Borland C++ Builder等。

1. 开发工具

Visual C++ 6.0，简称VC 6.0，是微软公司于1998年推出的一款C++编译器，包含标准版、专业版与企业版，缺点是对不同版本的Windows系统兼容性较差。Visual C++.NET是Visual C++ 6.0的后续版本，是一套完整的开发工具集，可在.NET平台下调用Framework的类库，功能强大，其中包含Visual C++开发组件。Turbo C是美国Borland公司的产品，目前常用的版本是 Turbo C 2.0。Borland C++ Builder 是由 Borland 公司继 Delphi 之后推出的一款高性能集成开发环境，具有可视化的开发环境。

2. 开发工具的安装

下面以 Visual C++ 6.0 为例介绍开发工具的安装。Visual C++ 6.0 是一个功能强大的可视化软件开发工具，它将程序的代码编辑、编译、链接和调试等功能集于一身。接下来介绍 Visual C++ 6.0 的安装过程。

（1）下载 Visual C++ 6.0

登录其官方网站，下载该软件。

（2）Visual C++的安装过程

【步骤 1】解压安装包文件。Visual C++ 6.0 安装包文件可以直接解压。

【步骤 2】安装。Visual C++ 6.0 的安装比较简单，根据安装向导，选择软件的安装路径，直到安装完成，安装过程需 1~2 min。

8.3.2 使用开发工具

1. 启动 Visual C++ 6.0

双击图标，就可以启动 Visual C++ 6.0 了。

2. 使用 Visual C++ 6.0

（1）部分工具栏按钮

Visual C++ 6.0 集成开发环境提供了许多有用的工具栏按钮，工具栏中包含如下按钮。

：表示编译（Compile）。

：表示创建（Build）。

!：表示运行（Execute）。

（2）创建 C 源程序

在 Visual C++ 6.0 界面上方的菜单栏中选择“文件”→“新建”命令，或者使用快捷键 Ctrl+N，弹出“新建”对话框，选择“文件”→“C++ Source File”命令，在对话框的右边，设置文件的保存路径及文件名。

【注意】 C 语言文件名的扩展名为“.c”。以简易计算器程序为例，将文件命名为 computer.c，如图 8-3-1 所示。

（3）编写代码

在编辑区编写程序代码，编写一个简单打印输出的 C 源程序，如图 8-3-2 所示。

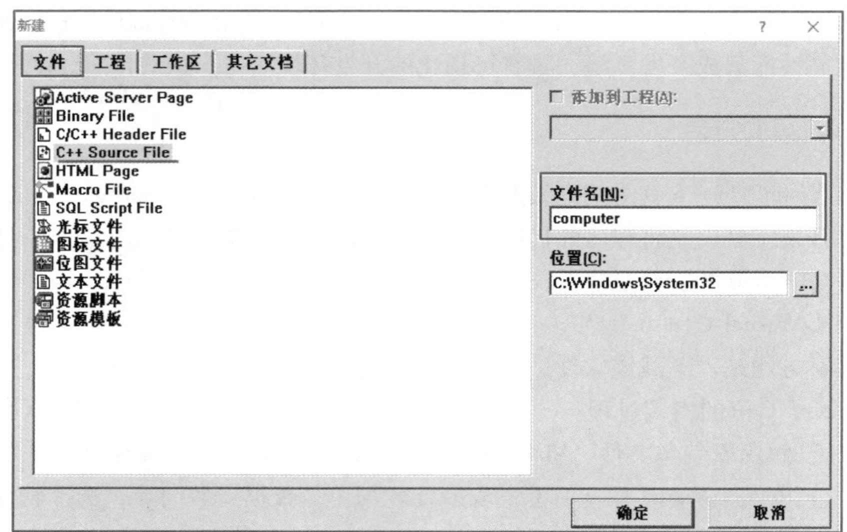

图 8-3-1　创建 C++程序

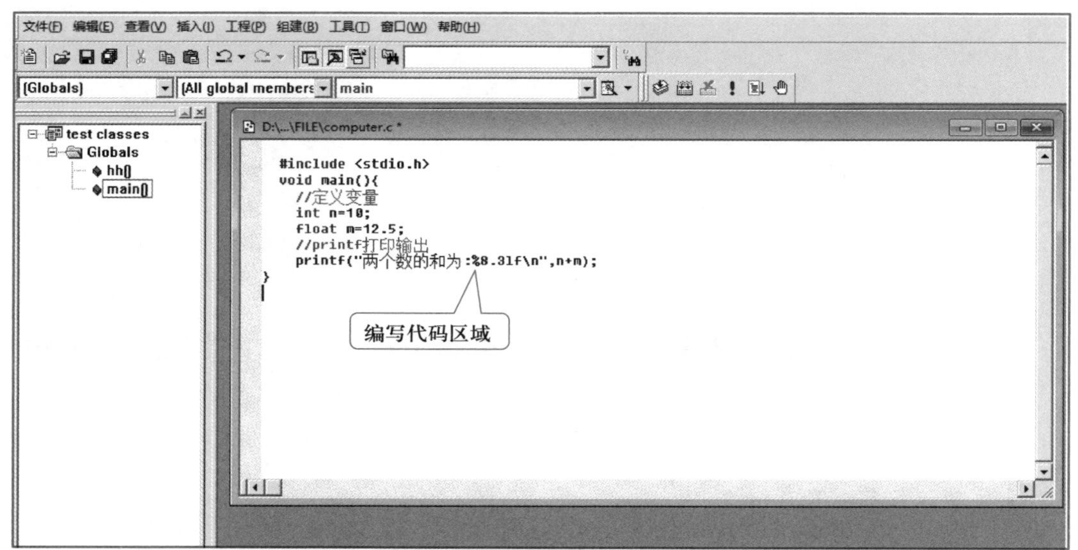

图 8-3-2　编写代码

（4）编译程序

C 语言是高级程序语言，在计算机中不能直接执行，需要进行编译。如 computer. c 源文件写好了，则需要进行编译，选择菜单“组建”→“编译”命令，如图 8-3-3 所示。

弹出如图 8-3-4 所示的对话框，询问是否创建一个默认项目环境，单击“是”按钮，编译结果如图 8-3-5 所示。

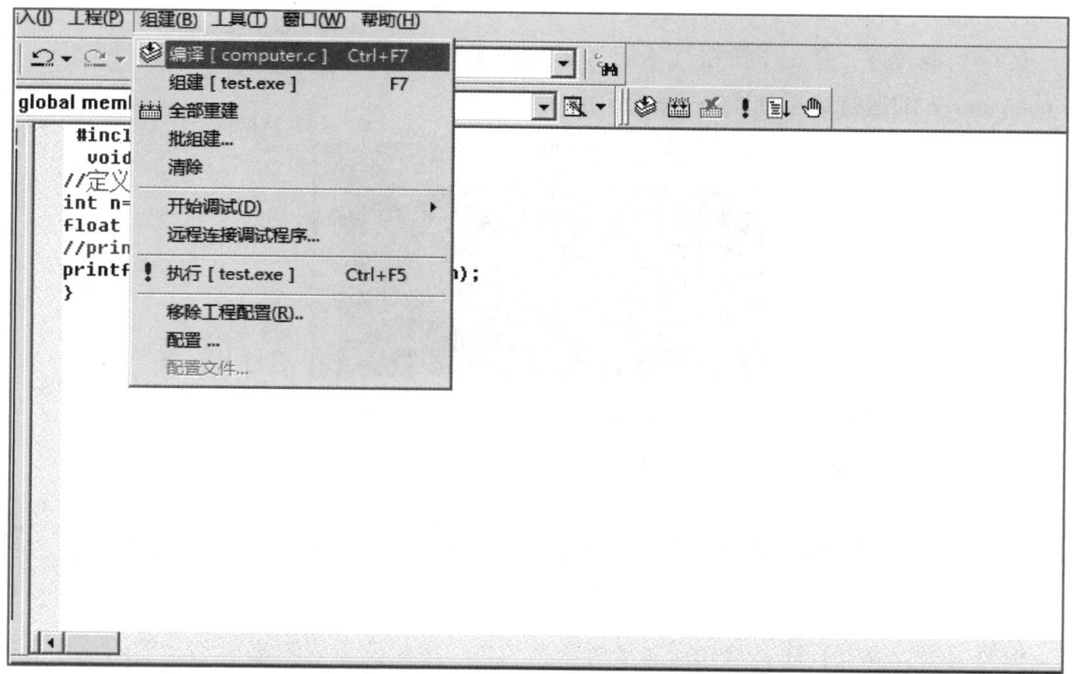

图 8-3-3 程序编译

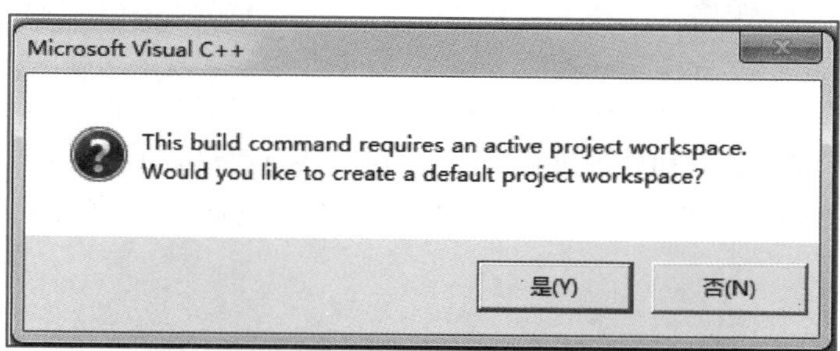

图 8-3-4 创建项目环境

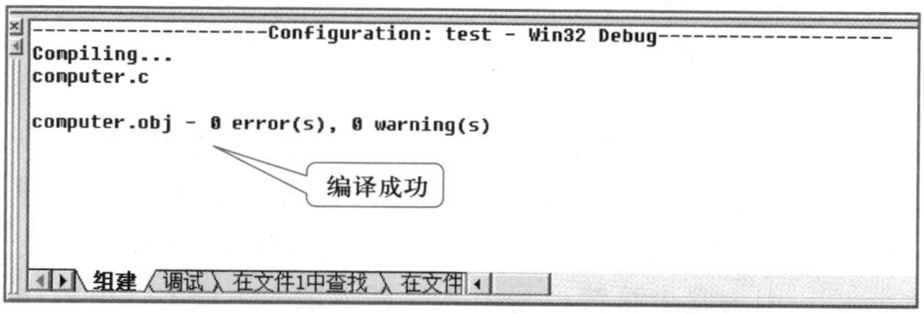

```
--------------------Configuration: test - Win32 Debug--------------------
Compiling...
computer.c

computer.obj - 0 error(s), 0 warning(s)
```

编译成功

组建 调试 在文件1中查找 在文件

图 8-3-5 编译结果

（5）程序运行

运行 C 源程序，单击❗按钮（❗表示运行程序），在运行中创建 exe 可执行文件。程序 computer. c 的运行结果如图 8-3-6 所示。

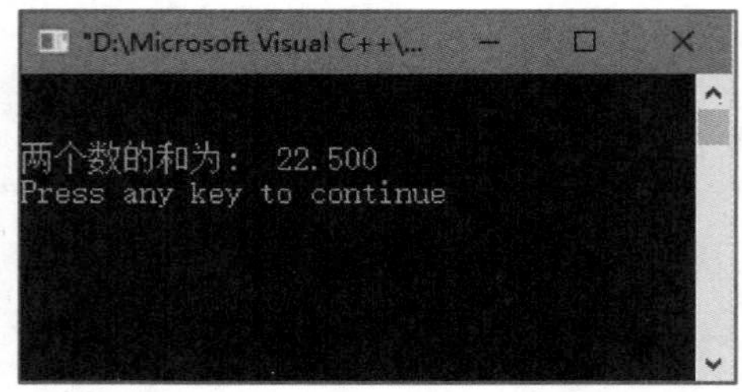

图 8-3-6 程序 computer. c 的运行结果

8.4 任务 2：编写简易计算器程序

任务 2：编写简易计算器程序

编写简易计算器程序，首先需要了解数据类型、定义变量、输出语句、输入语句、控制语句等知识。在编写程序代码前，先设计程序流程图。

8.4.1 设计程序流程图

程序流程图又称程序框图，是用统一规定的标准符号描述程序运行具体步骤的图形表示，通过对输入、输出数据和处理过程的详细分析，将计算机的主要运行步骤和内容标识出来。程序流程图是进行程序设计的基本依据，因此它的质量直接关系到程序设计的质量。

1. 程序流程图的构成

程序流程图由处理框、判断框、起止框、连接点、流程线、注释框、相应的算法等构成。

2. 程序流程图的 3 种基本结构

任何复杂的算法都可以由顺序结构、选择（分支）结构和循环结构这 3 种基本结构组成，因此，在构造一个算法时，也是以这 3 种基本结构为“建筑单元”，遵守 3 种基本结构的规范。基本结构之间可以并列、相互包含，但不允许交叉，不允许从一个结构直接转到另一个结构的内部。因为整个算法都是由 3 种基本结构组成的，就像用模块构建的一样，所以结构清晰，易于验证正确性，易于纠错。这种方法就是结构化方法，遵循这种方法的程序设计，就是结构化程序设计。相应地，只要规定好 3 种基本结构的流程图的画法，就可以画出任何算法的流程图。

① 顺序结构如图 8-4-1 所示。

② 选择（分支）结构。这种结构是对某个给定条件进行判断，条件为真或假时分别执行不同的程序。其基本形式如图 8-4-2 所示。

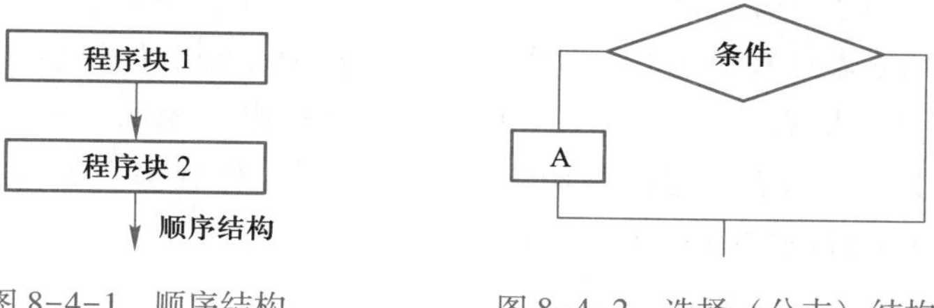

图 8-4-1　顺序结构　　图 8-4-2　选择（分支）结构

③ 循环结构。循环结构有两种基本形式：while 型循环和 do-while 型循环。while 型循环的执行序列为：当条件为真时，反复执行循环体，一旦条件为假，跳出循环，执行循环后的语句。do-while 型循环的执行序列为：首先执行循环体，再判断条件，当条件为真时，一直循环执行循环体，一旦条件为假，结束循环，执行循环后的语句。循环结构如图 8-4-3 所示。

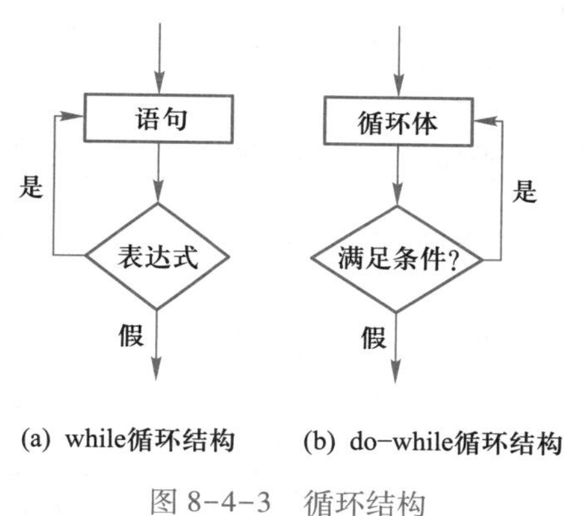

(a) while循环结构　　(b) do-while循环结构

图 8-4-3　循环结构

3. 程序流程图的作用及优点

程序流程图是人们对解决问题的方法、思路或算法的一种描述。

流程图的优点：

① 采用简单、规范的符号，画法简单。

② 结构清晰，逻辑性强。

③ 便于描述，容易理解。

4. 简易计算器的程序流程图

简易计算器程序的编程思路，首先定义计算的两个数为变量，确定其数据类型为浮点数，可以采用 float 或 double 定义两个变量。接着打印输出计算器的服务界面，采用 printf() 函数打印输出，用户在服务界面选择功能菜单（1 表示加法，2 表示减法，3 表示乘法，4 表示除法），功能菜单用一个整数变量来表示，设定该整数变量值的范围为 1~4，超过该范围则提示输入出错。接下来根据用户选择的功能实现不同的运算，这是一个判断性问题，有多种选择，采用条件分支语句 switch（表达式）完成，如果表达式值为 1，则实现两个操作数相加；如果表达式值为 2，则实现两个操作数相减；如果表达式值为 3，则实现两个操作数相乘；如果表达式值为 4，则实现两个操作数相除。注意在除法运算中，“0”不能作为被除数，所以在除法运算中需要对第 2 个操作数进行判定，采用 if 语句实现。简易计算器程序流程图如图 8-4-4 所示。

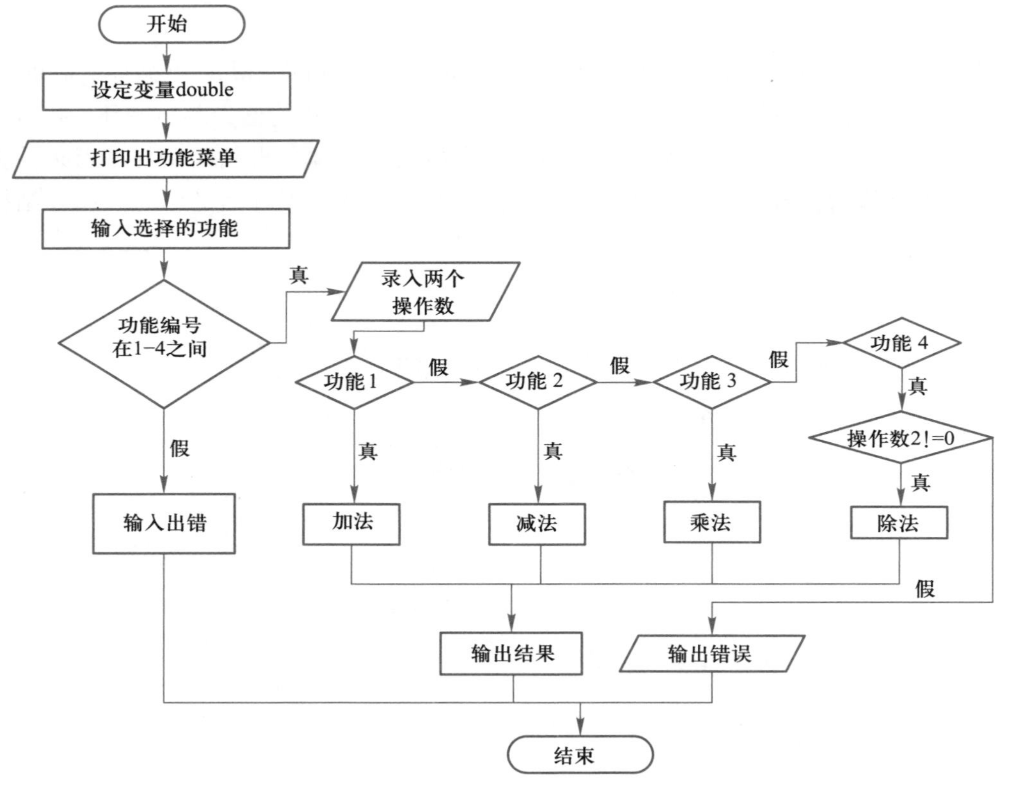

图 8-4-4 简易计算器程序流程图

8.4.2 编写代码

根据程序流程图编写程序代码，源代码文件取名为 computer. c，代码如下：

```
#include<stdio.h>
void main(){
//定义两个操作符和功能选项
double Lopter,Ropter,sum=0;
int server;
//打印服务界面
printf("\n-----------------简易计算器--------------------\n");
printf("\n1 加法运算 2 减法运算\n");
printf("\n3 乘法运算 4 除法运算\n");
printf("\n---------------------------------------------\n");
printf("请选择你要的服务(1、2、3、4):");
scanf("%d",&server);
if(server>4||server<1)
  printf("输入有误！\n");
else
{
  printf("\n 请输入两个操作数:");
  scanf("%lf%lf",&Lopter,&Ropter);
  switch(server)
  {
      case1:
      sum=Lopter+Ropter;
      break;
      case2:
      sum=Lopter-Ropter;
      break;
      case3:
      sum=Lopter * Ropter;
      break;
      //如果功能为4,则需要判断被除数不能为0
      default:if(Ropter==0)
      {
          printf("被除数不能为零！\n");
      }
      else
      {
          sum=Lopter/Ropter;
      }
```

```
        }
    printf("\n 两个数的运算结果为:%8.3lf\n",sum);
    }
}
```

【代码解析】

1. 功能界面

运用 printf 函数，打印出功能界面，代码如下：

```
//打印服务界面
printf("\n-------------------简易计算器------------------\n");
printf("\n1 加法运算 2 减法运算\n");
printf("\n3 乘法运算 4 除法运算\n");
printf("\n--------------------------------------------------\n");
printf("请选择你要的服务(1、2、3、4):");
```

其功能界面的运行结果如图 8-4-5 所示。

图 8-4-5 简易计算器的功能界面

2. 输出结果保留小数点后 3 位

代码 printf("\n 两个数的运算结果为:%8.3lf\n",sum)中%8.3 表示输出结果保留小数点后 3 位。在输出程序中会四舍五入，但存储在变量里的结果并没有丢失精度。

3. if-else 与 switch 语句的比较

将 switch 语句与 if-else 进行对比：if-else 比 switch 语句的条件控制更强大，if-else 可以根据各种关系和逻辑运算的结果进行流程控制；而 switch 语句只能进行“==”的判断。

8.5 任务 3：编译、调试、运行程序

任务 3：编译、调试、运行程序

计算机高级语言按程序的执行方式可以分为编译型和解释型两种。

因为编译型语言是一次性地将源程序编译成机器码，所以可以脱离开发环境独立运行，通常运行效率较高。但由于编译型语言的程序被编译成特定平台上的机器码，因此编译生成的可执行性程序通常无法移植到其他平台上运行；如果需要进行移植，则必须将源代码复制到特定平台上，针对特定平台进行修改，至少也需要采用特定平台上的编译器进行重新编译。现有的 C、C++、FORTRAN、Pascal 等高级语言都属于编译型语言。

每次执行解释型语言的程序都需要进行一次编译，因此解释型语言的运行效率通常较低，而且不能脱离解释器独立运行。但解释型语言有一个优势：跨平台比较容易，只提供特定平台的解释器即可，每个特定平台上的解释器负责将源程序解释成特定平台的机器指令。解释型语言可以方便地实现源程序级的移植，但以牺牲程序执行效率为代价。现有的 Ruby、Python 等语言都属于解释型语言。

无论 C 语言还是 C++语言，首先要把源文件编译成中间目标文件，在 Windows 下中间目标文件就是“.obj”文件，UNIX 下中间目标文件是“.o”文件，即 ObjectFile 文件，这个动作称为编译。然后再把大量的 ObjectFile 合成执行文件，这个动作称为链接。

在编译时，编译器需要语法正确、函数与变量的声明正确。对于后者，通常需要告诉编译器头文件的所在位置，只要所有语法正确，编译器就可以编译出中间目标文件。一般来说，每个源文件都应该对应一个中间目标文件。

链接的主要是函数和全局变量，所以，可以使用这些中间目标文件来连接应用程序。链接器并不处理函数所在的源文件，只处理函数的中间目标文件，在大多数时候，由于源文件太多，导致编译生成的中间目标文件太多，而在链接时需要明确地指出中间目标文件名，这对于编译而言很不方便，所以，要给中间目标文件打包，在 Windows 下这种包称为“库文件”，也就是“.lib”文件，在 UNIX 下，是归档文件，也就是“.a”文件。

8.5.1 GCC 编译

GCC 是 GNU 编译器集，是 C、C++、Objective-C、Fortran、Ada、Go 等编程语言的编译器和库的集合。许多开源项目包括 GNU 工具和 Linux 内核都是用 GCC 编译的。

1. 安装 GCC

在 Ubuntu 系统中安装 GCC，首先需要在 Ubuntu 系统上添加新存储库和安装软件包，这时须使用具有 sudo 权限的用户身份登录系统，默认 Ubuntu 系统中存储库包含一个名为“build-essential”的元包，它包含 GCC 编译器以及编译软件所需的许多库和其他实用程序。在 Ubuntu 上安装 GCC 编译器过程如下：

（1）更新包列表

```
sudo apt update
```

（2）安装 build-essential 软件包

```
sudo apt install build-essential
```

（3）验证 GCC 编译器是否已成功安装

```
gcc --version
```

在输入命令后，显示 GCC 版本的信息，则说明 GCC 安装成功，如图 8-5-1 所示。

```
ubuntu@VM-0-17-ubuntu:~$ gcc --version
gcc (Ubuntu 5.4.0-6ubuntu1~16.04.4) 5.4.0 20160609
Copyright (C) 2015 Free Software Foundation, Inc.
This is free software; see the source for copying conditions.  There is NO
warranty; not even for MERCHANTABILITY or FITNESS FOR A PARTICULAR PURPOSE.
```

图 8-5-1 GCC 安装成功

2. GCC 编译过程

GCC 的编译过程为：预处理→编译→汇编→连接。

预处理：预处理器将展开源文件中的宏。

编译：GCC 将 C 文件编译成汇编文件。

汇编：AS 将汇编文件编译成机器码。

连接：将目标文件和外部符号进行连接，得到一个可执行二进制文件。

3. GCC 常用选项

-c 表示编译源文件不连接，生成目标文件（.o 文件）。

-S 表示只编译不汇编，生成汇编代码。

-E 表示进行预编译，不做其他处理。

-ofile 表示输出目标文件。

-g 表示在目标文件中产生调试信息，用于 GDB 调试。

-D<宏定义>编译时将宏定义传入。

-Wall 打开所有类型的警告。

4. GCC 编译运行 C 程序

（1）使用 Vim 编程 C 程序

在 Vim 工具编写 computer.c 程序，运用 vi 命令，编写 C 程序。如编写 computer.c 文件，命令如下：

```
vi computer.c
```

Vim 工具打开以后默认进入的是命令模式，编写程序代码，也可以把写好的 C 程序代码复制到编辑区域里，如图 8-5-2 所示。

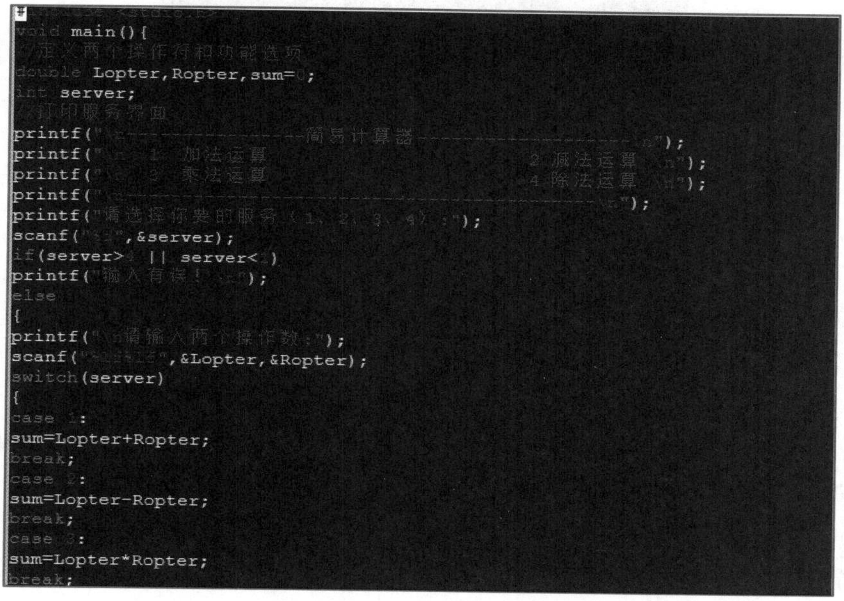

图 8-5-2 代码截图

当程序编辑好以后，按 Esc 键退出编辑模式，输入“:wq”即可保存修改的程序。

(2) 编译 C 语言程序

语法：

```
$gcc[programName].c -o program Name.exe(或 programName)
```

//-o 表示输出为指定文件类型，将 C 语言程序编译为 exe 文件。

编译“computer.c”程序为 computer 可执行 exe 文件，如图 8-5-3 所示。

图 8-5-3 编译 computer.c 文件

(3) 运行 C 语言程序

编译成功后，就可以运行程序，运行的命令语法如下：

```
./programName
```

运行 computer.exe 文件，如图 8-5-4 所示。

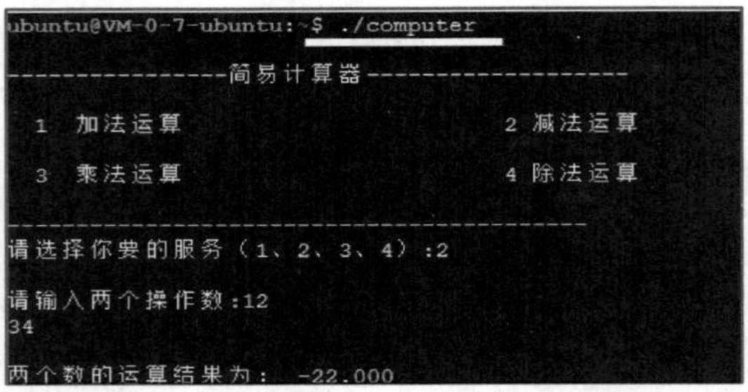

```
ubuntu@VM-0-7-ubuntu:~$ ./computer
---------------简易计算器------------------
  1  加法运算                          2 减法运算
  3  乘法运算                          4 除法运算
-------------------------------------------
请选择你要的服务（1、2、3、4）:2
请输入两个操作数:12
34
两个数的运算结果为:  -22.000
```

图 8-5-4　运行 computer. exe 文件

8. 5. 2　Make 和 Makefile 编译工具

在软件工程中，源文件不计其数，按照类型、功能、模块分别将其放在若干目录中，哪些文件需要编译，哪些文件需要后编译，哪些文件需要重新编译，甚至进行更复杂的操作，这时就需要系统编译工具了。

在 Linux 和 UNIX 中，有一个强大的命令 Make，可以用它来管理多模块程序的编译和连接，直至生成可执行文件。Make 命令读取一个说明文件，称为 Makefile，Makefile 文件中描述了整个软件工程的编译规则和各个文件之间的依赖关系。Makefile 就像一个 Shell 脚本，其中可以执行操作系统的命令，它带来的好处就是能够实现“自动化编译”，一旦编写好代码，只要一个 Make 命令，就可以完成自动编译，极大地提高了软件开发的效率。

1. Make 命令

Make 是一个命令，是一个解释 Makefile 中指令的命令，一般大多数 IDE 都有这个命令，使用 Make 命令可以使重新编译的次数达到最小化。执行 Make 命令时，需要一个 Makefile 文件，以告诉 Make 命令怎样编译和连接程序。

（1） Make 命令的语法

```
make [选项][目标][宏定义]
```

选项含义如下：

-d：显示调试信息（debug）。

-f：指定 Makefile 文件。

-h：显示所有选项的简要说明（help）。

-n：非执行模式，输出所有执行命令，但并不执行。

-s：沉默模式，在执行之前不输出相应的命令行信息。

可以使用-h 选项来了解更多的选项。

（2） Make 命令工作方式

在默认方式下，只能输入 Make 命令。Make 命令会在当前目录下找名字为 Makefile 或

makefile 的文件。

2. Makefile 文件

很多 Windows 程序员都不知道 Makefile 文件，因为 Windows 的 IDE 可以做相应的工作。在 UNIX 下编译软件，就需要自己编写 Makefile 文件了，会不会编写 Makefile 文件，从一个侧面说明了一个程序员是否具备完成大型工程的能力。

（1）使用 Makefile 文件的原则

Makefile 文件关系到整个工程的编译规则。在软件开发中，Make 通常被视为一种软件构建工具。该工具主要经由读取一种名为 makefile 或 Makefile 的文件来实现软件的自动化建构。它会通过被称之为“target”概念来检查相关文件之间的依赖关系，这种依赖关系的检查系统非常简单，主要通过对比文件的修改时间来实现。在大多数情况下，Makefile 主要用它来编译源代码，生成结果代码，然后把结果代码连接起来生成可执行文件或者库文件。

（2）Makefile 文件的编写规则

当 Make 命令不带选项运行时，它从 Makefile 文件中读取指定规则，当指定的规则不同于其他文件时，就要运行带有-f 选项的 Make 命令了。

```
make. fray. Makefile make -f make. fray. Makefile
```

Makefile 文件的编写规则如下：

```
target... :prerequisites...
command
...
...
```

target 是一个目标文件，可以是 ObjectFile，也可以是执行文件，还可以是一个标签（Label）。prerequisites 是要生成的那个 target 所需要的文件或目标。command 是 make 需要执行的命令，它可以是任意的 Shell 命令。重要提示：命令列表中的每个命令必须要以<Tab>字符开始。

这是一个文件的依赖关系，也就是说 target 表示的目标文件依赖于 prerequisites 中的文件，其生成规则定义在 command 中。或者说，prerequisites 中如果有一个以上的文件比 target 文件新，command 所定义的命令就会被执行。这就是 Makefile 文件的规则，也就是 Makefile 文件最核心的内容。

【实例 8-7】 Make、Makefile、GCC 综合实例。

【步骤 1】建立一个放置头文件的库函数 address. h 以备调用，代码如下：

```
vim address. h//建立头文件库函数
#include <stdio. h>
#include <string. h>
#include <stdlib. h>
```

```
//放置一些常用的 C 语言头文件
void func( ) ;//
```

【步骤 2】建立子函数，源文件取名 address. c，代码如下：

```
vim address. c
#include " address. h"//调用头文件库函数
void func( )
{
printf( " hi hello world\n" ) ;
}
```

【步骤 3】建立主函数 main. c，代码如下：

```
vim main. c
#include " address. h"//同名文件夹,故使用双引号,直接调用
int main( )
{
printf( " hello\n" ) ;
func( ) ;//调用函数
return0;
}
```

【步骤 4】建立 makefile 文件，并进行编译处理，代码如下：

```
//在终端上输入并建立 makefile 文件,将所有的编译命令放入其中,必须用 vim 编译器
vim makefile
//address 为最终执行的文件名,冒号后是生成的所有可执行文件(. o 文件)
address:main. o address. o
gcc main. o address. o -o address
main. o:
gcc -c main. c -o main. o
address. o:address. c address. h
gcc -c -o address. oaddress. c
```

address. c 为实现功能函数，address. h 为头文件的库函数，main. c 为主函数，makefile 为放置所有编译命令的函数。

【步骤 5】当完成上述工作后，在终端中执行下列操作，代码如下：

```
[root@ localhost01]#make clean   //清空所有 . o 文件
rm -rf   * . o
[root@ localhost01]#ls  //查看所有文件
//可见文件夹中没有 . o 文件
address address. c address. h   func. c main. c makefile
```

```
[root@ localhost01]#make    //输入 make 进行编译
gcc   -c main. c -o main. o
gcc -c -o address. o   address. c
gcc main. o address. o -o address //成功编译出 . o 可执行文件
[root@ localhost01]#ls
address address. c address. h address. o func. c main. c main. o makefile //查看,编译成功
[root@ localhost01]# ./address   //直接运行(./加上要编译文件的名字)
hello
hi hello world//运行成功
```

8.5.3 调试程序

任何一个程序员都无法宣称其编写的程序是完全正确的。几乎每一个稍微复杂一点的程序必须经过反复的调试、修改，最终才能完成。程序的调试在编程中是一项重要的技术。下面以 Visual C++ 6.0 工具调试 C 程序为例来介绍程序的调试过程。

1. 程序的常见错误

程序中常见的错误有编译错误、运行时错误和逻辑错误。

编译错误是指程序在编译过程中出现的错误，由于编写代码不正确而产生非法使用或丢失关键字、遗漏某些必要的标点符号、函数调用缺少参数或传递不匹配的参数等错误。如 for 循环关键字写错，代码如下：

```
fore(int i=0;i<10;i++); //关键字 fore 书写错误
```

运行错误是指应用程序在运行期间执行了非法操作或某些操作失败，如打开的文件未找到、磁盘空间不足、网络连接断开、除法中除数为 0 等。

逻辑错误是指应用程序未按照预期的方式运行时所产生的错误。一般来讲，逻辑错误不是语法层面的错误，应用程序可以执行，但是得不到正确的结果。

2. 调试的类别

调试的方法分为静态调试和动态调试。

程序的静态调试就是在程序编写完后，由人代替计算机，对程序进行仔细检查，主要检查程序中的语法规则和逻辑结构的正确性。实践证明，有很大一部分错误可以通过静态调试来发现。通过静态调试，可以大大缩短上机调试的时间，提高上机调试的效率。

动态调试就是上机调试，它贯穿在编译、连接和运行的整个过程，根据程序编译、连接和运行时计算机给出的错误信息进行程序调试。程序调试中最常用的方法是初步动态调试，即通过分段隔离、设置断点、跟踪打印进行程序的调试。

（1）分段隔离

如果程序代码量比较大，可以把程序进行分段隔离，在运行前把一个函数或一段代码进行注释，再运行程序。

（2）设置断点

断点是调试应用程序时经常使用的一种方法，调试前必须在代码中插入断点。

在 Visual C++ 6.0 工具中，可按 F9 键设置断点，断点设置在怀疑有问题的函数处，红点即断点，按 F10 键单步执行程序进行调试。

（3）跟踪打印

有时可能需要查看程序内部一些变量的值，但是又不希望中断程序的执行。例如，调试一个网络协议栈，另一个程序可能在接收数据包，查看数据包的格式，但如果中断程序的执行，将会导致后续的数据包丢失。在这种情况下，一般的做法就是在源代码里加一些日志记录代码，这样可以将一些变量的值记录下来，以便后续分析。如果日志在产品发布以后还需要，在源代码里加入这些日志代码是一个好办法，但是如果只是想临时查看一些变量的值，就需要通过监视断点来实现跟踪打印。例如 Visual C++ 6.0 工具的监视断点就做到在不修改程序源代码的前提下，在调试器窗口中打印一些变量的值。

8.5.4 运行程序

程序调试、编译成功后，就可以运行程序了。在 Visual C++ 6.0 工具中运行简易计算器项目，单击“!”按钮，编译、连接成功，如图 8-5-5 所示。

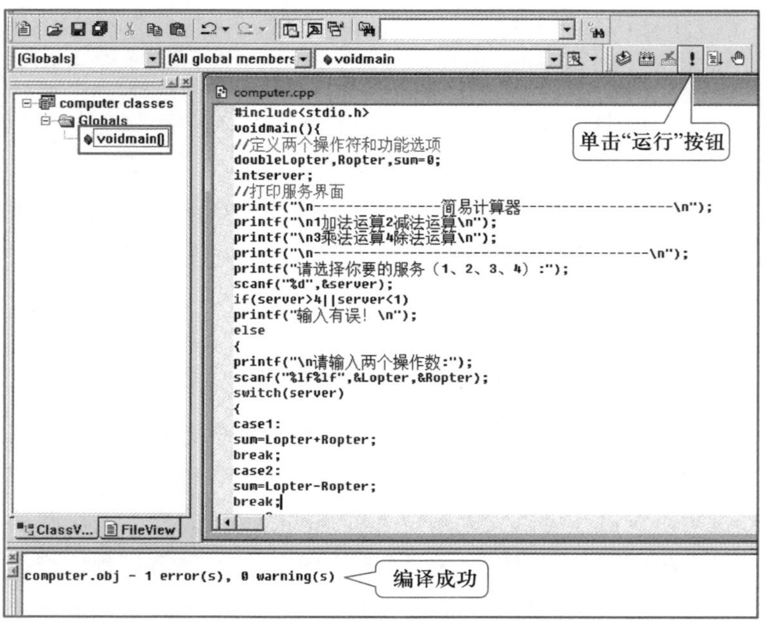

图 8-5-5 编译、连接成功

编译、连接成功后，生成了“.exe”执行文件，弹出运行窗口，如图 8-5-6 所示，输入两个数，就可以进行加减乘除的计算了。

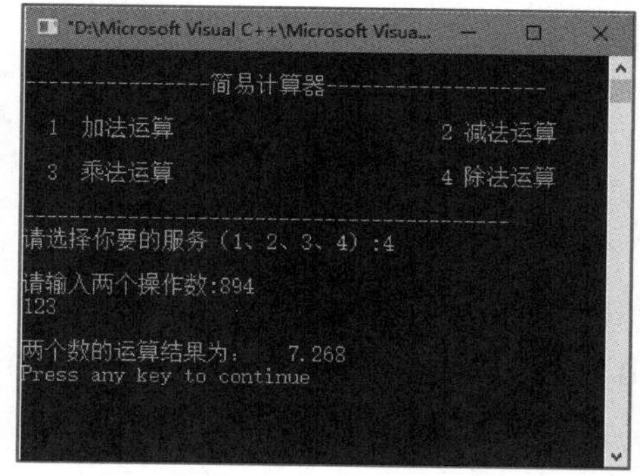

图 8-5-6 项目运行结果

本章小结 

本章以简易计算器项目为引导，介绍了软件开发过程、C/C++程序开发工具安装及应用、程序流程图设计、程序编写以及程序编译、调试及运行，重点介绍了编译命令 Make 和 Makefile 文件的应用。通过本章的学习，读者应能读懂程序代码，并可以编译、调试和运行代码。

本章习题 

一、单项选择题

1. C 语言源程序文件经过 C 编译程序编译、连接之后生成的文件扩展名为（　　）。

A. c　　B. obj　　C. exe　　D. bas

2. 在下列数据中，不合法的 C 语言实型数据是（　　）。

A. 0.123　　B. 345e3　　C. 3.1e2.5　　D. 789.000

3. 以下程序输出结果为（　　）。

```
#include <stdio.h>
void main()
{int x=10,y=10;
```

```
printf("%d%d\n",x--,y--)
}
```

A. 1010　B. 99　C. 910　D. 109

4. 设有如下定义：

```
int x=10,y=3,z;
```

则如下语句的输出结果是（　　）。

```
printf("%d\n",z=(x%y%,x/y);
```

A. 1　B. 0　C. 4　D. 3

5. GCC 将 C 文件编译成（　　）。

A. 目标文件　B. 汇编文件　C. 源文件　D. 可执行文件

6. Make 命令是（　　）。

A. 翻译工具　B. 汇编工具　C. 编译工具　D. 执行工具

二、多项选择题

1. 下列（　　　　）是程序调试的方法。

A. 设置断点

B. 分段隔离

C. 跟踪打印

D. 注释

2. 调试的方法分为（　　　　）。

A. 静态调试

B. 动态调试

C. 分段调试

D. 响应式调试

三、判断题

1. 预处理命令前面必须加一个“#”号。（　　）

2. continue 不是结束本次循环，而是终止整个循环的执行。（　　）

3. 函数的实参传递到形参有两种方式，分别为值传递和地址传递。（　　）

第 9 章　云产品应用

【学习目标】

知识目标

了解数据中心的类型。

了解数据中心的发展趋势。

理解云计算概念。

了解云计算的特征。

掌握云平台注册与登录的方法。

掌握云平台的操作方法。

掌握云服务器的类型。

掌握云服务器的登录方式。

掌握云服务器创建的镜像的方法。

掌握云网络的创建与管理。

技能目标

注册与登录云平台。

管理云服务器。

创建与管理云网络。

【认证考点】

了解数据中心的类型。

理解云计算概念。

掌握云计算服务的类型。

掌握云计算部署类型。

掌握云服务器的管理与应用。

掌握云网络的管理与应用。

项目引导：云产品应用

【项目描述】

某公司是消费电子产品行业中的知名厂商，主要提供各种物联网、可穿戴设备、智能手机和平板电脑的智能辅助设备。公司产品得到了大量用户的认同，在国内市场具有很高的市场占有率。近期公司计划推出一款全新研发的首创产品，业务部门预测会在市场上引发一轮购买热潮。为了能够更好地支撑业务拓展和吸引粉丝客户，业务部门要求IT部门建立新产品的“产品讨论区”。IT部门经过多方考察，认为腾讯云产品在各方面都非常优秀，决定在腾讯云平台上部署“产品讨论区”，作为企业IT“云化”的开局项目。

在云上论坛搭建完成后，经过线上测试，可以满足业务的需要。即将迎来大规模用户使用。在进一步建设与迭代过程中，业务部门对功能实现表示满意，但由于此前IT基础架构多数部署在本地，没有大规模上云的经验，监管人员在网络访问安全性方面仍然存在疑虑。同时在业务层面上，对于进出子网的流量，有必要进行更精确的控制，经技术负责人及相关专家讨论，决定将云服务器接入腾讯云的私有网络，从而保证网络的私密性及流量的安全性。

知识储备

9.1 数据中心概述

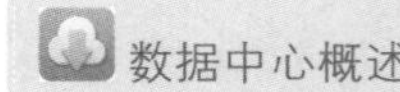

数据中心是与人力资源、自然资源一样重要的战略资源，在信息时代下的数据中心行业中，只有对数据进行大规模和灵活性的运用，才能更好地去理解数据，运用数据。随着社会经济的快速增长，数据中心的发展建设将处于高速时期，加上各地政府部门给予新兴产业的大力扶持，为数据中心行业的发展带来了很大的优势。

9.1.1 数据中心概念

数据中心（DataCenter，DC），指的是一整套复杂的设施。它不仅仅包括计算机系统和其他与之配套的设备（如通信、存储系统等），还包含冗余的数据通信连接、环境控制设备、监控设备以及各种安全装置，如图9-1-1所示。

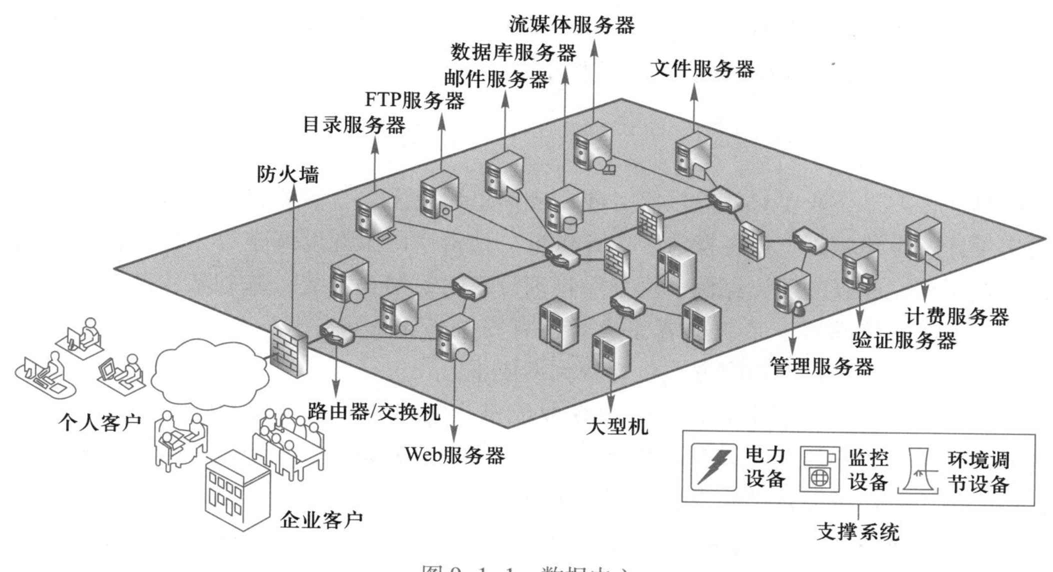

图 9-1-1 数据中心

如果把信息比作血液，网络比作血管，那么数据中心是最关键的心脏，是信息世界的核心所在。数据中心除了包括网络设备、数据库服务器、邮件服务器等硬件基础设施，还包括各种软件。

1. 操作系统

大部分数据中心的硬件设备运行在操作系统之上，这些操作系统包括 UNIX、Linux、Windows、AIX 等。

2. 数据中心的监控软件

数据中心的管理和监控软件种类繁多，功能涵盖系统部署、软件升级、系统、网络、中间件、应用监控等，如 Zabbix 分布式系统监视以及网络监视系统、Cisco 的网络管理产品等。

3. 与业务相关的软件（中间件、邮件管理系统、客户关系管理系统等软件）

数据中心大多以 Web 形式向外提供服务，Web 一般采用三层架构，从前端到后端依次为表现层、业务逻辑层和数据访问层。各架构目前均有相关的中间件的支持，如表现层的 HTTP 服务器、业务逻辑层的 Web 服务器等。

9.1.2 数据中心类型

数据中心类型主要分为企业自建 EDC（Enterprise Data Center，企业数据中心）、企业自建互联网服务的数据中心IDC（Internet Data Center，互联网数据中心）和国家级的数据中心NDC（National Data Center，国家数据中心）等。

1. EDC

在早期，如果企业要对外提供服务或完成信息化建设，就需要自建机房。企业需要承担机房设计、土建施工、机柜摆放、UPS供电、精密空调温湿度调整等土建工作。除此之外，企业还需完成服务器、存储、网络等物理设备的上架和安装、基础架构部署运维、业务系统部署等系统部署，系统部署完成后还有安全运维、可用性、可靠性管理等运维工作。对企业而言采用自建机房方式将耗费大量成本。

EDC是企业级的数据中心，EDC由企业或机构共建并所有，服务于企业或机构自身业务的数据中心，它为企业、客户及合作伙伴提供数据处理、数据访问等信息服务。企业数据中心的服务器可以自己购买，也可以从电信级的机房中租用，运营维护的方式也很自由，既可以由企业内部的IT部门负责运营维护，也可外包给专业的IT公司运营维护。EDC承载着企业的核心计算、信息资源管理、信息资源服务等功能。在信息化日益完善的今天，EDC对企业可持续运营的重要性日益加强。EDC对稳定性要求较高，多采用相对成熟的技术，侧重于信息资源规划和信息资源应用。

如今，有越来越多的企业客户将提升自己企业效率和利润的对策放在了首位。而IT基础设施作为现代企业不可或缺的信息技术支撑体系，也在云计算大潮下进行着如火如荼的转变。EDC不仅要管理和维护好各种信息资源，还要运营信息资源，确保价值最大化，EDC与业务运营融合在一起，成为了企业提升生产力的最为重要一环。在EDC日益受到重视的背景下，其成为企业信息资源形成、利用，管理的代名词，从数据中心里发展成为一个重要的分支。很多数据中心厂商早已将目光转移到EDC，发现EDC其实是一个巨大的金矿，全球企业有几百万家，都有IT化的需求，这对于数据中心厂商来说是一个海量市场，虽然EDC的规模无法与IDC相比，但是数量众多，是一个不可忽视的巨大市场。

2. IDC

IDC是提供互联网服务的数据中心，也是常被提起的数据中心。IDC通常以第三方托管形式出现，新技术应用程度高，有各种平台云、应用云等大量部署。IDC有两个非常重要的特征：在网络中的位置和总的网络带宽容量，它构成了网络基础资源的一部分，就像骨干网、接入网一样，它提供了一种高端的数据传输的服务，提供高速接入的服务。

IDC是伴随着互联网不断发展的需求而迅速发展起来的，为互联网内容提供商、企业、媒体和各类网站提供大规模、高质量、安全可靠的专业化服务器托管、空间租用、网络批发带宽以及ASP、EC等业务。IDC还可以出租虚拟主机业务、数据存储服务、系统维护、带宽管理、流量分析、负载均衡、入侵检测、系统漏洞诊断以及其他支撑、运行服务等。

IDC不仅是数据存储的中心，而且是数据流通的中心，它出现在Internet网络中数据交换最集中的地方。随着Internet的高速发展，网站系统对带宽、管理维护日益增长的高要求对很多企业构成了严峻的挑战。于是，企业开始将与网站托管服务相关的一切事物交给专门提供网络服务的IDC去做。伴随着互联网的爆炸式增长及通信新兴业务的推广，我国IDC市场规模保持着30%以上的年增长率，IDC基础业务依然是IDC企业的主要收入来源，占到60%以上。

3. NDC

NDC是国家级的数据中心，千百年来，人们一直很重视文件的收集与保存，存储与维护自然资源数据的国家数据存储库发展成为NDC。NDC既是动态数据中枢，又是推动业务增长的催化剂。

NDC由几个部分组成，其中顶层为用户的桌面界面。第二层中间件处理数据集成并为用户和系统管理员提供支持，具有功能有安全保障、授权、用户管理、网络服务以及分布于整个网络的对象编码的远程执行。第三层包括多种数据的存储，所使用的存储数据的工具，为授权用户提供接入服务和安全保护。

NDC是一个动态中心，不但收集数据，管理数据，控制数据质量和存储资源数据，而且还为国家自然资源吸引国外投资提供一套扩展服务。政府单位通过提高效果、增加访问量和使用次数，可从数据中挖掘出更大的价值。NDC促进了人们对自然资源和资源优化的理解，有助于一个国家以高效、最佳的方式管理其自然资源。如今，很多数据存储库都开始向NDC演变，NDC将会成为全球大型网络的活动中心，网络的扩宽将会增加获得投资的可能性。NDC一般是由国家政府投资建设的，是一种公共服务资源，NDC的好与差代表了一个国家的科技实力，所以各个国家都在NDC上面花了不少工夫，虽然这些数据中心数量很少，但是规模都很庞大。

9.2 云计算概述

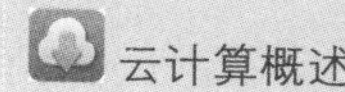

计算机发展从主机时代、PC时代，进入到了云计算时代。我国云计算的发展是从2009年开始的，同年阿里软件在江苏建立首个“电子商务云计算中心”，云计算算是正式走入了中国的历史舞台。

9.2.1 云计算的定义

云计算是一种资源的服务模式，是一种新兴的IT服务模式，能通过互联网将资源（网络、存储、计算资源、服务器、应用等）按需提供给用户，用户可以像水电一样按需购买，提高了用户体验并降低了成本。

美国国家标准与技术研究院（National Institute of Standards and Technology，NIST）对云计算定义：云计算是一种无处不在、便捷且按需对一个共享的可配置计算资源（包括网络、服务器、存储、应用和服务）进行网络访问的模式，它能够通过最少量的管理以及与服务提供商的互动实现计算资源的迅速供给和释放。

维基百科对云计算定义：是一种基于互联网的计算，在其中共享的资源、软件和信息以一种按需的方式提供给计算机和设备。

2012 年的国务院政府工作报告将云计算作为国家战略性新兴产业给出了定义：云计算是基于互联网的相关服务的增加、使用和交付模式，通常涉及通过互联网来提供动态、易扩展且经常是虚拟化的资源。云计算是传统计算机和网络技术发展融合的产物，它意味着计算能力也可作为一种商品通过互联网进行流通。

9.2.2 云计算的服务类型

云计算服务即云服务，云服务是基于计算模式对用户提供的服务。云服务目的在于提供丰富的个性化产品，满足市场对不同用户的个性化需求，这些用户主要包括政府用户、企业用户、普通用户等。云服务模式主要有 3 种，分别为基础设施即服务（Infrastructure as a Service，IaaS）、平台即服务（Platform as a Service，PaaS）、软件即服务（Software as a Service，SaaS），如图 9-2-1 所示。

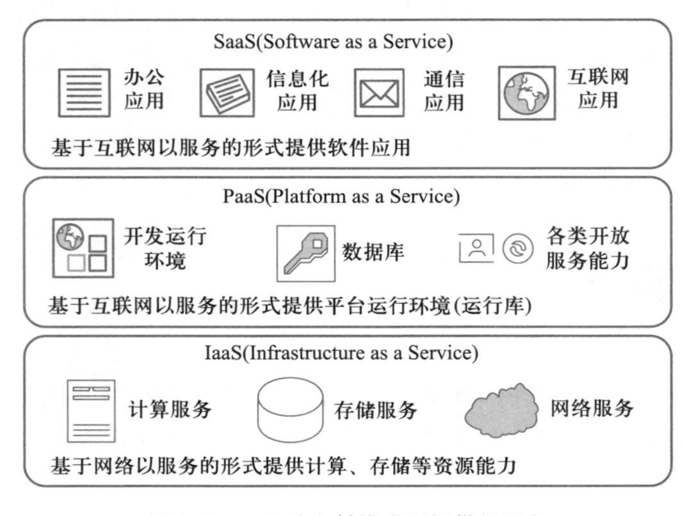

图 9-2-1 3 种交付模式所提供的服务

1. IaaS

IaaS 为用户提供 IT 基础设施服务，提供计算、存储和网络等服务。IaaS 将 IT 基础设施以服务的形式提供给用户，用户可根据自身需求支付具体费用，云服务器商将多种硬件资源（内存、设备、存储和计算能力等）整合起来，形成一个虚拟的资源池为用户提供基础存储运算等服务，用户可以支付廉价的费用，获取所需的服务，减少了许多硬件开销，如云服务器、云存储设备等。

IT 基础设施主要包括硬件环境（如网络、服务器、存储系统等）、基础软件（如操作系统、数据库、中间件等）和 IT 系统的硬件环境和基础软件共同构成的基本平台。IT 基础设施资源主要包括计算资源、存储资源、网络资源及基础软件资源，其中服务器设备提供的计算服务，数据存储空间提供的存储服务，操作系统、通用中间件和数据库等基础软件。通常云服务提供商以产品形式提供 IaaS 服务，如腾讯云提供的 CVM（Cloud Virtual Machine，云服务器）、亚马逊云的 EC2（Elastic Compute Cloud）和阿里云的 ECS（Elastic Compute Service）等。

2. PaaS

PaaS 提供了应用程序的运行环境，它一般指的就是中间件平台，把应用平台（如 J2EE、BPM、ESB、Portal Server 等）进行抽象，进行平台虚拟化，把应用平台作为一个资源池进行管理分配，形成共享平台或是应用平台资源池。PaaS 实际上是指将软件研发的平台作为一种服务，以 SaaS 的模式提交给用户，因此，PaaS 也是 SaaS 模式的一种应用。

PaaS 将开发的环境作为一种服务提供给个人或者企业的一种服务。云服务提供商将开发环境、服务器平台等提供给用户，个人或企业利用这一有效的平台定制、开发适合自己的应用程序进行使用或者传送给其他用户。例如，百度应用引擎是国内商业运营时间最久的 PaaS 平台，支持 PHP、Java、Node. js、Python 等各种应用，用户只需上传应用代码，平台就自动为其完成运行环境配置、应用部署、均衡负载、资源监控、日志收集等各项工作，大大简化部署运维工作。

PaaS 是面向互联网应用开发者的，把端到端的分布式软件开发、测试、部署、运行环境以及复杂的应用程序托管当作服务，从而使开发者可以从复杂低效的环境搭建、配置和维护工作中解放出来，提高软件开发的效率。

PaaS 提供的服务包括有端到端的软件开发环境（如物理环境、开发环境、测试环境、调试环境等）；提供基于云平台的配套服务（如账户、邮件、数据库、消息列表等）；基于 Web 浏览器的使用模式；易于掌握的编程语言和编程环境；安全的沙盒工作环境；动态扩展性；应用程序监控服务（运行日志、访问量、资源使用率等信息）；良好的认证、计费机制等。

3. SaaS

SaaS 是将特定的应用软件功能封装成服务。它是通过 Internet 方式提供软件的模式，用户无须购买软件，而是向提供商租用基于 Web 的软件，来管理企业经营活动。

SaaS 是云服务提供商针对不同企业开发的，并将应用软件部署在云端，用户只要按照自身的应用需求，利用互联网向厂商租、购应用软件服务即可，用户通过接入互联网的终端，即可随时随地使用软件，而且免去了软件、硬件等的维护费用。常见的 SaaS 软件服务通常是指一些特定的管理系统，如 ERP（Enterprise Resource Planning，企业资源计划系统）、CRM（Customer Relationship Management，客户关系管理系统）、OA（Office Automation，办公自动化系统）等。

9.2.3 云计算的特征

云计算模式就是把有形的产品（网络设备、服务器、存储设备、各种软件等）转化为服务产品，并通过网络让人们远距离在线使用。基于此，云计算需要具有以下特征：

1. 超大规模

"云"具有相当大的规模，因此提供云平台的基础设施服务器数量一般具有超大规模的特征，例如，公有云平台动辄就有几十万台甚至上百万台服务器，企业私有云一般拥有数百上千台服务器，这样"云"才能赋予用户前所未有的计算能力。

2. 高可靠性

"云"通常使用了数据多副本容错、计算节点同构可互换等措施来保障服务的高可靠性，使用云计算比使用本地计算机可靠。

3. 多租户隔离

云计算允许多个不同的租户共享底层的硬件资源，但在上层逻辑上是隔离的。

4. 弹性扩展

云计算具备动态伸缩的功能，来满足应用和用户规模增长的需求。

5. 按需服务

"云"是一个庞大的资源池，可以按需购买；"云"可以像自来水、电、煤气那样计费。

6. 资源可监控计量

"云"的理念就是按量付费，那么必然伴随着的一个功能就是对使用资源的监控和计量，因此资源的可监控计量特征是"云"天然的特征。

7. 低成本

用户不需要负担高昂的数据中心建设和运维管理成本，通过租用"云"上资源的方式，以较低成本、最短时间获得最有效的资源，提供了极高的性价比。

9.2.4 云计算的部署模式

为适应云用户不同的需求，云计算的部署模式分为公有云、私有云、混合云和行业云。

1. 公有云

公有云指的是第三方提供商为用户提供的云服务，而用户只需要通过 Internet 方式，就能使用它了。公有云一般是价格低廉的或免费的。公有云是云计算的主要形态，目前在国内市场发展很好，主要的形式有政府主导的地方云计算平台，如重庆的在岸和离岸数据中心，北京“祥云”计划等；互联网公司公有云平台如腾讯云等；传统的电信基础设施运营商如电信、移动、联通等。

公有云具有规模大的特点，一方面是因为构建公有云的基础架构往往有几十万甚至上百万台服务器的规模；另一方面，则是因为公有云的公开性，它能聚集来自于整个社会并且规模庞大的工作负载，从而产生巨大的规模效应，来降低每个负载的运行成本或者为海量的工作负载做更多优化。由于对用户而言，公有云完全是按需使用的，基本无须任何前期投入，所以与其他模式相比，公有云在初始成本方面有非常大的优势。公有云往往还提供了非常灵活的入口，同时在容量方面几乎是无限的，即使用户所需求的量近乎疯狂，公有云也能非常快地满足。当应用程序的使用或数据增长时，使用公有云服务，用户不必考虑何时要增添计算实例或存储，这一切都将自动完成，提供了强大的自动扩展功能。公有云在功能方面也非常丰富，支持多种主流的操作系统和成千上万个应用。

2. 私有云

现有公有云所支持应用的范围都偏主流，如 x86 架构等。而对于一些定制化程度高的应用就很有可能束手无策，但是这些有一部分属于一个企业最核心的应用，如大型机、UNIX 等平台的应用。而且公有云提供的是最常见、最典型、最普遍的服务。所以对于企业的个性化需求，公有云不一定能够很好地满足。如果企业使用自建的私有云，完全可以根据自己的需要进行定制开发，满足其特殊的业务需求。私有云是企业客户单独使用，它对数据的安全性和隔离性要求很高。企业一般有自己的基础设施，部署和配置企业内部需要的应用程序。

私有云有如下特点：

（1）支持定制应用。

（2）不影响现 IT 管理的流程。

对大型企业而言，流程是其管理的核心，如果没有完善的流程，企业将会成为一盘散沙，而实际情况是，不仅企业内部和业务有关的流程非常多，而且 IT 部门的自身流程也不少，而且大多都不可或缺。在这方面，私有云的适应性比公有云好很多，因为IT部门能完全控制私有云，这样他们有能力使私有云比公有云更好地与现有流程进行整合。

但是对于中小型企业来说私有云的部署存在成本高、持续运营成本高等劣势，因为建立私用云需要很高的初始成本，特别是如果需要购买大厂家的解决方案时更是如此。由于需要在企业内部维护一支专业的云计算团队，所以其持续运营成本也同样偏高。

3. 混合云

混合云既包括了公有云也包括了私有云，它提供的服务可以供别人使用，也可以为自己使用，混合云的部署方式对提供者要求很高。架构复杂“混合云=公有云+私有云”，企业需要协调两朵云之间的协作关系，决策什么业务数据应该放置什么云上。随着业务的开展，数据可能还需要在两朵云之间迁移切换。当涉及容灾备份等数据冗余时，架构的复杂性也会带来新的挑战。

混合云的成本高于公有云。混合云意味着企业需要在本地部署一套私有云，并且将两朵云同时融入业务系统。而企业自建私有云的成本是庞大的，后续的升级维护、管理运维工作也有很高的成本。从总体上来看，成本将明显高于公有云。

4. 行业云

行业云由行业内或某个区域内起主导作用或者掌握关键资源的组织建立和维护，以公开或者半公开的方式，向行业内部或相关组织和公众提供有偿或无偿服务的云平台，如金融云、政务云、医疗云、卫生云等。行业云一般能为行业的业务作专门的优化。和其他的云计算模式相比，这不仅能进一步方便用户，而且能进一步降低成本。但也存在支持的范围较小，只支持某个行业，同时建设成本较高的特点。

9.3 云产品概述

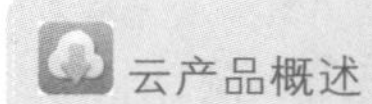

云产品类型繁多，能为各行各业提供服务。常见云产品有云服务器、云网络、云数据库、云安全、大数据、人工智能等产品。本节以腾讯云产品为例，详细讲解云产品。

1. 云产品

腾讯云是基于QQ、QQ空间、微信、腾讯游戏等真正海量业务的技术锤炼，从基础架构到精细化运营，从平台实力到生态能力建设，腾讯云将之整合并面向市场，使之能够为企业和创业者提供集云计算、云数据、云运营于一体的云端服务体验。

一个成熟庞大的云平台离不开底层超大规模云计算基础设施架构，对于腾讯云而言，底层有超大规模的云计算基础设施，包括了全球性的跨地域数据中心，以及超大规模网络资源，为上层提供计算资源、网络资源、数据库资源以及部署各种应用提供了有力的资源基础，如图 9-3-1 所示。计算资源有云服务器实例、具有弹性计算功能的云服务器、黑石容器服务、弹性伸缩及负载均衡等；存储资源有块存储、对象存储、文件存储及内容分发网络等；网络资源有私有网络、专线接入网络、跨地域互联网、弹性网卡、NAR 网关、VPN 连接等；数据库资源主要有关系型数据库、文档型数据库、列式数据库、分布式数据库等，除此还支持弹性缓存及数据传输服务。云平台提供基础资源，还提供了各种各样的服务，如视频服务支持点播、直播、互动直播、移动直播、短视频、实时游戏音视频等。

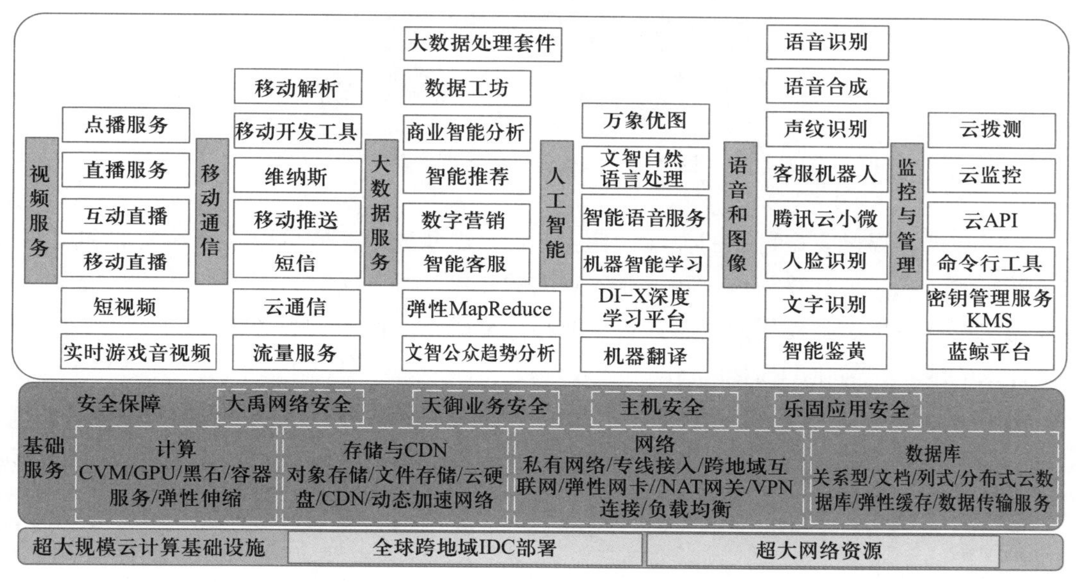

图 9-3-1 腾讯云资源

在移动通信方面云平台也开展服务，如支持移动解析、移动开发工具、移动推送、短信、云通信、流量服务等；在大数据服务方面云平台也提供服务，如支持大数据处理套件、数据工坊、商业智能分析、智能推荐、数字营销、智能客服、弹性 MapReduce、文智公众趋势分析等服务；在人工智能方面云平台也开展业务，如支持万象优图、文智自然语言处理、智能语音服务、机智机器学习、DI-X 深度学习平台、机器翻译等功能；在语音和图形功能，云平台支持语音识别、语音合成、声纹识别、客服机器人、腾讯云小微、人脸识别、文字识别、智能鉴黄等服务；在监控与管理方面云平台支持如云拨测、云监控、云 API、命令行工具、密钥管理服务 KMS 等服务。

2. 云服务器

腾讯云服务器产品有云服务器 CVM（Cloud Virtual Machine）、GPU 云服务器（GPU Cloud Computing）、FPGA 云服务器（Field Programmable Gate Array）、专用宿主机 CDH

（CVM Dedicated Host）和黑石物理服务器 CPM（Cloud Physical Machine），如图 9-3-2 所示。

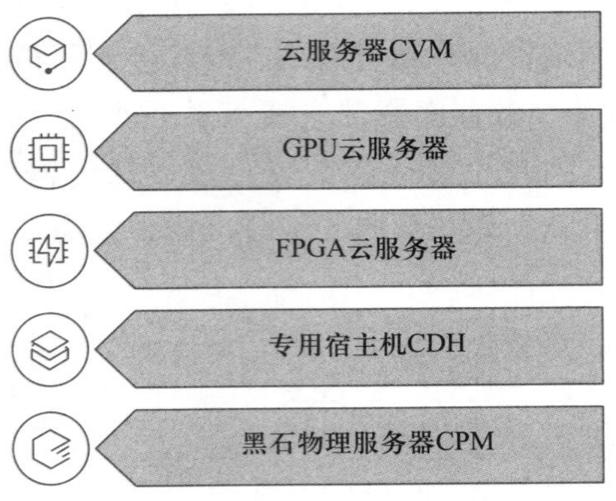

图 9-3-2 腾讯云服务器产品

云服务器，提供安全可靠的弹性计算服务。只需几分钟，就可以在云端获取和启用云服务器实例，来实现计算需求。随着业务需求的变化，可以实时扩展或缩减计算资源。云服务器实例支持按实际使用的资源计费，节约计算成本。使用云服务器实例可以极大降低软硬件采购成本，简化 IT 运维工作。

GPU 云服务器是基于 GPU 的应用于视频编解码、深度学习、科学计算等多种场景的快速、稳定、弹性的计算服务，提供和标准云服务器一致的管理方式。出色的图形处理能力和高性能计算能力提供极致的计算性能，有效地解放计算压力，提升产品的计算处理效率与竞争力。

FPGA 云服务器是基于现场可编程阵列的计算服务，只需单击几下鼠标即可在几分钟内轻松获取并部署 FPGA 计算实例。可以在 FPGA 实例上编程，为应用程序创建自定义硬件加速。提供可重编程的环境，可以在 FPGA 实例上多次编程，而无须重新设计硬件，能更加专注于业务发展。

专用宿主机 CDH 以独享宿主机资源方式购买、创建云主机，以满足资源独享、安全、合规需求；购买专用宿主机后，可在其上灵活创建、管理多种自定义规格的独享型云主机。

物理服务器是按需购买、按量付费的裸金属云服务，提供云端专用的高性能、安全隔离的物理集群。使用该服务，只需确定配置和数量，获取服务器时间将被缩短至 4 小时，服务器供应及运维工作交由腾讯云，可专注于业务创新。

3. 云网络

云网络产品有负载均衡、私有网络、专线接入、弹性网卡、NAT 网关、跨地域互联、VPN 连接，如图 9-3-3 所示。

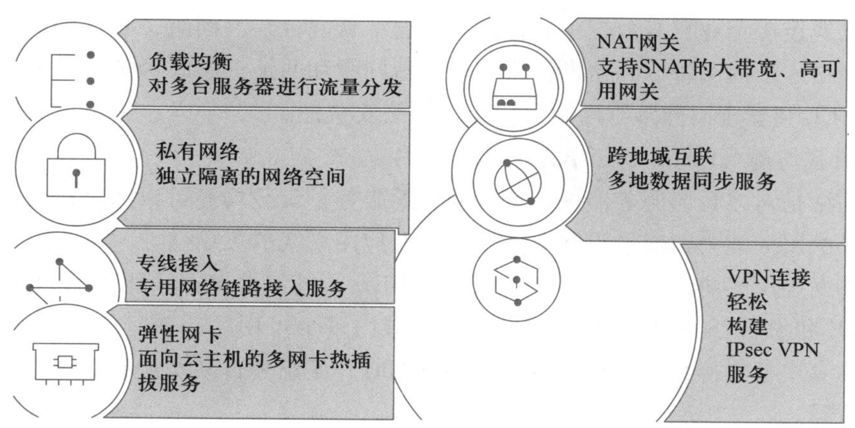

图 9-3-3 腾讯云网络产品

(1) 私有网络(Virtual Private Cloud,VPC)

私有网络是一块在腾讯云上自定义的逻辑隔离网络空间,与在数据中心运行的传统网络相似,托管在私有网络是云上的服务资源,如负载均衡、云数据库等资源。私有网络结构如图 9-3-4 所示。

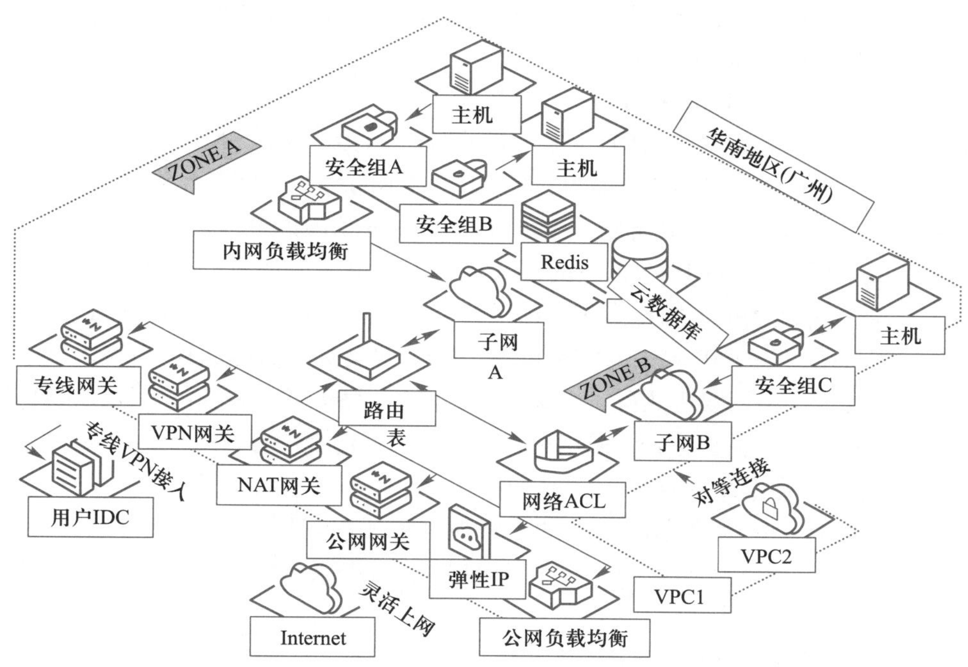

图 9-3-4 腾讯云私有网络结构

在私有网络内,可以自由定义网段划分、IP 地址和路由策略,部署云主机、负载均衡、云数据库等云资源。在腾讯云上的私有网络不仅可以灵活地访问 Internet,而且有丰富的接入方式连接企业自有数据中心，助力快速部署混合云。同时，私有网络中对等连接功能可以轻松连接内网资源，帮助轻松实现全球同服和两地三中心容灾。此外，私有网络上的网络 ACL 和安全组能多维度全方位保证网络安全性。

（2）负载均衡（Cloud Load Balancer，CLB）

负载均衡是对多台云服务器进行流量分发的服务。负载均衡可以通过流量分发扩展应用系统对外的服务能力，通过消除单点故障提升应用系统的可用性。

负载均衡采用多协议转发，支持四层负载均衡（包含 TCP 和 UDP）和七层负载均衡（包含 HTTP 和 HTTPS），负载均衡在同一个地域内多个可用区部署，如可以在广州二区、三区部署两套主备集群，当广州二区服务不可达时，流量可自动切换到广州三区，轻松应对机房级故障。

（3）专线接入

专线接入提供了一种快速安全连接腾讯云与本地数据中心的方法，用户可以通过一条物理专线一次性打通位于多地域的云计算资源，实现灵活可靠的混合云部署。

（4）弹性网卡

弹性网卡是一种虚拟的网络接口，可以将云服务器实例绑定弹性网卡接入网络。弹性网卡在配置管理网络、搭建高可靠网络方案时有较大帮助。弹性网卡具有私有网络、可用区和子网属性，但只绑定相同可用区下的云服务器。一台云服务器可以绑定多个弹性网卡，具体绑定数量将根据主机规格而定。

（5）NAT 网关（NAT Gateway）

NAT 网关是一款私有网络访问 Internet 的高性能网关，支持 SNAT（源地址转换）代理转发，提供双机热备、自动切换能力，最大支持 5 Gbit/s 的带宽吞吐能力、1 000 万个以上的并发连接数、10 个弹性 IP 绑定，满足海量 Internet 访问诉求。

NAT 网关采用 SNAT 将 IP 数据包的源地址转换成另外一个地址，为私有网络内没有公网 IP 的云服务器实例或云数据库等，提供代理上网的功能，可以规避云服务器实例或云数据库等直接暴露公网 IP 带来的安全风险。NAT 网关具有高性能转发功能。NAT 网关具有自动容灾功能，采用双机热备、自动容灾，能达到 99.99%服务可用性，保证业务稳定畅行。NAT 网关实现监控警告，采用可视化监控和自定义告警方式。

（6）跨地域互联（Cross-region Connection）

跨地域互联是一款大带宽、高质量、合规的数据同步服务，支持跨地域私有网络互联。跨地域互联提供高速、稳定、安全的数据同步服务，有利于实现两地三中心容灾。

（7）VPN 连接（VPN Connections）

VPN 连接是一款通过 IPsec 加密通道连接企业数据中心和私有网络连接的服务，提供安全、可靠的加密通信，助力轻松实现异地容灾和混合云部署。

VPN 连接是安全可靠的通信，使用 IKE（密钥交换协议）和 IPsec 对传输数据进行加密，基于公网建立了安全可靠的通信隧道，如图 9-3-5 所示。

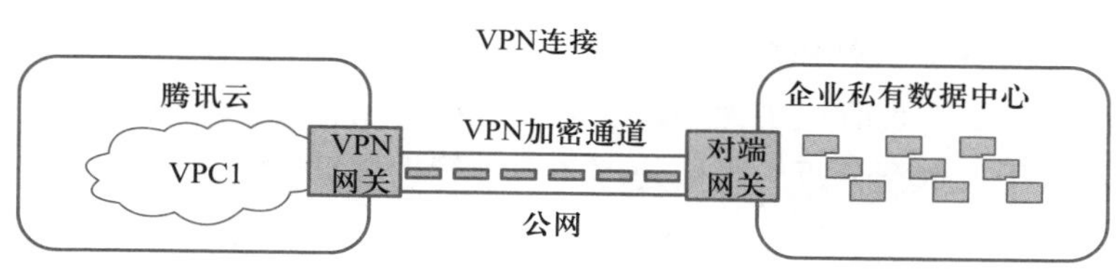

图 9-3-5 VPN 连接

VPN 连接采用双机热备架构，故障能实现秒级切换，保障业务无间断运营，可靠性高。VPN 连接实现快速部署弹性服务，支持从企业的数据中心接入到腾讯云的私有网络中，可以在私有网络中部署弹性伸缩服务，从而满足应用和业务的灵活伸缩，节省企业 IT 设备成本。

4. 云存储

云存储产品有云硬盘、归档存储、文件存储、对象存储、存储网关和存储服务，如图 9-3-6 所示。

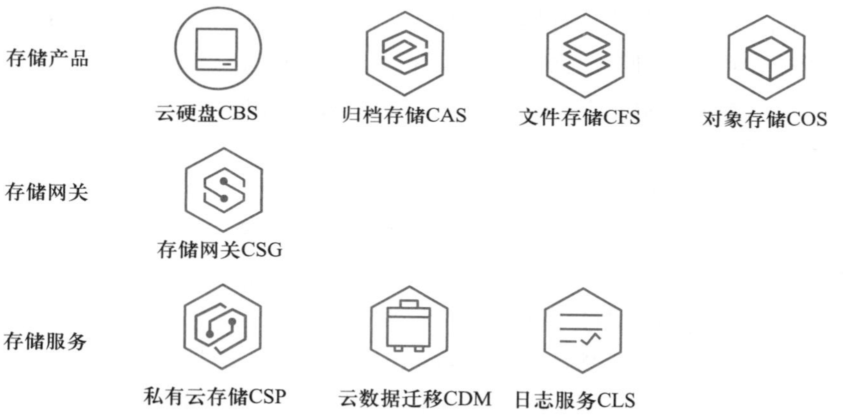

图 9-3-6 云存储产品

（1）云硬盘（Cloud Block Storage，CBS）

云硬盘是腾讯云提供的用于云服务器实例的持久性数据块级存储。每个云硬盘在其可用区内进行自动复制，云硬盘中的数据在可用区内以多副本冗余方式存储，避免了数据的单点故障风险。云硬盘提供处理工作所需的稳定可靠低延迟存储，通过云硬盘，可在几分钟内调整存储容量，且所有这些只需为配置的资源量支付低廉的价格。

（2）归档存储（Cloud Archive Storage，CAS）

归档存储是面向企业和个人开发者提供的高可靠、低成本的云端离线存储服务，可以将任意数量和形式的非结构化数据放入归档存储，实现数据的容灾和备份。

（3）文件存储（Cloud File Storage，CFS）

文件存储提供了可扩展的共享文件存储服务，可与云服务器实例等服务搭配使用。文件存储提供了标准的NFS文件系统访问协议，为多个服务器实例提供共享的数据源，支持无限容量和性能的扩展，现有应用无须修改即可挂载使用，是一种高可用、高可靠的分布式文件系统，适合于大数据分析、媒体处理和内容管理等场景。

（4）对象存储（Cloud Object Storage，COS）

对象存储是面向企业和个人开发者提供的高可用、高稳定、强安全的云端存储服务，可以将任意数量和形式的非结构化数据放入对象存储，并在其中实现数据的管理和处理。对象存储支持标准的Restful API接口，可以快速地上手使用，按实际使用量计费，无最低使用限制。

对象存储主要存储的数据为非结构化数据，如视频、音频、图片、文件等。用户可通过调用API的方式，简单、快速地接入，实现所有数据管理和处理的功能，同时也可通过对象存储的Web控制台，对存储内容进行管理。对象存储服务适合网站、移动应用APP及各类企业业务场景。

（5）存储网关（Cloud Storage Gateway，CSG）

存储网关是一种混合云存储方案，旨在帮助企业或个人实现本地存储与公有云存储的无缝衔接。无须关心多协议本地存储设备与云存储的兼容性，只需要在本地安装云存储网关即可实现混合云部署，并拥有海量的云端存储。

云存储网关支持将公有云存储作为传统设备，即插即用，无须改动企业现行IT架构即可实现公有云的接入。

（6）私有云存储（Cloud Storage on Private，CSP）

私有云存储是面向企业提供了可扩展、高可靠、强安全、低成本的PB级海量数据存储能力。提供客户机房私有部署、腾讯云机房专区部署两种方式，满足客户多种场景需求，并保障客户对系统100%的可控。

（7）云数据迁移（Cloud Data Migration，CDM）

云数据迁移是腾讯云提供的TB~PB级别的数据迁移上云服务。云数据迁移服务提供了多种线下离线迁移的专用设备，满足了本地办公网络或数据中心的大规模数据迁移上云的需求，解决大量数据通过网络传输时间长、成本高、安全性低的问题。

（8）日志服务（Cloud Log Service，CLS）

日志服务提供了一站式的日志数据解决方案。无须关注扩缩容等资源问题，五分钟快速便捷接入，即可享受从日志采集、日志存储到日志内容搜索、统计分析等全方位稳定可靠的日志服务。帮助企业轻松解决业务问题的定位、指标监控、安全审计等日志问题。

5. 云数据库

云数据库（Cloud Data Base，CDB）有集中式数据库、分布式数据库、传输服务等服务，如图9-3-7所示。

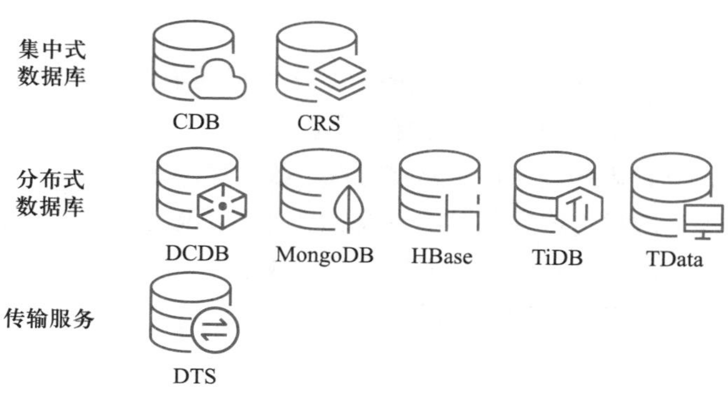

图 9-3-7 云数据库产品

（1）集中式云数据库

集中式数据库有 CDB（Cloud DataBase）和 CRS（Cloud Redis Store）。其中 CDB 云数据库是腾讯云提供的关系型数据库云服务，支持 MySQL、SQL Server、TDSQL、PostgreSQL 等，相对于传统数据库更容易部署、管理和扩展，默认支持主从实时热备，并提供容灾、备份、恢复、监控、迁移等数据库运维全套解决方案。CRS 是腾讯云打造的兼容 Redis 协议的缓存和存储服务，主要包括 Redis 和 Memcached，提供主从版和集群版，丰富的数据结构能完成不同类型的业务场景开发。支持主从热备，提供自动容灾切换、数据备份、故障迁移、实例监控、在线扩容、数据回档等全套的数据库服务。

（2）分布式数据库

分布式数据库有 DCDB、MongoDB、HBase、TiDB、TData。其中 DCDB 是支持自动水平拆分的高性能分布式数据库架构，即业务显示为完整的逻辑表，数据均匀地拆分到多个分片中，目前兼容 MySQL 协议，DCDB 的每个分片默认采用主从架构，提供了灾备、恢复、监控、不停机扩容等全套解决方案，适用于 TB 或 PB 级的海量数据场景。MongoDB 文档数据库是腾讯云基于全球广受欢迎的 MongoDB 打造的高性能 NoSQL 数据库，100%完全兼容 MongoDB 协议，提供稳定丰富的监控管理，弹性可扩展、自动容灾，适用于文档型数据库场景，无须自建灾备体系及控制管理系统。HBase 列式数据库是腾讯云基于全球广受欢迎的 HBase 打造的高性能、可伸缩、面向列的分布式存储系统，100%完全兼容 HBase 协议，适用于写吞吐量大、海量数据存储以及分布式计算的场景，提供稳定丰富的集群管理，弹性可扩展的系统服务。TiDB 数据库是腾讯云基于国内最新的 NewSQL 开源数据库 TiDB 打造的一款同时支持联机事务处理（OLTP）和联机分析处理（OLAP）两种业务类型的分布式数据库产品，支持强一致性的分布式事务、在线弹性扩容、异地多活及自动故障恢复，同时兼容 MySQL 协议，使迁移使用成本降到极低。TData 是一体机融合了高性能计算、热插拔闪存、Infiniband 网络的数据库解决方案，能满足用户在 OLAP、OLTP 以及混合负载等各种应用场景下的极限性能需求，支持各种主流数据库（MySQL、Oracle、PostgreSQL、SQL Server）等。

（3）传输服务

数据传输服务（Data Transmission Service，DTS）提供了以数据库为中心的数据迁移、同步及订阅服务。它可以帮助轻松、安全地将数据库迁移上云，也支持不同实例间的连续数据复制。基于 Binlog 日志的数据订阅还支持将云数据库的数据更新通过实时流式传输的方式传输到数据仓库。数据传输服务 DTS 可帮助在业务不停服的前提下轻松完成数据库迁移，利用实时同步通道轻松构建异地容灾的高可用数据库架构，帮助用户将复杂的数据交互工作承担下来，让用户可以专注于上层的业务开发。

6. 云安全

云安全提供网络安全、APP 安全、业务安全、主机安全等安全产品。网络安全主要有 DDoS 防护、钓鱼网站举证、WAF 应用防火墙、渗透服务、网站安全认证、网站漏洞扫描功能；APP 安全主要有反盗版、防破解、漏洞扫描（发现源码缺陷）、支付环境检测，支付调用场景识别；业务安全主要有人脸识别与核身、恶意注册用户识别、活动防刷、防撞号登录、验证码、金融反欺诈、图片和 OCR 识别功能；主机安全主要有入侵检测、密码破解、漏洞管理、Webshell 检测、恶意文件检测等功能。

（1）DDoS 攻击

经过这么多年的发展，DDoS 的产业链条已经发展的十分成熟了。各团伙之间分工明确、合作紧密，俨然形成一个井然有序、不断扩张的“地下市场”，而各个链条的获益模式也是不尽相同。

（2）云镜

云镜是一款针对云上主机安全防护的防御产品，为云主机提供多层次全方位的系统防护技术，其融合了腾讯多年积累的海量威胁情报数据、漏洞信息。通过利用机器学习，为用户提供黑客入侵检测和漏洞风险预警等安全防护服务，主要包括密码破解拦截、异地登录提醒、木马文件查杀、高危漏洞检测等安全功能，解决当前服务器面临的主要网络安全风险，帮助企业构建服务器安全防护体系，防止数据泄露。

（3）网站管家

腾讯云网站管家 WAF（Web Application Firewall，WAF）是一款腾讯云针对网站安全推出的智能一站式智能专业防护平台。以腾讯云强大的安全大数据能力以及多年的自营业务 Web 安全防护经验，能给予网站有效的安全保证。腾讯云网站管家可以有效防御 SQL 注入、XSS 跨站脚本、木马上传、非授权访问等 OWASP 攻击。此外还可以有效地过滤 CC 攻击、检测 DNS 链路劫持检测、提供 0Day 漏洞补丁、保护网页不受篡改等多种手段全方位保护网站的系统以及业务安全。

（4）天御防刷

天御防刷服务，在原有组合策略的基础上实现了新一代智能防刷引擎，依托腾讯海量黑产数据提供的行为样本，通过组合矩阵最大程度地识别羊毛党的对抗行为。通过腾讯云合作伙伴的实际验证，天御防刷服务的恶意识别率高于 96%。天御防刷技术原理采用 IP

画像，如图 9-3-8 所示。

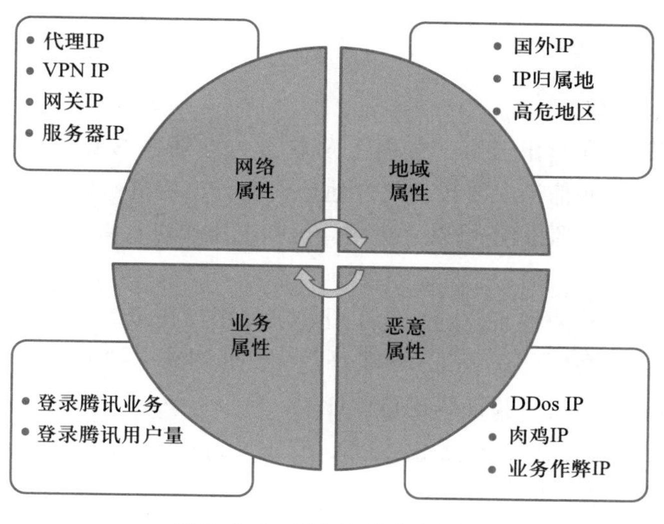

图 9-3-8　天御防刷技术原理

项目实施

某公司是消费电子产品行业中的知名厂商，由于业务不断地扩展，为了能够更好地支撑业务拓展和吸引粉丝客户，准备上线“产品讨论区”。经过多方调研，准备在腾讯云平台上部署“产品讨论区”，需要在腾讯云平台上购买云服务器和创建云网络。

需要完成的任务：

云平台操作与管理。

云服务器产品的应用。

云网络产品的应用。

9.4　任务 1：云平台操作与管理

任务 1：云平台操作与管理

本节采用腾讯云平台进行云平台管理实战，主要介绍如何登录腾讯云控制台，并进行实名认证，了解腾讯云控制台的功能，熟悉腾讯云控制台上的常用操作。

9.4.1　云平台认证与登录

云控制台的操作，首先要注册腾讯云账号、登录腾讯云控制台、实名认证后才能进入腾讯云控制台管理，进行云平台的基本管理操作。

1. 云平台登录及实名认证

（1）注册腾讯云用户

登录腾讯云官网，在腾讯云官网的右上角单击“注册”按钮，进入注册页面。注册时，需要填写信息，这些信息主要包含邮件地址、密码、手机号码、验证码等信息。注册云用户如图 9-4-1 所示。除此还可以直接用微信扫二维码进行登录。

（2）登录腾讯云

登录腾讯云的方式有两种，分别为免注册登录和用户登录。其中免注册登录的方式可以为微信账号、邮箱、微信公众号和 QQ 账号登录，如图 9-4-2 所示。使用免注册登录的方式登录后仍需要通过手机和验证码进行验证。

图 9-4-1 注册腾讯云用户

图 9-4-2 登录腾讯云

2. 实名认证

腾讯云实名认证分为个人实名认证和企业实名认证两种。个人实名认证的免费套餐包含多款适合个人用户的热门产品和长期免费云产品。腾讯云个人实名认证如图 9-4-3 所示。

企业实名认证免费套餐包含适合企业应用的多款热门产品和长期免费云产品，如图 9-4-4 所示。

图 9-4-3 个人实名制认证

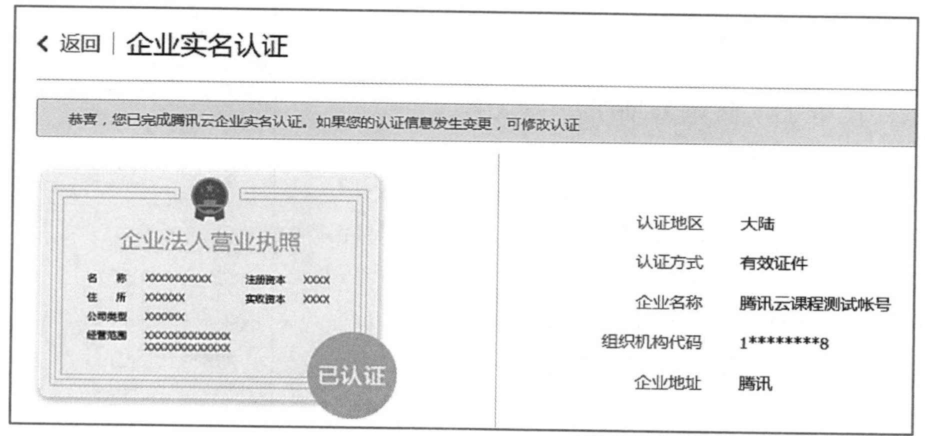

图 9-4-4 企业实名制认证

9.4.2 云控制台的操作

访问腾讯云官网，登录腾讯云。

1. 云控制台

进入腾讯云控制台，熟悉腾讯云控制台的功能地图以及常用功能。在窗口任务栏处，可以通过“总览”查看应用所有的云产品。单击“云产品”，可以查看并快速定位到腾讯云的所有云产品。单击腾讯云控制台右上角“用户名”，可以查看当前账户信息。单击腾讯云控制台右上角“时钟”标志处，可以查看最近在腾讯云平台上完成的所有操作。单击腾讯云控制台右上角“信件”标志处，可以查看腾讯云发给用户的关键消息，如图 9-4-5 所示。

图 9-4-5　腾讯云管理控制台

图 9-4-6　腾讯云助手

2. “腾讯云助手”公众号

腾讯云提供了“腾讯云助手”公众号，可以直接在微信上搜索“腾讯云助手”加以关注，也可以在移动端关注“腾讯云助手”公众号查看帮助文档和社区技术资料，并且进入“腾讯云助手”小程序管理云服务。

通过“腾讯云助手”小程序管理云服务。可以监控云资源的状态、查看云资源配置、查看告警信息、查看费用明细、进行“启动”“关机”等简单操作，如图 9-4-6 所示。

9.5　任务 2：云服务器产品应用

任务 2：云服务器产品应用

云服务器是一种高效、安全可靠、处理能力可弹性伸缩的计算资源。用户无须提前购买硬件，通过云平台可以快速地创建或释放多台云服务器，它的管理方式比物理服务器更简单高效，按需购买、按需付费。在业内云服务器也称为计算单元，是云计算中重要的组成部分，是面向各项互联网用户提供综合业务能力的服务平台。

云服务器平台整合三大核心要素：计算、存储、网络。它的每个集群节点都是部署在互联网的骨干数据中心，提供计算、存储、在线备份、托管、带宽等互联网基础设施服务。下面以腾讯云为实验平台，详细讲解云服务器管理，主要包含云服务器实例操作、云服务器磁盘操作和云服务器镜像操作。

9.5.1 云服务器概述

在腾讯云平台中，云服务器简称 CVM，它提供安全可靠的弹性计算服务，其中它的计算资源包含 CPU、内存、硬盘、网络、安全、操作系统等，可以根据业务需求，灵活按需调整。

1. 云服务器的特点

（1）弹性计算。可以在几分钟之内快速增加或删减云服务器数量，满足快速变化的业务需求。通过相关设置，服务器规模可以按需要自动扩张和缩减，灵活配置。云服务器提供多种实例类型，操作系统和软件包供选择，每个实例中的 CPU、内存、硬盘和带宽也可以灵活调整。

（2）云服务器稳定可靠。云服务器稳定可靠，表现在腾讯云提供 99.95%的服务可用性和 99.9999999%的云硬盘数据可靠性。云服务器实例搭载的云硬盘提供 3 副本存储策略，保证能在任何一个副本故障时快速进行数据迁移恢复。云服务器实例搭载稳定的网络架构，采用成熟的网络虚拟化技术和网卡绑定技术，在 T3+以上数据中心中运行，保证网络高可用性。

（3）云服务器简单易用。可以使用腾讯云控制台、API 或 CLI 来完全控制服务器实例，随时查看和配置资源。

（4）云服务器网络安全。在腾讯云上提供私有网络，私有网络是一个逻辑隔离的网络，网络访问控制（ACL）可以在子网级别上控制进出流量，可灵活配置的安全组策略，能够在实例级别对进出网络的流量进行安全过滤。

（5）全面防护。提供木马检测、暴力破解防护、漏洞扫描等基础防护功能，并提供 DDoS 防护和 DNS 劫持检测等高级安全防护服务。

（6）计费灵活。CVM 部署在云端，极大地节省了前期搭建基础网络设施的成本和后期的维护成本，支持按量付费和包月包年两种计费方式，可以根据使用场景灵活地进行选择。

2. 云服务器实例简介

在云端要使用一台云服务器，就需要到云平台上购买云服务器实例，不同的云平台提供了不同类型的云服务器实例，用户根据业务需求购买适当的云服务器实例。

（1）云服务器实例，本质就是一台虚拟机，包含 CPU、内存、操作系统、网络、磁盘等最基础的计算组件。云服务器实例是云端提供安全可靠的弹性计算服务，实现计算需求，可随着业务需求的变化，实时扩展或缩减计算资源，可极大地降低企业的软硬件采购成本，简化 IT 运维工作。

不同的云服务器实例类型提供不同的计算和存储能力，适用于不同的应用场景，用户可以基于需要提供的服务规模而选择实例的计算能力、存储空间和网络访问方式。云服务器实例启动后用户即可像使用传统计算机一样使用它，用户对启动的实例具有完全的控制权。

（2）云服务器实例类型

云服务器实例的类型主要有标准型、内存型、高IO型、大数据型、计算型、异构计算、批量型、黑石物理服务器等类型。随着业务划分得越来越细，云服务实例发展也从系列一发展到系列三，见表9-5-1。

表9-5-1 云服务器实例类型

项　目	系　列　一	系　列　二	系　列　三
别称	上一代实例	当前一代实例	最新一代实例
类型	标准型S1，高IO型I1，内存型M1	标准型S2，高IO型I2，内存型M2，计算型C2，GPU计算型GN2，GPU渲染型GA2，FPGA型FX2	标准型S3，计算型C3
CPU	Intel Xeon CPU	Intel E5-Xeon Broadwell(v4)	Intel Skylake
内存	DDR3	DDR4	DDR4

（3）云服务器实例类型的适用场景

在创建云服务器实例前，要了解云服务器实例类型的使用场景，便于用户在创建云服务器时根据需求来选择对应的实例类型。云服务实例类型的适应场景见表9-5-2。

表9-5-2 云服务实例类型的适应场景

实例类型	特　点	应用场景
标准型S2	基准性能，可实现计算、内存和网络资源的平衡	中小型Web应用、中小型数据库等
高IO型I2	高IO型I2	NoSQL数据库、群集化数据库、OLTP系统
内存型M2	低延时I/O，大内存；最大384 GB的内存实例	高性能数据库、分布式内存缓存等应用；Hadoop集群或Redis
计算型C2	CVM中最高性能的处理器和最高的性价比	高流量Web服务器、MMO游戏服务器、HPC

（4）云服务器实例的管理方式

云服务器实例管理在腾讯云平台中提供了两种管理方式，分别为控制台管理和API管理。

（5）云服务器实例的安全访问手段

云服务器实例的安全访问手段有3种，分别为策略控制、安全组及登录控制。

策略控制是指同一组云资源需要被多个不同账户控制时，用户可以使用策略控制管理对云资源的访问权限。

安全组是通过使用安全组允许受信任的地址访问实例来控制访问。

登录控制是尽量使用 SSH 密钥方式登录用户的 Linux 类型实例，使用密码登录的实例需要不定期也修改密码。

9.5.2　云服务器的创建

云服务器的创建就是创建云服务器实例，通过腾讯云控制台进行创建。创建方法有两种，分别为快速配置和自定义配置，如图 9-5-1 所示。

云服务器实例创建流程以自定义配置实例配置流程为例进行讲解。

1. 进入云服务器实例控制台

登录腾讯云官网后，在主页的云产品中搜索云服务器，如图 9-5-2 所示，进入云服务器管理控制台界面。

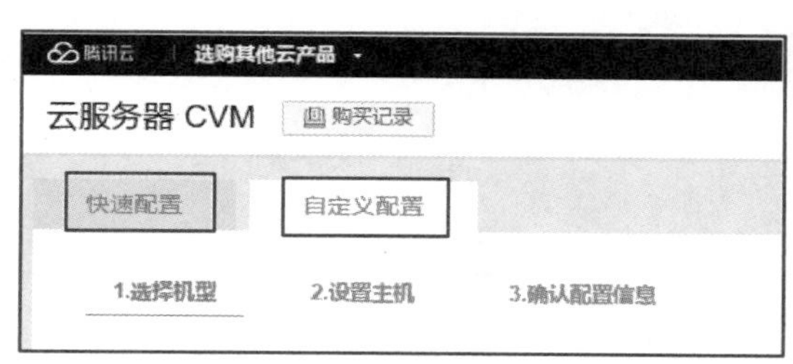

图 9-5-1　云服务器实例创建的方式

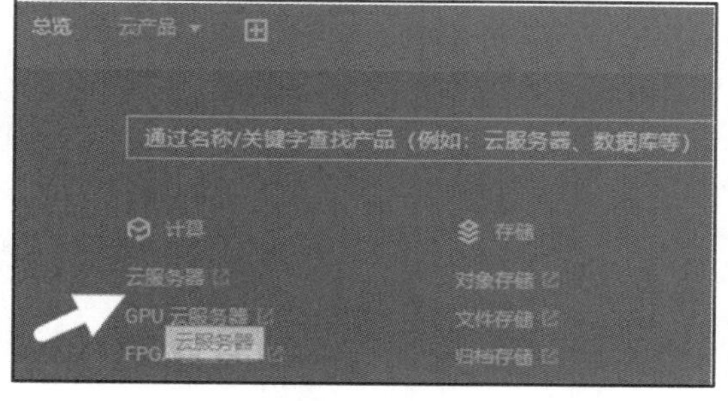

图 9-5-2　搜索云服务器

在云服务器的管理控制台界面，可以查看、修改、新建和删除云服务器相关产品，如实例、专用宿主机、镜像、云硬盘、快照等。通过控制台创建实例，只需要在云服务器管理控制台中，选择“云服务器”，在左边菜单选择“实例”，进入实例界面，单击“新建”按钮，即可进入云服务器实例创建页面，如图 9-5-3 所示。

2. 自定义配置云服务器实例

自定义配置云服务器实例流程分为 3 个过程，分别为选择机型、设置主机和确认配置信息，如图 9-5-4 所示。

（1）选择机型

选择机型要选择计费模式、地域、可用区、网络、机型、镜像、带宽、数量、购买时长和费用等过程，如图 9-5-5 所示。

图 9-5-3 云服务器管理控制台

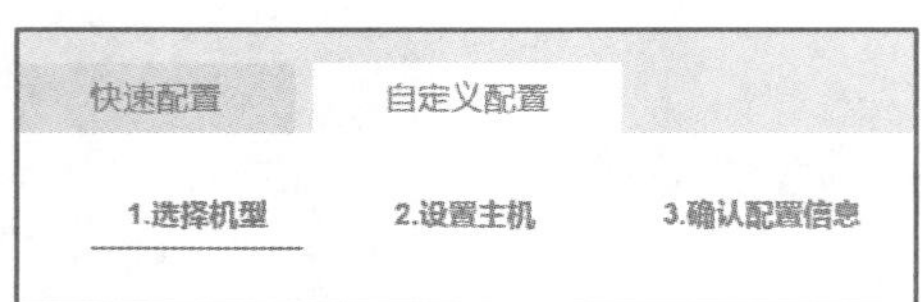

图 9-5-4 自定义配置云服务器实例

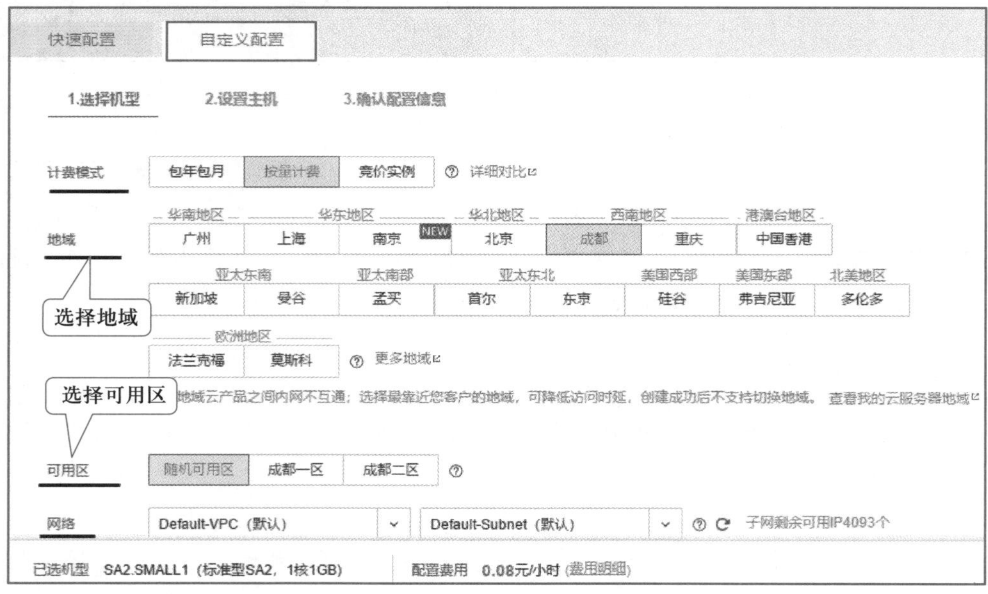

图 9-5-5 创建云服务器实例过程

【步骤1】选择计费模式。在购买云服务器实例时，计费方式有包年包月、按量计费和竞价实例3种方式，示例中选用按量计费方式，如图9-5-6所示。

图9-5-6 计费模式

【步骤2】选择地域。腾讯云的云服务器托管机房分布在全球多个位置，这些位置都由地域和可用区构成。每个地域都是一个独立的地理区域。不同地域之间完全隔离，保证不同地域间最大程度的稳定性和容错性。当前覆盖国内华南、华东、华北、西南地区等地区，国外有亚太东南、亚太南部、亚太东北、美国西部、美国东部、北美地区、欧洲地区等地区，如图9-5-7所示。

华南地区 华东地区 华北地区 西南地区 港澳台地区
广州 上海 南京 NEW 北京 成都 重庆 中国香港
亚太东南 亚太南部 亚太东北 美国西部 美国东部 北美地区
新加坡 曼谷 孟买 首尔 东京 硅谷 弗吉尼亚 多伦多
欧洲地区
法兰克福 莫斯科 更多地域
不同地域云产品之间内网不互通；选择最靠近您客户的地域，可降低访问时延，创建成功后不支持切换地域。 查看我的云服务器地域

图9-5-7 地域

地域与可用区的选择时需注意如下几个事项：

① 用户启动云服务器实例、查看实例等动作都是区分地域属性的。若用户需要启动实例的镜像在本地域不存在，则需要将镜像复制到本地域。

② 同区域下不同可用区的云资源之间通过内网互通，可以直接使用内网IP访问。

③ 不同地域之间的云产品默认不能通过内网通信。

④ 云服务器默认不可跨地域内网互访，默认不可跨地域访问云数据库，云缓存Memcached；不同地域之间云资源可以通过公网IP进行Internet访问；处于私有网络中的云服务也可以通过腾讯云提供的对等连接，经由腾讯云高速互联网络通信，以获得比Internet访问更稳定、高速的互联。

⑤ 负载均衡服务绑定服务器时，只能选择绑定本地域的云服务器；负载均衡不支持跨地域的流量转发。

⑥ 地域可用区名称是对机房覆盖范围最直接的代言，为了让地域可用区名称便于客户理解，地域命名采取“覆盖范围+机房所在城市”的结构。前半段表示该机房的覆盖能力，后半段表示该机房所在或临近的城市，可用区命名采用“城市+编号”的

结构。

⑦ 内网互通是均指同一账户下的资源互通，不同账户的资源内网完全隔离。

⑧ 可用区目标是能够保证可用区间故障相互隔离（大型灾害或者大型电力故障除外），保证不出现故障扩散，使得用户的业务持续在线服务。通过启动独立可用区内的实例，用户可以保护应用程序不受单一位置故障的影响。

⑨ 用户在启动实例时，可以选择指定地域下的任意可用区。当用户需要设计应用系统的高可靠性保持某个实例发生故障时，服务仍然可以保持可用，可以使用跨可用区的部署方案（如负载均衡、弹性 IP 等），以使另一可用区域中的实例可代为处理相关请求。

⑩ 可以将实例迁移到其他可用区。已经启动的实例是无法更改其可用区的，但是用户可以通过其他方法把实例迁移至其他可用区。迁移过程包括从原始实例创建自定义镜像、使用自定义镜像在新可用区中启动实例以及更新新实例的配置，也可以进行跨地域镜像复制。

【步骤 3】选择可用区。选择同一区域不同的可用区，它们之间可以通过内网或内网 IP 进行通信。

【步骤 4】选择网络。这里网络指的腾讯云的私有网络，创建云服务器时会创建一个私有网络。如现有私有网络或子网不符合用户的要求，可以去控制台新建私有网络或新建子网。当云服务器实例购买后，可以通过控制台切换私有网络完成私有网络/子网的切换。

【步骤 5】选择实例类型，根据业务需求，选择合适的实例类型。以标准型为例包括的类型有标准型 SA2、标准型 S5、标准型 S4、标准网络优化型 SN3ne、标准型 S3、标准型 SA1、标准型 S2、标准型 S1，如图 9-5-8 所示。

全部机型 标准型 高IO型 内存型 计算型 GPU机型 大数据型

全部实例类型 标准型SA2 NEW 标准型S5 惠 标准型S4 标准网络优化型SN3ne 标准型S3 标准型SA1 标准型S2

标准型S1

图 9-5-8 标准型

【步骤 6】选择镜像，镜像的类型有公共镜像、自定义镜像、共享镜像和镜像市场。公共镜像提供 CentOS、CoreOS、Debian、FreeBSD、openSUSE、Ubuntu、Windows、SUSE 类型的操作系统，如图 9-5-9 所示。

【步骤 7】选择系统盘和数据盘。系统盘选择后是不能更换介质的，默认大小为 50 GB，系统盘主要是用于安装操作系统的。数据盘选择后可以调整的更换介质，可以选择新建云硬盘来创建数据盘，数据盘的数量上限为 20 个，如图 9-5-10 所示。

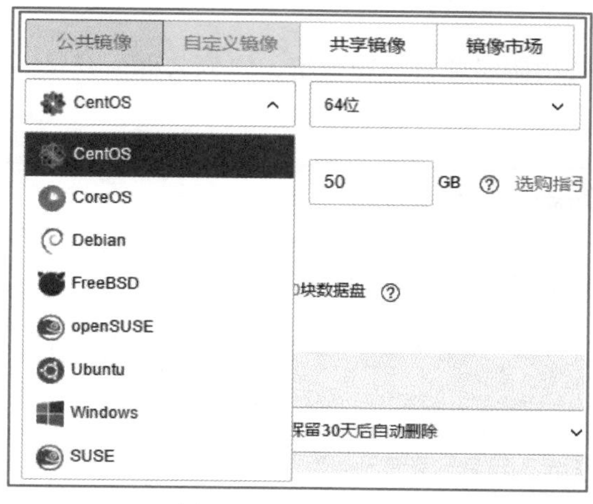

图 9-5-9　选择镜像

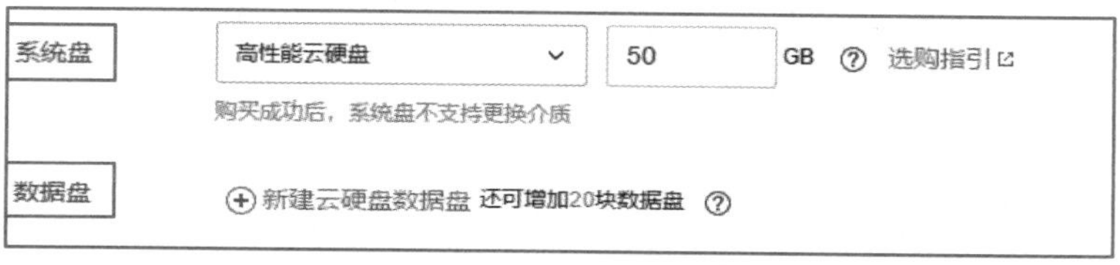

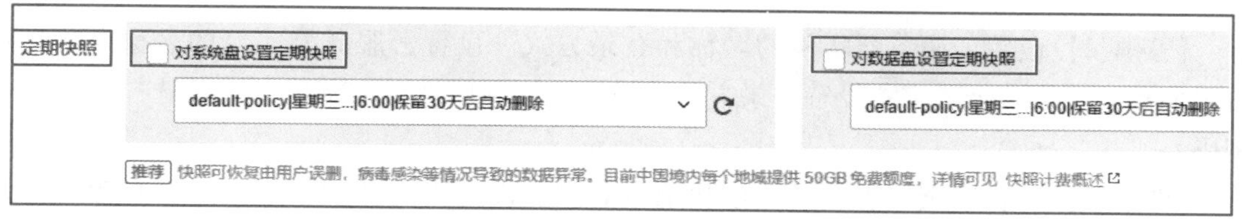

图 9-5-10　选择系统盘和数据盘

【步骤 8】定期快照。定期快照可以选择对系统盘设置定期快照和对数据盘设置定期快照。快照可恢复由用户误删、病毒感染等情况导致的数据异常。目前我国境内每个地域提供 50 GB 免费额度，如图 9-5-11 所示。

图 9-5-11　设置定期快照

【步骤 9】公网带宽。选中“免费分配独立公网 IP”复选项，表示创建的云服务器实例就有一个免费的公网 IP 地址，如果没有选择，会分配一个虚拟网络的内网 IP 地址。带宽选择从 0 Mbit/s ~ 200 Mbit/s 进行自定义设置，如图 9-5-12 所示。

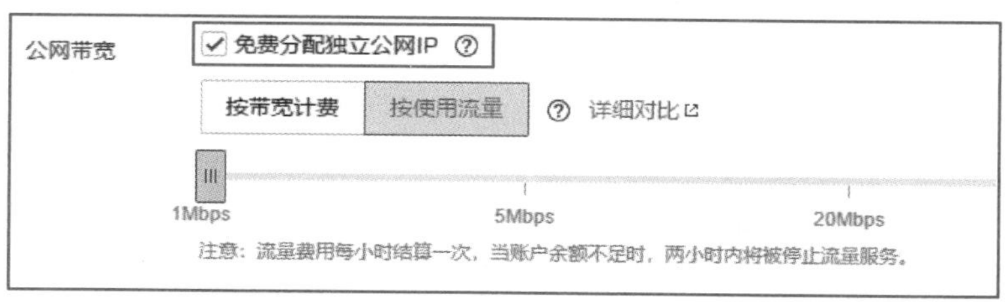

图 9-5-12　公网带宽

（2）设置主机

设置主机的流程有选择所属项目、安全组、实例名称、登录方式、用户名和密码等过程，如图 9-5-13 所示。

图 9-5-13　设置主机页面

【步骤 1】选择安全组。这里可以选择已经创建好的安全组，如果没有安全组则需新建安全组。

【步骤 2】设置云服务器实例的名称和登录方式。设置云服务器实例的名称，就是对云服务器实例取一个名字；设置登录方式，设置登录的用户名和密码，或者选择自动生成密码。

【步骤 3】设置安全加固、云监控和销毁时间。设置安全加固，在腾讯云平台中免费提供安装组件免费开通 DDoS 防护和云镜主机防护；云监控，腾讯云平台中免费开通云产品监控、分析和实施警告，安装组件获取主机监控指标；设置销毁时间，如果购买云服务器实例是用于实验，则建议设置销毁时间，如图 9-5-14 所示。

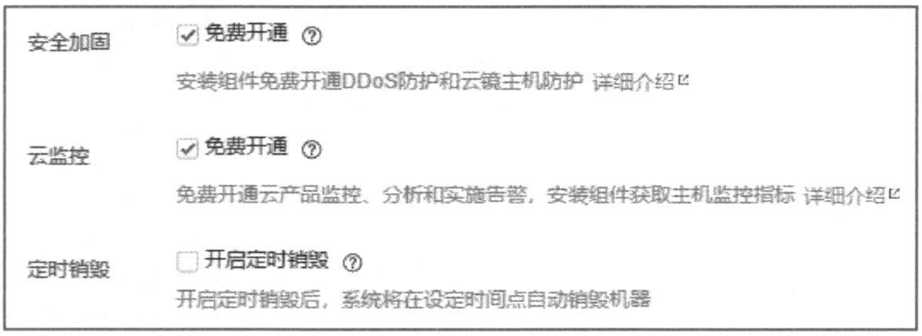

图 9-5-14　设置安全加固、云监控及定时销毁

（3）确认配置信息

确认地域和机型、镜像、存储和带宽、安全组、设置信息、高级设置等，如图9-5-15所示。单击“开通”按钮，经过上述过程云服务器实例就购买成功了。

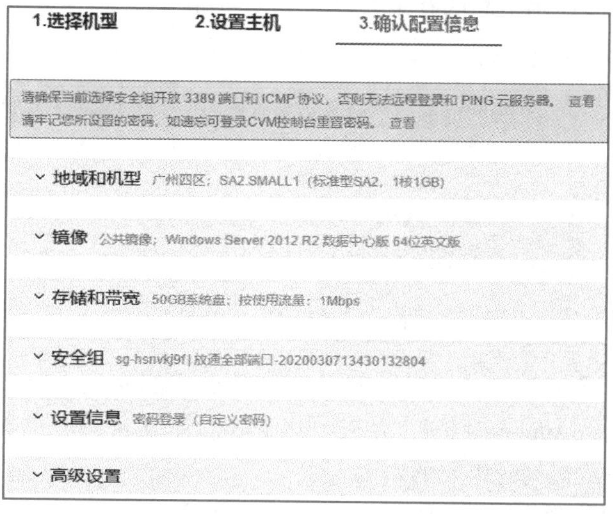

图9-5-15 确认配置信息

9.5.3 云服务器的登录

云服务器实例的登录就是指登录到云服务器实例虚拟机。本节重点介绍4种登录云服务器实例的方式，包括VNC登录、远程桌面登录、SSH登录和WebShell登录。根据实例使用不同的操作系统如Windows或Linux系统，登录的方式不同，如图9-5-16所示。在腾讯云中可以通过VNC登录、远程桌面登录和rdesktop登录3种方式登录Windows实例；通过VNC登录、SSH登录、WebShell登录和密钥登录4种方式登录Linux实例。

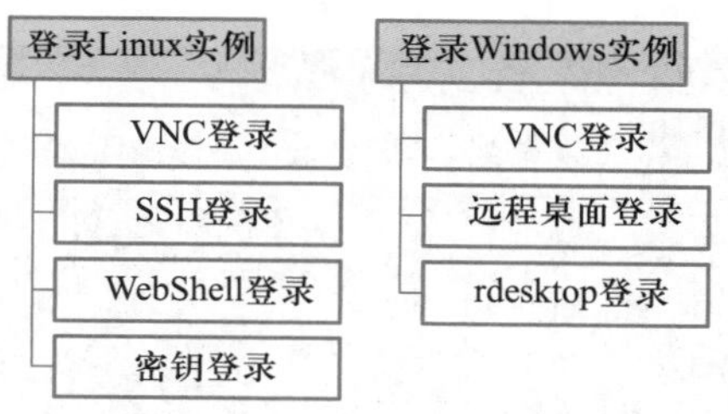

图9-5-16 系统登录方式

1. 登录 Windows 系统云服务器实例

登录 Windows 操作系统云服务器实例，根据本地的操作系统和实例是否可被 Internet 访问，不同情况下可以使用不同的登录方式，见表 9-5-3。

表 9-5-3 登录 Windows 操作系统云服务器实例的登录方式

本地操作系统类型	Windows 云服务器实例有公网 IP	Windows 云服务器实例没有公网 IP
Windows	VNC 登录 远程桌面连接	VNC 登录
Linux	VNC 登录 Rdesktop 登录	VNC 登录
Mac OS	VNC 登录 Rdesktop 登录	VNC 登录

在登录到云服务器时，需要使用管理员账号和对应的密码。对于 Windows 类型的实例，管理员账号默认为 Administrator，密码可以选择自定义密码或动态密码，自定义密码为用户在购买云服务器实例时指定的密码。

登录 Windows 云服务器实例有 3 种方式，分别为 VNC 登录、远程桌面连接和 rdesktop 方式。

（1）VNC 登录 Windows 云服务器实例

VNC（Virtual Network Console，VNC）是虚拟网络控制台的缩写。VNC 登录是腾讯云为用户提供的一种通过 Web 浏览器远程连接云服务器的方式。在没有安装远程登录客户端或者客户端远程登录无法使用的情况下，用户可以通过 VNC 登录连接到云服务器，观察云服务器状态，并且可通过云服务器账户进行基本的云服务器管理操作。但无论使用哪种操作系统，都可以使用 VNC 进行登录。

用 VNC 方式登录时要注意该终端为独享，即同一时间只有一个用户可以使用 VNC 登录。要正常使用 VNC 登录，需要使用浏览器，如 Chrome、Firefox、IE 10 及以上版本等。

VNC 登录实例的过程，首先登录实例控制台，在对应实例右侧操作栏中，单击“登录”按钮，在弹出的窗口中，选择 VNC 方式登录，单击“立即登录”按钮，弹出通过 VNC 登录的页面，登录成功，如图 9-5-17 所示。

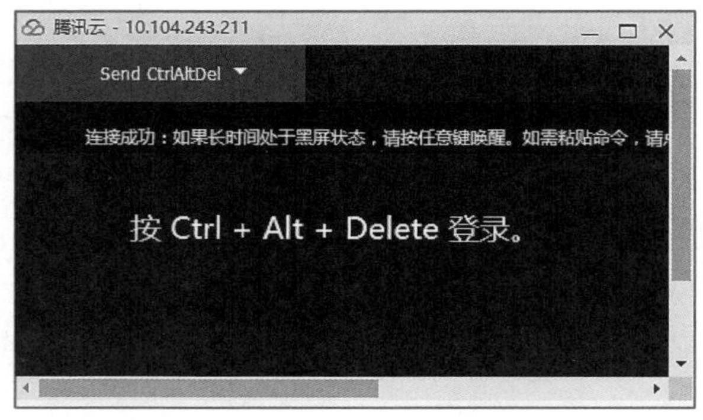

图 9-5-17 VNC 登录 Windows 系统

（2）远程桌面连接 Windows 云服务器实例

Windows 操作系统都自带远程管理工具，可以使用其自带的远程管理工具连接 Windows 实例。在远程连接实例的过程中，需要输入实例的 IP 地址、用户名和密码信息。如果客户端在公网中，则被连接的 Windows 实例必须具有公网 IP，实例的公网 IP 是在创建实例过程中生成的。

如果登录失败，检查云服务器实例是否允许 3389 端口的入流量。端口的查看则参考安全组，若云服务器处于私有网络环境下，同时查看相关子网的网络 ACL。

远程桌面连接 Windows 实例过程，首先按 Windows+R 快捷键，弹出“运行”窗口，在“运行”窗口中输入命令 mstsc，然后单击“确定”按钮，在弹出的“远程桌面”窗口中输入实例的公网 IP，单击“连接”按钮，输入登录实例的用户名和密码，如图 9-5-18 所示。

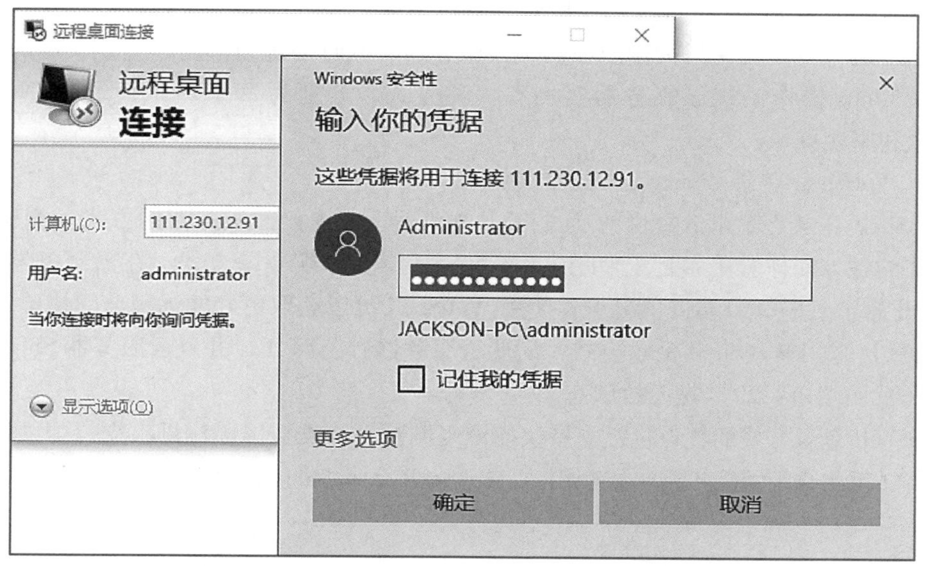

图 9-5-18 远程桌面连接 Windows 实例过程

（3）rdesktop 登录 Windows 云服务器实例

rdesktop 登录方式是采用微软开发的一个多通道的协议（Remote Desktop Protocol, RDP）进行登录，能帮助本地计算机连上远程计算机。在登录 Windows 云服务器实例中，需要下载 RDP 文件，并将 RDP 文件下载到本地，启动该文件就可以登录 Windows 云服务器实例。

2. 登录 Linux 系统云服务器实例

登录 Linux 操作系统云服务器实例，根据本地的操作系统和 CVM 实例是否可被 Internet 访问，不同情况下可以使用不同的登录方式，见表 9-5-4。

表 9-5-4 登录 Linux 操作系统云服务器实例的登录方式

本地操作系统类型	Linux 云服务器实例有公网 IP	Linux 云服务器实例没有公网 IP
Windows	WebShell 登录；VNC 登录； 远程登录软件登录；密钥登录	VNC 登录
Linux	WebShell 登录；VNC 登录 SSH 登录；密钥登录	VNC 登录
Mac OS	WebShell 登录；VNC 登录 SSH 登录；密钥登录	VNC 登录

使用密码登录到云服务器时，需要使用管理员账号和对应的密码，使用密钥登录到云服务器时，需要创建并下载私钥。使用远程登录软件和 SSH 登录的先决条件需要知道管理员账号。对于不同类型的 Linux 实例，管理员账号不同，如 SUSE/CentOS/Debian 等系统的管理员默认账号是 root；Ubuntu 系统的管理员默认账号是 ubuntu。密码可以选择自定义密码或动态密码，自定义密码为用户在购买云服务器实例时指定的密码。

登录 Linux 操作系统云服务器实例有 4 种方式，分别为 WebShell 登录、VNC 登录、SSH 登录和密钥登录。

（1） WebShell 登录 Linux 云服务器实例

WebShell 登录是腾讯云提供的通过 Web 浏览器远程连接云服务器的方式。相比 VNC，WebShell 的各方面体验更接近于使用 Putty 和 SSH 等客户端登录方式，在云服务器拥有公网 IP 和开启了对应登录端口情况下，使用 WebShell 可以获取更好的远程访问体验。

【注意】 采用 WebShell 登录方式，需要云服务器有公网 IP，并且云服务器 SSH 远程登录端口（默认端口：22）是开放状态。

WebShell 登录方式的优点包括支持快捷键复制粘贴；支持鼠标滚屏；支持中文输入法；安全性高（每次登录需输入密码或密钥）。WebShell 登录 Linux 实例，如图 9-5-19 所示。

登录云服务器

密码登录　密钥登录

主机IP　119.29.87.227

端口　22

用户名　root

登录密码

确定　取消

图 9-5-19 WebShell 登录 Linux 实例

（2）远程登录软件登录 Linux 云服务器实例

远程登录软件登录 Linux 云服务器实例，使用 Putty 连接 Linux 云服务器。打开 Putty 客户端，在 Putty Configuration 窗口中输入的内容有云服务器的公网 IP，云服务器的端口（必须填 22，请确保实例 22 端口已开放）和连接类型（选择“SSH”）。

【注意】 如果登录失败，检查云服务器实例是否允许 22 端口的入流量。

远程登录软件登录 Linux 实例的过程，首先安装 Windows 远程登录软件，此处选择 Putty。使用 Putty 连接 Linux 云服务器。

（3）VNC 登录 Linux 云服务器实例

VNC 登录 Linux 云服务器实例的方法与登录 Windows 云服务器实例类似。

（4）SSH 登录和密钥登录 Linux 云服务器实例

采用 SSH 登录和密钥登录 Linux 云服务器实例的前提条件有需完成密钥的创建，并已将密钥绑定至该云服务器中；该云服务器实例已购买公网 IP，且该实例已开通云服务器实例的 22 号端口。

9.5.4 云服务器网络访问方式

云服务器实例上的网络访问方式分为 Internet 访问和内网访问。Internet 访问是腾讯云提供给云服务器实例进行公开数据传输的服务，云服务器实例被分配公网 IP 地址以实现与网络上其他计算机进行通信。内网访问即局域网（LAN）服务，是腾讯云通过提供给实例内网 IP 地址，以实现同地域下完全免费的内网通信服务。

1. 云服务器实例 Internet 访问

当用户在云服务器实例上部署的应用需要公开提供服务时，必须经由 Internet 传输数据，且必须具备一个 Internet 上的 IP 地址（亦称公网 IP 地址）。

公网 IP 地址是 Internet 上的非保留地址，有公网 IP 地址的云服务器可以和 Internet 上的其他计算机互相访问。如何获取公网 IP 地址？在创建云服务器实例时，在“公网带宽”中选中“免费分配独立公网 IP”复选项，并设置带宽大于 0 Mbit/s，如图 9-5-20 所示。完成后腾讯云系统会自动从腾讯云公有 IP 地址池中为该实例分配一个公有 IP 地址，此地址不可进行更改，并且不能与用户腾讯云账号关联。

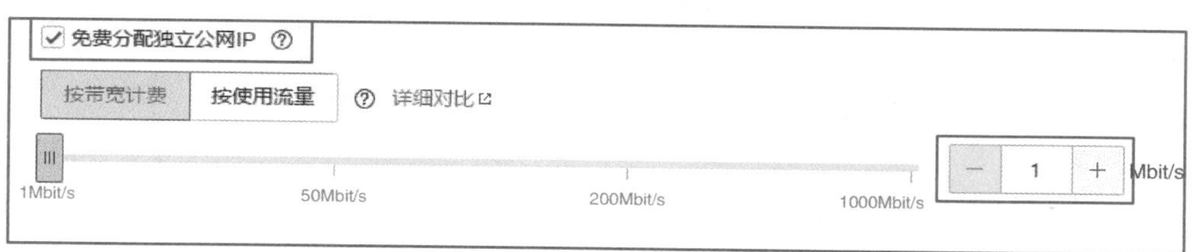

图 9-5-20 云服务器实例设置公网 IP

在 Internet 中，有公网 IP 地址的云服务器实例就可以访问 Internet。公有 IP 地址通过网络地址转换（NAT）映射到实例的私有 IP 地址。腾讯云中所有公网接口统一由 Tencent Gateway（TGW）进行处理，云服务器实例的公网网卡在统一接口层 TGW 上配置，云服务器无感知。所以，用户在云服务器中通过 ifconfig 命令查看网络接口信息时，只能查看到内网的信息。查看公网 IP 方式是通过腾讯云控制台获取云服务器实例公网 IP 地址，如图 9-5-21 所示。

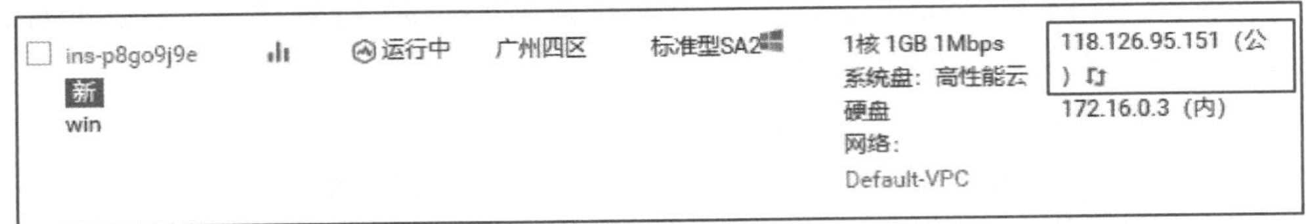

图 9-5-21 控制台获取实例公网 IP 地址

销毁公网 IP 地址。用户主动销毁按量计费类型云服务器实例，或包年包月类型云服务器实例到期后销毁，腾讯云将释放它的公网 IP 地址。

当弹性公网 IP 地址与云服务器实例关联时，如何销毁公网 IP 地址？云服务器实例关联弹性公网 IP 地址时，腾讯云将释放实例原有的公网 IP 地址。取消实例与弹性 IP 地址的关联时，实例会被自动分配一个新的公网 IP 地址，原有被释放的公网 IP 地址将返回到公网 IP 地址池中，并且无法重新使用它。

2. 云服务器实例内网访问

内网 IP 地址是无法通过 Internet 访问的 IP 地址，是腾讯云内网服务的实现形式。每个云服务器实例都具有分配内网 IP 的默认网络接口（即 eth0），内网 IP 地址由腾讯云自动分配也可由用户自定义（仅在私有网络环境下）。

内网 IP 地址的属性。内网服务具有用户属性，不同用户间相互隔离，即默认无法经由内网访问另一个用户的云服务。内网服务具有地域属性，不同地域间相互隔离，即默认无法经由内网访问同账户下不同地域的云服务。

内网 IP 地址在分配每个云服务器实例在启动时，都会被分配一个默认的内网 IP 地址。私有网络中初始内网 IP 地址由腾讯云自动在 VPC 网段中任意分配一个地址，用户可在 10.[0~255].0.0/8、172.[0~31].0.0/16 和 192.168.0.0/16 三个网段内为云服务器实例自定义内网 IP 地址，具体的取值范围由实例所在私有网络决定，更多内容可以参考私有网络和子网。

【注意】 在操作系统内部自行变更内网 IP 会导致内网通信中断。

9.5.5 云服务器镜像管理

云服务器实例创建过程需要选择镜像，通俗地说，镜像就是云服务器的“装机盘”。

在云服务器实例中，镜像有公有镜像、服务市场镜像、自定义镜像和共享镜像。其中公有镜像所有用户均可使用，涵盖大部分主流操作系统，并包含腾讯云提供的初始化组件；服务市场镜像所有用户均可使用，除操作系统外还集成了某些特定应用程序，快速、成熟地搭建方案搭建个性化应用环境；自定义镜像仅创建者和共享对象可以使用，由现有运行的实例创建而来或由外部导入而来，创建跟已有云服务器相同软件环境，或进行环境备份；共享镜像由其他用户共享而来的镜像，仅能用作创建实例，快速创建跟其他用户已有云服务器相同软件环境。

云服务器镜像管理实践操作采用腾讯云平台完成，以自定义镜像为例进行讲解。

创建自定义镜像，首先以关机服务器实例，以确保镜像与当前云服务器实例部署环境完全一致，为了保证镜像保留原有云服务器实例数据盘上的数据，则先要对数据盘做快照。这些工作准备好了后，登录云服务器控制台，进行创建镜像操作。

1. 数据盘快照

对数据盘做快照的操作过程，首先登录云硬盘控制台。选中需要完成快照操作的云硬盘，在“操作”页面，单击“创建快照”按钮。在弹出的创建云硬盘快照的页面，输入快照的名称即可，如图 9-5-22 所示。

【注意】 为了保证快照能完整地捕获磁盘数据内容，建议在制作快照前，进行以下操作：数据库业务为 Flush & Lock Table；文件系统做 Sync 操作，将内存数据强制刷入磁盘内。

2. 创建自定义镜像

【步骤 1】首先登录实例控制台，关机实例。选中需要关机的实例，单击“关机”按钮，接着在需要制作镜像的云服务器实例右侧单击“更多”按钮，单击“制作镜像”按钮。

【步骤 2】在弹出的对话框中，输入“镜像名称”和“镜像描述”，单击“确定”按钮提交创建，如图 9-5-23 所示。鼠标移至控制台右上角“最近操作（时钟图标）”，即可查看创建进度。

云硬盘ID disk-p5wbao3k
云硬盘名称 disk01-云服务器操作课程
磁盘容量 20GB
磁盘类型 云硬盘
快照名称 disk01-快照
你还可以输入51个字符
参考快照费用 0元/月
完成数据盘快照

图 9-5-22 数据库快照

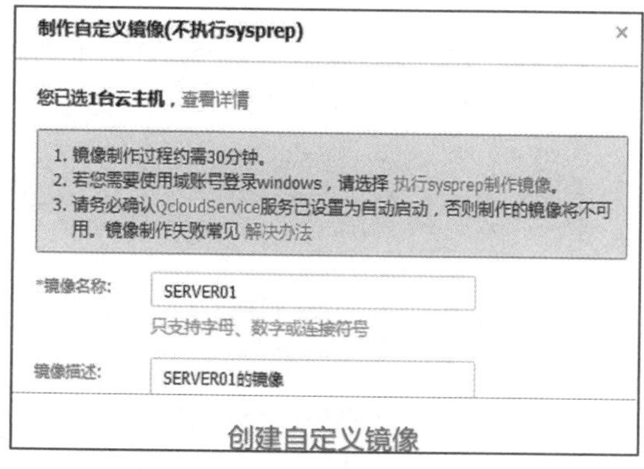

图 9-5-23 自定义镜像

【步骤3】自定义镜像创建成功后，单击左侧导航栏“镜像”，或单击“最近操作(时钟图标)”中镜像ID，即可跳转至镜像列表查看详细信息。若需要购买与之前相同镜像的服务器。在镜像列表中，镜像右侧单击“创建实例”按钮。

在创建自定义镜像时，需要注意域环境下，执行Sysprep制作镜像，以防SID重复；确认QcloudService服务为自动启动。

9.6 任务3：云网络产品的应用

任务3：云网络产品的应用

随着云计算快速的发展，很多企业把业务搬上了云端，把网络也搬上了云端。那么，在云端的网络产品有哪些呢？以腾讯云为例，云网络主要包含私有网络、路由表的管理、网络连接配置与管理及网络安全部署等。

9.6.1 私有网络简介

私有网络（Virtual private Cloud，VPN）是一个用户能够自定义的虚拟网络，灵活设置网络地址空间，实现私有网络隔离，多个虚拟网络之间（如同城、跨地域）稳定高效对等互通。

1. 私有网络的作用

在私有网络内，用户可以自由地定义网段划分、IP地址和路由策略，部署云服务器、负载均衡、云数据库等云服务资源，对等连接和基础网络互通功能可以帮助用户轻松地连接内网资源，实现全球同服和两地三中心容灾、网络访问控制列表（ACL）和安全组能帮用户多维度、全方位地保证网络安全性。

2. 私有网络的连接

每个私有网络内的服务资源默认内网互通，不同私有网络之间内网默认不通，如果用户需要与账户下或其他账户下的私有网络子网互通，需要通过对等连接和云联网来实现。

3. 私有网络的网段

在腾讯云平台上，私有网络的无类别域间路由（CIDR）支持使用以下私有网段中的任意一个。

10.0.0.0~10.255.255.255（掩码范围需在16~28之间）

172.16.0.0~172.31.255.255（掩码范围需在16~28之间）

192.168.0.0~192.168.255.255（掩码范围需在16~28之间）

4. 私有网络与子网的关系

一个私有网络由至少一个子网组成。子网的无类别域间路由（CIDR）必须在私有网络的无类别域间路由内。私有网络中的所有云资源（如云服务器、云数据库等）都必须部署在子网内。

私有网络具有地域属性（如广州、上海）。而子网具有可用区属性，一个私有网络下的子网可以属于该地域下不同可用区，同一私有网络下各个子网内资源无论是否在同一可用区内，均默认内网互通。

5. 默认私有网络和子网

当用户在腾讯云上申请了云资源（如云服务器），这时就创建默认的私有网络和子网。默认私有网络和子网可以帮助您更快速地部署业务，默认私有网络与用户自行创建的私有网络功能完全一致，且默认私有网络不会占用用户在某个地域下的私有网络的配额。如果不再需要默认私有网络和子网，可以自行删除。

9.6.2 私有网络管理

私有网络管理主要有私有网络的创建、查看、删除等内容。

1. 私有网络的创建

【步骤1】进入到“腾讯云控制台/私有网络”单击“新建”按钮，如图9-6-1所示。

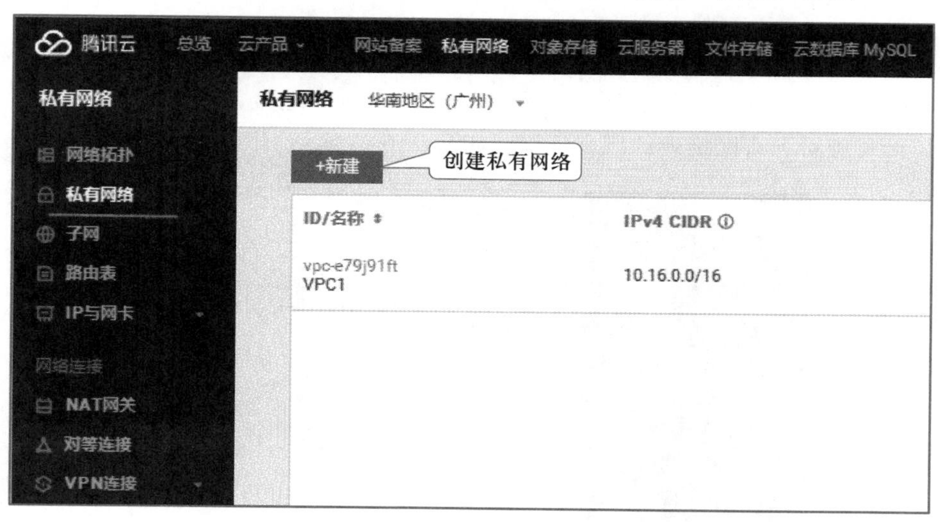

图9-6-1 创建私有网络

【步骤2】新建私有网络，需要设置私有网络的名称、配置私有网络 CIDR 的 IP 地址网段，配置子网、子网的 CIDR 的 IP 网段及可用区。私有网络至少包含一个子网，只有在子网中才可以添加云服务资源。创建私有网络为 VPC1，设置私有网络 IP 网段为 172. 16. 0. 0/16，子网的 CIDR 的 IP 为 172. 16. 0. 0/24，可用区设置为广州三区，如图 9-6-2 所示，这样，私有网络就创建好了。

【**注意**】私有网络 CIDR 的 IP 地址网段有 10. 0. 0. 0～10. 255. 255. 255；172. 16. 0. 0～172. 31. 255. 255；192. 168. 0. 0～192. 168. 255. 255 三个网段。

新建VPC

私有网络信息

所属地域 华南地区(广州)

名称 VPC1

IPv4 CIDR 172 . 16 . 0 . 0 / 16 创建后不可修改

为了您可以更好地使用私有网络服务，建议您提前做好 网络规划

高级选项

初始子网信息

子网名称 VPC1-net1

IPv4 CIDR 172 . 16 . 0 . 0 / 24

可用区 广州三区

关联路由表 默认

高级选项

图 9-6-2 设置私有网络的信息

2. 查看私有网络

私有网络创建完成后，以下查看创建的私有网络。单击私有网络控制台左导航栏中的“私有网络”，在列表上方，选择需要查看的私有网络所在地域，单击私有网络 ID，进入详情页，即可查看私有网络内的所有资源，如图 9-6-3 所示。

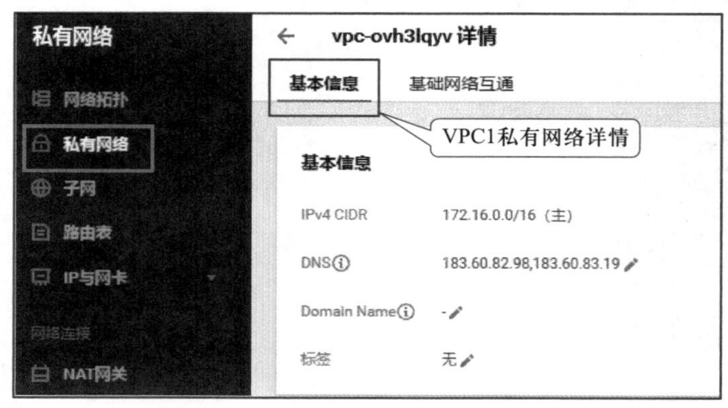

图 9-6-3 查看私有网络

3. 删除私有网络

删除私有网络的前提条件是：私有网络内的 IP 没有被占用，同时私有网络内没有资源（如云服务器、云数据库、子网、NAT 网关、对等链接等）。删除私有网络过程：单击私有网络控制台左导航栏中的“私有网络”，在列表上方，选择需要删除的私有网络所在地域，选择需要删除的私有网络所在列，单击“操作”列的“删除”按钮，如图 9-6-4 所示。

图 9-6-4　删除私有网络

9.6.3 子网的管理

在创建私有网络后，可以在私有网络所属地域下的每个可用区中添加子网。可用区设计目的是隔离其他可用区的故障，通过启动独立可用区内的实例，可以保护应用程序不受单一位置故障的影响。子网的管理分为子网的创建、查看和删除。

1. 子网、私有网络与路由表的关系

私有网络至少包含一个子网，用户可以在私有网络中同时创建一个或多个子网，在创建私有网络时，会默认创建一个子网。每个子网都必须关联一个路由表，路由表用于指定子网的出站路由。

2. 子网的划分

IP 地址组成，二进制共有 32 位，其中前面 24 位为子网位置（掩码 24 位），后面 8 位为主机位。

子网划分，通过设置子网的位数来决定可用的子网数目与主机 IP 数。如设子网位数为 m，主机数为：$2^{(32-m)}-3$。

【实例 9-1】 子网划分。如 IP 地址为 10.3.5.7/24 的地址划分。

二进制：0000 1010.0000 0011.0000 0101.0000 0111；

主机数量：$32^{(32-24)}-3$；

网络地址：10.3.5.0；

广播地址：10.3.5.255；

网关地址（可设定）。

3. 子网的创建

单击私有网络控制台左导航栏中的“子网”，选择需要创建子网的地域和私有网络，单击“新建”按钮，新建子网取名为“VPC1_net2”，设置网段为 10.0.2.0/24，可用区设置为广州三区，如图 9-6-5 和图 9-6-6 所示。

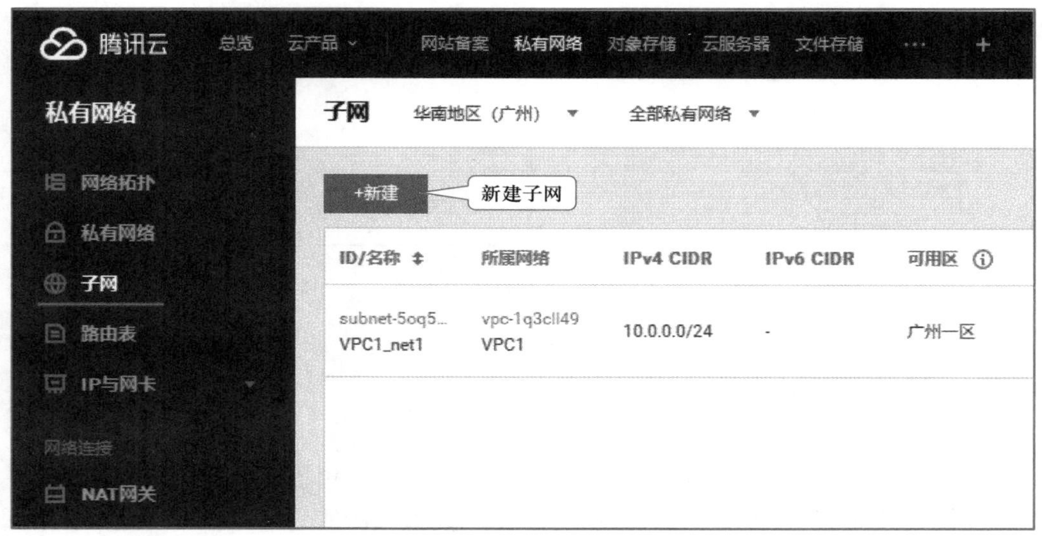

图 9-6-5 新建子网

私有网络 子网 华南地区（广州） 全部私有网络

网络拓扑 私有网络 子网 路由表 IP与网卡 网络连接

+新建

ID/名称	所属网络	IPv4 CIDR	IPv6 CIDR	可用区	关联路由表
subnet-7bxptg... VPC1_net1	vpc-e79j91ft VPC1	10.16.0.0/24	-	广州三区	rtb-eiqjhvwu default
subnet-48im7f... VPC1_net2	vpc-e79j91ft VPC1	10.16.2.0/24	-	广州三区	rtb-eiqjhvwu default

图 9-6-6 设置子网名称和网段

4. 子网的查看

单击私有网络控制台左导航栏中的“子网”，在列表上方，选择需要查看的子网，单击子网 ID，进入子网详情页，即可查看子网内的所有资源，如图 9-6-7 所示。

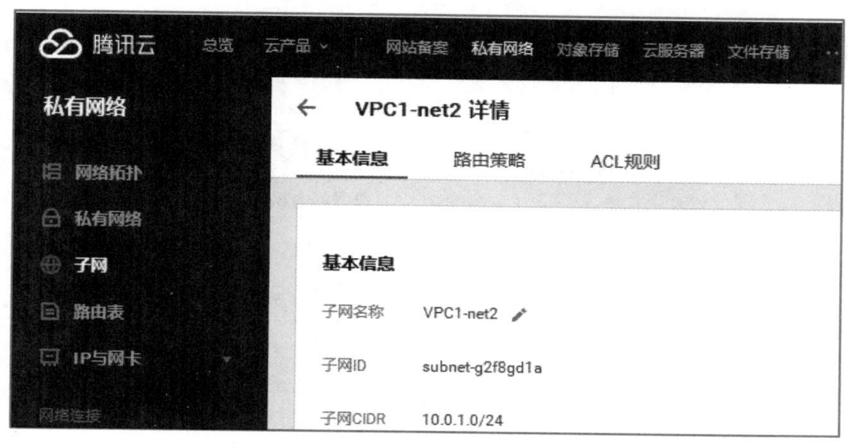

图 9-6-7　查看子网

5. 子网的删除

删除子网的前提条件，子网内的 IP 没有被占用，同时子网内没有资源（如云主机、云数据库、路由表等）。单击私有网络控制台左导航栏中的“子网”，选择需要删除的子网的所在地域和私有网络，选择需要删除的子网所在列，单击“删除”按钮。

6. 在子网添加云服务资源

【步骤 1】在子网中添加云服务器。单击私有网络控制台左导航栏中的“子网”，在某一个子网列表中，选择“云服务器/添加云服务器”。如在 VPC1_net1 子网中添加云服务器，如图 9-6-8 所示。

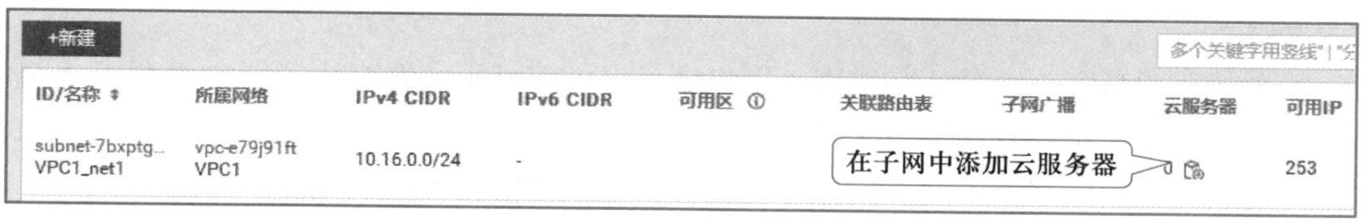

图 9-6-8　添加云服务器

【步骤 2】进入云服务器控制台，创建云服务器，选择“实例/新建”，创建云服务器。这里选择“广州三区”可用区，选择 VPC1 私有网络，选择子网 VPC1_net1，用户根据自己创建的私有网络、子网来创建云服务器，如图 9-6-9 所示。

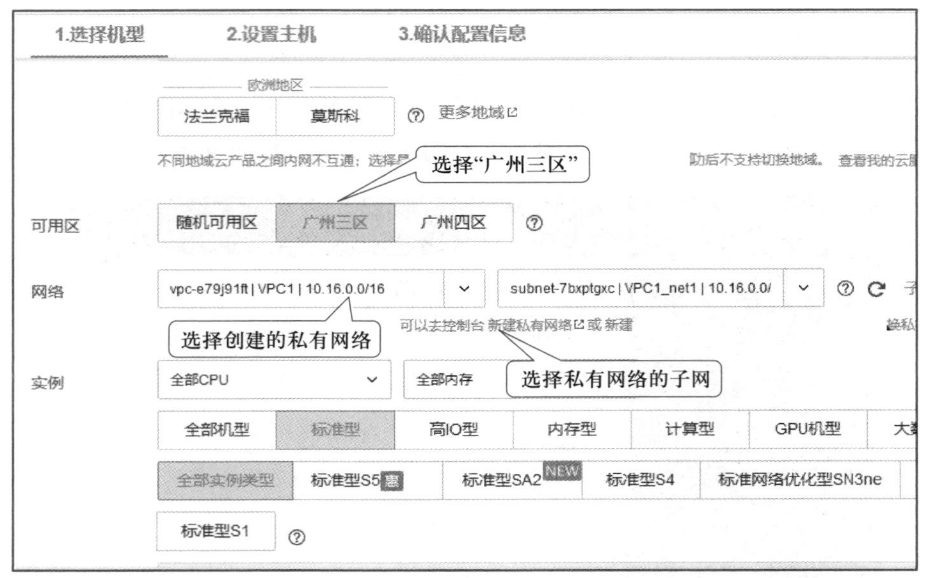

图 9-6-9 创建云服务器

【步骤 3】在子网中查看云资源。单击私有网络控制台左导航栏中的“子网”，在“VPC1_net1”子网列表中，“云服务器”就为 1，说明在“VPC1_net1”子网中有一台云服务器，如图 9-6-10 所示。用户可以根据自己的子网，在子网中创建云资源。

+新建

ID/名称	所属网络	IPv4 CIDR	IPv6 CIDR	可用区	关联路由表	子网广播	云服务器	可用IP
subnet-7bxptg... VPC1_net1	vpc-e79j91ft VPC1	10.16.0.0/24	-				1	252

在子网中就创建一台云服务器

图 9-6-10 查看子网的云服务器

9.6.4 路由表配置与管理

每个私有网络有一个默认路由表，用户还可以创建自定义路由表。路由表有多条路由策略组成，用于控制私有网络内子网的出流量走向，每个子网能且只能关联一个路由表，一个路由表可以关联多个子网。用户可以为不同流量走向的子网创建多个路由表。

弹性网卡（Elastic Network Interface，ENI）是一种可以绑定到私有网络中云服务器实例上的虚拟网卡。通过弹性网卡，用户可以实现高可用集群搭建、低成本故障转移和精细化的网络管理。接下来详细讲解路由表管理和弹性网卡。

创建私有网络时会生成一个默认路由表，用户也可以创建自定义路由表。

1. 默认路由表

在用户创建私有网络时，系统会自动为其生成一个默认路由表。在之后的子网创建过程中，如果用户没有选择自定义路由表，子网会自动关联该默认路由表。用户可以在默认路由表中添加、删除和修改路由策略，但无法删除该默认路由表。

2. 自定义路由表

用户可以在私有网络中创建自定义路由表，自定义路由表可以被删除。用户可以为具有相同路由策略的子网建立一个自定义路由表，并将路由表与需要遵循其路由策略的所有子网关联。用户可以在创建子网时关联路由表，或在子网创建后，更换子网关联路由表。

3. 路由策略

路由策略由目的端、下一跳类型和下一跳组成。

（1）目的端

目的端是目的网段描述（仅支持网段格式，如果希望目的端为单个 IP，则可设置掩码为 32（如 172.16.1.1/32）），目的端不能为路由表所在私有网络内的 IP 段，原因是 Local 路由已表示此私有网络内默认内网互通。

（2）下一跳类型

下一跳为私有网络的数据包的出口。私有网络下一跳类型支持“NAT 网关”“云服务器”等类型。

（3）下一跳

下一跳是指定具体跳转至哪个下一跳实例（使用下一跳 ID 标识）。

4. 路由策略优先级

当路由表中存在多条路由策略时，路由优先级由高至低分别为：私有网络内流量，私有网络内流量最优先匹配；最精确路由（最长前缀匹配），当路由表中有多条条目可以匹配目的 IP 时，采用掩码最长（最精确）的一条路由作为匹配项并确定下一跳；公网 IP，路由策略均匹配失效时，通过公网 IP 对 Internet 进行外访。

5. 路由表的创建

【步骤 1】登录腾讯云控制台单击导航条“私有网络”，进入私有网络控制台。单击左导航栏中“路由表”，单击列表上方“新建”按钮，在创建路由表弹出框中输入路由表名称、所属私有网络及新建路由策略，如图 9-6-11 所示。

【步骤 2】设置路由策略。路由规则用来控制数据包的路由途径，有默认路由规则和自定义路由规则两种类型，其中每条路由规则包含了 3 个参数，分别为目的段、下一跳类型和下一跳，如图 9-6-12 所示。

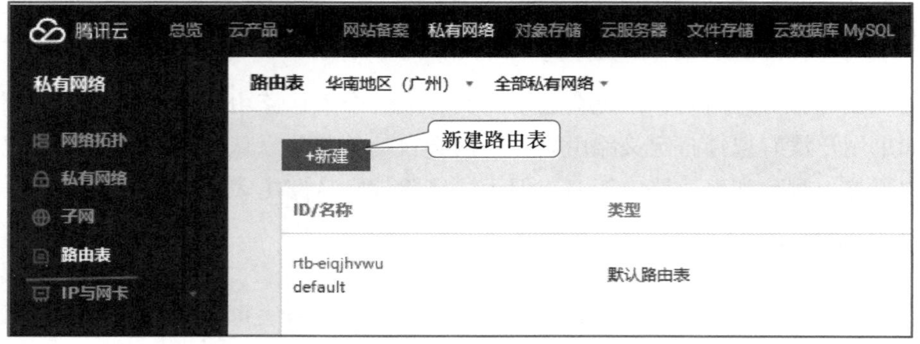

图 9-6-11　新建路由表

新建路由表

名称

您还可以输入60个字符

所属网络　vpc-ovh3lqyv(vpc1 | 172.16.0.0

高级选项

路由策略

路由策略用于控制子网内的流量走向，操作帮助请参考配置路由策略。

目的端	下一跳类型	下一跳
Local	LOCAL	Local
	云服务器的公网IP	云服务器的公网IP

图 9-6-12　设置路由策略

【注意】每个路由表可以关联同一个私有网络中的多个子网，但每个子网有且只能关联一个路由表。

本章小结

本章主要讲解了云产品应用，从数据中心的概述、云计算的概述、云产品概述的知识储备，到云平台操作与管理、云服务器产品应用、云网络产品的应用的项目实施。通过本章的学习，读者应了解数据中心、云计算和云产品类型的基本概念，还应掌握腾讯云平台操作、云服务器的购买与管理及云网络的操作与管理。

本章习题

本章习题

一、单项选择题

1. EDC 是（　　）。

A. 企业数据中心

B. 互联网服务的数据中心

C. 国家级的数据中心

2. NDC 是（　　）。

A. 企业自建数据中心

B. 互联网服务的数据中心

C. 国家级的数据中心

3. 腾讯的私有网络简称为（　　）。

A. VPC　　B. CVM

C. COS　　D. CSS

二、多项选择题

1. 云计算服务类型有（　　）。

A. IaaS　　B. Paas

C. SaaS　　D. Daas

2. 云计算的特征为（　　）。

A. 超大规模　　B. 多租户

C. 弹性扩展　　D. 高可靠性

3. 腾讯云服务器产品有（　　）。

A. 云服务器 CVM

B. GPU 云服务器

C. FPGA 云服务器

D. 黑石物理服务器

参考文献

[1] 陈宏峰，刘亿舟．中国 IT 服务管理指南——理论篇［M］. 北京：北京大学出版社，2019.

[2] Jan van Bon. 基于 ITIL 服务管理基础篇［M］. 章斌，译．北京：清华大学出版社，2007.

[3] 万川梅．云计算与云应用［M］. 北京：电子工业出版社，2014.

[4] 万川梅．C 语言程序设计与应用［M］. 北京：北京理工大学出版社，2018.

[5] 万川梅，钟璐. MySQL 数据库应用教程［M］. 北京：北京理工大学出版社，2017.

[6] 田果，刘丹宁，余建威，网络基础［M］. 北京：人民邮电出版社，2017.

[7] Richard Blum，Christine Bre. Linux 命令行与 shell 脚本编程大全［M］. 3 版．北京：人民邮电出版社，2016.